Environmental Justice in Latin America: Problems, Promise, and Practice

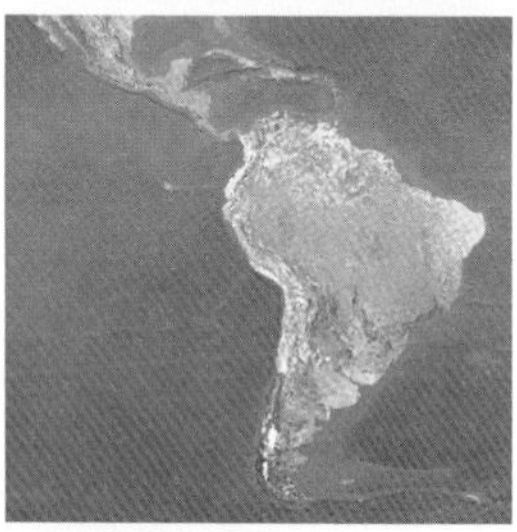

라틴아메리카에서의 환경정의: 쟁점, 약속, 실행

편저자 David V. Carruthers 외
옮긴이 정경원, 하상섭, 장수환, 임소라

HU:iNE

Environmental Justice in Latin America: Problems, Promise, and Practice
by David V. Carruthers

"본 저서는 2009년도 정부(교육과학기술부)의 재원으로
한국연구재단의 지원을 받아 수행된 연구임
(KRF-200-413-B00004)"
"This work was supported by the National Research Foundation of
Korea(NRF) grant funded by the Korea government(MEST)
(KRF-200-413-B00004)"

역자서문

최근 형평의 측면에서 환경문제를 보는 경향이 부쩍 많아지고 있다. 형평의 문제는 곧 정의의 문제이다. 이에 따라 '환경정의'(environmental justice)라는 용어도 자주 쓰이고 있다. 환경정의는 사회정의론을 환경문제에 어떻게 접목시킬 것인가 하는 문제의식에서 비롯되었다. 여기에서는 형평성의 원리가 중요하며, 공평한 부담의 원칙이 강조되어야 한다.

우리는 그동안 환경이 주어진 것으로 모두에게 평등하게 배분되어 있는 것으로 이해해왔다. 그러나 최근 환경오염이 심해지자 그 실상은 전혀 다르게 나타나기 시작했다. 환경피해는 급속하게 기존 불평등한 사회구조를 통해 그대로 사회적 약자에게 투영되었다. 이러한 환경부정의(環境不正義)는 현재 다양한 형식으로 나타나고 있다. 그러나 이러한 환경부정의는 환경이 재화로서의 성격을 갖는 순간부터 잉태되는 것이다. 환경재화로서의 환경은 이미 다양한 형식으로 시장기제에 흡수되어 있으며, 자본주의 제도 하에서 이러한 시장 기제를 완전히 배제시키기도 현실적으로 어렵다. 즉 동일한 환경문제가 발생한다고 하더라도 경제적 부담능력에 따라 대응방법에 크게 차이가 있는 것이다.

실제로, 라틴아메리카와 카리브 지역에서의 환경갈등 및 환경운동 공간에서 지역 간, 사회계층 간 불공평은 혼재된 형태로 나타나고 있으며, 이는 상대적 피해의식에서 출발하고 있다. 하지만 형평성은 지역 간, 사회계층 간 측면과 더불어, 세대 간 측면에서도 논의되어야 한다. 이와 더불어 생태학적 차원이 고려되어야 하지만, 생태학적 문제인식의 포기는 결국 후세대에게 전가된다는 측면에서 이는 결국 세대 간 형평성의 문제로도 논의될 수 있다. 이것은 경제학적으로 지속 가능한 수준과 생태학적으로 지속 가능한 수준이 다르기 때문이다.

이러한 맥락에서 1992년 리우 지구정상회담에서 채택된 소위 "지속 가능한 발전의 원칙"은 환경문제의 형평적 측면을 잘 부각시켜주는 원칙이라고 할 수 있다. 이 원칙은 우리의 미래 세대도 우리 세대와 마찬가지로 이 지구상에서 잘 살 권리가 있으므로 이 권리를 침해하지 않는 범위 안에서 지금 우리에게 주어진 천연자원과 환경을 이용해야 한다는 요지의 원칙이다. 이 원칙은 이제 하나의 범지구적 이념으로 발전하였고, 지속가능발전의 이념은 자유무역의 이념과 더불어 21세기를 지배하는 이념이 될 것이다.

오늘날 라틴아메리카와 카리브 지역에서 환경정의는 이 두 가지 이념 사이의 교차 내지 착종을 통한 어떤 화해의 상(狀)을 암시한다. 최근 자유무역 체제에 따른 갈등 양상 및 그 결과물들을 둘러싸고 이 지역에서 벌어지고 있는 논쟁 역시 중요한 환경정의 담론의 요소를 분명 포함하고 있다. 사실 이 지역에서의 환경정의 운동은 사회정의 및 공정사회 실현을 위한 대중운동과 긴밀한 연관관계 속에서 발전해왔다. 역사적으로 식민시기와 독립, 근대화를 거치면서 풀뿌리 사회저항 운동의 전통이 유지되어왔을 뿐 아니라, 1980년대와 1990년대를 거쳐 민주주의로 전환되는 과정에서도 이 지역의 대중운동은 사회정의 전 분야에 걸쳐 살아 움직이는 핵심 기제로서 제도적 공간을 향한 장(場)으로 활용되어 왔다.

이와 같은 전제 하에, 본 역서는 라틴아메리카 및 카리브 지역의 도시와 농촌에서 발생한 수많은 대중 환경운동 사례들을 개념적 · 실증적 측면에서 분석하고 있다. 이 지역 환경과 관련해 과학적으로 신뢰할 만한 유용 가능한 학술적 데이터가 절대적으로 부족한 현 실정에서, 본 역서는 이 지역에서의 환경정의의 가능성 및 한계에 대해 탐구하고자 하는 이들에게 조금이나마 도움이 될 수 있을 것이다.

본 역서를 통해 라틴아메리카 및 카리브 지역에 대한 더 많은 이해와 관심이 이어질 수 있기를 소망하면서, 그동안 역서 출판에 도움을 주신 많은 분들께 감사의 말씀을 드린다. 먼저 한·중미카리브 경제인 협회의 고(故) 김종건 회장님과 한국외국어대학교 출판부에 감사를 전하며, 편집과정에서 수고를 아끼지 않았던 연구소 조교 오택근, 김혜민, 공새롬, 최다혜, 강성문, 김민주, 윤혜영, 백리브가에게 고마움을 전한다.

2012년 6월

대표 역자 정경원

차 례

III부 토지, 자원 그리고 환경정의

표차례

그림차례

서 문

라틴아메리카의 대중 환경주의(popular environmentalism)와 사회정의(social justice)

인간의 역사는 종교, 정치, 예술, 건축, 문학, 요리법 등에 대한 글로벌 차원의 발상의 전환을 거쳐 끊임없는 변화를 갈망하는 노력을 통해 발전해 오고 있다. 오늘날 실제로 이러한 변화를 향한 노력은 대학의 학문적 분석 도구와 정책 고안 방식을 비롯해, 다양한 사회운동 조직들의 열정과 전략을 통해 감지되고 있다. 환경 분야에서는 이미 부유한 선진 산업국들이 먼저 주도권을 가지고 변화를 이끌고 있으며, 특히 환경 활동, 교육 그리고 환경 정책 분야에서 전 세계적으로 개별 국가들은 물론 지방정부들과 지역 공동체들에게 변화를 요구하고 있다. 하지만 대부분의 사람들이 믿는 보편적인 사회적 통념은 종종 잘못된 경우가 있다. 변화의 담론을 형성하는 이들과 이 담론이 수용되는 방식 간의 차이가 발생하는 경우 그 오해는 더욱 깊어질 수 있다. 사실, 전 세계적으로 환경에 대한 인식, 실천 그리고 활동 분야에는 무수히 많은 형태들이 존재하며, 서구의 시각에서 봤을 때 이 같은 인식과 실천 및 활동 등이 늘 친숙한 형태로 다가서는 것은 아니다. 이는 환경정의에 있어서도 마찬가지이다.

본서를 접하는 대부분의 독자들은 "환경정의"(environmental justice)라는 개념을 다양한 인종으로 구성된 미국의 공동체들이 1980년대 중반 이후 제기한 '인종 차별적 환경 보호 정책'(environmental racism)에 반하는 개념으로부터 유래된 슬로건으로 인식한다. 시민권 논쟁에 환경적 복지 문제가 함께 거론되기 시작하면서, 환경정의 운동은 아프리카계 미국인을 비롯해, 라티노, 미국 원주민 공동체에 집중적인 위협을 가하고 있는 산업 폐기물 및 독성 위해물 거부 운동으로부터 촉발되었다. 미국에서 환경정의는 변화를 거듭하며 그 범위가 확대됨에 따라, 일종의 환경운동적 특성을 지닌 전술의 형태로 발전해 왔다(Bryant and Mohai 1992; Bullard 1993; Cole and Foster 2001; Westra and Lawson 2001). 인종, 계급 그리고 환경 폐기물의 부당한 분배에 관한 담론을 통해, 환경정의는 학술적 · 정치적 논쟁의 중심으로 부각되기에 이르렀다. 환경정의의 언어와 사고는 환경부정의에 대한 비판적 분석틀을 제공함으로써 운동권 및 학계, 정책 분야의 변화를 이끌어냈다(Bullard 1994; Bryant 1995; Pellow 2000a; Mutz, Bryner, and Kenney 2002). 실제로, 여러 학자들은 이러한 변화를 보다 거시적 차원의 환경운동부문에서 뿐만 아니라 환경 정치 연구 및 실천 부문에 있어서의 패러다임의 전환으로 인식하였다(Novotny 2000; Taylor 2000; Rhodes 2003).

이러한 패러다임에 발맞춰 사회정의와 환경 복지에 대한 담론들 역시 많은 지역에서 여러 가지 다른 형태로 등장하기 시작했다. 사실 환경정의라는 개념은 세계 곳곳에서 나타나는 수많은 대중 환경주의(popular environmentalism)에서 중요한 역할을 수행하고 있다. 활동가, 학자 그리고 정책 입안자들의 수가 증가함에 따라, 이들은 환경정의 담론의 틀을 깨고 확장시키는 역할을 해 왔다. 특히, 환경 언어와 인식의 가치를 깨닫고 환경적 상징물들을 이용하여, 유럽에서 아시아를 비롯해 아프리카에서 남미 지역에 이르기까지 전 세계적으로 발생하고 있는 다양한 환경 갈등과 문제점들을 보다 깊이 있게 이해하고 다루기 위한 가설을 만들어냈다(Adeola 2000; Byrne, Glover, and Martinez 2002; Agyeman, Bullard, and Evans 2003a). 이와 더불어, 분석가들도 환경정의의 개념을 기후변화나 독성 폐기물과 같이 전 세계적으로 분포되어 있는 환경적 위험요인들에 적용시켜, 지구 남반구

공동체들이 부담하고 있는 글로벌 생산의 불균형적이고 부정적인 환경 및 사회적 비용에 대해 사람들이 더 많은 관심을 기울이도록 부각시키고 있다(Kiefer and Benjamin 1993; Khor 1993; Agarwal, Narain, and Sharma 2002; Glover 2002; Sachs 2002).

본서는 환경 쟁점을 둘러싼 대중 운동의 가치와 더불어, 이에 대한 일련의 분석 및 해석, 정책의 원칙들을 소개함으로써, 최근 라틴아메리카와 카리브 지역에서의 환경정의의 가능성 및 한계에 대해 탐구하고자 하는 이들에게 도움이 될 수 있을 것이다. 라틴아메리카 대중 운동이 현재 어느 정도로 그리고 어떠한 형태로 환경적 차원의 논의를 각 공동체들이 추구하는 사회적 정의와 접목시켜 왔는지, 우리는 현재 지역 혹은 글로벌 차원의 환경정의에 대한 의식과 행동의 형태를 어느 정도로 인지하고 분석할 수 있는지, 우리가 활용하고 있는 환경정의에 대한 분석 도구들이 과연 이해의 폭을 넓히는 데 유용한지, 본서는 라틴아메리카의 도시와 농촌지역에서 발생한 수많은 대중 환경운동 및 사례들에 대한 연구를 본보기 삼아 개념적 · 실증적 측면에서 이러한 문제들을 분석하고 있다. 본 장에서는 이러한 분석을 시도하게 된 배경을 소개하고자 하는 목적으로, 먼저 라틴아메리카 지역에서 환경정의 연구가 직면하고 있는 도전 중 일부를 살펴보고자 한다. 다음으로는 이를 통해, 환경정의가 다양한 의미로 자리 잡고 있는 이 지역의 환경정의 실현 잠재력에 대해 고찰해 볼 것이다. 이어 세 번째 섹션에서는 다음 장들의 범위 및 내용을 소개하며 라틴아메리카에서의 환경정의의 실천에 대해 다루고자 한다.

도전적인 연구

라틴아메리카에서나 일부 국제사회에서 추진되고 있거나 수용 또는 경험해 온 환경정의에 대한 접근 방식들을 평가하기 위해, 몇 가지 실천적 혹은 개념적 어려움을 개략적으로 살펴보면 다음과 같다.

데이터와 자료의 한계

라틴아메리카 지역 환경에 대한 학술적 연구의 근본적인 문제점은 과학적으로 신뢰할 만한 유용 가능한 데이터를 찾기가 힘들다는 점이다. 미국에서 환경정의 운동이 신뢰성을 얻게 된 계기는, 『미국의 독성 폐기물과 인종』(1987년 '인종 정의 위원회'(Commission for Racial Justice) 발간, 원제: Toxic Wastes and Race in the United States)의 출간을 시작으로, 빈곤한 인종 공동체에 불균형적인 환경 부담을 지우고 있다는 사실을 다룬 일련의 연구들이 소개되면서부터였다. 지리학, 공법(公法), 사회과학, 역학(疫學), 공중위생학 및 기타 다른 분야의 분석가들은 다양하고 풍부한 과학적 데이터들과 문헌방법론들을 활용하여, 환경부정의 상황에 대해 분석하고 평가해 왔다. '독성 물질 배출 인벤토리'(Toxic Release Inventory)를 구축하게 했던, 1986년 '비상 계획과 공동체의 알 권리 법안'(Emergency Planning and Community Right-To-Know Act)은 미국의 공동체 활동가들이 인근 지역에서 발생하는 유해 물질에 대한 정보를 쉽게 접할 수 있도록 했다.

반면, 라틴아메리카 및 카리브 지역의 대다수 국가에서는 환경을 비롯한 공중위생학에 관한 체계적인 데이터가 턱없이 부족하다. 이는 미국 분석가들이 흔히 사용하는 연구 모델에는 장애가 될 수밖에 없다. 라틴아메리카 도시에서의 급속한 산업생산의 성장과 그에 따른 유해 물질 배출 증가에도 불구하고, 소수 민족 혹은 계급과 환경 위험에 노출 정도와의 연관성을 시험하기 위해 이용할 수 있는 데이터는 극히 제한적이다. 빠른 성장과 인구 유동성이 높은 공업 도시들에서조차 인구통계학적 데이터를 믿을 수 없는 경우가 허다하다. 우리는 최근 몇 십 년 동안 멕시코, 중앙아메리카, 카리브 지역에 걸쳐 펼쳐져 있는 수출가공공단의 상품 생산이 폭발적으로 증가한 것을 목도해 왔다. 이러한 산업 수출 부문이 환경 문제에 있어 소극적이고 비밀의 장막에 싸여 있다는 것은 널리 알려진 사실이며, 정부의 유해 폐기물 처리법 집행도 불공정한 경우가 비일비재하게 발생한다. 산업 혹은 공식 통계에 기반을 둔 연구 결과들은 독성 위험에 대해 실제보다 축소해서 보고하는 경향이 있다(Cohen and Méndez 2000). 알 권리 법안이 존재한다손 치더라도, 이는 대개 정보에 대한 접근과 효율성 측면에서 제한적으로 운용되게 마련이다(Naumann 2004). 본서의 대부분의 장에서 언급을 하고 있긴 하지만, 이러한 데이터의 질적·양적 제약은 장기(長期)간에 걸친 민주적 장(場)에 대한 규제를 비롯해 세계 경제 통합의 압박에서 기인한다.[1]

연구나 활동에 대한 제한된 투자는 또 다른 과제이다. 물론 미국의 환경정의 캠페인도 제한된 재원으로 시작되었지만, 경제적 소외가 훨씬 심각하고 사회적 재원마저 거의 없는 지구 남반구의 재정 장벽은 공동체 활동에 더욱 치명적이다. 미국이나 유럽의 공동체 집단들은 거대 환경단체 및 자선재단, 정부 기관들로부터 지원을 받을 수 있으며, '환경 및 경제정의를 위한 남서부 네트워크'(Southwest Network for Environmental and Economic Justice: SNEEJ), '보건환경정의센터'(Center for Health, Environment, and Justice: CHEJ) 등 지역 혹은 국가적 차원의 네트워크를 통해, 물품이나 보급 지원을 받을 수 있다. 반면에 대다수 라틴아메리카 국가들의 경우 공식적인 환경 네트워크가 이제 막 태동하는 단계에 있는 탓에, 자선단체나 정부의 지원은 극히 드문 상태이다. 라틴아메리카 환경단체들은 그들 자신들 고유의 목소리를 담은 기본적인 의제 창출조차 힘든 상황이며, 고발 및 방어에 더욱 의존하는 경향이 있다(Kelly 2002).

콘텍스트, 개념 그리고 전략들

지리적 혹은 사회적 맥락 속에서 제기 되어 온 문제들을 재조명하여, 그 밖의 다른 측면에서 나타나는 견해들을 살펴보는 것은 부가적인 도전과제가 될 것이다. 라틴아메리카 지역에서 환경정의의 언어와 분석틀 혹은 가설을 차용한다는 것은 무엇을 의미할까? 이 질문에 대한 다양한 해답들이 라틴아메리카 지역의 정치적-문화적-역사적 경험 속에서 새롭게 등장한 개념 및 담론, 운동, 정책의 형태로 구현되고 있다. 물론 라틴아메리카 지역에서 논의되고 있는 환경정의에 대한 가설과 이미지 혹은 정치적 분파들을 미국의 활동가 및 분석가들과 공유하는 데는 한계가 있을 것이다. 스페인어나 포르투갈어로 환경정의를 논하는 북미 학자는 드물며, 오직 라틴아메리카의 일부 학자들만이 그들의 연구에 북미의 환경정의 언어와 개념을 적용하여 연구하고 있기 때문이다(Leff 2001; OLCA 2005). 라틴아메리카 연구자들과 활동가들은 명확한 환경부정의 사례에 맞서 싸워야 하는 과제를 안고 있지만, 현재 이들은 지역화된 담론 및 전술에 갇혀 있는 실정이다. 마찬가지로, 미국의 대중적 환경 활동의 개념들은 사실 토지 갈등, 전통 종자 보호 혹은 농업 관습 등 라틴아메리카의 환경적 경험에 있어 중심이 되는 활동 형태 및 관심사들을 간과하고 있다.

인종적 측면을 살펴보기에 앞서, 미국의 환경정의는 시민권 운동이 환경 위생 분야로 확대되면서 발전해 왔다는 사실을 주지할 필요가 있다. 환경정의 운동은 수사학, 조직적 경험 그리고 시민권 운동의 제도화를 직접적으로 이끌어 냈다(Camacho 1998). 〈환경정의의 개념을 좁게 생각하면, 인종주의적 관점과 환경정의의 연관성을 찾아볼 수 있는 곳은 아프리카계 아메리카인(Afro-American)들을 대상으로 한 노예제도와 이들에 대한 인종차별, 그리고 그에 따른 시민권 운동의 탄생이라는 역사적 경험상의 유사점 및 차이점을 발견할 수 있는 카리브 연안의 몇몇 국가들과 브라질의 일부 지역뿐이다.〉 그럼에도 불구하고, 라틴아메리카 지역에서 인종주의적 관점에 근거한 권리 및 시민권 투쟁은 몇 세기 동안 지속적으로 이루어져 왔다. 원주민 정체성은 상속적인 사회적 계급으로 복제되어 왔고, 오랫동안 라틴아메리카 사회정의 운동의 초점이 되어 왔다. 본서의 여러 장에서 언급하겠지만, 이 지역의 원주민 공동체들은 지독할 정도의 환경적(사회적) 불평등에 직면해 있다. 게다가 후아니타 선드베르그(Juanita Sundberg)가 주장하듯이 비판적 인종 이론 차원에서 접근해 보면, 역사적으로 인종화 과정은 원주민 공동체들에게 불평등한 정치적 참여뿐만 아니라 환경적 순기능 및 역기능의 분배와의 상관관계 속에서 진행되어 왔음이 드러난다.

이와 유사하게, 미국 환경정의의 사회경제적이고 분배적인 관점의 주장들을 다른 맥락에서 살펴보면 표면화되지 않거나 동일한 입장을 취할 수 없는 경우가 종종 있다. 미국의 환경정의 분석가들은 인종이나 소득과 관련된 데이터와 연결해 환경 위험 정도를 표시하는 공간 지도를 도입함으로써, 빈곤 계층이나 소수 공동체들이 얼마나 산업적 위험에 노출되어 있는지를 규명해 왔다. 하지만 라틴아메리카 도시들의 경우는 인종 혹은 빈곤과 환경 위험요소 간의 명확한 연관성 여부가 제대로 나타나지 않는다. 대신에 다른 연구 결과들에서 나타나듯이, 대도시 지역이나 도시 외곽 지역이 산업적 위험에 광범위하게 노출되어 있는 것으로 보고되고 있을 뿐이다. 공장이나 폐기물 저장 시설들은 공업단지에 집중되어야 하지만, 대부분의 경우 모든 사회 계층이 살고 있는 거주지 인근 지역에 산발적으로 분포되어 있는 실정이다. 상황이 이러하다 보니, 환경 위험은 라틴아메리카의 저소득 계층이나 노동자 계급에 국한된 문제가 아니라 중산층이나 중상위 계층 거주자들에게도 역시 당면한 문제가 되었다. 하지만 여전히 더 큰 위험에 자주 노출되는 계층은 빈곤층인데, 이는 최근에 도시 이주민들의 수와 이들 대부분이 일하는 공장지대 근처의 값싼 무허가 주택구역이 크게 증가하고 있는 추세에 있기 때문이다(Kopinak and Barajas 2002). 이는 정치적으로 약한 소수 공동체에게 환경 위험을 부과할 수 있는 정책 결정 시, "가해자-피해자 시나리오"(perpetrator-victim scenario)에 근거한 공동체 행동을 통해 신중하게 고려하는 미국의 경우와 대조를 이룬다(Pellow 2000b).

상대적으로 부족한 법적 보호와 제한된 민주적 정치 참여 기회 역시 라틴아메리카 지역에서 환경정의를 구체화하는 데 장애 요소가 되고 있다. 1980년대 후반 혹은 1990년대 접어들어서야 라틴아메리카 정부들은 환경법과 제도를 채택하기 시작했다. 대부분의 환경 정책들은 미국이나 유럽의 모델을 차용해 고안되었다. 민주화 과정을 통해 사회 구성원들의 폭넓은 참여를 받아들였음에도, 거의 대부분의 라틴아메리카 환경 관련 단체들은 산업 민주화 세력들과 대응 관계에 있기보다는 정치 참여에 있어 여전히 많은 제약에 시달리고 있다. 게다가 이후 본문에서 더욱 상세히 언급하겠지만, 라틴아메리카 국가들의 환경법과 제도들은 명문화된 법규로서뿐만 아니라 실질적인 집행 과정에 있어서도 제 기능을 다하지 못하고 있다. 이는 라틴아메리카 지역사회가 법과 제도를 "수입해 온"(imported) 미국이나 유럽의 규제 능력 및 정치적 다원주의를 갖추고 있지 못하다는 사실에 일정 부분 기인한다(Alfie Cohen and Méndez 2000; Carruthers 2001a).

라틴아메리카 환경정의의 유일한 약속

앞에서 언급한 수많은 도전 과제들에도 불구하고, 이 책의 저자들은 라틴아메리카 지역에서의 환경정의 실현의 잠재력에 대해 많은 긍정적인 해석을 하고 있다. 분석 틀로서 그리고 정치적 행위의 담론으로서, 오늘날 환경정의의 개념은 새로운 통찰력을 제공하고 있으며,

라틴아메리카 지역에서 대대로 이어져 내려온 불평등 및 불공정과 관련된 중요한 문제들을 재조명하고 있다. 물론 이와 같은 환경정의 실현의 가능성은 여러 국제 사회에서도 나타나고 있다. 캐나다를 포함해 스코틀랜드, 뉴질랜드, 이스라엘, 동유럽, 인도, 아프리카, 태평양 도서국가들과 같은 수많은 지역에서 환경정의 연구와 운동들이 등장하고 있다.[2] 라틴아메리카 지역에서는 브라질이 2001년 처음으로 환경정의에 대한 국제 세미나를 개최하였으며, 이를 계기로 브라질은 환경정의 네트워크 구축의 중심점이 되었다(Roberts and Thanos 2003; 본서의 Acselrad의 글). 라틴아메리카 지역의 분석가들도 페루, 니카라과, 에콰도르 그리고 여타 다른 개별 국가들의 광산, 석유, 농업 및 개발 부문에서 환경부정의 사례를 분석 · 관찰하고 있다(Faber 2002; Roberts and Thanos 2003; Martinez-Alier 2003). 라틴아메리카 지역에서는 환경정의의 개념을 문화권, 원주민 지식, 유전 자원(genetic resources) 그리고 시민권의 범주까지 확장시켜 해석하기도 한다(Leff 2001).

라틴아메리카에서의 환경정의 운동은 미국의 경우처럼 위험 지역에서의 불평등 사례가 그 도화선이 되어 시작된 것은 아니었지만, 그 환경적 관심사들은 라틴아메리카의 사회정의 및 공정 사회를 위한 대중 운동과 하나의 맥락을 형성하며 긴밀하게 연관되어 있다. 일반적으로 라틴아메리카에서 환경주의는 사회정의와 대응적 관계를 형성하고 있는 미국과 달리, 사회정의를 개념화하는 주된 요소 중의 하나로 시작되었다(Faber 1993; Antal 2003; Roberts and Thanos 2003). 따라서 라틴아메리카 "환경정의"의 지역적 개념은 사회정의 활동과 전통적으로 밀접한 상관관계를 지니고 있다.

전 세계 다른 지역의 환경정의 운동에서도 그렇듯이, 라틴아메리카 지역에서도 대중 환경주의는 대부분 시민 대중들의 삶과 생계에 가장 직접적으로 연관된 부문에서 구체화되고 있다. 시민 대중들이 그들의 일상생활에서 매일 환경 위협에 직면하게 되면서, 환경 저항의 움직임들은 사회정의를 위한 기존의 저항 운동과 하나의 연결고리를 형성하게 되었다. 환경부정의는 멕시코시티(Mexico City), 산티아고(Santiago) 그리고 상파울루(São Paulo)에서 매일 오염된 공기를 들이마시고 있는 수백만의 사람들에게는 실질적인 위협이 된다. 매일 밤낮으로 농약이나 살충제에 노출된 들판에서 생활해야하는 멕시코, 중앙아메리카 그리고 칠레의 농업 수출 지대에서 일하는 농부들과 일용직 노동자들에게 환경부정의는 실질적으로 치명적인 위험요소인 것이다. 엘살바도르 화산지대의 침식된 경사지와 안데스 지역의 산기슭에서 일하는 농부들은 황폐한 토양에서 겨우 생계를 이어가고 있다. 멕시코 남부 치아파스(Chiapas)주와 과테말라, 아마존(Amazon), 파타고니아(Patagonia) 지역의 원주민들은 매일 자신들의 목전에서 조상 대대로 이어져 온 산림이 사라져 가는 것을 지켜볼 수밖에 없다. 멕시코를 비롯해, 온두라스, 니카라과의 수출 공장지대에 거주하는 판자촌 주민들은 버려진 화학제 플라스틱 통에 식수를 보관하고, 중금속으로 인해 오염된 환경에서 아이들을 양육하고 있다. 미국 운동단체의 주장처럼, 환경정의 운동은 결국 지역 주민들의 "삶과 생계 그리고 놀이"가 이루어지는 곳에서 발생하는 것이다(Novotny 2000).

사회정의, 사회운동 그리고 정치적 목소리 탐색

'분배적 불평등'(distributional inequity)과 더불어, 환경정의 운동의 또 다른 축을 형성하는 것 중 하나는 '절차적 불평등'(procedural inequity)에 대한 문제로, 이는 일반 대중들의 정치적 참여 확대와 보다 진정한 의미의 시민권 모색을 추구한다(Hunold and Young 1998; Schlosberg 2003). 이 지역의 환경 분쟁은 그 정당성을 확보하게 되었는데, 이는 환경 피해를 입은 공동체의 대표자들이 단순히 불균형적인 유해 환경에 노출되는데 대한 문제제기 차원이 아니라, 고의적으로 환경 위협의 위험수위 및 환경 위험 지역을 지정하는 정치적 결정 과정에서 철저하게 배제되어 왔다는 사실을 제기하고 있기 때문이다.

잃어버린 정치적 목소리를 찾고자 하는 열망은 라틴아메리카 사회운동 경험의 정수(精髓)라 할 수 있다. 물론 본서의 본 목적이 새로운 사회운동으로서 라틴아메리카 환경운동의 기원과 영향에 대한 완벽한 분석 및 해석에 있었던 것은 아니지만, 그 배경에 대해서는 언급할 필요가 있다. 풀뿌리 사회 저항 운동이 식민주의와 정복 시대로부터 독립과 근대화를 거치면서도 그 생명력을 유지해온 것은 사실이지만, 우리는 냉전 시대의 억압 구조에서 구축된 대중 운동에 특별한 주의를 기울일 필요가 있다. 라틴아메리카에서 촉발된 사회운동은 기본적으로 20세기 말의 권위주의에 대한 저항의 축으로 등장했으며, 1980년대와 1990년대를 거쳐 민주주의로 전환되는 과정에서 중요한 역할을 담당했다. 이 시기 동안 이 지역의 대중 운동은 노동을 포함해, 젠더, 지역 보건, 인권, 환경까지 아우르는 사회정의 전 분야에 걸친 문제들에 대해 목소리를 높이며 폭발적인 성장을 거듭해왔다(Alvarez, Dagnino, and Escobar 1998; Lievesley 1999; Eckstein and Wickham-Crowley 2003). 실제로 모든 라틴아메리카 개별 국가들은 교육 및 단체조직, 네트워크 부문에서 알차고 다양한 전통을 수립하여 대중 저항 운동의 경험과 연계·발전시켜 나아감으로써, 정의와 환경 담론의 상호 조화 속에서 기존 포퓰리스트 조직의 기반시설을 보유할 수 있었다.

데이빗 스촐스베르그(David Schlosberg)는 들뢰즈(Deleuze)와 가타리(Guattari)의 실존 철학 연구방법론인 '리좀 메타포'(rhizome metaphor)로부터 영감을 받아, 환경정의 운동의 다원주의적 특성을 탐구하고 있다.[1] 리좀은 땅 속에 있는 식물의 줄기로 뿌리 체계를 형

1) '리좀'(rhizome)은 들뢰즈(Gilles Deleuze)와 가타리(Félix Guattari)가 그들의 명저 『천의 고원』(Mille Plateaux)(1980)의 입문적 표제어로 사용하면서 널리 알려졌다. 실존 철학 연구방

성하며, 지하에서 모든 방향으로 뻗어간다.[2] 식물의 유일한 한 줄기에만 영향을 미치는 것이 아니라 땅 속에서 다양한 위치와 방향으로 뻗어 나가 전체적으로 식물에 영향을 미치며, 그 연결 줄기가 항상 지상으로 표출되는 것은 아니다(Schlosberg 1999, pp. 96, 120). 이것이 바로 라틴아메리카 사회운동 네트워킹을 표현하는 데 적절한 비유이다. 권위주의와 군부 독재정권이라는 민주주의의 암흑기 동안, 활동가들이 세대를 거쳐 지하 운동을 통해 익혀온 것들이다. 환경 의식 및 활동이 라틴아메리카 국가들의 민주화와 더불어 폭발적으로 확대됨에 따라, 이러한 '리좀적' 경향은 연대감과 동시에 이질성 및 다양성도 함께 공존하는 다양한 사회운동 네트워크 사이에서 확산되어 왔다. 이에 따라 기존 대중 투쟁이 다양한 형태를 띠게 되면서, 환경적 이슈도 라틴아메리카 전 지역에서 진화 · 발전해 왔다. 내가 이곳에서 다루고 있는 내용은 빙산의 일각에 불과할 뿐이다.

실제로 라틴아메리카 전역의 대도시에서 등장한 도시 대중 운동이나 빈민촌 거주자 단체는 개발전략이 실패했음을 입증하는 것이었다. 농촌에서 일자리를 잃고 도시로 이주하는 이들을 흡수할 수 없을 만큼, 농촌 이주민들의 증가 속도가 도시의 팽창 능력을 초과하게 된 것이다. 도시 인보회(隣保會)와 도시 주변의 공동체 조직들이 급증하면서, 교육 및 토지 소유권, 범죄 그리고 공공 서비스와 같은 전통적인 쟁점들을 비롯해, 건강에 해로운 환경 유해 물질과 같은 당면 현안에 이르기까지 일반 시민들을 대상으로 교육이 실시되었다(Gilbert 1994;

법론의 하나로서, 이들은 이 말을 '수목형'(樹木型)과 대비적으로 사용한다. 리좀형과 수목형은 '관계 맺기'의 두 방식을 가리킨다. 더 정확히 말해, 리좀형과 수목형이 별개로 존재하는 것이 아니라 리좀형에 좀 더 많은 규정들이 들어갈 경우 수목형이 되고, 반대의 경우(규정성이 줄어들 경우) 리좀형이 된다. 즉, 리좀형과 수목형은 상관적 정도(correlative degree)를 형성한다. 리좀은 관계를 맺는 방식이 보다 자유로운 쪽으로 갈 때 성립하고, 수목형은 관계 맺는 방식이 이항대립적(binary) 방식이 될 때 성립한다(역자인용, 『철학사전』, 임석진 외 편저, 2009, 중원문화).

2) 뿌리와 비슷하나 관다발의 배열양식이 다르며, 그 종류는 연과 같이 땅 속을 옆으로 뻗는 근경, 감자와 같이 괴상을 이루는 괴경, 토란과 같이 구상을 이루는 구경, 백합과 같이 인상을 이루는 인경으로 나뉜다(역자인용, 네이버 백과사전).

Collinson 1996; Alfie Cohen 2003; Roberts and Thanos 2003).

라틴아메리카 여성 운동은 인권, 지역 보건, 노동 그리고 여타 다른 정의 추구 캠페인과의 연관관계 속에서 재구성되고 있다. 미국의 경우처럼, 라틴아메리카 환경정의 캠페인은 주로 여성들이 앞장서서 이끌고 있다. 이는 가정이나, 그들의 일터 그리고 아이들의 건강에 위협을 가하는 환경적 위험에 가장 많이 노출된 집단이 바로 여성들이기 때문이다(Hofrichter 1993; Di Chiro 1998). 이처럼 젠더와 환경 보건 문제와의 연관성은 라틴아메리카 전역에서 활동하고 있는 수백 개의 풀뿌리 공동체들을 통해 알 수 있다.

라틴아메리카의 과잉노동경제로 인하여 독립적인 노동 운동단체들은 노동자 보호 및 기본 권리 보장을 위해 여전히 고투(苦鬪) 중에 있다. 이러한 수많은 분쟁의 핵심은 노동자들의 독성 물질에 대한 노출 빈도가 높은 비인간적인 근로 환경과 받아들이기 힘든 열악한 처우에 대한 인식이 점차 확산되어가고 있다는 데에 있다(Williams 2002; Anner 2003). 노동, 인권, 젠더, 환경, 공공위생 및 전 세계 '노동력착취현장근절운동'(anti-sweatshop movement)의 접점을 통해, 세계 경제에서 노동환경부정의에 대한 인식이 확대되어가고 있다는 사실이 입증되고 있는 것이다.

라틴아메리카 국가들은 학술적 행동주의의 강한 전통을 지니고 있으며, 세대를 거쳐 형성된 "유기적인 지식인 집단"(organic intellectuals)이 학술 활동은 물론 지역사회의 활동가 역할을 수행하고 있다. 이들은 크고 작은 규모의 사회적 · 환경적 불평등에 대해 실질적으로 고심하며 현장에서 불평등 타파를 위해 싸워 온 수만 개의 비정부 기구들(NGOs)을 이끌고 있거나, 그 활동을 지원하고 있으며, 기술적 전문지식을 제공하기도 한다. 농학자들과 산림 생태주의자들은 농촌 지역의 풀뿌리 조직들을 지원하고 있으며, 변호사 및 역학자, 독물학자들은 오염된 도시 지역의 풀뿌리 조직들을 돕고 있다(Reilly 1995; Brooks and Fox 2002; Hogenboom, Cohen, and Antal 2003).

환경 문제가 원주민 공동체의 분열을 조장하고, 개발 과정에서 이들을 다른 지역으로 강제로 이주시키는가 하면, 원주민 고유의 전통과 문화적 통합을 방해하게 됨에 따라, 원주민 공동체들에 의한 원주민 권리 투쟁은 라틴아메리카 전역에 걸쳐 민중동원의 강력한 촉매제 역할을 수행하게 되었다. 원주민 지도자들뿐만 아니라 이들의 공동체 차원의 환경 연대는 조상으로부터 물려받은 생태적 지혜를 재평가하는 계기를 제공하고 있으며, 원주민들의 자각과 자주권 보장을 위한 투쟁은 환경 및 자원에 대한 권리 주장과 불가분의 관계에 있는 경우가 종종 있다(Carruthers 1997; Apffel-Marglin 1998). 환경부정의는 에콰도르와 콜롬비아 원주민들의 토지를 오염시킨 국제 정유회사들과의 지속적인 갈등 관계에서도 드러나듯이 간과할 수 없는 문제이다 (Martinez-Alier 2003; Roberts and Thanos 2003).

캄페시노(campesino: 라틴아메리카 농민) 혹은 농민의 정체성은 오랜 세월 동안 라틴아메리카 농촌지역에서 정치 참여의 주축이 되어왔다. 특히 정의 실현에 대한 농민들의 요구는 라틴아메리카 국가들의 혁명사를 대변해 왔다고 해도 과언이 아니다. 오늘날에는 박탈당한 토지, 오염된 식수원, 농약을 비롯해 여타 농촌의 환경 문제들이 토지 및 신용 거래, 농산품 가격 등과 같은 전통적인 농촌 문제의 쟁점들과 함께 부각되고 있다(Paré et al. 1997; Roberts and Thanos 2003; Wright 2005). 전 세계적으로 추진되고 있는 지속 가능한 농업과 공정무역 운동은 환경적·경제적 불평등에 시달리고 있는 캄페시노들과 개별 국가 차원 및 2개국 이상의 연대 형성을 통해 구체화된 사례이다.

인권 운동 단체들은 최근 라틴아메리카 권위주의 정권들의 몰락과 함께 민주화로의 이행과정 속에서 두드러지게 성장했다. 인권 운동 활동과 입법은 "환경권"(environmental rights)을 포함해 점차적으로 인권 캠페인을 강화해가며 국제적인 차원의 연대를 확립하기에 이르렸다(Adeola 2000; Leff 2001; Agyeman, Bullard, and Evans 2003b).

마지막으로 해방신학에 기초를 둔 대중 교회들도 사회정의 실현을 위한 투쟁에서 강력한 힘을 발휘하는 세력으로 등장했다. 특히 이들 대중 교회들은 니카라과, 멕시코, 브라질을 비롯한 그 밖의 다른 지역에서 하나의 강력한 정치적 분파로 등장하기에 이르렀다. 신학 및 정책, 일상적 관습 속에서, '기독교 기초 공동체'(Christian Base Community: CBC)는 '환경에의 책무'(environmental stewardship)를 인권 및 평등과 결부시켜 이행해오고 있다(Faber 1993, 2002; Esteva and Prakash 1998).

이와 같은 운동들은 사실 오늘날 라틴아메리카 지역에서 환경적 관점의 사회정의를 추구하는 수많은 형태의 대중 참여 연계의 일부분에 지나지 않는다. 이들은 이미 네트워크화된 조직들 간의 연결망 형태로 발전해, 일반 대중들의 삶에 영향을 미치는 정치적 결정 과정에서 더욱 목소리를 높여가고 있다. 이러한 활동가들 중 많은 수가 아마도 스스로를 환경주의자로 인식하지 못할 수도 있지만, 그렇다고 해서 이들이 환경 문제에 수수방관하는 외부인도 아니다. 이들 모두 서로 밀접하게 연관된 사회적, 경제적 그리고 환경적 불평등에 맞서 점차 그 활동을 강화해 나가고 있다.

환경정의와 글로벌 정의

국가의 억압의 역사를 딛고 일어서 좀 더 활력이 넘치는 민주 사회로의 이행을 위해, 오늘날 경제적 자유화의 의제인 "워싱턴 컨센서스"(Washington Consensus)에 대항하는 반작용이라는 맥락에서, 우리는 라틴아메리카 사회운동을 고찰해 볼 필요가 있다. 실제로 1980년대 초 외채 위기 이후 모든 라틴아메리카 국가들은 국제 채무자 및 금융기관들의 지시를 수용하여(혹은 지시에 복종하여), 통화 안정화 및 인플레이션 감축, 경제 부문에서의 국가의 역할 축소, 국제적 수준의 경쟁력 도입, 기업 투자에 호의적인 환경 조성, 무역 장벽의 철폐 등과 같이 엄격한 "자유 시장"(free-market) 원리에 입각한 경제 구조 조정을 시행한 바 있다. 이러한 경제 구조 조정 프로그램들을 둘러싼 논란을 다루는 것이 본서의 목적은 아니지만, 지나친 긴축 재정 프로그램 및 경제적 양극화의 악화, 기본적인 경제 안정성의 훼손, 세농(細農) 및 소규모 상거래의 붕괴, 그리고 엄청난 규모의 가계 부채 증가 등으로 인해, 경제 구조 조정 프로그램은 라틴아메리카 전역에 걸쳐 대중의 반발과 저항을 불러 일으켰다. 오늘날 라틴아메리카 지역 정치의 핵심으로 부상한 세계경제통합의 과정 및 특징, 용어의 제한 혹은 재협상을 위해 복잡하고 다차원적인 캠페인을 벌이고 있다(Chalmers 1997; Broad 2002; Finnegan 2003; Fisher and Ponniah 2003).

산업화된 북반구 선진국들과 라틴아메리카 지역과의 사회적 · 경제적 · 정치적 관계는 갈수록 세계 신자유주의의 형태와 갈등양상 및 그 결과물들을 그대로 반영하는 추세이다. 경제적 · 기업적 통합이 심화되어 갈수록, 남반구의 연대세력은 세계 경제의 보다 인간적인 운영을 바라는 다양한 열망에서 생겨난 무수히 많은 "초국가적 권익보호 네트워크"(transnational advocacy network)를 중심으로 대항력을 집중시키는 경향을 나타낸다(Keck and Sikkink 1998; Brooks and Fox 2002; Hogenboom, Cohen, and Antal 2003). 이러한 추세는 멕시코와 미국 그리고 캐나다 3국이 맺은 북미자유무역협정(NAFTA)에 대한 각 개별 국가의 시민 단체들이나 노동계가 이에 대한 반대 시위를 벌였던 1990년대 초부터 시작되었다.[3]

1999년 다국적 시민연대 활동가들이 시애틀(Seattle)에서 개최된 세계무역기구(WTO) 장관급 회담에 반대하여 벌인 거리 시위가 전 세계인들의 이목을 집중시켰다. 이후 좀 더 광범위한 문제들을 다루는 세계 정의 운동 단체들은 개도국들의 부채경감을 비롯해 세계 무역·금융 제도 및 규칙의 개혁을 요구하며, 워싱턴(Washington), 프라하(Prague), 제노바(Genoa), 칸쿤(Cancún), 마이애미(Miami) 등에서 지역적 혹은 국제적 차원의 정부 간 회담이 개최될 때마다 시위를 벌여 국제 여론의 주목을 받고 있다. 비록 이러한 운동단체들이 다소 복잡하고 논쟁적이며 그리고 다차원적인 형태를 띠고 있긴 하지만, 거시적인 틀에서 보자면 이들은 환경부정의를 포함해 세계 경제의 불공정성에 대해 일관된 논지와 활동 그리고 가정들을 바탕으로 주장을 펼쳐 왔다고 할 수 있다.

경제적 세계화에 따른 비용과 결과에 대해 활동가들과 학자들 간에 벌어지고 있는 논쟁은 중요한 환경정의 담론의 요소를 분명 포함하고 있다(Anand 2004). 환경부정의를 "부유한 국가들에서는 지역적 실패"(relegated to local failures in wealthy nations)로 치부하는 것이 아니라 "세계화의 체계적 추세에 따른 징후"(symptomatic of systematic tendencies of globalization)로 인식한다(Byrne, Martinez, and Glover 2002, p. 8). 생산과 분배에 대한 세계 시스템은 비용과 이익을 극도의 불평등 관계로 양분시켜 놓았다. 특혜는 유동성이 높은 (대부분 북반구에 위치한) 국제 자본 및 국내 자회사들과 현지 협력업체, 농업 엘리트들에게만 돌아간다. 북반구나 남반구의 소비 계층들은 갈수록 넘쳐나는 값싼 제조품과 식품들을 즐기고 있다. 반면에 전 세계적으로 "가난한 유색인종 이웃들"(poor neighborhoods of color) - 지구 남반구의 농촌마을과 노동자 계층으로 구성된 공동체들 - 은 저임금과 환경 파괴의 방치로 인해 불필요한 '인간 환경 비용'(human and environmental cost)을 지불하고 있다. 이러한 문제들에 대한 해결이 담보되지 않는다면, 자유 무역 체제는 오직 생산자들에게 이익을 배분하게 될 것이고, 결국 자연과 빈곤층 그리고 미래 세대들은 부정적인 생산 외부효과만을 떠안게 될 것이다(Khor 1993; Weissman 1993;

Shiva 1997; Glover 2002).

보편적인 환경정의의 개념은 다양한 부수적인 형태를 띠고 있다. "생태발자국"(ecological footprinting) 운동은 생태계의 각기 다른 인간의 생활방식을 평가하고, 전 세계 과소비자들에 의해 발생되는 불필요한 생태적 피해를 부각시키는 것이다(Durning 1992; Rees and Westra 2003). 볼프강 작스(Wolfgang Sachs, 2002)가 주장하듯이, 세계의 빈곤층들은 자신들에게 돌아올 더 큰 "이익의 몫"(slice of the cake)을 기대하며 현재의 불평등을 인내하고 있지만 생태적 제약은 이러한 생각을 약화시키고 있다. 세계 경제는 부유층에게 돌아가는 이익이 곧 빈곤층의 사회적 비용 및 생태적 불평등으로 분배되는 '제로섬 게임'(zero-sum game)의 형태를 취해 왔다. 윌리엄 리스와 라우라 웨스트라(William Rees and Laura Westra, 2003)가 언급하듯이, 이는 세계 시민들을 계급 혹은 인종적 경계로 나누는 "생태학적 아파르트헤이트"(ecological apartheid)에 해당된다. 외채경감을 위한 보다 광범위한 글로벌 차원의 운동 내부에서 '대지의 친구'(Friends of the Earth)와 '생태적 행동'(Acción Ecológica)과 같은 운동단체들은 "생태적 부채"(ecological debt)라는 개념을 도입하여 부국들이 빈국들에게 식민주의 혹은 탈식민주의 유산에 대한 채무 변제에 나서야 한다고 주장한다. 지구 남반구의 빈곤과 환경 파괴를 담보로 축적한 부를 이들에게 환원하라는 것이다. 200개 이상의 환경, 인권, 사회정의 단체들이 연대해 조직한 "국제 알 권리 연대"(International Right to Know Coalition: IRKC)는 다국적 기업들의 해외 비즈니스 활동에 관한 환경 및 노동 정보 공개를 골자로 하는 법 제정을 추진 중에 있다.

라틴아메리카에서의 환경정의의 실행

환경정의는 분명 보편적인 개념이다. 하지만 우리는 주로 미국에서 발생한 운동의 경험을 기타 지역으로 확대해 정형화된 틀에서 고찰하기보다는, 지역 현실에 기반을 둔 경험과 언어를 통해 고유의 역사 발전과정을 고찰함으로써 라틴아메리카 지역의 특수성이 반영된 환경정의 형태에 대해 살펴보고자 한다. 지구 북반구로부터 타 지역으로 이식된 정책들은 실망스러운 결과를 내거나, 제대로 그 역할을 수행하지 못해 정책 집행의 효율성이 떨어지는 경우가 종종 있었다. 반면, 라틴아메리카의 경우에는 타국으로부터 이식된 환경 정책들이 오히려 독창적인 새로운 형태로 탈바꿈되어 왔다. 이는 단순한 이식이 아니다. 수입된 정책들은 지역사회의 원주민 공동체들의 사고나 경험과의 '혼종적 융합'(hybrid fusion)형태로 진화해 온 것이다. 그러한 구체적인 예는 수백 가지의 사례들을 통해 확인할 수 있다. 생물권, 자연보호구역(특히, "황무지"로 방치되는 것은 의식적으로 거부하는 대신, 이해당사자들로서의 거주민들의 통합을 추구하는 경우), 생태관광, 전통의학, 지속 가능한 농업, 사회적 임학, 공정 무역 단체, 독창적인 세금정책, 그리고 지역별 맞춤 혁신 도시 계획(브라질의 도시 쿠리치바(Curitiba)에 도입된 그린벨트와 대중 교통 시스템 및 폐기물 관리 시스템의 혁신 - Collinson 1996; Roberts and Thanos 2003)이 이에 해당된다.

조안 마르티네스-알리에르(Joan Martinez-Alier, 2003)에 의하면, 환경정의는 전 세계 어느 곳에서나 발견되는 "빈곤층의 환경주의"(environmentalism of the poor)와 일맥상통한다. 다니엘 파버(Danial Faber, 2002)는 1980년대 중미 니카라과의 산디니스타(Sandinista) 정부의 "혁명적 생태"(revolutionary ecology) 개념을 자원 보존에 대한 전통적인 환경 개념과 더불어 형평성 및 사회정의의 원칙이 가미된 모델로 제시하고 있다. 실제로 인디오 원주민들 사이에는 조상으로 물려받은 생태적 지식의 방어에 대한 문헌들이 상당수 존재한다. 이들이 보유하고 있는 전통적 지식에는 지속 가능한 농업, 사회적 임학,

그리고 심지어 소규모로 지방 토산품을 만드는 장인들을 위한 자원의 생태적 관리에 이르기까지 무수히 많은 경험들이 존재한다(Bray 1995; Carruthers 1997; 2001b; Apffel-Marglin 1998). 본서는 이러한 관점에서 라틴아메리카 지역의 환경정의를 조망해 보고자 한다. 북반구와 남반구의 환경 의식 형태들을 탄력적으로 수용하여 보다 유연한 관점의 환경정의 담론을 모색할 것이다. 라틴아메리카 및 카리브 지역의 다수의 사례 분석을 통해, 본서는 수많은 원주민 공동체들 안에 내재되어 있는 정의를 향한 외침과 대중 환경주의의 독립적인 형태들에 대해 알아볼 것이다. 환경정의라는 주제와 결부된 언어학적 해석, 근본 원리 탐색, 새로운 전략의 모색 및 아직 풀리지 않은 다양한 질문들에 대해 고찰함으로써, 라틴아메리카 지역이 직면하고 있는 엄청난 사회적 · 환경적 도전과제를 이해하기 위한 새로운 통찰력과 사고 및 방법을 발견하는 기회를 제공하게 될 것이다. "이러한 의미에서, 환경정의 담론은 아마도 다양한 다른 상황을 종합하고 경험과 이해를 공유하는 통합 과정으로서 여겨질 수 있다"(Agyeman, Bullard, and Evans 2003b, p. 9).

이 책의 구성

I 부의 세 개의 장들은 라틴아메리카라는 지역적 맥락에서 환경정의와 관련된 기존 담론들, 사회운동, 분석적 담론 형성 등에 대한 개념적 쟁점들을 다루고 있다. 후아니타 선드베르그는 라틴아메리카 사회운동 안에 내재된 환경과 인종 간의 관계를 추적한다. 그녀는 인종 문제가 환경 문제에 있어 중요하지 않다거나 관계가 없다는 생각들에 일침을 가하며, 인종 문제는 이 지역 환경운동 연구에 있어 중요한 변수로 작용하고 있다고 역설한다. 피터 뉴웰(Peter Newell)은 세계 경제에 주목하여 무역과 사회정의, 환경 사이의 논쟁적인 관계에 대해

탐구한다. 전 세계의 미래에 관한 논의의 중심이 될 '남반구-북반구 간의 정의' 문제를 글로벌 차원의 경제적 · 문화적 · 개념적 통합을 통해 분석한다. 뉴웰은 환경정의에 대한 요구를 형평성, 인식 그리고 참여의 측면에서 규명하고자 하며, 이러한 가치들이 세계화의 이점과 문제점을 둘러싼 라틴아메리카의 사회적 논쟁에 있어 새로운 중심 주제로 부각되고 있다고 주장한다. 헨리 아셀스라드(Henri Acelsrad)는 남반구에서 펼쳐지고 있는 환경정의 운동을 브라질의 환경 의식의 진보와 결부시켜, 그 국내 및 국제 사회에서의 기여도에 대해 논하고 있다. '브라질 환경정의 네트워크'(Brazilian Environmental Justice Network)의 공동 창립자이기도 한 아셀스라드는 브라질 환경정의 운동의 전문 참관인이면서 동시에 실천가이자 참여자로 활동해 왔다.

II부와 III부는 라틴아메리카 및 카리브 지역에서 펼쳐지고 있는 환경정의 운동에 대한 실증적인 사례 분석으로 이어진다. 대부분 북미 지역의 환경정의 경험에 근거하여 산업적 위험에 부당하게 노출된 사례에 대해 얼마만큼 인식하고 있는지 되돌아본다. 라틴아메리카에서는 급속한 산업 발전에 따른 환경적 부담의 불공정 분배에 관한 불평등이 존재한다. II부는 이러한 산업개발의 폐해를 둘러싼 논쟁을 다루고 있는 네 가지 사례들을 소개하고 있다. 라틴아메리카의 지도자들은 근대화와 경제안정을 추구하는 가장 빠른 길로 산업화를 열망했다. 더 많은 공적 · 사적 이익 창출을 위해 산업화가 가속화되고 수많은 규제가 완화되면서, 단일 소수인종이 주도권을 지닌 전통적인 지배구조가 유지되었다. 이에 따라 인간 · 사회 및 환경 위생 부문에 초래될 결과는 고려 대상이 될 수 없었다. 하지만 다양한 지역어와 표현방식에도 불구하고, 대중들은 사회정의 및 환경 위생적 관점에서 이러한 산업적 위험에 지속적으로 대응해 왔다.

카를로스 레보라티(Carlos Reboratti)는 아르헨티나의 환경갈등에 대해 집중적으로 논하며 II부의 서두를 연다. 특히 아르헨티나의 산업기반시설 조성을 위한 "거대 개발"(mega-development) 프로젝트를 둘러싼 사회적 · 정치적 긴장 관계를 분석의 초점으로 삼고 있다. 제5장부터 제7장까지는 멕시코의 환경정의에 대해서 다루고 있다. 멕시코의 경우, 급속한 산업 발전과 북미 주변국들과의 강도 높은 통합으로 그 어느 국가보다도 강한 환경정의 의식을 갖게 되었을 것이다. 오악사카(Oaxaca)주의 환경 위험과 고형 폐기물 관리에 관한 사라 무어(Sarah Moore)의 연구는 멕시코의 정책 결정 과정에서 드러나는 시민권의 한계를 냉철하게 평가하고 있다. 제6장의 데이빗 카러더스(David Carruthers)는 미국-멕시코 국경 문제에 주목하여, 비용과 혜택 그리고 위험의 분배에 있어 글로벌 차원의 불평등이 집중화된 현장 사례를 보여준다. 그의 연구는 멕시코 국경지대 수출조립공장에서 발생하는 산업 폐기물의 영향과 미국의 에너지 수요를 충족시키기 위한 수출 플랫폼으로서 멕시코 북부 지방의 역할에 대해 고찰하고 있다. 호르디 디에스(Jordi Díez)와 레이예스 로드리게스(Reyes Rodríguez)는 멕시코 북부 지방의 광물 및 화학 회사들이 발생시키는 심각한 건강 유해 물질과 오염에 맞서 공동체 차원의 환경정의 운동이 부재하다는 사실을 일깨우며 중요한 교훈을 이끌어 낸다. 이들의 연구에서 주목할 것은 문화, 제도 그리고 역사적 장애물들이 라틴아메리카 대중 환경운동을 얼마나 심각하게 억압해 왔는지를 보여준다는 점이다.

III부에서는 친숙한 북미 지역 환경정의 학계의 전통으로부터 출발해, 다양한 언어적 차이와 지역별 환경 · 위생적 관심사를 반영한 수많은 형태의 운동 전략들이 존재하는 라틴아메리카 지역의 환경정의의 이론적 체계가 실제로 판연히 다른 양상을 나타낸다는 주장을 구체화시켜 나간다. 라틴아메리카의 전 역사를 통틀어, 사회 불평등은 토지와 천연 자원에 대한 극도로 불공평한 접근권 문제와 불가분의 관계에 놓여 있었다. 정복과 식민화 그리고 19세기 초 독립 시기와 근대의 격동기를 거치면서, 대다수의 라틴아메리카 국가들은 토지를 소유한 엘리트와 세농 간의 끊임없는 갈등으로 대변되는 논쟁과 폭력으로 점철된 정치사를 경험해 왔다. III부는 토지와 자원을 둘러싼 정치와 권력 관계에 초점을 두고 있으며, 환경적 가치를 사회정의 갈등과 결부시켜 융합하고 있다. 라틴아메리카의 토지 이용 경합 정치에 대한 미쉘 제비츠-크노스(Michele Zebich-Knos)의 분석에서, 환경적 가치는 토지 접근에 있어 전통적인 채취산업(extractive industry)과 경합을 벌인다. 국립 혹은 민간공원의 확대는 생태관광 등을 통해 보다 공평한 수익 분배의 기회를 제공해 줄 수 있을 것이다. 웬디 월포드(Wendy Wolford)는 이러한 관점에서 전 세계에서 가장 불공평한 토지 분배 구조 하에서 시달리고 있는 브라질의 사례를 소개한다. 그녀는 이러한 구조적 문제를 해결하기 위해 등장한 토지와 자원 정의 실현을 위한 운동단체의 활동을 추적하여 국지적으로 분배와 절차적 공정성을 추구하는 활동 양상에 대해 다루고 있다.

볼리비아 역시 최근 천연 자원의 이용에서 나타나는 불평등의 개념이 국가와 지역 차원에서 인식되면서 엄청난 사회적 불만이 확산되고 있다. 톰 페레올트(Tom Perreault)는 이에 대해 연대기 순으로 추적한다. 천연가스 및 수자원 민영화에 대한 다양한 저항운동의 전략을 통해, 볼리비아는 현재 시민권과 생존권 요구 사이에서 엄청난 실험을 하고 있다. 많은 환경정의 주창자들은 푸에르토리코 비에케스섬(Isla de Vieques)[3]의 미 해군 폭격훈련지 폐쇄결정은 라틴아메리카 환경

---

3) 면적은 13만 3545㎢이고 인구는 근 1만 명(2003)에 달한다. 전체 면적의 약 75%가 미군의 소유이며, 1938년 이래 미국 대서양함대 소속 항공모함 전단의 포격 훈련장으로 사용되어 왔다. 천혜의 자연조건을 갖춘 아름다운 섬으로, 울창한 숲과 산호초, 다양한 동식물종이 서식하던 섬이었다. 그러나 60여 년간 계속된 미군의 폭격훈련으로 인해 섬 곳곳에 보기 흉한 거대한 분화구가 생기고, 헬리콥터 · 탱크 · 차량 등 각종 군용 폐기물과 터지지 않은 폭탄이 있는 섬으로 변해 버렸다. 또 네이팜탄 · 고엽제 · 열화우라늄탄 등까지 사용함으로써 이 섬에 사는 주민의 암 사망률이 본토보다 훨씬 높게 나타나고, 오발사고로 인한 사망자들과 부상자들도 많이 발생하였다. 뿐만 아니라 조사 결과 이 지역 주민 대부분이 수은 · 납 · 비소 · 카드뮴 · 알루미늄 등 각종 중금속에 오염되어 있는 것으로 밝혀졌다. 이에 따라 1990년대 말부터 세계적인 환경단체들과 주민을 중심으로 미군의 폭격 훈련 중지 및 훈련장 폐쇄를 요구하는

정의 운동의 의미 있는 승리라고 주장한다. 하지만 여전히 캐서린 맥카프레이(Katherine McCaffrey)와 같은 학자들은 비에케스 사례는 여전히 지속되고 있는 환경정의 투쟁이자 더 많은 정치적 책무가 필요한 미완결 사건이라고 주장한다. 맥카프레이는 기존 미 해군의 폭격 훈련이 이 지역의 야생 서식지들을 어떻게 바꾸어 놓았고 미 해군이 남겨놓은 수많은 산업 폐기물 및 화학 중금속들이 이 지역 섬 거주민들의 삶에 어떠한 영향을 미치고 있는지를 보고하며, 미국이 이러한 문제에 대해 정치적 책임감을 교묘히 회피하고 있다고 지적한다. 마지막 장은 멕시코, 칠레, 볼리비아 수자원 통제에 대한 비교 분석을 다룬다. 스테파니 윅스트롬(Stephanie Wickstrom)은 지난 10년간 이 3개국의 수자원 정책을 추적하며, 통제와 접근 그리고 배제의 정치학에 대해 탐색한다. 윅스트롬의 분석은 국가비교분석(cross-national analysis)의 가치를 입증하고 있으며, 이 비교 분석 결과를 지역적 차원으로 확장해 라틴아메리카 환경정의의 미래를 전망하고 향후의 문제점들을 진단하는 데 있어 중요한 교훈을 안겨주고 있다.

이상의 연구가 종합적으로 함의하는 바는 비록 오늘날 라틴아메리카 국가들의 환경정의 연구나 활동이 많은 위험과 도전에 직면해 있다하더라도, 환경정의의 미래는 엄청난 가능성을 지니고 있다는 것이다. 환경정의는 라틴아메리카에서 국지적, 국가적 그리고 초국가적 차원에서 확고히 정착해오고 있다. 환경정의 담론은 남반구-북반구 차원의 글로벌 불평등이라는 거시적 쟁점에서 출발해, 오늘날에는 전 세계 다양한 지역 상황에 적합한 국지적인 의미를 가진다. 동일한 가치

시위가 일기 시작하였다. 그러던 중 2001년 4월, 섬에 거주하는 한 청년이 폭격에 맞아 사망하면서 시위는 더욱 격해졌다. 같은 해 6월 주민들과 환경운동가들이 폭격 훈련장에 무단 침입해 160명이 넘는 사람들이 미군에 체포되자, 비에케스에서는 주민투표를 실시해 80%의 지지로 미군기지 폐쇄를 결정하였다. 결국 미국 대통령도 같은 달 2003년 5월까지 훈련장 사용을 중단한다고 발표하였다. 2003년 5월 미군은 비에케스 섬에서 철수하기 시작하였고, 미군이 사용하던 동쪽 6만 702㎢는 푸에르토리코 야생동물 보호구역으로 지정해 활용하기로 함으로써 60여 년간 계속되어 온 미국 해군의 폭격 훈련은 전면 중단되었다. 그러나 동쪽 1/3과 서쪽 1만 2545㎢는 미국 어류 및 야생생물 관리국(United States Fish and Wildlife Service) 관할로 넘어가면서 이 섬 전체의 반환을 요구하는 시위는 아직도 계속되고 있다.

하에 활동하고 있는 수많은 환경정의 활동가 및 지지자, 분석가들과 마찬가지로, 우리 모두는 환경정의가 라틴아메리카 및 카리브 지역 사회에 보다 공정하고 지속 가능한 미래 건설을 위한 기회를 변함없이 제공하게 되기를 기대한다.

참고문헌

Adamson, Joni, Mei Mei Evans, and Rachel Stein, eds. 2002. *The Environmental Justice Reader.* University of Arizona Press.

Adeola, Francis O. 2000. Cross-national environmental injustice and human rights issues: A review of evidence in the developing world. *American Behavioral Scientist* 43, no. 4: 696-706.

Agarwal, Anil, Sunita Narain, and Anju Sharma. 2002. The global commons and environmental justice: Climate change. In *Environmental Justice,* ed. J. Byrne et al. Transaction.

Agyeman, Julian, Robert D. Bullard, and Bob Evans, eds. 2003a. *Just Sustainabilities: Development in an Unequal World.* MIT Press.

Agyeman, Julian, Robert D. Bullard, and Bob Evans. 2003b. Joined-up thinking: Bringing together sustainability, environmental justice and equity. In *Just Sustainabilities,* ed. J. Agyeman et al. MIT Press.

Alfie Cohen, Miriam. 2003. The rise and fall of environmental NGOs along the US-Mexico border. In *Cross-Border Activism and Its Limits,* ed. B. Hogenboom et al. Center for Latin American Research and Documentation.

Alfie Cohen, Miriam, and Luis H. Méndez. 2000. *Maquila y movimientos ambientalistas: Examen de un riesgo compartido.* Grupo Editorial Eon.

Alvarez, Sonia, Evelina Dagnino, and Arturo Escobar, eds. 1998. *Cultures of Politics/Politics of Cultures: Re-Visioning Latin American Social Movements.* Westview.

Anand, Ruchi. 2004. *International Environmental Justice: A North-South Dimension.* Ashgate.

Anner, Mark. 2003. Defending labor rights across borders: Central American export processing plants. In *Struggles for Social Rights in Latin America,* ed. S. Eckstein and T. Wickham-Crowley. Routledge.

Antal, Edit. 2003. Cross-border relations of Mexican environmental NGOs in Tijuana-San Diego. In *Cross-Border Activism and Its Limits*, ed. B.

Hogenboom et al. Center for Latin American Research and Documentation.

Apffel-Marglin, Frederique. 1998. *The Spirit of Regeneration: Andean Culture Confronting Western Notions of Development.* Zed.

Bejarano, Fernando. 2002. Mexico-US environmental partnerships. In *Cross-Border Dialogues,* ed. D. Brooks and J. Fox. Center for US-Mexico Studies, University of California, San Diego.

Bray, David Barton. 1995. Peasant organizations and "the permanent re-construction of nature": Grassroots sustainable development in Mexico. *Journal of Environment and Development* 4: 185-204.

Broad, Robin, ed. 2002. *Global Backlash: Citizen Initiatives for a Just World Economy.* Rowman and Littlefield.

Brooks, David, and Jonathan Fox, eds. 2002. *Cross-Border Dialogues: US-Mexico Social Movement Networking.* Center for US-Mexico Studies, University of California, San Diego.

Bryant, Bunyan. 1995. *Environmental Justice: Issues, Policies, Solutions.* Island.

Bryant, Bunyan, and Paul Mohai, eds. 1992. *Race and the Incidence of Environmental Hazards: A Time for Discourse.* Westview.

Bullard, Robert D. 1993. *Confronting Environmental Racism: Voices from the Grassroots.* South End.

Bullard, Robert D., ed. 1994. *Unequal Protection: Environmental Justice and Communities of Color.* Sierra Club Books.

Byrne, John, Leigh Glover, and Cecilia Martinez. 2002. *Environmental Justice: Discourses in International Political Economy.* Transaction.

Byrne, John, Cecilia Martinez, and Leigh Glover. 2002. A brief on environmental justice. In *Environmental Justice,* ed. J. Byrne et al. Transaction.

Camacho, David E. 1998. *Environmental Injustices, Political Struggles: Race, Class, and the Environment.* Duke University Press.

Carruthers, David. 1997. Agroecology in Mexico: Linking environmental and indigenous struggles. *Society and Natural Resources* 10: 259-272.

Carruthers, David. 2001a. Environmental politics in Chile: Legacies of dictatorship and democracy. *Third World Quarterly* 22, no. 3: 343-357.

Carruthers, David. 2001b. The politics and ecology of indigenous folk art in Mexico. *Human Organization* 60, no. 4: 356-366.

Chalmers, Douglas A., et al., eds. 1997. *The New Politics of Inequality in Latin America: Rethinking Participation and Representation.* Oxford University Press.

Cole, Luke W., and Sheila R. Foster. 2001. *From the Ground Up: Environmental Racism and the Rise of the Environmental Justice Movement.* New York University Press.

Collinson, Helen. 1996. Green Guerrillas: *Environmental Conflicts and Initiatives in Latin America and the Caribbean.* Monthly Review Press.

Commission for Racial Justice, United Church of Christ. 1987. *Toxic Wastes and Race in the United States.*

Di Chiro, Giovanna. 1998. Environmental justice from the grassroots: Reflections on history, gender, and expertise. In *The Struggle for Ecological Democracy,* ed. D. Faber. Guilford.

Durning, Alan. 1992. *How Much Is Enough? The Consumer Society and the Future of the Earth.* Norton.

Eckstein, Susan, and Timothy Wickham-Crowley. 2003. *What Justice? Whose Justice? Fighting for Fairness in Latin America.* University of California Press.

Esteva, Gustavo, and Madhu Suri Prakesh. 1998. From global to local: Beyond neoliberalism to the international of hope. In *Grassroots Postmodernism,* ed. G. Esteva and M. Suri Prakesh. Zed.

Faber, Daniel. 1993. *Environment under Fire: Imperialism and the Ecological Crisis of Latin America.* Monthly Review Press.

Faber, Daniel. 2002. A revolution in environmental justice and sustainable development: The political ecology of Nicaragua. In *Environmental Justice,* ed. J. Byrne et al. Transaction.

Finnegan, William. 2003. The economics of empire: Notes on the Washington Consensus. *Harper's Magazine*, May: 41-54.

Fisher, William, and Thomas Ponniah, eds. 2003. *Another World Is Possible:*

Popular Alternatives to Globalization at the World Social Forum. Zed.

Fritz, Jan Marie. 1999. Searching for environmental justice: National stories, global possibilities, *Social Justice* 26, no. 3: 174-190.

Gilbert, Alan. 1994. *The Latin American City.* Russell.

Glover, Leigh. 2002. Globalization.com v. ecological justice.org: Contesting the end of history. In *Environmental Justice*, ed. J. Byrne et al. Transaction.

Hofrichter, Richard, ed. 1993. *Toxic Struggles: The Theory and Practice of Environmental Justice.* New Society.

Hogenboom, Barbara, Miriam Alfie Cohen, and Edit Antal. 2003. *Cross-Border Activism and Its Limits.* Center for Latin American Research and Documentation.

Hunold, Christian, and Iris Marion Young. 1998. Justice, democracy, and hazardous siting. *Political Studies* 46, no. 1: 82-95.

Keck, Margaret, and Kathryn Sikkink. 1998. *Activists beyond Borders: Advocacy Networks in International Politics.* Cornell University Press.

Kelly, Mary E. 2002. Cross border work on the environment. In *Cross-Border Dialogues*, ed. D. Brooks and J. Fox. Center for US-Mexico Studies, University of California, San Diego.

Khor, Martin. 1993. Economics and environmental justice: Rethinking North-South relations. In *Toxic Struggles*, ed. R. Hofrichter. New Society.

Kiefer, Chris, and Medea Benjamin. 1993. Solidarity with the Third World: Building an international environmental justice movement. In *Toxic Struggles*, ed. R. Hofrichter. New Society.

Kopinak, Kathryn, and Maria Del Rocio Barajas. 2002. Too close for comfort? The proximity of industrial hazardous waste to local populations in Tijuana Mexico. *Journal of Environment and Development* 11, no. 3: 215-247.

Leff, Enrique, ed. 2001. *Justicia ambiental: Construcción y defensa de los nuevos derechos ambientales, culturales, y colectivos en América Latina.* PNUMA.

Lievesley, Geraldine. 1999. *Democracy in Latin America: Mobilization,*

Power and the Search for a New Politics. Manchester University Press.

Martinez-Alier, Joan. 2003. Mining conflicts, environmental justice, and valuation. In *Just Sustainabilities*, ed. J. Agyeman et al. MIT press.

Mutz, Kathryn M., Gary C. Bryner, and Douglas S. Kenney, eds. 2002. *Justice and Natural Resources: Concepts, Strategies, and Applications*. Island.

Naumann, Talli. 2004. *The Environmental Right-to-Know Movement*. Interhemispheric Resource Center.

Novotny, Patrick. 2000. *Where We Live, Work, and Play: The Environmental Justice Movement and the Struggle for a New Environmentalism*. Praeger.

OLCA (Observatorio Latinoamericano de Conflictos Ambientales). 2005. *Justicia ambiental: un derecho irrenunciable*.

Paré, Luisa, David Bray, John Burstein, and Sergio Martínez, eds. 1997. *Semillas para el cambio en el campo: Medio ambiente, mercados, y organización campesina*. Imagen Textual.

Pellow, David N. 2000a. Environmental inequality formation: Toward a theory of environmental justice. *American Behavioral Scientist* 43, no. 4: 581-601.

Pellow, David N. 2000b. African American labor at the margins: Exploring the emergence of environmental health hazards in the workplace. *Research in the Sociology of Work* 9: 95-114.

Rees, William E., and Laura Westra. 2003. When consumption does violence. In *Just Sustainabilities*, ed. J. Agyeman et al. MIT Press.

Reilly, Charles A., ed. 1995. *New Paths to Democratic Development in Latin America: The Rise of NGO-Municipal Collaboration*. Lynne Rienner.

Rhodes, Edwardo Lao. 2003. *Environmental Justice in America: A New Paradigm*. Indian University Press.

Roberts, J. Timmons, and Nikki Demetria Thanos. 2003. *Trouble in Paradise: Globalization and Environmental Crisis in Latin America*. Routledge.

Sachs, Wolfgang. 2002. Ecology, justice, and the end of development. In *Environmental Justice*, ed. J. Byrne et al. Transaction.

Schlosberg, David. 1999. *Environmental Justice and the New Pluralism: The*

Challenge of Difference for Environmentalism. Oxford University Press.

Schlosberg, David. 2003. The justice of environmental justice: Reconciling equity, recognition, and participation in a political movement. In *Moral and Political Reasoning in Environmental Practice*, ed. A. Light and A. deShalit. MIT Press.

Shiva, Vandana. 1997. *Biopiracy: The Plunder of Nature and Knowledge*. South End.

Taylor, Dorceta. 2000. The rise of the environmental justice paradigm. *American Behavioral Scientist* 43, no. 4: 508-580.

Weissman, Robert. 1993. Corporate plundering of Third World resources. In *Toxic Struggles*, ed. R. Hofrichter. New Society.

Westra, Laura, and Bill E. Lawson. 2001. *Faces of Environmental Racism: Confronting Issues of Global Justice*. Rowman and Littlefield.

Williams, Heather. 2002. Lessons from the labor front: The Coalition for Justice in the Maquiladoras. In *Cross-Border Dialogues*, ed. D. Brooks and J. Fox. Center for US-Mexico Studies, University of California, San Diego.

Wright, Angus. 2005. *The Death of Ramón González: The Modern Agricultural Dilemma*. University of Texas Press.

미주

1 많은 부채를 안고 있는 라틴아메리카 및 카리브 지역 국가들은 만성적인 재정 적자로 인해 환경 관련 재원을 충분히 조달하지 못한다. 이로 인해 환경 정책의 집행 및 효율성이 약화되고 있다. 실제로 많은 지역에서 규제를 꺼리는 다국적기업이나 국내 산업자본의 이익을 우선시하여 기업 환경에 유리한 조건들을 고려하게 되면서 국가의 규제 능력이 한계를 나타내고 있기도 하다.

2 전 세계 환경정의 연구 및 이와 관련된 운동에 대해서는 Westra and Lawson 2001, Adamson, Evans, and Stein 2002 및 Agyeman, Bullard, and Evans 2003a 참조. 또한 Fritz 1999, Adeola 2000, and Anand 2004 참조.

3 이들이 제안한 "공정 무역 캠페인"(fair trade campaign)이 북미자유무역협정(NAFTA)의 "공정하고 지속 가능한 대안"(just and sustainable alternative)으로 채택된 것은 아니지만, 이러한 제안들은 미국 의회와 클린턴(Clinton) 행정부가 북미자유무역협정의 체결로 인한 노동 남용 및 환경 파괴 방지를 위해 기본적인 보호를 보장하는 별도의 협정문(parallel side agreement)에 조인하도록 압력을 가했다(Brooks and Fox 2002).

I부

라틴아메리카에서의 환경정의란? 글로벌 차원의 개념적 도전

제1장

인종 추적: 라틴아메리카 환경정의 연구에서의 환경 유형 맵핑(mapping)

Juanita Sundberg

"백인처럼 살기위해 흑인처럼 일한다"(Trabajo como negro para vivir como blanco)

- 멕시코 속담

최근 저서에서, 미주기구(Organization of American States: OAS)의 미주인권위원회(Inter-American Commision on Human Rights: IACHR)의 아리엘 둘릿스키(Ariel Dulitzky)는 라틴아메리카가 인종차별과 인종주의를 부정하는 지역이라고 주장한다. 둘릿스키(2005, p. 40)는 2000년 한 남아메리카 지역 인권 분석가의 연구를 인용해 "[남아메리카의] 대통령들은 '전 세계 다른 지역에서' 인종주의 및 인종차별적 징후와 표현이 다시 등장하고 있는 것과 관련해 상당한 우려를 표명하고 있으며, 이러한 현상의 확산으로부터 남아메리카를 보호하는데 전념할 것이라는 소신을 개진했다"고 밝히고 있다. 둘릿스키의 관점에 따르면, 멕시코의 '메스티사헤'(mestizaje: 인종 혼합)와 브라질의 인종 민주주의와 같이 인종 간 조화라는 국가적 신화가 식민주의 및 탈식민주의적 맥락 안에서 백인화 정책이라는 공식적인 가면을 통해, 사회적 관계 구성에 있어 인종 문제를 감추는 역할을 하고 있다.

이와 같은 국가적 신화에도 불구하고, 둘릿스키(ibid., p. 48)는 많은 사람들이 인종을 "[라틴아메리카] 사회에서 성공할 수 있는 기회와 가능성을 결정짓는 중요한 요소"로 받아들이고 있다고 주장한다. 논란의 여지가 있긴 하지만, 실제로 많은 이들이 인종을 자연 자원에 접근할 수 있는 중요한 요소이자, 환경적 위험(살충제, 독성 폐기물) 및 자연적 위험에의 노출 여부와 환경적 혜택(맑은 공기, 물, 비옥한 토양)을 수혜할 기회, 환경 정책의 수립과 이행 및 집행 과정에 참여 여부를 결정짓는 요소로 인식하고 있다. 하지만 연구자들은 이러한 환경적 쟁점들의 인종적 측면을 도출하여 다루는데 있어서는 신중한 태도를 보여 왔다. 그 결과, 인종 문제가 환경 문제와 어떠한 방식으로 결부되어 라틴아메리카의 사회적 · 환경적 불평등을 창출해왔는지에 대한 이해가 부족한 실정이다.

본 장을 통해 나는 인종 문제가 라틴아메리카 국가들에서 인간과 환경과의 관계를 고려할 때 왜 중요한 핵심 분석 변수로 포함되어야 하는지에 대해서 설명해 보고자 한다. 라틴아메리카의 인종 분류 체계는 '환경 유형화'(environmental formation)를 통해 이루어져 왔고, 이는 역사적으로 나타나는 '환경적 이미지'(environmental imaginary),[1] 천연 자원 분배를 위한 합법적인 틀, 광범위한 정치 · 경제적 맥락에 의해 작동되는 환경 변화의 양식 간의 구체적인 표현들을 의미한다. 인종적 서열과 환경 유형화와의 접목 관계를 추적하는 방법들은 인종 문제가 환경부정의를 체계화하고 합리화시키는 방식에 대한 새로운 학문적 해석능력을 고취시킬 수 있을 것이다.

라틴아메리카의 사회적 관계 구성에서 인종 문제의 역할에 대해 논의함에 있어, 나는 인종과 인종주의와 관련된 차별화된 개념적 틀을 적용해 각각의 범주가 라틴아메리카 환경정의 연구에 미친 영향에 대해 전체적인 윤곽을 제시하고자 한다. 이를 위해, 식민 시대부터 오늘날까지 이어지는 여러 실증적 사례들을 통해 천연 자원에 대한 특정 태도와 관계 그리고 요구가 어떻게 사회적 · 정치적 차이의 생산으로 이어져 국가의 일원을 규정하는 문제로까지 확대되게 되었는지 밝혀내고자 한다. 결론에서는 이러한 접근법들을 종합하여 라틴아메리카 환경정의 연구에 대한 새로운 시각을 제시하고자 한다. 궁극적으로 본 장의 목적은 그동안 환경 분야에서 배제되었거나 실천적 차원에서 담론으로 발전하지 않았던 새로운 쟁점들에 주목하여, 이러한 쟁점들이 어떠한 방식을 통해 당연시되어 왔으며 이들의 실질적인 담론화가 왜 타당성이 있고 필요한 지에 대해 설명하고자 한다.

본격적인 논의를 시작하기에 앞서, 먼저 용어에 대한 명확한 정의가 필요하다. 첫째, 본 장에서 사용하는 '환경정의'(environmental justice)라는 용어는 라틴아메리카 연구에서 일반적으로 학자들이 사용하는 규범적인(normative) 개념이 아니라 조사연구(investigative) 차원의 접근방법을 지칭하는 것이다. 본 장은 환경정의의 개념 및 라틴아메리카에서의 접근방법 개발에 관심이 있는 학자들을 대상으로 쓰여진 글이기 때문에, 여기서 종종 사용되는 "우리"('us' 혹은 'we')는 이들 집단을 포함하는 용어임을 밝혀두는 바이다. 둘째, 인종에 대한 개념은 데이빗 테오 골드버그(David Theo Goldberg 1993, p. 81)의 정의에 따라 "정체성이 규명된 집단을 정당화시키는 수단으로, 세계 안에서 존재의 자연 그대로의 모습과 제도적 구조로 표현될 수 있으며 이와 같이 존재가 표현되는 방식을 통해 인종은 자연법과는 차별화된 질서를 수립하고 동시에 합리화시키는 것"으로 규정하고자 한다. 이는 인종적 범주를 생물학적 차이의 개념에 의해 분류한 것이 아니라, 넓은 범위의 문화적 표현을 포함할 수 있는 것으로 인식하는 것이다. 셋째, '인종'(race)에 대해서는 낸시 아펠바움(Nancy Appelbaum), 앤 맥퍼슨(Anne Macpherson) 그리고 카린 로셈블라트(Karin Rosemblatt 2003b, p. 2)가 개괄적 차원에서 언급한 "시공간을 초월하여 다양한 형태를 띠는 우발적인 역사적 현상"이라는 개념을 차용하고자 하며, '인종화'(racialization)는 "계급 담론에 따라 인간적 차이를 만들어내는 과정"을 의미하는 개념으로 사용할 것이다. 하지만 이러한 개념을 규정함에 있어, 인종적 범주를 자연 발생적인 것으로 구체화하려는 것은 아니며, 어떻게 이러한 범주가 존재하게 되었는가를 이해하는 배경으로 제시된 것임을 밝혀두는 바이다.

사회 · 환경적 관계 구성에 있어 인종이 차지하는 역할은 무엇인가?

라틴아메리카 지역에서 인종과 환경 문제를 접목시켜 연구하기 위한 적합한 틀 개발의 필요성은 사실 내가 학위논문 연구에서 경험했던 몇몇 뼈아픈 좌절과 시련에서 출발한다. 과테말라에서 현장실습을 하는 동안 나는 미국에 본부를 둔 한 비정부기구(NGOs)가 수행하고 있던 환경 보존 프로젝트가 기존의 사회적 계급의 양산 및 재생산에 기여하고 있다는 사실에 놀라움을 감출 수 없었다(Sundberg 1998a). 특히, 인종 서열화가 재현되고 있다는 사실이 의심되는 와중에도, 이 문제를 어떻게 접근해야 할지 몰랐다. 지금에 와서야 깨달은 것이지만, 그 당시 난 과테말라의 사회 · 환경적 관계 속에서 인종화 과정이 어떻게 조직되는지에 대해 분석할 만한 이론적 기반을 갖추고 있지 못했다. 간단히 말해, 수많은 혜택을 누리는 미국 백인 학자임에도 불구하고, 나는 인종 문제를 '보거나'(see) '느낄'(feel) 수 있도록 교육받지 못했던 것이다. 오히려 인류가 각각 고유의 지리적 · 생물학적 특징에 따라 서로 다른 인종으로 나뉘었다는 학설을 지지할 만한 과학적 근거가 충분치 않기 때문에 "[복수의] 인종"(races)은 존재하지 않는다고 배웠다.

인종을 보거나 느끼기 못하는 나의 무능력함은 지리학적 훈육에 의해 더욱 악화되었다. 말 그대로 지리학은 패권을 가진 특정 인종 유형이 공간 및 장소, 환경 조성을 위해 어떻게 조직적으로 작용하는지에 대해서는 별다른 정보를 제공해 주지 않기 때문이다(Bonnett 1997; Kobayashi and Peake 2000). 이는 지리학이 식민주의 및 제국주의 프로젝트 맵핑(mapping)과 차이의 범주화를 위한 훈육의 기원으로서 양산된 결과물이기 때문일지도 모른다. 라우라 풀리도(Laura Pulido 2002)가 주장하듯, 또 다른 중요한 요소는 북아메리카 지역의 지리학과에서 가르치는 종족 구성이다(Mahtani 2004 참조). 지리학에서 주류를 이루는 사회 · 공간적 경험에 따르면, 백인성은 문제점으로 간주되거나 분석할 가치가 있다고 여겨지는 것들을 구체화시켜 전개해나가며, "우리의 지적 생산을 왜곡"하고 있다(Pulido 2002, pp. 45, 46).

비전문가였던 내 시각에서는 어리둥절한 이야기들이었지만, 나는 사회 · 공간과 환경과의 관계를 구성하는 데 있어 인종이 차지하는 역할이 무엇인지를 밝혀내기 위한 분석 도구를 찾기 시작했다. 이어서 나는 오늘날 인종과 환경정의에 대한 연구를 둘러싼 최근의 논쟁에서 인종과 인종주의에 대한 두 가지 근본적인 관점을 도출해냈다. 첫 번째 집단은 '자유주의 사회과학 패러다임'(liberal social science paradigm)에 해당되며, 두 번째 집단은 '비판적 인종이론'(critical race theory)의 영향 하에서 형성되었다.[2] 간략히 말해, 본 장의 목적은 인종의 역할에 대한 이러한 이론적 가정들이 라틴아메리카 지역의 환경정의 연구를 어떻게 규정해낼 수 있을 지에 대해 고찰하는 것이다.

미국 학계에서 지배적인 자유주의 패러다임은 서로 다른 사회적 집단 간의 생물학적 혹은 유전학적 차이에 대한 과학적 신념이 뒷받침되는 경우에도, 인종적 사고를 과거의 현상으로 치부하는 경향이 있다(Winant 2001). 북아메리카 지역의 민주주의 체제는 입법행위를 통해 과거의 불평등을 바로잡는 수단으로 간주되고, 소위 시민이라는 명칭을 부여해 일종의 관용적인 "인종적 실명"(race-blind)이나 다문화 사회를 건설하는 데 도움을 주었다고 여겨진다(D'Souza 1991). 인종주의란 유색인종에 대한 의식적 차별로 정의되고, 인종주의자들은 과거의 인종차별에 집착하는 집단 혹은 극단주의자로 분류된다. 실제로, 미국에서 사법 판결은 갈수록 차별에 대한 '고의성'(intentionality)의 입증 여부에 따라 인종주의에 대한 법적 정의를 엄격히 적용하고 있다(Delgado and Stefanic 2000). 이와 같은 관점은 '절차적 변화'(procedural change)가 '사회적 변화'(social change)를 생산한다는 가정 하에 형성되며, 그렇게 함으로써 시민권에 대한 장벽을 제거할 수 있다고 본다(Pulido 1994). 이러한 "포스트-인종적"(post-racial) 논쟁에서 인종은 분석 범주로서의 가치를 상실했다.

둘릿스키(2005)가 주장하듯이, 현대 라틴아메리카 국가에서 인종차별은 다음과 같은 네 가지 방식에 의해 공식적으로 부인되어 왔다. 첫째, 라틴아메리카 정부들은 인종차별 혹은 인종분리 정책이 이 지역에서 입법화된 적이 없다고 역설한다(ibid., p. 45). 이러한 주장은 자유주의 철학 사상이 스페인 식민주의로부터 라틴아메리카 지역의 독립을 주도하였으며, 신생 국가의 건설과 함께 보편적 시민권의 확립으로 이어졌다는 시각에 근거한다. 이는 인종주의가 법적으로 명문화되었을 때만 존재하게 된다는 것을 의미한다. 둘째, 라틴아메리카 체제는 인종차별을 빈곤에 대한 차별로 본다. 예컨대, 페루 정부가 주장하듯이, "오늘날 페루 국민들은 사실상 혼혈 인종으로, 더 이상 인종 문제는 존재하지 않는다. 대신, 특정 인구 집단에서의 경제적 저개발의 문제가 존재할 뿐이다."(Dulitsky 2005. p. 44에서 인용) 셋째, 라틴아메리카 지도자들과 지식인들은 "우리는 모두 멕시코인이다"라든지, "우리는 모두 메스티조이다", 혹은 "우리는 모두 백인이다" 등과 같이, 동질적인 정체성에 근간을 둔 국가건설을 위해 통합의 정치적 수사를 들먹인다(Graham 1990; Radcliffe 1996; Wade 1997). 가령, 카를로스 스미스(Carlos Smith 1999)가 주장하듯이, 북아메리카 지역 인류학자들은 공식적인 용어를 통해 과테말라 인디오 주민들에 대한 인종차별의 부재를 주장한다. 이들은 비원주민적 정체성으로 '라디노'(ladino)[3]

라는 용어를 사용하여 범주화하고 있기 때문이다(Warren 2000 참조). 결론적으로, 둘릿스키(2005)는 라틴아메리카 정부들이 인종주의에 대해 일부 개인이나 소집단에 의해 야기되는 고립된 혹은 부차적인 사건이나 행위로 인식하고 대응하는 경향이 있다고 피력한다.

자유주의 사상가들과는 반대로, 비판적 인종 이론가들은 인종이라는 것이 자연적 사실로 존재하지 않거나 유용한 과학적 범주로 간주되지 않는다고 하더라도 인종화 과정은 지속적으로 사회적 관계를 조직하고 있으며, 누가 '정치적 통일체'(body politic)에 관여하는지를 규정하고 있다고 지적한다(Delgado and Stefanic 2000; Appelbaum et al. 2003a). 다소 "시대에 뒤떨어진"(antiquated) 혹은 "비합리적인"(irrational) 방식일지는 모르지만, 인종적 사고는 식민주의를 비롯해 민족주의, 자본주의, 자유민주주의와 같은 근대 사회의 형성 과정에서 발견되는 다양한 유형들과 밀접한 연관관계 속에서 발전해왔다(Goldberg 1993; Winant 2001; Silverblatt 2004). 애초부터 비판적 이론가들은 자유민주주의가 모든 사람의 자유와 평등을 선언하고 있긴 하지만, '동시에'(and) 계급, 젠더 그리고 인종적 서열에 기초해 시민권을 제한하고 있다고 주장해 왔다(Winant 2001). 심지어 민주주의가 확립된 현대 사회에서도 모든 사람이 법 앞에 평등한 것은 아니라고 주장한다(Delgado and Stefanic 2000). 인종이 유일한 하나의 변수이긴 하지만, 불평등의 창출은 중대한 문제이다. 골드버그(Goldberg 1993)에 따르면, 인종은 "그들 각자의 권리를 부정하거나 무시하는 행위를 용인하게 함으로써 타자의 소외를 가속화 시킨다"고 보았다. 골드버그가 주장하듯이, 인종적 사고는 집단 사이의 불평등과 부당성이 '왜'(why) 사회적으로나 법적으로 수용되는지에 대한 설득력 있는 근거를 제시한다.

많은 학자들이 설명하고 있듯이, 라틴아메리카 지역의 인종적 사고는 스페인 식민 관료주의와 법적 구조 형성에 있어 중요한 요소이자 동시에 그 안에 내재되어 있는 요소였다(Silverblatt 2004). 라틴아메리카 시민권의 탈식민주의적 틀은 이러한 구조 위에 성립되었다(Appelbaum et al. 2003a; Graham 1990; Radcliffe and Westwood 1996; Wade 1997). 자유주의자들은 어쩌면 보편적 권리를 요구했을지도 모르지만, 정당한 시민에 대한 권리는 크리올(creole)[4]적인 "지식과 재산권 그리고 개인의 자주권"에 의해 특징 지어지는 "백인성과 남성성" 중심적인 사상에 깊은 뿌리를 두고 있다(Appelbaum et al. 2003b, p. 4). 이러한 사상에 부합하지 않는 이들(여성과 인디오, 메스티조[혼혈 인종], 흑인노예들)은 생물학적으로 그리고 인종적으로 열등한 위치에 있었고 따라서 시민으로서의 권리나 의무에 대한 주장은 거의 불가능한 일이었다(Dore and Molyneux 2000; Wade 1997). 게다가 사회 통합의 국가적 신화는 유럽 이민, 혼혈, 동화, 심지어 극단적인 경우에는 집단학살을 통해서라도 백인화를 추구하려는 했다는 점에서, 근본적으로 배제적 형태를 띠고 있었다는 사실을 알 수 있다(Bonnett 2000). 혼혈 및 동화과정이 힘의 민주화나 대등화를 대변한다는 공식적 혹은 일반적인 주장에도 불구하고, 백인성은 라틴아메리카 사회에서 여전히 특권을 유지하고 있으며, "백인 중심의 사회에서 보다 나은 사회적 지위, 직업 그리고 교육의 기회를 얻을 수 있는 본질적인 요소이다"(Dulitzky 2005, p. 49; Bonnett 2000 참조).

라틴아메리카 '신사회운동'(New social movement: NSM)은 인종적 사고가 진보 정치에 의해 개선된 오래된 관행으로 인식하는 자유주의적 관념에 의문을 제기하고 있다. 인디오, 흑인, 페미니스트, 게이와 레즈비언 그리고 환경운동단체들은 - 최근 부각되고 있는 일부 행위자들만 언급하자면 - 정치적 행위자 및 쟁점 혹은 정치적 영역으로 분류되는 패권 개념에 이의를 제기하며 목소리를 높여가고 있다(Alvarez, Dagnino, and Escobar 1998). 특히, 인디오와 아프리카계

4) 신대륙 발견 이후 아메리카 대륙에서 태어난 에스파냐인의 자손들을 일컫는 말

후손들의 공동체 운동은 메스티조 혹은 라디노로서의 동일한 시민 의식 형성을 위해 동질화 개념에 입각해 추진되었던 라틴아메리카 국가 건설 프로젝트에 엄청난 논쟁을 유발시켰다(Bianchi et al. 1999; Brysk 2000; Hooker 2005; Warren and Jackson 2002). 이러한 운동의 전개와 더불어, 수많은 라틴아메리카 국가들에서 다민족, 다문화 또는 다언어적 특징을 인정하여, 이를 제도적으로 수용하는 새로운 헌법이 비준되었으며, 이와 동시에 인디오들과 아프리카계 후손들에게 공동 토지권을 비롯한 구체적인 권리가 보장되기에 이르렀다(Van Cott 2000, 2005; Hooker 2005).

라틴아메리카에서의 환경정의 실현을 위한 인종적 역할에 관한 논쟁의 타당성

위와 같은 서로 다른 개념적 차이는 환경부정의 연구에 있어 어떤 함의를 지닐 수 있을까? 만일 인종적 실명이나 메스티조 사회 내의 일탈 형태인 다소 고립된 유형의 자유주의적 관점을 통해 인종주의를 바라본다면, 학자들은 인종화된 공동체를 구별하고자 하는 정책이나 판단에 대한 증거를 반드시 제시해야만 한다. 가령, 현재 미국에서의 '환경 인종주의'(environmental racism)의 정의는 자유주의적 관점의 사회적·법적 맥락에서 이루어지고 있다. 예컨대, 버니언 브리안트(Bunyan Bryant 1995, p. 6)는 환경 인종주의의 정의와 관련해 "지정된 생물학적 특징에 기초해… 가장 덜 바람직한 토지 사용을 위해 '의도적으로'(deliberately) 대상화한 특정 공동체에 강요되는 제도적인 규칙 및 규제 그리고 정부의 정책이나 기업의 결정들을 언급하고 있다"(작은따옴표 강조는 저자의 것). 프란시스 아데올라(Francis Adeola 2000, p. 688)도 환경 인종주의를 정의하며 '의도적'(deliberate)이라는 단어를 사용하고 있다. 요컨대, 인종차별주의에 대한 의도성을 증명하기 위해서는 불평등이 인종적 사고와 결부되어 있다는 주장을 뒷받침할 만한 증거가 반드시 제시되어야만 한다.

반면에, 만일 인종과 인종화 과정이 체계적 · 구조적 수준에서 사회 · 공간적 관계의 필수적인 구성요소로 간주된다면, 환경부정의 연구는 인종주의가 존재한다는 사실을 증명할 필요가 없을 것이다(Pulido 1996). 오히려 이들은 환경 관련 의사결정과 그에 따른 불평등한 효과를 체계화하거나 합리화시키고자 하는 목적에서, 다층적 범위에서 발생하는 권력의 다른 축을 통해 어떻게 인종 문제가 작동하는가에 대한 분석을 시도할 것이다.

로스앤젤레스(Los Angeles)의 환경 인종주의에 대한 풀리도의 연구는 이러한 접근방식에 대한 좋은 본보기를 제공한다. 풀리도(2000, p. 15)는 미국에서 인종 형성에 대한 연구를 진행해 왔는데, 그녀는 "백인들의 특권적 지위를 재생산하는 구조 및 관습, 이데올로기"를 망라하는 이러한 패권 성립 과정을 "백인적 특권"(white privilege)으로 명명하고 있다. 풀리도가 주장하듯이, 이러한 인종 형성 과정에서 나타나는 백인적 특권은 인종주의의 무의식적 형태이기 때문에, 인종주의는 차별화를 통한 의도적 행위에 국한되지 않는다. 그녀에 따르면, "백인들은 유색인종에게 불필요하게 의도적으로 상처를 주려하지 않는다. 다만, 이는 백인들이 자신들의 하얀 색 피부가 가지고 있는 특권에 대해 전혀 의식하지 못하고 있기 때문이며, 오랫동안 현상유지를 통해 누려온 사회적 · 경제적 혜택 탓에 불가피하게 나타나는 행동이다." 이러한 주장을 근거로, 풀리도는 로스앤젤레스의 환경적 인종주의에 대해 백인적 특권을 보호하고자 하는 의도를 지닌 무수히 많은 개인과 제도적 결정의 효과라고 결론짓는다.

이와 같이, 서로 다른 이론적 틀의 타당성과 유용성을 진지하게 검토하는 것은 라틴아메리카의 환경부정의에 대한 연구를 수행하는 우리에게 지워진 학자적 임무이다. 우리의 제도적 가르침들이 우리로 하여금 어떠한 방식으로 인종을 보고, 느끼고, 해석하게 했는가? 서로 상반된 입장에 있는 자유주의와 비판적 이론의 논쟁적 틀은 무엇을 부각시킬 수 있는가? 무엇이 우리의 인식을 흐리게 하는가? 과테말라의 불평등 양상에 대해 고찰하고자 했던 나의 시도는 인종과 인종주의에 관한 매우 제한적이고 한정적인 개념만을 발견해냈을 뿐이다. 왜냐하면 분석을 통해 살펴봤을 때, 이들은 이미 사회적 관계의 전 영역에서 고립되어 있는 것처럼 보였기 때문이다. 이는 마치 어떠한 일상의 담론과 관습을 통해 시민권을 지니게 된 주체인지가 전혀 상관없는, 사회적 질서에 대해 무지한 상태와도 같다. 개인적인 생각으로는, 신사회운동(NSM)에 의해 고취된 정치적 혹은 이론적 의문점들은 어떻게 환경부정의가 발생하게 되었는지 그 원인 파악에 대한 연구로 이어져야 한다. 또한 이러한 질문들은 어떻게 사회적 주체가 국가 구성원으로서 포함되거나 배제되어 왔는지와 더불어, 특정 역사적 시점에서 이들이 어떻게 범주화되었는지에 대한 의문으로 연결되어야 한다. 여기에 더 추가하자면, 이러한 범주들이 환경적 유형과 어떻게 접목되는지에 대한 의문도 밝혀져야 할 것이다. 따라서 다음 섹션에서는 라틴아메리카 환경부정의에 대한 이러한 의문점들을 중심으로 새로운 해석을 시도해 보고자 한다.

인종과 환경 유형: 라틴아메리카적 맥락에서의 연계성 탐색

비판적 인종 이론가들은 사회 주체를 구성하는 합법적인 틀의 역할에 대해 지적한다. 신사회운동은 일상생활에서의 담론과 관습들이 인종 범주 체계를 신체, 가정, 이웃, 자연, 그리고 국가를 포괄하는 지리학과 교차하는 다층적인 범위에서 구성한다는 점을 들어 우리의 관심을 집중시키고 있다. 인종과 환경 유형 간의 상관관계를 추적하기 위해서는 방법론적 접근이 중요한데, 과거의 특정 쟁점이나 사례 분석을 토대로 어떠한 방식으로 사회적 집단이 범주화되고, 어떤 이들이 국가 구성원에 포함되고 배제되는지 그리고 무슨 까닭으로 이들이 공간적·환경적 실천 형태를 갖추게 되는지를 탐색해 보아야 한다. 따라서 "여차여차한"(such and such) 지리 영역 내의 "원주민"(indigenous people) 혹은 "여차여차한 인종 집단"(such and such group)과 같은 기존에 존재했거나 당연시되는 범주에서 출발하는 대신에, 우리는 역사적으로 서로 다른 상황 속에 존재했던 행위자들이 어떠한 방식으로 사회적·정치적 행위의 중요한 세 가지 영역 안에 이러한 범주들을 끌어들이는지 탐색해 볼 필요가 있다. 여기서 말하는 세 가지 영역이란 자원과 권리에 대한 접근을 제한하는 합법적인 틀, 사회 내에서 시민권을 가진 주체 및 이들의 사회적·지리적 위치를 구성하는 분류 체계, 그리고 환경 유형이다. 이 세 가지 요소들의 상관관계가 개별 국가들의 독특한 역사, 국가의 상징적 이미지, 국민, 지리적 특징들에 따라 시간과 공간에서 어떠한 차이를 나타내게 되는지를 분석해 볼 것이다.

이러한 접근방식을 통해 잠재적 통찰력을 보여주기 위해, 나는 통시적·공시적 맥락에서 이 분야에 대한 연구를 수행해 온 학자들의 학술적 성과물들에서 선별한 일련의 실증적 사례들을 활용할 것이다. 이러한 방식의 적용을 통해, 나는 이미 라틴아메리카 연구 분야에 수없이 많이 존재하는 이론의 나열과 그 모든 이론의 무의미한 적용을 피하고자 한다. 나의 목적은 훨씬 더 평범한 것이다. 이러한 연구 분야에서 중요한 사회적 영역들을 밝혀내어, 환경 분야에서 배제적 담론과 관습이 자행되는 방식에 대해 새로운 의문들을 제기하고자 하는 것이다. 이에 따라, 나는 스페인의 식민정책 및 행정관료 체계가 정책, 문화적 습관, 그리고 환경 유형에 깊은 영향을 끼친 히스패닉 아메리카 지역 학자들의 환경 관련 논의들을 우선적으로 수렴할 것이다. 브라질을 비롯해, 카리브 지역 역시 유럽 식민주의 층위에서 연구가 진행되어야 하지만, 나의 연구 범위에서는 제외되었다. (그렇다고 해서 이 지역에 대한 연구를 완전히 배제한다는 의미는 아니다). 이러한 접근방식을 통해, 나는 라틴아메리카 환경정의에 대한 이론이나 모델을 창출하고자 하는 것은 아니며, 이에 대한 관심을 환기시키고자 하는 것이다.

다음으로, 나의 논의는 아펠바움, 맥퍼슨 그리고 로셈블라트의 역사적 구분에 따라, 각 시기별로 뚜렷하게 나뉘는 라틴아메리카 지역에서의 식민주의와 탈식민주의 국가 논쟁에 상당히 의존하고 있다. 각각의 이러한 시기 구분은 인종에 대한 구체적인 이해를 이끌어 내줄 수 있기 때문이다. 하지만 이러한 시대 구분은 급진적인 전환을 의미하는 것은 아니다. 왜냐하면, 인종적 담론과 실행은 연속성과 변화 양쪽 모두에 의해 나타나며, 늘 논쟁의 대상이 되기 때문이다. 특정 사회·정치적 공간에서의 역사적 차원의 인종 담론 발전에 대한 접근은 그러한 연속성 및 전환 그리고 새로운 논쟁을 이해하는 바탕이 된다. 탈식민주의 인종적 사고 역시 식민지적 구조를 기반으로 형성되었으며 논쟁을 거쳐 재구성된 것이다. 바로 이러한 연유로, 나는 식민 시대를 기점으로 논의를 시작하고자 한다.

식민 시기와의 연계성

스페인의 식민주의는 근대의 인종적 사고 형성에 중대한 요소로 여겨진다(Goldberg 1993; Winant 2001). 정복자들이 이전에 전혀 경험해 보지 못한 사회 및 풍경과의 접촉은 인간의 본성을 비롯해, 통치체계, 인간과 자연과의 관계 그리고 환경에 대한 새로운 인식을 가능하게 했다. 정복자들은 다른 언어와 경제, 통치 구조를 지닌 다양한 인간 집단들을 만났지만, 이러한 다양성을 무시하고 사회적 동질화 과정으로 이들을 유도했다. 그렇게 함으로써 통일된 유형의 "스페인 국민화"(Spaniards)를 추구했으며, "인디오들"(Indians)은 이전부터 존재하지 않은 인종으로 여겨졌다(Quijano 2000; Dussel 1995).

초창기 정복 과정에서 스페인 왕실은 라틴아메리카 지역을 스페인인과 인디오로 구성된 두 개의 공화국으로 분리해 조세에 대한 권리와 의무를 명확하게 법적으로 명시했다(Bakewell 2004; Silverblatt 2004). 요컨대, 스페인인은 특정 지리적 공간 안에서의 인디오 노동과 그 노동으로 인한 생산물을 누릴 권리를 가지고 있었다. 인디오들은 스페인 왕실에 공물을 바칠 의무가 있었고, 지역 수준에서 원주민 자치 권한에 의해 통치되었다. 이들은 공유지를 경작할 권리를 가지고 있었으며, 법적으로 소수자로 간주되어 왕실의 보호 하에 있었다(Chambers 2003). 혼혈로 태어난 이들은 또 다른 인종 범주로 분류되었다. 이들에게는 아주 모호한 형태의 법적 지위가 주어졌고, 그 지위는 대개 법적 해석에 따라 지역별로 달랐다. 그렇지만 이들은 인디오에게 부여된 권리와 의무로부터는 면제되었다. 노예들은 또 다른 법적 근거에 의거하여 통치되었다.

스페인 식민 통치 기간 동안 법적 시스템은 권리에 대한 접근권을 포함해 자원, 삶의 공간, 교육, 직업, 자연적 재해로부터의 보호 등에 대한 사회·공간적 관계를 체계화하기 위해 인종적 범주들을 만들어냈다. 결국, 이러한 인종적 범주와 그에 따른 권리 및 의무는 해당 집단의 내재적인 특징으로 고착화되기에 이르렀다(Silverblatt 2004). 스페인인과 크리올인은 스스로를 합법적인 통치자이자 문화적·사회적·경제적 리더로 인식했다. 반면에 인디오들은 순박하고 교육의 혜택을 받지 못해 육체노동에만 적당한 집단으로 취급되기에 이르렀다. 다양한 사회적 집단들에 대한 명확한 경계를 정하기가 힘든 시기였기 때문에, '메스티사혜'(mestizaje, 혼혈 과정)뿐만 아니라 그 정체성의 해석에 있어서도 상당히 유연한 태도를 지니고 있었다(Appelbaum et al. 2003).

본 장의 가장 중요한 요지는 인종화 그리고 반대의 과정에서 어떻게 적절한 자원 관리의 개념들을 통치 엘리트들이 지니고 있었는가에 대한 탐색이다. 이러한 질문에 대해 기존 연구들은 그다지 구체적인 정보를 제공하고 있지는 않지만, 그럼에도 불구하고 우리가 종합해 낼 수 있는 하나의 사실은 식민 시대의 인종과 환경 유형 사이의 상관관계가 모순적인 양상을 나타냈다는 데에 있다. 식민 체계는 분명 스페인인들에게 "인디오들"(Indians)의 신체 및 노동을 비롯해 천연자원에 대해서까지 정당한 소유권을 부여함으로써 특권을 누리게 했다. 이 집단[스페인인들]은 또한 "적합한"(appropriate) 토지 이용 방식을 규정하고 있었는데, 그에 따르면 이들에게 부적합한 토지 이용은 곧 불합리성 혹은 합리적일 수 없는 상태를 의미하는 것이었다(Sluyter 1999). 이와 더불어 "인디오"(Indian)라는 범주는 합법적인 남용의 대상이자 인종에 기초한 사회적 · 정치적 소외를 의미했다. 하지만 그것은 동시에 천연자원에 대한 권리 보장 및 스페인 왕실에 의한 보호를 약속받는 것이기도 했다. 몇몇 사례를 통해 알 수 있듯이, 공유지에 대한 권리는 인디오 사회의 자주권 행사에 있어 매우 중요한 요소였으며 언어, 우주론, 토지 이용 관습 등 공동체적 정체성의 근간을 형성하고 있었다.

다음과 같은 두 가지 경우가 인종화된 환경 유형이 제시하는 각기 다른 함의를 잘 보여준다. 멕시코 식민화 초기에 스페인인들은 원주민 토지의 적절한 이용을 위해 - 비록 법적으로 보호되고는 있었지만 - 이들의 농경지와 과수원을 '발디오스'(baldíos)라 명명하였다. 이는 스페인법상 일종의 유휴지 혹은 미개간지를 의미하는 황무지를 지칭하기 위해 사용되는 용어였다(Sluyter 1999). 이러한 과정을 통해, 식민주의자들은 토지의 목초지화를 요구할 수 있었고, 이를 합리적인 토지 이용으로 여기게 되었다. 통상적으로 스페인인들은 원주민들의 토지 이용 방식에 대해 인식하지 못했을 것이라는 주장이 있긴 하지만,

앤드류 슬루이터(Andrew Sluyter 1999)가 고증을 통해 입증하고 있듯이, 멕시코 베라크루즈(Veracruz) 지역의 경우 원주민 공동체가 해당 토지가 문화적으로 본디 특정 범주에 속한다는 사실을 증명함으로써, 스페인법에 입각한 토지 이용 방식에 대해 법적 논쟁을 벌인 사례가 존재한다. 일부 원주민 공동체가 스페인인들의 방목지 사용 요구에 맞서 대응한 다른 사례들도 있다. 하지만 이러한 사례들은 어떻게 스페인식 "토지 이용 방식이 당연시되게 되었으며, 농경지 이용 방안의 전부가 되었는지" 말해주고 있다(Sluyter 1999, p. 391).

식민 시대 후기 이후 페루 아레키파(Arequipa) 지역에 대해 연구해 온 사라 챔버스(Sarah Chambers 2003)는 법적으로 혈통에 상관없이 인디오들을 개개인으로 분류해, 이들을 환경 유형 변화와의 상관관계 속에서 규정하는 방식을 보여준다. 식민 시대 말, 아레키파 지역의 백인 엘리트들은 도시 주변 토지를 상당히 많이 소유하고 있었으며, 이는 원주민 공유지의 축소를 야기했을 뿐만 아니라, 해당 토지의 접근권을 둘러싼 갈등을 불러일으켰다. "인디오"(Indian)로 범주화된 개인들은 갈수록 토지를 덜 부여받게 되거나 전혀 소유하지 못하게 되었다. 하지만 여전히 '인두세'(head tax)는 납부해야 했다. 이러한 상황에서 일부 원주민들이 법적으로 자신들의 정체성을 스페인인으로 변경해달라고 탄원서를 제출하기도 했다(Chambers 2003, p. 35). 1803년 한 마을의 카시케(cacique)[5]는 "인디오들"(Indians)의 상당수가 스페인인이 되기를 청함으로써 스스로 조공에서 벗어나기 위해 애쓰고 있다고 호소한 바 있었다. 그는 다음과 같이 전하고 있다. "모든 인디오들이... 스페인인이 되고 싶어 한다. 일부는 그 이유가 자신들이 스페인식 복장을 하고 있기 때문이라고 하고, 일부는 이발사 혹은 재단사와 같은 스페인식 상거래 기술을 배웠기 때문이라고 한다. 또 때론 자신들의 피부색이 다소 창백하거나 머리 스타일이 변했다거나 하는

5) 추장

이유를 들거나, 자신들의 대부가 스페인인이며 성당에 가서 세례를 받아 인디오식 성마저 스페인식으로 바꿨다"(Chambers 2003, p. 38 인용). 추장은 머지않아 조공을 낼 인디오조차 남아나지 않을 것이라고 경고했다. 결국 아레키파에서의 원주민 공유지의 전용은 인디오 정체성 및 관습을 비롯해 법적으로 보장된 특권마저 사멸 혹은 소멸시킴으로써, 엘리트 중심의 이데올로기와 백인화(blanqueamiento) 과정을 심화시키는 역할을 수행했다.

이와 같은 사례에서 드러나듯이, 식민 시대의 법적 토대와 사회적 계층화 체계 및 환경 유형과의 연관성과 관련하여 보다 충분히 탐구되어야 할 의문점들이 상당수 남아있다. 지배 엘리트들은 원주민 공유지의 지속적인 침식이라는 배제적 실천을 심화해나가면서, 문화적 차원의 생태적 특징들을 어떻게 규정하고 있었던 것일까? 인디오 공동체들은 자신들의 권리 보호 혹은 주장을 위해 저항 담론을 개발했던 것일까?

초기 독립 시기

19세기 초 신생 독립 공화국들은 "식민지적 주체에게 시민의식을 고취시킴으로써 극명한 사회적 분할로 점철된 식민 사회로부터 탈피하여 새로운 민족공동체를 구축할 것인가"라는 도전에 직면해 있었다(Appelbaum et al. 2003b, p. 4). 일반적으로 말하면, 라틴아메리카에서의 국가건설은 동질적인 민족 공동체 구축에 달려 있었다(Radcliffe and Westwood 1996). 모든 국가에서 민족성이 창출됨에 따라, 국가의 경계도 분명해졌다(Anderson 1991). 따라서 독립 초기 국가건설은 새로 출현한 정치적 조직체 안에 누가 어떠한 조건 하에서 포함되어야만 하는지에 대한 논쟁에 의해 특징지어질 수 있다. 고전 자유주의 사상에 토대하여, 그 발전에 이바지해 온 자유주의자들은 민주주의적 이상을 부르짖으며 시민권이 모든 다른 정체성(계급적, 종교적)을 대체할 때 만인은 법 앞에 평등할 수 있다고 주장했다(Sanders 2003, p. 60). 반면에, 보수주의자들은 식민 지배 계층의 지속적인 유지와 더불어, "일반 시민권에 대해서도 계급 분할 체제 도입을 강조함으로써 종속적 통합의 인종화된 유형을 만들어냈다"(Appelbaum et al. 2003b, p. 4).

하지만 위에서 언급했듯이, 보편적 시민권을 주장하는 자유주의자들의 시각은 인종, 젠더 그리고 계급적 서열이 전제된 것으로, 이는 누가 시민권을 부여 받을 자격이 있는지를 판단하여 규제하는 개념이었다(Dore and Molyneux 2000). 이에 따라 모순적인 자유주의 내부의 백인성은 다른 사회적 범주의 가치 평가에 있어 사회·문화적 척도로 작용하게 되었고, 인종적 다양성은 민주화를 향한 장애물로 인식되었다(Bonnett 2000). 논쟁의 중심은 이러한 인종적·문화적 "장애물"(impediments)이 문명화 혹은 인종 개선 프로젝트인 백인화 과정을 통해 극복될 수 있을 것인가에 있었다(Stepan 1991). 일부 지도자들은 인종적으로 열악한 개인도 교육을 통해 향상될 수 있으며, 시민권의 확대는 오랜 시간에 걸쳐 서서히 이루어져야 한다고 믿었던 시몬 볼리바르(Simón Bolívar)의 사회적 개선에 대한 신념을 공유하기도 했다. 국가의 진보는 열악하다고 간주되는 인종의 말살에 달려 있다고 주장하는 이들도 있었는데, 가령 도밍고 사르미엔토(Domingo Sarmiento)와 같은 아르헨티나의 지도자는 팜파(Pampas) 지역의 특정 원주민 공동체를 말살 대상으로 지목하기도 했다.

본 장의 구체적인 요지 중 하나는, 국가의 구성원을 규정하는 잣대가 되곤 했던 인간과 토지 사이의 "적절한"(appropriate) 관계에 대해 이 지역의 엘리트들은 어떠한 시각을 가지고 있었는가 하는 것이다. 어떠한 서사적 전략이 크리올인들로 하여금 백인들을 (인위적으로 정해진 것임에도 불구하고) 토지와 자원개발을 위한 권리를 부여받은 자들로 인식하게 했던 것일까? 엘리트들은 이러한 신념을 어떻게 법적으로 명문화시켰으며, 라틴아메리카 국가들의 공간성을 구축하고 재산권 체제의 인종화된 개념을 제도화시켜 자원 관리 관행이 국가의 진보에 "적합한"(appropriate) 것으로 인식하게끔 했던 것일까? 엘리트들은 인간과 토지의 "부적절한"(inappropriate) 관계에 연루된 사회적 집단의 운명을 어떻게 바라보고 있었던 것일까? 반대로, "부적절"하다고 간주된 사회적 집단들은 이러한 시각에 어떻게 대항했으며, 시민권 및 국가적 진보의 결과물에 대한 권리를 어떻게 요구했던 것일까? 이러한 논쟁들이 19세기 말 국가건설 프로젝트의 최대 쟁점이었다.

19세기 말부터 20세기 초반 사이의 국가건설

초기 독립 국가의 토대가 잡힌 후, 라틴아메리카의 정치 및 경제 지도자들은 권력을 강화해가기 시작했고, 경제 발전과 국제 무역 촉진을 위한 새로운 질서를 추구하기 시작했다. 특히, 플랜테이션 농업과 세계 시장에서 가치가 높은 1차 상품의 재배를 장려했는데, 이는 종종 외국인 민간 기업 혹은 '유나이티드 프루트 컴퍼니'(United Fruit Company: UFC)와 같은 기업과의 제휴를 통해 이루어지기도 했다. 언제나 존재하는 위협 속에서, 인디오 공유지는 이제 끈질긴 공격마저 받게 되었다. 하지만 앞서 살펴봤듯이, 토지에 대한 권리 논쟁이 인종 범주화 및 국가 구성원 체계를 재구성하는 주된 장으로 등장함에 따라, 이러한 갈등은 정치·경제적 관점에서 따로 떼어 분석할 수 없게 되었다.

1849년부터 1890년 사이의 콜롬비아 카우카(Cauca) 지역에 대한 대단히 흥미로운 연구에서, 제임스 샌더스(James Sanders 2003)는 인디오 집단이 시민권과 토지의 개념이 변화하는 전환기에 어떻게 협상을 벌였는지 설명하고 있다. 카우카에서 이들 집단은 식민 시대 이래로 이들이 소유하고 있던 공유지에 대한 권리를 인정받아 '레스구아르도스'(resguardos)[6]라고 불리는 지역에서 거주하는 인디오들로 분류된다. 샌더스(ibid.)에 의하면, 이 레스구아르도스 지역은 제도적으로 공화국과 맞지 않는다는 이유로 엘리트들로부터 많은 공격을 받아 왔다. 어떤 이들은 "인디오들은 그들에게 운명 지어진 후진성과 야만성으로 인해, 생산성 높은 개인으로 근대 사회에 진입할 수 있는 가능성을 박탈당했으며, 그들에게 있어 빈곤은 숙명일 수밖에 없다"고 이야기하기도 했다. 자유주의자들은 모든 이들이 토지에 대한 "동등한"(equal) 접근권을 지닐 수 있도록, 이러한 공유지를 해체하고 토지 시장을 만들 것을 주창하기도 했다. 이렇게 하여 변화된 인종 개념은 환경 유형과 연관성을 지니게 되었다. 공유지 및 특권들은 낙후된 것으로 받아들여졌고, 사적 재산권은 근대성과 생산성을 의미하게 되었다. 문헌 고증이라는 독특한 방식을 통해, 카우카의 인디오들은 자신들의 토지에 대한 권리와 로컬 거버넌스(local governance)에 대해 방어해 왔다. 이들은 "오래된 공동체 담론을 공화주의자들의 권리 및 시민권에 대한 새로운 담론과 병합하여 권위에 호소하는 방법"(ibid.)을 썼다. 샌더스는 콜롬비아의 다른 인디오 집단들의 경우, 공유지 제도의 후진적 사고와 제도권 안에서 벌어지는 토지 이용 관행과의 병합 사례에서보다 덜 성공적인 결과를 얻게 되었다는 사실을 밝혀내기도 했다.

19세기 중반 백인 및 라디노 엘리트들이 커피 생산을 과테말라 경제 발전과 성장을 향한 승차권으로 인식하게 되면서, 과테말라 인디오 공동체들 또한 스스로를 진보를 저해하는 장애물로 인식하게 되었다. 상황이 이러하다 보니, 인디오들의 공유지에 대한 권리는 공격의 화살을 피해갈 수 없었다(Cambranes 1985, p. 88). 담론적 수준에서, 자유

6) '보호'라는 의미의 스페인어

주의 엘리트들은 인디오들이 게으르고 일하기 싫어하는 대표적인 인종이기 때문에 이들의 토지가 미경작지의 불모지가 되어가고 있다고 주장하며 인디오들의 공유지 관리를 공격했다. 1875년 한 정치 지도자는 "토지를 경작할 생각도, 이를 경작하게 내버려둘 생각도 없는 원주민의 수중에 그토록 큰 규모의 미경작지가 놓여있는 것을 보는 것은 상당히 유감스러운 일이다"라고 적기도 했다(Cambranes 1985, p. 257에서 인용).

1871년 권력을 장악한 이후, 자유주의자들은 공유지를 폐지하기 위해 법적 수단을 동원했다. 1873년과 1877년 제정된 새로운 법령을 통해, 인디오 공동체로부터 공유지를 임차한 이들의 재산권 주장이 가능해졌다. 게다가 커피, 사탕수수, 축산사료 및 카카오 플랜테이션 관련 "경작"(cultivation)의 경우에 한해, 그 용어의 의미가 재정립되면서 공유지의 전용 및 사유화가 가능해졌다(Cambranes 1985, p. 252). 다른 작물들이 경작되던 토지는 "미경작지"(uncultivated)로 변해 갔다. 추가적인 법령이 제정되면서 인디오 주민들은 노동을 강요받게 되었다.

다음의 한 정치 지도자 대표의 인용문(1873)은 토지 이용과 재산권이 인종 범주화와 어떻게 결부되어 있었는지를 시사하고 있다 (Cambranes 1985, p. 253에서 인용).

> 산타 루시아(Santa Lucia)에서, 가장 큰 면적을 가지고 있었던 공공 공유지는 라디노 계급에 허용되었고, 이전에는 비경작지였던 곳이 이제는 아름답고 생산성 높은 농장(fincas)으로 변화되었다. 주민들은 이곳에서 그들이 원하는 것을 얻기 위해 일을 할 수 있게 되었다... 그리고 이 보다 더 좋은 것은 이 유익한 변화를 통해 인디오들의 진보에 대한 희망이 존재하게 되었다는 것이다.

이 인용문이 보여주듯이, 인디오 토지의 전용은 인디오 공동체를

"낙후된" 집단으로, 인디오들의 토지 이용 관습을 "비생산적인" 것으로, 그리고 인디오들의 토지를 "미경작지"로 명명했던 인종화된 담론을 통해 정당화되었다. 게다가 사적 재산권과 강요된 노동은 인디오들로 하여금 가치 있는 작물의 경작과 생산성 높은 백인 중심 국가에 적합한 토지 이용 관행을 익히게 함으로써, 인디오 주민들에게 이로운 것으로 포장되었다. 요컨대, 조르지 캠브레인(Jorge Cambrane)이 인용한 주요 문헌들은 19세기 후반 과테말라의 토지 이용과 관련된 논쟁이 국가의 구성원으로서 라디노 계급과 백인이 차지하고 있는 우위를 암시하고 있는 것이다. 생산적 토지 이용이라는 개념은 정치적 통일체에서의 인디오 주민들의 소외와 이들의 정치적 권리의 희생을 담보할 수밖에 없다. 그러한 이유로, 국가 경제의 발전 목표는 백인화라는 목표와 동시에 진행되었던 것이다(Taracena 2002). 자유주의자들의 라디노 국가건설 프로젝트는 1940년대까지 과테말라의 지배적인 담론이었다.

물론 위의 콜롬비아나 과테말라 사례들 이외에도 동시대 다른 국가들의 많은 사례들이 존재하지만, 이 두 역사적인 사례 연구만 간단히 살펴보더라도 라틴아메리카 지역에서 인종과 환경 유형 간의 상관관계에 대한 통시적 연구가 실질적으로 왜 필요하며 중요한지를 알 수 있을 것이다. 이러한 통시적 접근은 오랜 시간에 걸쳐 형성된 불평등 양상에 대한 분석을 가능하게 해주며, 이를 통해 개별 사회 집단이 자원과 권리에 대한 접근을 지속적으로 거부당해왔는지 여부와 거부당해왔다면 어떠한 방식으로 그 접근권이 거부되어왔는지를 비롯해, 특정 집단이 국가의 진보와 발전 비용에 대한 부담을 부당하게 떠안게 됐는지 여부와 부담을 떠안게 됐다면 어떠한 과정을 통해 이루어진 것인지에 대해 밝혀낼 수 있게 해준다.

20세기 중반부터 후반까지의 권력, 시민권 그리고 환경을 둘러싼 주도권 경쟁

20세기 중후반에 접어들면서 라틴아메리카 국가들은 권력과 시민권 형태를 둘러싼 수많은 주도권 다툼을 목격하게 되었다. 이러한 갈등은 이미 오랜 전부터 존재해 온 인종 범주화 체계 및 기존의 사회적 관계를 뒤흔드는 것이었다(Yashar 1998; Sieder 2002). 제2차 세계대전(World War II)과 나치의 대학살 이후, 라틴아메리카의 지도자들과 과학자, 지식인들은 노골적인 인종 담론을 삼가기 시작했다(Stepan 1991). 하지만 아펠바움이(Appelbaum et al. 2003b, p. 8) 주장하듯이, 이들은 "인종적 사고에 기초한 가설들을 버린 것은 아니었다." 다만 아펠바움의 지적처럼, 메스티조, 라디노 혹은 백인으로 대표되는 이상적인 시민상을 제시했던 국가적 비전에 부합하지 않는 이들에 대한 민족성의 개념이 사회적 집단에 대한 지배 담론으로 대체되었을 뿐이다. 민족성 담론은 당시 대두되던 근대화 및 개발 이데올로기에 정확히 부합했다. 근대화와 개발 이데올로기는 낙후된 문화의 특징이 특정 집단을 전통에 얽매이게 하고, 결과적으로 저개발 국가로 낙인찍히게 만든다는 생각에 기초하고 있었다. 근대화 이론에 따라 이들 집단이 국가의 근대적 경제체제에 통합되기 위해서는 이러한 특징들이 반드시 극복되어야만 했던 것이다(Saldaña-Portillo 2001; 이러한 접근방식의 타당성에 대한 자세한 연구 결과는 Harrison 2000 참조).

본 장의 요지는 역사적 행위자들이 환경 유형 변화의 추구 및 협상, 논쟁을 위해 어떠한 방식으로 인종화 담론을 이용해 왔는지 살펴보는 것이다. 실제로 이 지역의 환경 유형은 지속 가능한 개발 프로젝트 혹은 보호 지역 창출이라는 대의명분과 함께, 농업 비즈니스의 확대, 토지 개혁 그리고 "비어있는"(empty) 또는 "휴경"(idle) 토지에 대한 식민화 과정을 통해 이루어졌다는 특징을 지니고 있다(Goett 2006;

Gordon, Gurdian and Hale 2003; Sawyer 2004; Sundberg 2003; Stephen 2002). 라틴아메리카 사회에서 시민권을 형성하는 인종적 역할의 변화는 자원을 둘러싼 갈등에 있어 어떠한 의미를 지니고 있는가? 누가 경제 발전을 위해 소모품으로 간주되며 그 이유는 무엇인가? 사회적 · 환경적 소외를 촉진하거나 심화시키는 환경적 관행의 차이점은 어떻게 감지되는가? 역으로, 어떻게 이들이 사회적 통합을 요구하는 수단으로 사용되게 되었는가?

그 해답은 바로, 대다수 진보 성향의 운동단체들의 일상적 관행에서 인종적 사고가 어떠한 방식으로 표출되는지에 대해 분석한 과테말라에서의 보존의 문화적 정치에 대한 나의 연구에서 구할 수 있었다. 나의 민족지학적(ethnographic) 연구는 과테말라의 보호 지역 체계가 어떻게 과테말라 엘리트 집단과 미국을 대표하는 환경 비정부 기구 및 미국제개발기구(US Agency for International Development) 사이의 고위급 밀실 협상에 의한 결과물로 만들어지게 되었는지 밝히고 있다(Sundberg 1998b; 2003). 이들은 여타 다른 과테말라인들은 보존의 의미를 이해할 만큼 적절한 훈련이 되어 있지 않으며 이에 대한 교육도 부족하다는 가정 하에, 자신들만이 보호 지역 체계 구축 과정에 대한 권한과 소유권을 가질 수 있는 것으로 인식했다. 이러한 입장에서, 과테말라 공원 관리자들은 권위적이고 강압적인 수단을 동원해 '마야 생물권 보존구역'(Maya Biosphere Reserve)을 관리하고 있는 것이다.

권위적 차원의 보존 담론과 그 실천에 대한 접근을 통해, 나는 환경 유형과의 상관관계 속에서 과테말라의 정치적 주체들이 어떻게 구성되는지에 대해 먼저 검토해보았다. 이전 섹션에서 언급했다시피, 과테말라의 국가건설 프로젝트는 인디오 주민들을 배제한 '라디노'적인 정치적 통일체를 창출하고자 했다. 20세기 중반에 들어서면서 모든 이들에게 참정권이 확대되긴 했지만, 배제적인 사회적 관행으로 인해 대다수 국민들은 시민권을 행사하는 데 있어 장벽에 부딪힐 수밖에 없었다(Taracena 2002; Sieder 1999). 따라서 보존 계획을 수립하는 환경 분야의 의사결정자들조차 배제적인 사회적 질서에 따라 결정을 내릴 수밖에 없었다. 이에 따라, 인디오 주민들과 빈곤한 라디노 캄페시노들은 정식 교육도 받지 못하고 공동 자원 관리와 같은 [낙후된] 문화적 특징을 지녔다는 이유로, 권리와 의무를 지닐 수 없는 정신적인 무능력자로 취급되었다(Sundberg 2003).

나는 또한 자연에 대한 어떠한 패권적 시각이 보존 계획 수립의 의사 결정 과정에서 누구를 참여시키고 누구를 배제시킬지, 혹은 보호지역의 경계 안에 위치한 자원에 대해 누가 접근권을 갖고 누가 갖지 못할지를 결정하는지에 대해서도 의문을 제기해 보았다. 과테말라에서는 미국에 근거지를 둔 비정부 기구들이 과테말라 엘리트 전문가 집단과 제휴를 맺고 생물 물리학(biophysical sciences, 가령, 생태학, 생물학, 동물학, 식물학)과 법학 분야에서 교육을 실시하게 되었다. 이러한 협력관계를 통해, 라틴아메리카에서의 국제 NGO 단체들의 활동이 합법화되었다(Christen et al. 1998). 하지만 생물학(과학적 보편적 용어로 지칭하는 경우)과 결합된 협력관계의 수사학이 인종 범주화와 계급 간의 접목을 통한 병렬식 권력 관계를 어떠한 방식으로 감추고 있는지에 대한 문제 제기는 중요한 의미를 지닌다. 그러한 방식을 통해 이와 같은 병렬식 배치와 함께, 다양한 사회 · 공간적 범위를 실질적으로 넘나드는 행위가 가능해질 수 있기 때문이다. 이러한 협력관계를 통해, 엘리트 집단은 마야 생물권 보호지대를 대상으로 자연 그대로의 깨끗한 환경 보존을 골자로 하는 자연에 대한 비전을 고안해냈다(Sundberg 1998b). 이 비전을 통해, 보존 계획이 어떻게 세워져야하며, 어디에서, 어떤 조건에 따라, 누구의 비용으로 이루어져야 할지가 결정되었다. 새로 설립된 보호 지역 내에 거주하는 그 어떤 사회적 집단도 이 비전에 동의하지 않았음에도 불구하고, 결국 이 비전은 다른 이들에 대한 소외를 가중시키는 대가로 일부에게 특권을 부여하는 효력을 발휘하게 되었다.

과거 과테말라의 국가건설 프로젝트는 시민화 프로젝트 및 인종 개선을 통해 국가 구성원의 백인화를 추진해 왔는데, 환경 보존 계획이 이러한 목표들을 재구성해왔는지 여부와 재구성해왔다면 그 방식은 어떠했는지에 대한 문제 제기 역시 중요한 의미를 지닌다. 국가적 차원에서 마야 생물권 보존구역 지정은 천연자원의 "합리적"(rational) 이용을 증진시키기 위한 목적에서 시도되었다(USAID 1989, p. 1). 합리성은 오랫동안 토지 관리의 적법성을 평가하기 위한 척도로 사용되어 왔으며, 이러한 목표는 기존의 인간과 토지 관계의 후진성 혹은 불적합성을 제거해 문화적 환경을 백인화하기 위한 방편 및 근대화를 위한 노력의 일환으로 간주되었을 수 있다. 지역적 차원에서는, 자연 및 토지 이용의 근대적 비전을 제시하기 위해 NGO 단체들의 환경 교육 프로젝트가 인종적으로 코드화된 문화적 기질 및 전통적인 인간과 토지 관계를 말소시켜 사회적 개선을 이루는 수단으로 활용되었다.

이와 더불어, 나는 보존의 담론들이 사회적 통합의 요구와도 상응할 수 있다는 사실을 발견했다(Sundberg 2006). 예컨대, 마야 생물권 보호지대 경계에 거주하는 잇자(Itzaj) 원주민 공동체의 경우, 지역 및 국가적 수준의 인종 배제 시스템 탓에 의사 결정 과정에서 소외되었다. 하지만 이와 동시에 잇자 원주민 공동체의 한 집단과 이들의 지지자들은 보존 담론과 관습이 산림과 그들의 관계를 대변하는 새로운 방식을 제시하고 있다는 사실을 발견하게 되었다. 요컨대, 이들은 자연과 조화를 이룬 삶을 지향하는 북아메리카 원주민들의 자연에 대한 비전을 차용해 자원에 대한 접근권 및 통제권에 대해 요구하기 시작했다. 인디오들의 권리와 관련된 새로운 담론과의 접목이 이루어지면서, 보존 담론은 과테말라 내전(1960-1996) 종식 이후 이와 같은 사회적 집단들에게 그들의 자원과 권리에 대해 요구할 수 있는 강력한 도구를 제공하게 되었다.

맺음말 그리고 시작점

본 장에서는 라틴아메리카 지역에서의 환경정의 접근방식에 대한 대략적인 윤곽을 살펴보았다. 이를 위해, 나는 식민 시대 이후 현재에 이르기까지 인종과 환경 유형 간의 통시적 연관성을 고찰해 보았다. 이 간략한 사례 분석을 통해 얻은 결론은 결국 라틴아메리카 사회에서 불평등을 구성하는 가장 중요한 변수가 인종이라는 사실이다. 더불어, 인종 범주화라는 체계가 어떻게 환경 유형에 영향을 미치게 되는지도 알 수 있었다.

나는 인종적 역할에 대한 이러한 이론적 혹은 실증적 탐험이 곧 라틴아메리카 지역의 환경부정의에 대한 내 연구의 시발점이 되리라 생각한다. 특히 인종 범주화 체계가 환경 유형과의 상관관계 속에서 어떻게 구축되어 왔는지, 또한 반대로 환경 유형은 인종 범주화 체계와의 관계 속에서 어떻게 형성되어 왔는지를 '비맵핑'(un-mapping)하고 있다는 점에서 그러하다. 방법론적으로, 이러한 '비맵핑'은 역사적 행위자들이 사회적 공간 및 환경 범주를, 자원과 권리에 대한 접근을 제한하는 합법적인 틀, 사회 내에서 시민권을 가진 주체 및 이들의 사회적 · 지리적 위치를 구성하는 분류 체계, 환경 유형으로 분류되는 사회적 · 정치적 행위의 중요한 세 가지 영역에 어떻게 포함시켜 왔는지 분석함으로써, 그동안 우리가 당연시 여겨왔던 이들 공간 및 범주를 생경한 시선으로 바라보게 만든다. 이러한 방식으로, 우리는 인종과 천연자원에 대한 관리를 개인적 특질, 이미 주어진 범주, 혹은 자연에 의해 결정되는 관습으로 구체화시켜 고찰하기 보다는, 동적인 사회적 관계의 생산물 혹은 그 결과로서 다루고 있다. 이러한 접근방식은 새로운 연구 분야를 개척할 수 있게 도와주며, 이 지역의 환경부정의 연구의 질 제고에도 상당 부분 기여하게 될 것이다.

나는 이러한 접근방식을 새로운 연구의 시발점으로 제안한다. 어떻게 인종화 과정이 환경 유형과 결부되어 혹은 환경 유형을 통해 작용하는지에 대한 문제 제기는 배제적 담론과 관습이 어떻게 작용하는지 뿐만 아니라, 이들의 등장이 어떻게 정당화되고 사실상 요구되어 왔는지를 이해하는 데 도움이 될 것이다. 더욱이 사회적 혹은 환경적 유형이 인디오 공동체의 주된 권력의 원천 중 하나인 '자연스러움'(naturalness)을 얼마나 박탈해왔는지를 추적하는 것은 이들의 정체성 재구성을 위한 잠재력을 조명해줄 것이다.

참고문헌

Adeola, Francis. 2000. Cross-national environmental injustice and human rights issues: A review of evidence in the developing world. *American Behavioral Scientist* 43: 686-706.

Alvarez, Sonia, Evelina Dagnino, and Arturo Escobar. 1998. Introduction: the cultural and the political in Latin American social movements. In *Cultures of Politics/Politics Of Culture*, ed. S. Alvarez et al. Westview.

Anderson, Benedict. 1991. *Imagined Communities*. Verso.

Applebaum, Nancy, Anne Macpherson, and Karin Alejandra Rosemblatt, eds. 2003a. *Race and Nation in Modern Latin America*. University of North Carolina Press.

Applebaum, Nancy, Anne Macpherson, and Karin Alejandra Rosemblatt. 2003b. Introduction. In *Race and Nation in Modern Latin America*, ed. N. Applebaum et al. University of North Carolina Press.

Bakewell, Peter. 2004. *A History of Latin America: 1450 to the Present*. Blackwell.

Bianchi Clara Arenas, Charles Hale, and Gustavo Palma Murga, eds. 1999. *¿Racismo en Guatemala? Abriendo el debate sobre un tema tabú*. AVANSCO.

Bonnett, Alastair. 1997. Geography, "race" and whiteness: invisible traditions and current challenges. *Area* 29: 193-199.

Bonnett, Alastair. 2000. *White Identities: Historical and International Perspectives*. Prentice-Hall.

Bryant, Bunyan. 1995. *Environmental Justice: Issues, Policies, and Solutions*. Island.

Cambranes, Jorge. 1985. *Coffee and Peasants: The Origins of the Modern Plantation Economy in Guatemala*, 1853-1897. Institute of Latin American Studies.

Chambers, Sarah. 2003. Little middle ground: the instability of a Mestizo identity in the Andes, eighteenth and nineteenth centuries. In *Race and*

Nation in Modern Latin America, ed. N. Applebaum et al. University of North Carolina Press.

Christen, Catherine, Selene Herculano, and Kathryn Hochstetler. 1998. Latin American environmentalism: comparative views. *Studies in Comparative International Development* 33, no. 2: 58-87.

Casaús Arzú, Marta Elena. 1999. La metamorfosis del racismo em la elite de poder en Guatemala. In *¿Racismo en Guatemala? Abriendo el Debate sobre un tema tabú*, ed. C. Arenas Bianchi et al. AVANSCO.

Delgado, Richard, and Jean Stefancic, eds. 2000. *Critical Race Theory: The Cutting Edge*. Temple University Press.

D'Souza, Dinesh. 1991. *Illiberal Education: The Politics of Race and Sex on Campus*. Free Press.

Dulitzky, Ariel. 2005. A region in denial: racial discrimination and racism in Latin America. In *Neither Enemies nor Friends*, ed. A. Dzidzienyo and S. Oboler. Palgrave Macmillan.

Dussel, Enrique. 1995. Eurocentrism and modernity. In T*he Postmodernism Debate in Latin America*, ed. J. Beverley et al. Duke University Press.

Dzidzienyo, Anani, and Suzanne Oboler. 2005. *Neither Enemies nor Friends: Latinos, Blacks, Afro-Latinos*. Palgrave Macmillan.

Goett, Jennifer. 2006. Diasporic Identities, Autochthonous Rights: Race, Gender, and the Cultural Politics of Creole Land Rights in Nicaragua. Ph.D. dissertation, University of Texas.

Goldberg, David T. 1993, *Racist Culture: Philosophy and the Politics of Meaning*. Blackwell.

Gordon, Edmundo, Galio Gurdian, and Charles Hale. 2003. Rights, resources, and the social memory of struggle: Reflections on a study of indigenous and black community land rights on Nicaragua's Atlantic coast. *Human Organization* 62, no. 4: 360-381.

Graham, Richard. 1990. *The Idea of Race in Latin America*, 1870-1940. University of Texas Press.

Hooker, Juliet. 2005. Indigenous inclusion/black exclusion: Race, ethnicity and multicultural citizenship in Latin America. *Journal of Latin American*

Studies 37: 285-310.

Harrison, Lawrence 2000. Underdevelopment Is a State of Mind. The Latin American Case. Updated Edition. Madison Books.

Kobayashi, Audrey, and Linda Peake. 2000. Racism out of place: thoughts on whiteness and an antiracist geography in the new millennium. *Annals of the Association of the American Geographers* 90: 392-403.

Mahtani, Minelle. 2004. Mapping race and gender in the academy: The experiences of women of colour faculty and graduate students in Britain, the US and Canada. *Journal of Geography in Higher Education* 28: 91-99.

Mignolo, Walter. 2000. *Local Histories/Global Designs: Coloniality, Subaltern Knowledges, and Border Thinking.* Princeton University Press.

Nelson, Diane. 1999. *A Finger in the Wound: Body Politics in Quincentennial Guatemala.* University of California Press.

Pulido, Laura. 1994. Restructuring and the contraction and expansion of environmental rights in the United States. *Environment and Planning A* 26: 915-936.

Pulido, Laura. 1996. A critical review of the methodology of environmental racism research. *Antipode* 28, no. 2: 142-159.

Pulido, Laura. 2000. Rethinking "environmental racism": White privilege and urban development in Southern California. *Annals of the Association of American Geographers* 90, no. 1: 12-40.

Pulido, Laura. 2002. Reflections on a white discipline. *The Professional Geographer* 54: 42-49.

Quijano, Anibal. 2000. Coloniality of power and Eurocentrism in Latin America. *International Sociology* 15: 215-232.

Radcliffe, Sarah. 1996. Imaginative geographies, postcolonialism, and national identities: Contemporary discourses of the nation in Ecuador. *Ecumene* 3, no. 1: 23-42.

Radcliffe, Sarah, and Sallie Westwood. 1996. *Remaking the Nation: Place, Identity and Politics in Latin America.* Routledge.

Razack, Shrene. 2002. When place becomes race. In *Race, Space, and the Law*, ed. S. Razack. Between the Lines.

Sanders, James. 2003. Belonging to the great Granadan family: Partisan struggle and the construction of indigenous identity and politics in Southwestern Colombia, 1840-1890. In *Race and Nation in Modern Latin America*, ed. N. Applebaum et al. University of North Carolina Press.
Sawyer, Suzana. 2004. *Crude Chronicles: Indigenous Politics, Multinational Oil, and Neoliberalism in Ecuador.* Duke University Press.
Sieder, Rachel. 1999. Rethinking democratization and citizenship: Legal pluralism and institutional reform in Guatemala. *Citizenship Studies* 3: 103-118.
Sieder, Rachel, ed. 2002. *Multiculturalism in Latin America: Indigenous Rights, Diversity, and Democracy.* Palgrave Macmillan.
Sluyter, Andrew. 1999. The making of the myth in postcolonial development: material-conceptual landscape transformation in sixteenth-century Veracruz. *Annals of the Association of American Geographer* 89: 377-401.
Smith, Carol. 1999. Interpretaciones Norteamericanas sobre la raza y el racismo en Guatemala. In *¿Racismo en Guatemala?* AVANSCO.
Stepan, Nancy. 1991. "*The Hour of Eugenics*": *Race, Gender, and Nation in Latin America.* Cornell University Press.
Stephen, Lynn. 2002. *Zapata Lives! Histories and Cultural Politics in Southern Mexico.* University of California Press.
Stonich, Susan. 1993. "*I Am Destroying the Land!*" *The Political Ecology of Poverty and Environmental Destruction in Honduras.* Westview.
Sundberg, Juanita. 1998a. Strategies for authenticity, space, and place in the Maya Biosphere Reserve, Petén, Guatemala. *Conference of Latin Americanist Geographers Yearbook* 24: 85-96.
Sundberg, Juanita. 1998b. NGO landscapes: Conservation and communities in the Maya Biosphere Reserve, Petén, Guatemala. *Geographical Review* 88, no. 3: 388-412.
Sundberg. Juanita, 2003. Conservation and democratization: Constituting citizenship in the Maya Biosphere Reserve, Guatemala. *Political Geography* 22: 715-740.
Sundberg, Juanita. 2006. Conservation encounters and trans-culturation in

the "contact zones" of empire. *Cultural Geographies* 13, no. 2: 239-265.

Taracena, Arturo. 2002. *Etnicidad, estado, y nacion en Guatemala, 1808-1944*. CIRMA.

Van Cott, Donna Lee. 2000. *The Friendly Liquidation of the Past: The Politics Of Diversity in Latin America*. University of Pittsburgh Press.

Wade, Peter. 1993. *Blackness and Race Mixture: The Dynamics of Racial Identity in Colombia*. Johns Hopkins University Press.

Wade, Peter. 1997. *Race and Ethnicity in Latin America*. Pluto.

Warren, Jonathan. 2000. Masters in the field: White talk, white privilege, white biases. In *Racing Research, Researching Race*, ed. F. Twine and J. Warren. New York University Press.

Warren, Kay, and Jean Jackson. 2002. *Indigenous Movements, Self-Representation, and the State in Latin America*. University of Texas Press.

Winant, Howard. 2001. *The World Is a Ghetto: Race and Democracy since World War II*. Basic Books.

Yashar, Deborah. 1998. Contesting citizenship: Indigenous movements and democracy in Latin America. *Comparative Politics* 31: 23-42.

미주

1 "환경적 이미지"(environmental imaginary)란 자연에 대한 사고와 자원 관리 관행 및 자산 제도와 같은 자연의 적절한 관리와 관련이 있다.

2 "비판적 인종 이론"(critical race theory)이라는 용어는 일반적으로 비판적 법학 연구(critical legal studies) 분야에서 사용된다. 하지만 나는 이 용어를 북아메리카 사회의 인종 문제에 대해 급진적 관점을 견지하는 사회과학자들의 견해를 수용해 보다 포괄적인 개념으로 사용하고자 한다.

3 '라디노'(Ladino)라는 용어는 유럽인과 원주민의 혼혈인종을 지칭하는데, 이는 또한 원주민이지만 더 이상 스스로를 원주민으로 인식하지 않는다는 의미를 지니고 있기도 하다. 하지만 이 용어는 20세기 초 국가건설 과정에서 혼합된 유산의 개념으로 멕시코와 같은 국가에서 사용되었던 '메스티조'(Mestizo)와 동의어로 취급되지는 않는다.

제 2 장

미주 대륙에서 무역정치 논쟁: 환경정의의 정치학

Peter Newell

오늘날 반(反)세계화 운동은 세계 여러 곳에서 점점 확산되고 있는 추세이다. 특히 세계화에 저항하는 운동세력들의 요구 사항들 중에 가장 첫 번째는 세계 무역정의의 실현이다. 세계 무역 체계의 변화, 예를 들어 빈곤국에 공정무역을 통한 지속가능발전의 증진을 요구하고 있다(Curtis 2001; TJM 2007). 무역정의라는 개념 접근은 무역으로부터 발생하는 승자와 패자 사이의 논쟁 그리고 그 중심에 공정한 접근이라는 질문을 수반한다. 동시에 요즘에는 무역정의와 관련한 환경정의 담론과 이의 실행도 대중적인 관심을 받고 있다(Agyeman 2005; Pellow and Brulle 2005; Bullard 2005). 특히 이 용어 자체는 글로벌 북쪽과 남쪽의 빈곤 공동체들의 삶에 영향을 미치는 환경악화의 불합리성을 이해하는 데에 상당한 도움을 주고 있다.

본 장은 세계 여러 국가들의 무역 추구와 환경정의 사이에는 어떠한 관계들이 존재하는지 그리고 이러한 관계가 점점 어떤 긴밀성을 띠고 발전해 왔는지에 대한 고찰이다. 특히 라틴아메리카 지역에서는 이러한 관계 인식의 발전과 증가하고 있는 사회적 혹은 환경적 활동들이 무엇인지에 대해서 집중적으로 조명해 보고자 한다. 현재까지 자원개발에 대한 방법론적 접근 및 위험한 거주 환경을 둘러싸고 발생하는 많은 지역사회 갈등들은 점진적으로 증가해 온 글로벌 차원의 혹은 지역 차원의 생산 관계로부터 많은 영향을 받아 왔다. 글로벌 차원에서 증가하는 무역은 역으로 환경정의 운동에 막대한 영향을 주고 있으며 게임의 룰과 전략들을 바꾸어야 할 필요성을 제기하고 있다. 이러한 필요성은 빈곤 그룹들의 이익을 방어하고자 하는 수많은 이들에게 많은 도전적 과제를 주고 있다. 특히 증가하고 있는 환경정의 운동 경험으로부터 나온 이슈들, 담론들과 전략들은 일국의 무역 정책을 둘러싸고 중요한 논쟁들을 야기하고 있는데, 예를 들어 무역으로부터 누가 가장 많은 혜택을 보며, 혹은 누가 주도적으로 정책 결정에 참여하고 있으며, 정책 이행은 정당하게 되고 있는가? 등이 주요 논점들이다. 이러한 논점들을 기반으로 본 장의 목적은 정책 결정 과정에 많은 영향을 주고 있는 정치 영역, 다시 말해서 라틴아메리카 환경정의 운동들과 정책결정 사이에서 발생하는 사회적 혹은 환경적 영향과 갈등의 정치적 메커니즘은 무엇인가를 살펴보는 것이다.

물론 환경정의를 국제기구나 제도적 변화 필요성에 근거를 두고 활동을 해 온 운동 그룹들의 역할은 오늘날 미주대륙 내에 존재하는 다양한 국제환경레짐, 주요 무역협정들이 공정한 게임의 룰 속에서 발전해 왔는지에 대한 탐색인데, 예를 들어, 북미자유무역협정(NAFTA), 남미공동시장(MERCOSUR), 미주대륙자유무역협정(FTAA) 초안 등이 그것들이다(Audley 1997; Tussie and Newell 2006). 이를 배경으로 본 장은 최근 라틴아메리카 지역에서 나타나는 무역관련 이슈들과 무역과 환경정의 개념이 접목된 논쟁들을 집중적으로 살펴본다. 접근 방법으로는 환경정의라는 개념을 중심으로 이 개념과 연결된 무역의 사회적 생태학, 다시 말해서 무역으로부터 누가 가장 많은 혜택을 보고 있으며, 근본적으로 무역의 자유화와 더불어 발생하는 사회적 혹은 환경적 비용을 누가 떠맡고 있는가에 대한 고찰이다. 특히 자유화로부터 발생하는 이익과 위험의 분배에 대한 논쟁에서 환경정의는 중요한 판단 근거로 작용할 수 있다.

콘텍스트 상의 환경정의

미국에서는 '환경정의'라는 용어에 대한 개념을 정의하는데 있어서 실질적으로 환경정의 활동가들과 대학의 학자들 등 이해 당사자들 간의 논쟁이 치열하다(Bullard 1990). 오늘날 남아프리카 그리고 인도 같은 국가들에서는 환경정의에 대한 빈곤 공동체들 사이에서 관심이 나타나고는 있지만 아직 미미한 상태이며, 미국에서는 이미 수많은 논문들과 참고문헌들을 통해 지속적으로 개념 정의에 대한 논쟁이 지속되고 있다(McDonald 2002; Newell and Lekhi 2006). 예를 들어, 라틴아메리카 지역에서는 일반적으로 환경정치에 대한 중요한 인식의 변화가 발생하고 있지만 환경정의 개념 논쟁과 이에 대한 학술적 연구는 그다지 관련 연구자들의 흥미를 유발하지 못하고 있다(Collinson 1996; Garcia 1991; Gumarâes 1995; Hall 2006).

환경정의 개념은 일반적으로 "인간 생활에서 좋은 환경재와 나쁜 환경재의 분배"라는 정의를 갖는다(Dobson 1998: 20). 하지만 이러한 정의는 종종 의식적으로 환경에 대한 정의 차원의 이슈들은 배제하는 경향이 있다. 특히 환경정의 개념은 대중동원의 담론으로서 그리고 동일한 번역과 분석적 이해를 위한 기본원리 체제로도 이해될 수 있다. 이는 또한 사회적으로 소외된 공동체들이 불합리하게 오염된 산업에 노출되거나 혹은 환경파괴를 무시한 개발 투자 관행에 대한 공동체들의 집단적인 외침일 수도 있다. 이들은 환경정의라는 개념적 틀을 가지고 운동을 조직해 근본적으로 공정, 정의 그리고 환경정치 차원의 참여를 요구하기도 한다. 본 장의 목적은 라틴아메리카 지역의 무역정책을 환경정의라는 렌즈를 통해 관찰해 보는 것인데 예를 들어, 현재 존재하는 무역 시스템에서 누가 얼마나 그리고 어떻게 많은 혜택을 보고 있는가를 밝혀보는 데에 있다. 그리고 이러한 경제적 팽창과 더불어 발생하는 사회적 비용들은 누가 가장 많이 흡수하고 있는가도 분석의 관건이다. 이러한 관찰과 추적을 통해 라틴아메리카 지역에서 어떤 사회 세력들이 점증하는 무역자유화에 반대하고 저항하며, 이로 인해 발생하는 사회적 갈등의 정체성은 무엇인지를 살펴보고자 한다.

본 장의 목적은 오늘날 라틴아메리카 지역에서 발생하고 있는 환경정의 및 저항운동이 북미지역 문맥에서 논의되고 있는 개념적 부합, 혹은 적용 및 운용되고 있는 환경정의 모델에 대한 접근 등에 대한 비교평가의 목적이 아니며, 두 지역 사이에서 어느 지역이 환경정의 동원을 성공적으로 하고 있는가를 비교하고자 함도 아니다. 진정한 목적은 무역정치와 연관된 환경정의 개념의 분석적 가치와 활용 방식을 - 특히 그동안 이 분야에 대해 오늘날까지도 연구 차원에서나 학문적 관심을 받지 못한 지역인 라틴아메리카 지역에서 - 발전시키기 위함이다.

사실 라틴아메리카 지역에서는, 비록 오늘날처럼 환경정의라는 용어를 사용하지는 않았지만, 환경정의 갈등은 상당히 오랜 역사적 뿌리를 가지고 있다. 이 개념은 라틴아메리카 지역에서 자원개발에 따른 이익의 분배 혹은 위험의 할당 차원에서 '빈곤의 환경주의'라는 개념으로 묘사되고 있으며, 종종 이 개념은 여타 다른 사회정의 운동과 연결되어 있기도 하다. 좀 더 범위를 확대해 보면, 사회운동과 저항 차원에서 인종과 계급 관점의 갈등으로 나타나기도 한다. 이렇듯, 라틴아메리카에서 환경정의 개념은 폭넓은 범주를 포괄한다(Martinez-Alier 1991;2002). 특히 오늘날에는 원주민 권리의 남용에 대한 저항 차원에서 이 개념이 많이 등장하고 있다(Crabtree 2005; Kimerling 1996). 예를 들어, 원주민들 그리고 깜뻬시노(campesino: 농민)그룹들은 종종 경제적 생산자의 입장에서 경작 가능한 토지를 요구하는 저항운동의 선두에 서 있곤 한다. 지역으로 살펴보면 인간 거주지이지만 자원이 풍부한 지역들에서는, 예를 들어 페루의 금 광산, 칠레의 구리 광산, 혹은 브라질의 아마존 지역 등에서 자원개발 투자가 개방되기 시작하면서 저항운동이 많이 발생해 오고 있다. 글로벌 차원의 무역협정의 증가는 라틴아메리카 대륙을 더욱 개방시켰으며 이러한 흐름을 반영한 수많은 계약서들이 서명되면서 현존하는 자원통제 체제 및 이 지역의 재산권에도 많은 갈등을 불러오고 있다. 무역 자유화는 따라서 존재하는 이 지역 차원의 뿌리 깊은 불평등의 존재 위에 더 많은 소외를 추가시킴으로서 더욱 많은 갈등과 저항의 목소리를 키우고 있는 셈이다. 무역 자유화는 이 지역에서 좀 더 폭넓은 범위로 자원의 추출과 개발, 상업화의 과정을 추인하고 있으며 이 과정에서 많은 빈곤한 그룹들과 국가의 관계는 재편되고 있다. 자원 개발 과정에서 재산권의 보호와 이주 문제 그리고 자원 추출과 투자의 확대에 따른 새로운 지역의 개발 과정에서 빈곤 그룹들의 안정성이 많이 훼손되고 있기 때문이다. 이러한 관점에서 최근 무역자유화에 대한 논쟁은 좀 더 역사적인 해석에서 라틴아메리카 식민 시대와 마찬가지로 일종의 자원 착취나 빈곤계층 혹은 원주민 공동체들의 토지 요구 거부, 이에 더하여 기본적인 권리들에 대한 무시, 등과 연결되어 있다.

라틴아메리카 지역은 사회운동이나 집단행동에 대한 오랜 역사를 지니고 있음에도 (Alvarez et al. 1998; Eckstein 1989), 이 지역의 빈곤 계층들의 삶에 새로운 위협으로 다가오는 글로벌 차원의 무역자유화에 대한 저항 차원의 사회적 동원과 조직의 등장은 여전히 미미하다. 그럼에도 불구하고 새롭게 떠오르고 있는 사회적 이슈로 무역정의를 추구하는 사회적 움직임과 환경정의 이슈는 새로운 슬로건으로 등장했으며 새로운 사회운동의 지평 변화를 예고하고 있다. 대학 아카데미에서도 역사적 맥락에서 혹은 새로운 갈등 이슈로서 환경과 무역정의의 필요성이 받아들여지면서 이러한 거시적 움직임에 대한 학술 분석이 이론과 실제 사례의 결합을 통해 진행되고 있다.

진행 과정에서의 논쟁

현재 라틴아메리카 지역의 새로운 지역주의 확대 및 무역정치는 많은 갈등을 유발해 오고 있으며, 환경정의라는 슬로건 하의 다양한 사회 저항운동들의 도전에 직면해 있다. 이 지역에서 그동안 맺어진 많은 무역협정들은 대개 천연자원(가스, 물 등), 농업분야 및 지식부문(지적재산권: Intellectual property rights, IPR) 등에 대한 이슈들과 관련이 있는데, 이러한 분야들은 사실 지역 및 글로벌 자본들의 투자이익에 제일 부합하는 분야들이기 때문이다. 하지만 이러한 투자이익의 확대는 필연적으로 이 지역의 원주민 공동체들 및 사회정의에 기여하는 환경단체들과의 갈등은 초기부터 내재되어 있었다. 비록 북미자유무역협정(NAFTA)을 지지했던 주요 환경단체들이 요구해 온 협정문에 환경개선 차원에서 환경과 관련된 조항들의 제도화 노력은, 예를 들어 무역과 환경의 균형점을 찾으려는 노력들은, 협정문이 만들어지는 과정에서 소홀해졌으며 많은 경우 두 이슈는 균형을 맞추지 못했다.

북미자유무역협정에 반대하는 단체들은 1991년부터 오늘날까지 협정에 의해 자본의 이동이 강화되는 것에 반대하는 차원에서, 예를 들어 '마킬라도라에서의 정의를 위한 연합'(Coalition for Justice in the Maquiladoras) 같은 단체는, 국제적 차원의 시민무역 캠페인 네트워크를 만들어 오기도 했다. '개발, 무역, 노동 그리고 환경을 위한 동원'(Mobilization on Development, Trade, Labor and the Environment: MODTLE)과 같은 단체는 NAFTA 회원국인 캐나다, 미국, 멕시코를 중심으로 결성되기도 했다. 이러한 단체들은 다양한 인적 물적 자원의 연대를 통해 사회적 캠페인을 벌였으며, 동시에 북미자유무역협정 당사자인 미국무역위원회(US Trade Commission)를 상대로, '개발차이'(Development Gap) 같은 단체는, 환경운동 공동체 그룹들에게 이 위원회의 역할을 알리는 로비 활동도 전개했는데 이를 계기로 멕시코와 미국의 국경 지대를 중심으로 무역을 이슈로 한 수많은 초국가적 활동들이 엄청나게 증가하기 시작했다(Icaza 2004; Wise et al. 2003). 이러한 단체들의 활동들은 오늘날에도 꾸준히 이어져 최근에는 미주 대륙을 포괄하는 수준에서 "아메리카 정상회의"를 대상으로 저항운동을 벌이고 있다. 이러한 단체들의 정체성을 구체적으로 살펴보면, 환경단체들, 노동 활동가들 그리고 점증하는 원주민 공동체들이 존재한다. 이들의 활동을 좀 더 포괄적으로 보면, 사회정의에 기반을 둔 환경정치의 새로운 틀을 만들어 가고 있다고 할 수 있다.

남미지역의 남미공동시장 협정과 관련해서는, 현재 하나의 커다란 운동과 이슈가 등장했는데 이는 메르코수르의 "생태발자국"(ecological footprint)이라는 슬로건 하에 많은 단체들이 지역차원 환경정의 운동을 시작한 것이다. 현재 이 지역의 통합 차원에서 진행되고 있는 인프라 발전과 관련해 제안되고 있는 많은 프로젝트들이 환경적 고려가 되지 않은 형태로 진행되고 있고 미래에 환경파괴를 불러올 것이라는 우려를 자아내고 있다. 예를 들어, 미주개발은행은 이 지역에서 통합 차원에서 진행되고 있는 교통, 수력발전 그리고 가스 파이프라인 프로젝트들이 통합을 위한 근본적인 인프라 발전이라고 확인해 주고 있다. 이에 대항하여 많은 환경 NGOs 단체들의 연합은 미주개발은행의 지원으로 추진 중이던 '리버 플레이트 시스템'(River Plate System)에 수자원 고속도로망 건설 차원에서 제안된 '이드로비아'(hidrovía) 프로젝트를 철회시키기도 하였다. 이 프로젝트에 대한 철회 혹은 사업의 연기를 가능하게 했던 것은 브라질과 아르헨티나 양국의 반대운동 연합단체들의 노력으로 가능했고 이들은 이 프로젝트 반대에 대한 논리로 환경과 경제성 평가를 체계적으로 제시하면서 초창기 메르코수르 이니시에티브(Mercosur initiative)를 막아냈다(Hochstetler 2003). 하지만 이 지역의 많은 정부들이 참여하는 수많은 위원회들이 여전히 에너지, 교통 그리고 텔레커뮤니케이션 증진을 위한 활동들을 강화해 해외투자를 유인하고 있다. 라틴아메리카와 유럽의 수많은 투자자들이 새로운 인프라 건설에 뛰어들고 있으며 그중에서도 유럽투자은행(European Investment Bank), 안데스투자기업(Andean Investment Coporation), 미주개발은행(Inter-American Development Bank: IDB), 사적투자은행 등이 '남미인프라통합'(Integración de la Infraestructura Regional Sudamericana: IIRSA 2006) 계획에 적극적으로 참여하고 있다. 이에 저항하여 파라과이의 '대지의 친구(Amigos de Tierra)' 같은 단체는 유럽의 환경단체들과 연대하여 이러한 프로젝트로 인해 발생하는 경제사회적 비용들, 예를 들어 지역주민들의 국내 이주, 사회적 혼란 그리고 환경파괴 등에 대한 이슈로 반대운동을 강화하고 있다(BankWatch 2006). 환경정의에 대한 이슈에서 가장 중요한 이슈로 이들이 주장하는 것들은 원주민 공동체들에 대한 권리, 사적 재산권(전통 의학과 관련), 토지 보상 그리고 프로젝트 진행으로 인해 발생하는 빈곤 공동체 주거 지역에 대한 오염 문제 등을 캠페인을 통해 사회적 저항과 연대를 요청하고 있다.[1] 예를 들어 브라질의 경우, 시민사회단체 및 환경단체들의 비난에도 불구하고 이미 마데라 강(Madera River) 유역에서 2개의 수력발전 프로젝트 건설을 추진 중이다. 우고 차베스(Hugo Chávez) 정부의 지원으로 베네수엘라에서 브라질까지 연결하는 파이프라인 공사는 엄청난 금융 및 환경 비용을 수반한다. 물론 가스파이프라인이 통과하는 지역의 원주민 공동체들의 비난의 목소리는 컸다. 이러한 저항 움직임에 벅스턴(Buxton)은, "이는 개발방식에서 철저하게 서구 유럽 스타일 산업화 모델로 비판받아야 되며 개발방식에 대한 근본적인 질문을 다시 해야 한다"고 주장한다(2007:6). 볼리비아 출신의 활동가인 파블로 솔론(Pablo Solón)은 2006년 12월 볼리비아의 코차밤바(Cochabamba)에서 열린 남미국가공동체에 대한 '반-정상회의 민중통합회의'(Cumbre Por la Integración de los Pueblos)에서 강력한 저항 및 사회운동 활동을 주장하면서 이러한 움직임들이 라틴아메리카의 혈관이 되어 연대해 가야한다고 주장했다. 이러한 연장선에서 이미 에두아르도 갈레아노(Eduardo Galeano 1973)는 그의 책 『라틴아메리카의 잘린 혈관』(The Open Veins of Latin America)에서 어떻게 유럽의 식민지배 및 제국주의가 이 지역의 자원을 약탈 및 수탈해 갔는지를 적나라하게 보여준다.[7] 이러한 프로젝트들의 진행 과정들에 대한 유용한 정보들의 개방 부족도 이 지역 주민들의 알권리를 심각하게 침해하는 것이다. 하지만 이러한 침해와는 달리 프로젝트에 투자하고 있는 상업 기업들에 대해서는 투자 목적으로 많은 정보들이 사전에 혹은 프로젝트 진행 과정에서 전달되어 정보의 불균형을 초래하고 있다.

북미자유무역협정(NAFTA)이나 남미공동시장 양쪽 다 위와 같은 관점에서 보면 경고 수준에 있으며, 더 나아가 미주지역 전체를 자유무역 지역으로 아울러 간다는 미주자유무역지대 구상도 환경정의 및 이와 관련된 활동가들의 입장에서 보면 커다란 위협이 되고 있다. 지금까지 이 지역에서 환경과 관련된 일련의 위원회 활동이 진행되고 있는 분야는 농업과 지적재산권 분야이다. 농업은 협상 과정에서 중요한 부문으로 고려되었는데, 이는 이 분야 자체가 특별한 위원회를 가지고 있을 뿐만 아니라, 보조금, 덤핑 그리고 보상 분야 같은 다른 위원회 활동도 포함하고 있기 때문이다. 서비스 자유화 역시 "환경 서비스" 분야도 포함되는데, 예를 들어 물 분야 같은 경우 볼리비아와 아르헨티나의 수자원 민영화는 좋은 사례들이다. 많은 활동가들이 국가 차원의 규정들에 우려와 염려를 하고 있는 이유는 이 지역의 모든 국가들이 환경서비스 분야 국가 서비스를 제공할 때 일괄적으로 상업적 기반에 근거해 서비스를 제공하고 있기 때문이다. 따라서 자원의

7) 에두아르도 갈레아노가 1973년에 쓴 『라틴아메리카의 잘린 혈관』(The Open Veins of Latin America)은 한국에서 박광순 역, 『수탈된 대지』라는 제목으로 번역서로 범우사에서 출판되었다. 라틴아메리카 지역이 서구 제국주의에 의해 5세기 동안이나 수탈당한 역사가 우루과이 출신 진보 언론인에 의해 적나라하게 서술되어 있다.

수출과 관련해 수자원과 같은 분야는 환경적 이유로 인해 강력하게 쿼터제나 혹은 금지해야 한다는 보호주의 입장을 고수하고 있다(Acción Ecológica 2004). 퀘벡(Quebec)이나 부에노스아이레스에서 개최된 미주자유무역지대 회의에서 국가 간의 협정으로 일반 무역에서 '유전자변형생물'(genetically modified organisms: GMOs)의 자유로운 거래를 지지하기로 합의하면서 이 지역의 환경 활동가들에게 경각심을 가지게 했다. 이는 FTAA를 통해 이 지역에 전면적으로 유전자변형유기물에 대한 확산을 통해 농업분야가 새로운 변화의 시대로 전환되는 것이 아닌가하는 많은 우려를 낳았다(Global Exchange 2004). 유전자변형생물(GMOs) 사용의 점진적인 증가는 볼리비아가 염려하는 의구심을 강하게 누르고 있으며, 유전자변형 기술에 대한 사회적 혹은 환경적 영향에도 불구하고 세계에서 가장 큰 유전자변형 농작물의 생산국이자 공급국들인 미국, 캐나다 그리고 아르헨티나 같은 국가들의 필요와 이해관계는, 비록 유럽이나 아시아의 몇몇 국가들이 반대한다고 해도, 이러한 분야에 대한 자유무역을 허용하는 쪽으로 가닥을 잡아 가고 있다. 이러한 이슈는 멕시코를 포함해서 여러 국가들에서 이미 다양한 이식 유전자에 의해 농작물(예를 들어, 옥수수 같은)오염 피해를 보고 있던 국가들의 농부들에 의해서 유전자변형 농작물에 대한 수용 문제가 논쟁되기도 했다. 이와 비슷한 또 다른 단체들은 FTAA의 지적재산권 조항에 있어 북미 방식으로 전환된다면 이는 아마도 지방 및 원주민공동체들의 권리를 무시할 수 있다고 비판적인 반응을 보이기도 했다(Acción Ecológica 2004).

시민사회 내에서 FTAA에 반대하는 세력들은 점점 증가하기 시작하면 결국 이러한 문제가 정치적으로 그리고 경제적인 입장에서 무엇이 가장 위태로운가에 대한 사회적 관심이 증가하기 시작했다. 동시에 FTAA에 반대하는 수많은 운동들이 일어나기 시작했으며, 무역이라는 이슈로 점점 글로벌 차원의 캠페인으로 확산되어 세계무역기구

(WTO)를 비판하고 이에 대한 저항운동이 점증하기 시작했다. 수많은 운동 단체들이 연대를 통해 정보를 교환하고 인터넷을 통해 사이버 상의 반대운동을 벌이기 시작했으며 공동으로 모여 아메리카정상회의들, 예를 들어 키토(Quito)나 퀘벡(Quebec)회의, 등을 보이콧 하는 활동들을 강화하기 시작했다. 이러한 연대운동의 흐름에서 환경단체들이 가장 중요한 저항 이슈로 삼은 것은 결국 현재 미주 대륙에서 진행되는 무역자유화는 라틴아메리카 지역의 지속 가능한 발전을 불가능하게 하며 따라서 보다 넓은 의미에서 신자유주의 발전 모델은 환경정의와는 양립할 수 없는 모델이라는 주장이다. 자유로운 자본이동과 낮은 환경기준은 양립 불가능하며, 결국 점증하는 무역량은 환경에 지대한 악영향을 줄 수밖에 없다고 항변한다. 에콰도르의 '생태적 행동'(Acción Ecológica 2004) 단체는 "미주자유무역지대(ALCA)는 직접적으로 이 지역의 소비 증가를 가져 올 것이고 이에 따라 화석연료 생산도 증가할 것이며 이는 곧 오늘날 미국이 규제하지 않고 있는 이산화탄소 배출 증가를 급속도로 초래할 것이다"고 주장한다. 더불어 이 지역의 에너지 정책에 대한 제도적 기반들로 바뀌면서 점점 화석연료에 대한 개발과 탐사 그리고 추출은 증가할 것이고 이는 또한 이러한 지역에 거주하고 있는 많은 그리고 빈곤한 원주민공동체들의 환경적 삶에 막대한 영향을 미칠 것이다.

농촌지역 사회운동과의 연계

한 국가의 무역정책에 있어 엘리트들의 통제(국가자본의 중심)와 잘 네트워크화된 오직 몇몇 시민사회단체들의 무역자유주의에 대한 지지 등에 대한 도전 세력들로 농촌지역 사회운동단체들이 존재한다. 이들은 지역 내의 자유무역에 대한 강한 비판을 시작으로 오늘날 이 지역 환경정의 운동에 합류하고 있다. 상기했듯이 이 지역의 깜뻬시노(campesino: 농부)들과 원주민공동체들은 이미 이 지역의 다양한 자유무역 정책에 대해서 강한 비판적인 세력으로 성장했다. 농업 분야와의 강한 관련성 및 연대, 자원이 풍부한 지역과의 근접성, 자원경제와의 의존성과 적정한 서비스 접근과 지적재산권 이슈에 대한 민감성 등과 관련해 이들 세력들은 이들의 삶에 지대한 영향을 줄 수 있는 자유무역정책에 대해 상당히 민감하게 반응하기 시작했다. 정치적 영향력이나 혹은 노동 및 환경운동 세력들과 카운트파트가 없는 빈곤계층들의 조직들은 기존의 전통 방식의 저항운동을 통해 국가와 대립하면서 그들의 목소리가 반영되도록 현 정부들을 압박하고 있다.

환경정의에 대한 기존 문헌들은 흔히 저항 방식에 있어 서로 다른 문화를 강조하곤 하는데 예를 들어, 빈곤 그룹들은 새로운 환경정치 가능성을 자각해야 하며, 이러한 자각과 인식의 전환은 이미 기존에 했던 자조적 전략 차원에서 행했던 혹은 이를 반영하는 제도나 법에 대한 불신으로부터 가능하다고 주장한다(Cole and Foster 2001). 라틴아메리카 지역 맥락에서 보면, 필립 옥스혼(Philip Oxhorn 2001: 174)이 주장하듯이, "다양한 방법으로 원주민공동체들은 가장 근본적인 도전을 해야 하는데 이는 민주주의 레짐의 질을 이해하거나 혹은 사회운동 이론들을 이해하는 것"에서부터 가능하다. "자유주의적 개인주의와는 달리 비유럽적인 경험, 폭력 남용의 역사, 그리고 집단적인 권리에 대한 이해 등, 이 모든 요소들이 다른 운동들과는 다른 그리고 아마도 흔히 이들이 위치하는 시민사회운동 맥락으로부터도 차별적인 정체성"을 가질 수 있기 때문이다.

사회운동의 설정과정에서 원주민운동 세력들은 그들 스스로를 인종집단 혹은 공동체 차원의 정체성에서 집단 정체성을 찾았다. 다른 경우들에서는, 여성운동이나 혹은 환경운동 등과의 연대를 통해서 운동의 세력화를 도모하기도 했다. 예를 들어, 브라질의 거대 프로젝트였던 수력발전 댐 반대 운동은 원주민 운동이 환경운동과 연대한 좋은 사례이기도 하다(Navarro 1994). 종종 개방된 형태의 비판들이 명확하게 이러한 대열에 합류해 오고 있는데, 예를 들어 멕시코의 사파티스타(Zapatista) 운동의 경우에도 북미자유무역협정(NAFTA)에 반대했다. 게다가 사파티스타 운동 발생은 다양한 면에서 살펴보면, 멕시코의 가난한 농촌 지역에 이행된 신자유주의 개혁의 부산물이며, 이러한 운동 세력들은 사실 오랫동안 멕시코 정치에서 집권당이었던 제도혁명당(PRI: Institutional Revolutionary Party)의 전통적 지지 세력이었지만 결과적으로 정치적 지지를 철회했다. 이러한 세력들과 운동들이 요구했던 토지 그리고 좀 더 윤택할 삶에 대한 희망은 떼우발(Teubal)이나 로드리게스(Rodriguez)에 의하면 "동시에 글로벌 차원의 모델인 신자유주의에 대한 사회적 저항의 한 조류"로 해석되기도 한다(2002: 195).

이러한 배경의 이해는 오늘날 이 지역의 농촌공동체와 원주민공동체 세력들의 무역에 관한 논쟁에서 어떠한 역할을 수행하고 있는지를 이해하게 한다. 확실히 이러한 움직임은 글로벌화의 신조인 많은 자유화 과정에 대한 저항을 나타내고 있으며, 더불어 이러한 운동들은 자유화 과정의 외부에 존재해 일단의 환경 단체들보다는 더 넓은 범위에서 사회 구성원들의 저항운동에 대한 지지를 호소하고 있다. 특히 미주자유무역지대에 대한 제안된 구상안들에 강한 반발을 보이고 있다(Guerrero 2005; Estigarribah 2005). 농업개혁과 보조금의 철폐에 대한 이들 단체들의 특별한 관심은 이제 이 지역의 농작물 생산을 장악하려는 몇몇 대농 식량기업들의 움직임과 지적재산권 강화에 대해 집중되어 있다. 지적재산권 부문은 특히 세계무역기구(WTO) 무역관련지적재산권(TRIPs) 협정에서 허용한 상업적으로 유용한 자원들에 대한 사적재산권 요구를 통해 더 많은 지적재산권의 강화에 대한 우려를 낳게 하고 있다(Acción Ecológica 2004). 미주자유무역지대 구상에 대한 반발을 통해 이러한 규정들의 확산을 지연시키려는 지역 차원의 노력도 존재하지만, 미국의 입장에서는 쌍무적 무역협정을 통해서라도 새로운 무역 기회 추구 및 투자자들의 권리를 보호하기 위해 이를 더욱 강화해 가고 있다. 예를 들어, 최근의 페루와의 무역협정에서 이러한 지적재산권 조항은 미국의 일방적인 입장이 반영되었는데, 특히 유전자 자원과 전통지식에 대한 특허 조항, 위생 및 검역조치 조항(일명 SPS 조항: Sanitary and Phytosanitary) 등이 허용되었다.[8] 이러한 조치는 정부의 개입을 최소화시켜 향후 유전자조작 농작물의 시장 유입을 허용할 것이고 이러한 흐름은 더욱 '안전한 과학'에 대한 인식을 무너뜨려 갈 것이다. 이러한 조치에 대해 페루에서는 6백만 이상에 달하는 최저생활자들인 감자재배(페루가 원산지 중심) 농부들이 반대 입장을 나타냈으며, 유전자 조작 농작물로 인한 농작물의 오염과 이로 인한 잠재적 피해 비용의 가중을 우려하는 목소리가 높아졌다(de Wit 2006).

유전자 조작 농작물의 허용과 책정 과정에서 적절한 보상과 접근(특히 멕시코나 생물학적으로 풍부한 자원을 가진 국가들의 경우)에 대한 권리에 대해 현재 논쟁이 진행되고 있는 가운데, 지적재산권 제도의 강화는 또 다른 식민주의의 새로운 한 유형으로 인식되고 있으며, 혹은 최소한 지식 권리에 대한 상업화로 여겨지고 있다(Sanchez et al. 2004). 동시에 볼리비아 코차밤바(Cochabamba)의 수자원 민영화에 대한 지역 및 자원 갈등은 종국에는 수자원 관련 다국적 기업들이 볼리비아에서 후퇴하는 결과를 낳았지만(Ceceña 2005), 이러한 갈등 발생의 배경을 보면 미주자유무역지대 그리고 중미자유무역협정(CAFTA) 같은 지역 차원의 자유무역 협정들 내에서 공공서비스의 자유화가 얼마나 폐해를 낳았는지를 잘 보여주며 사례들이며, 특히 국가 전략 차원에서 중요한 천연가스 같은 자원에 대한 접근도 중요한 사

8) 세계 유전자 변형 농산물 생산량의 80%를 차지하는 미국은 위생 및 검역조치에 관한 협정을 언급하며 유전자 변형 농산물의 수입을 규제하는 유럽연합의 법이 정당하지 않으며, 세계무역기구 하에서 불법이라며 공격한 바 있다.

례로 주목받고 있다(Crabtree 2005). 다시 말해서, 이러한 갈등은 모두 자연 자원의 이용과 연관이 있지만 많은 분쟁 요소들이 함유되어 있고, 또한 부분적으로 그리고 최소한의 정도라도 이러한 논쟁은 모두 "환경"(the environment)과 관련해 이해되고 있다.

미주자유무역 구상에 대한 반대 캠페인은 글로벌 연대와 더불어 더욱 명확해 지고 있는데 이는 글로벌 차원의 산업화 그리고 농업의 집중, 혹은 글로벌 차원에서 공공서비스 민영화에 대한 저항운동들이 거세지는 움직임에서 확인된다. 이러한 저항연대의 움직임은 더욱 강화되고 있는데, 예를 들어 가장 대표적인 사례는 유전자조작 농작물에 대한 반대이다. 지역 차원에서 이러한 저항운동의 중심은 브라질과 아르헨티나로, 이들 국가들에서 가장 강한 저항 및 논쟁이 진행 중이다. 떼우발(Teubal)이나 로드리게스(Rodriguez)에 의하면 "다양한 농민 운동들이 지역 차원이 아니라 글로벌 차원에서 연대를 도모"하고 있다(2004: 197). 근본적으로 이러한 운동들은 미래농업의 다국적기업들에 의한 독점구조 - 특허 및 생물자원 수탈(bio-piracy) - 에 강한 저항과 특히, 농작물의 자유무역(특히 덤핑)이나 유전자 도입 및 호르몬의 사용에 대해 강한 반발을 보이는 반면, 식량안보 및 식량주권에 대한 이슈에는 강한 찬성을 보이고 있다. 이러한 저항운동에서 핵심적인 역할을 해 오고 있는 '비아 캄페시나'(Via Campesina) 같은 단체는 이러한 움직임을 접목시켜 글로벌 차원의 저항 연대를 리드하고 있는데, 세계사회포럼(World Social Forums)에 참여하거나 개입을 활발하게 해 오고 있다. 이러한 방식의 저항 연대 창출 및 일련의 저항 활동들은 농민운동단체들에 의해 주요 전략으로 채택되고 있으며, 종종 유럽이나 북미 지역의 동조 그룹들로부터 활동 자금에 대한 재정적 지원을 받고 있으며 라틴아메리카/유럽/북미 지역을 연결하는 삼자 기금을 조성해 글로벌 차원에서 반-미주자유무역지대 구상 운동을 전개해 오고 있다(Newell et al. 2006).

지역 내의 이러한 역동적인 활동은 동원의 정치학을 이해하는 데에 중요한 계기를 부여해 주고 있으며, 저항운동 연대를 만드는 의제를 개발하고 국제협력의 가능성을 높여가고 있다. 위에서 언급한 것처럼 환경이라는 이슈로 오늘날 이 지역은 지속 가능한 발전과 자유무역이 함께 병행될 수 있는지에 대한 뜨거운 이념적 논쟁이 진행되고 있기도 하다. 물론 이러한 논쟁은 서로 상반되거나 분열된 형태의 이념 싸움과 밀접한 관련을 맺고 있다. 서로 간의 상반된 의견은 종종 갈등으로 수위를 높여가고 있으며, 저항의 문화들 속에는 이러한 상반된 견해를 보이는 수많은 사회 계급 간(중산층과 농민), 혹은 사회 구성체들 사이의 갈등도 점증하고 있다(Ruben 2004). 미주자유무역지대 구상을 위한 미주정상회의의 참여와 구성에서도 비대칭성은 발견된다. 라틴아메리카 지역에서보다는 북미지역으로부터 더 많은 환경주의자들이 참여를 하고 있고 이러한 참여 방식은 결국 이 지역에서 논의되고 있는 무역정책과 환경에 관련된 이슈에서 환경정의에 대한 비판이 덜 주목받는 결과(예를 들어, NAFTA 협상의 경험처럼)를 만들어 내고 있다.

무역 정치의 민주화

경제 엘리트들 중심의 몇몇 부자 클럽들에 의해 주도되는 무역협정들과 협소한 차원의 경제적 이익이 반영된 자유무역에 대한 비판이 고조되는 가운데에 라틴아메리카 지역에서는 무역정책의 민주화를 요구하는 목소리가 커지고 있다. 참여와 이익 그리고 의제 설정에 대한 다원주의 존중과 근본적으로 누구를 위한 그리고 무엇을 위한 자유무역인가에 대한 재고가 필요하다는 논쟁이 오늘날 무역정치 민주화의 핵심이다. 하지만 기술적으로 그리고 전문가들이 리드하는 무역협정의 합법적 실체 형성 과정에서 무역협상과 관련된 중간 개입자들의 이해관계와 이들의 상호협상을 무시할 수 없다. 시민들의 정책개입은 어렵고 이들을 대신해 협상이나 정책결정에 참여하는 기관들과 조직들의 입장도 시민들의 직접 개입을 어렵게 만들고 있으며 일종의 커다란 장벽으로 작용한다. 그럼에도 불구하고 오늘날 라틴아메리카 시민사회가 무역정책에 개입하는 다양한 사례들이 발생하고 있다(Newell et al. 2006). 종종 이러한 개입은 실질적으로 정책결정을 누가 내리는가에 대한 비밀스러운 정부의 일방적인 움직임에 대한 시민사회의 거부와 이를 정당성의 위기 차원으로 인식하고 반응하는 시민들의 저항에서 발생한다.

초기 단계에서 무역 자유화를 지지하는 단체들의 참여는 공식적인 제도적 채널을 가지고 있으며 의도적으로 이들의 공식적인 참여는 인정이 되지만, 진행 과정과 결과적으로 보면 이들의 참여는 공식적인 무역협상 차원의 정책 결정 및 의사 결정에서는 배제된다. 무역 자유화의 목적, 속도 그리고 적절성 등에 대한 논쟁에서 배제되는 것이다. 비록 배제를 극복하기 위한 몇몇 시민사회 단체들의 참여와 정책 결정 분야에서 영역 확보 노력은 지속되지만, 여전히 최소한의 권리 - 자유 민주주의 차원의 참여 허용 -만이 보장된다. 이미 만들어진 협정문에 단지 자문의 역할만을 수행하게 되며, 정책결정 진행 과정에서도 이미 어느 특정 단체에만 정보와 구체적인 의제가 제공이 되고 다른 단체들은 철저히 배제된다.

물론 무역 협상에 대해 심각할 정도의 논쟁, 예를 들어 “무역의 사회 생태학”(the social ecology of trade) 차원에서(다시 말해서, 무역은 넓은 범위에서 사회적 그리고 생태학적 시스템의 필수불가결한 한 부분으로 인식되며 한 사회의 지속가능발전에 중요하며 그리고 유지 및 관리 차원에서 누구를 위한 무슨 목적으로 진행되는지에 대한 폭넓은 인식) 사회 전반에 걸쳐 일어난다면, 현재 시점에서 조직화된 정책 형성 과정은 작동할 수 없다. 따라서 이러한 메커니즘을 인식하고 있는 라틴아메리카 지역의 많은 활동가들은 오늘날처럼 협소한 개념과 이미 결정된 형태로 진행되는 협상이나 정책결정 과정에 대한 참여와 개입을 반대한다. 동시에 이러한 구조에 반발해 저항과 투쟁을 강화하고 있다. 따라서 사회운동 세력들이나 그리고 여타 다른 정치적 행위자들은 오히려 공식적인 국가 차원의 관세인하 같은, 예를 들어 수자원이나 일상생활 의료품의 접근에 대한 결정적 역할을 하는 혹은 농촌공동체들의 삶과 지적재산권 분야에서 소유권에 관한 사법적 판단 등 영향을 줄 수 있는 무역협상의 정책 결정 과정의 일국 정치를 초월하고 있다. 이러한 갈등은 정치, 도덕성 그리고 사회 및 생태학적 지속가능 발전 등 모든 개념을 위태롭게 한다. 하지만 동시에 이러한 움직임은 단지 지역 차원의 혹은 협소한 개념의 경제적이고 상업적 이익만을 위해 진행되고 있는 지역통합에 반발하여 스스로 지역 차원의 "사회적 의제"(social agenda)를 만들고 국경을 초원하여 사회적 연대를 강화시키는 움직임으로 나타나고 있다.

무역정책 민주화의 협소한 형태는 일련의 제도적 차원에서 진행되는 행위자들의 참여나 혹은 정책 과정에서 목적이나 과정이 이미 정해진 형태로 진행되는 것으로 이해되며 따라서 이러한 과정은 "생태민주주의"(ecologizing democracy) 개념과는 거리가 멀다. 다양한 목적과 행위자가 참여하고 사회적 혹은 생태학적 시스템이 결정 과정을 통해 충분히 고려되거나 영향을 미치는 - 비록 다소 복잡한 과정이라 할지라도 - 다차원적 접근이 요구된다. 물론 이러한 인식과 태도는 최근의 다양한 시도들, 예를 들어 무역정책의 사회적 혹은 환경적 영향을 부정하거나, 아니면 이러한 사회 및 환경적 서비스들이 단지 무역자유화를 위한 부수 조건들이라는 압박들과는 여전히 거리가 멀다. 의미 있는 이행과는 관련성이 떨어지는 부수 협정, 오염된 산업으로부터 피해를 당한 시민들의 합법적 권리 및 보상 요구(NAFTA 협정에 포함되어 있는 것들처럼) 거부, FTAA 개선을 위한 시민 활동가들의 아이디를 받아들이는 '드롭박스'(drop-box: 우편물 투입함) 제안 무시, 그리고 실질적으로 협상가들의 위와 같은 사항들에 대한 아무 의무감 없는 태도 등은 더욱 시민사회 참여를 방해하는 요소들이다. 이러한 메커니즘은 많은 부분 세계무역기구(WTO)의 논리를 재생산한 것으로 보이며, 오직 "정당성"을 인정받은 몇몇 단체들의 이익만이 보장되고 있으며 특히 관련 이슈면에서 보면 "직접적으로 생산, 분배 그리고 소비" 부분에만 한정되어 논리가 전개되고 있는데 이는 남미공동시장 협정 사례와 대부분 일치한다. 공공 영역에서 무역 자유화를 만드는 과정에서 그룹이나 단체의 역할은 "가치 있는 자원"으로 여겨진다. 예를 들어, FTAA 구상과 시민사회에 대한 정부대표 위원회의 정치적 기능은 협정문의 초안을 만드는데 상당히 중요한 역할을 담당했다. 물론 초창기 위원회의 초안 마련의 논리는 "폭넓은 공공의 이해 구축과 미주 대륙에서 무역 자유화의 지지 창출"이었다.

필수불가결하게 이러한 메커니즘은 시민사회 내에서 불평등을 재생산해 내는 역할을 한다. 협정의 합법적 혹은 경제적 프레임에서 명확하게 기회를 많이 가지고 있는 단체들과 흔히 자본에 기반해 "사실상 협의"(virtual consultations) 차원에서 개입해 있는 비즈니스 능력(e-capacity)이 있는 단체들, 혹은 참여를 위한 자원을 소유한 그룹들, 그리고 가장 중요한 행위자들로 이러한 무역 자유화에 대한 제도적 목적과 목표를 지지할 수 있는 그룹들이 아마도 이러한 메커니즘을 잘 활용한다. 대다수의 시민사회 조직들이나 무역협정을 통해 가장 영향을 많이 받는 시민들의 경우에는 동원할 수 있는 자원이 적으며, 비즈니스 능력도 떨어지고 흔히 자본에 기반해 있지도 않다. 따라서 이들의 대응은 무역 자유화 협정 절차나 무역 정책에 대한 분배적 관점에서 중요한 개입 역할을 하기는 힘들다.

단기적으로 일국의 무역정책의 민주화 프로젝트는 아주 중요한 것으로 무역에 있어 어떤 유형이 바람직한지에 대한 공개된 형태의 대중적 토론이 진행되어야 한다. 토론은 단지 결과 중심으로 진행되어서는 안 되며, 무역 이슈가 좀 더 거시적 차원에서 사회적 그리고 환경적 목표에 부합하는지에 대한 능력이 확인되어야 한다. 무역 자유화와 환경이 서로 상호 보완적 관계인지에 대한 논쟁의 현재 프레임은 각각의 그룹들이나 단체들에게 중요한 논쟁의 출발점이 되어야 하며, 무역협정을 맺을 때, 범위나 목적을 설정하는 데에 가장 중요한 논쟁의 대상이어야 한다. 이러한 관점에서 이 지역의 많은 그룹들과 단체들은 공통적으로 투명성을 강화해야할 필요가 있고 시민사회 참여를 위한 새로운 메커니즘을 발전시켜야한다. 시민사회 참여에 대한 요구는 1999년 공식적으로 시민사회 네트워크 차원에서 창설된 '미주지역 인민정상회의'라는 '미주대륙 사회적 동맹'(Hemispheric Social Alliance: HSA)으로 지속적으로 이어지고 있다. 물론 이러한 사회적 연대는 미주정상회의 특히 FTAA에 비판적인 입장을 고수하고 있다. HAS 참여 그룹들은 FTAA 협상 과정에서 여전히 시민사회 참여가 공식적으로 그리고 절차상으로 부족한 부분에 대해 비판을 해 오고 있으며, 초기 장관급 초안에서 약속한 시민사회 공개 참여는 여전히 수사학적 관점에서 받아들여지고 있다고 비판의 강도를 높이고 있다. 사실 협정은 HAS 내에서도 가능했던 것으로, 사회적 포럼을 통해 이미 공식적으로 인정된 협정의 핵심적인 주제들과 노동권, 인권 및 환경이 포함된 공식적인 의제들이 모두 시민사회 포럼을 통해 초안은 마련이 되었다(Botto and Tussie 2003: 41). 1999년 칠레의 산티아고 정상회의에서 HAS는 FTAA 구상을 개선시킬 수 있는 대안을 제시할 수 있었다. HAS는 또한 에콰도르에 기반을 둔 또 다른 농민 공동체 연합인 '농촌조직들의 라틴아메리카 연대'(Coordinadora Latinoamericana de Organizaciones del Campo: CLOC)와도 네트워크를 맺고 있었다. 이 조직은 라틴아메리카 지역의 농민들과 농촌 지역 연대를 강화하고 더불어 원주민 공동체, 농촌지역 노동자 그리고 소농들을 조직하고 이들과 연대를 강화해 온 단체이다(Korzeniewicz and Smith 2003). 폭넓은 범위에서 HAS와 연대를 해 오고 있는 이들 단체나 그룹들의 모임은 전체적으로 의제를 개발하고 있는데, 특히 경제적 평등, 식량주권 그리고 지속 가능한 농업발전 등이 주로 논의가 되고 있다.

무역정의로부터 기업의 책임

따라서 무역협정과 이의 정책결정 과정에서 소외된 세력들의 개입이란 언제나 간접적인 영향을 줄 수밖에 없다. 무역 자유화에 대한 새로운 부활의 움직임과 지역의 그리고 글로벌 시장에 노출된 농촌 경제 사이에서 다양한 캠페인의 에너지들은 이제 직접적으로 외부 경제 행위자들의 선택에 의존해 있다. 종종 국가의 지지 없이 그리고 실제적으로는 국가와의 갈등 속에서 열악한 혹은 빈곤한 그룹들은 비공식적 전략 차원에서 공동체 단위의 저항운동을 벌이고 있으며 따라서 사회 및 환경정의를 방어하기 위한 하나의 수단으로 기업의 책임성을 요구하는 전략을 구사하고 있다(Garvey and Newell 2005). 북미 지역과는 다르게 라틴아메리카 지역의 환경정의 활동가들은 한편으로는 그들의 삶에 직접적으로 그리고 심각한 영향을 주고 있고, 다른 한편으로는 이들을 철저히 소외시키는 산업과 무역 그리고 개발계획 과정에 대한 저항을 하고 있다. 새로운 투자자들이 원하는 값싼 노동력 이용, 풍부한 토지 허용, 자연자원 착취 그리고 환경오염에 대한 국가의 무규제 등에 저항을 시작한 것이다.

글로벌 차원에서 자본이동의 통제가 적어지고 있는 상황에서, 기업과 공동체 사이의 힘의 균형은 종종 기업에게 기울어진다. 이들 공동체에 가해지는 경제적 협박은 이제 새로운 기업의 전략이 되었고 공동체들은 이러한 협박에 종종 대항할 수 없다. 투자 진출 과정에서 규제완화, 세금우대 그리고 값싼 노동력 요구는 기업들에게는 가장 매력적인 투자 조건들이기 때문에 때때로 경제적 협박은 가장 중요한 전략으로 활용되기도 한다. 이러한 경제적 협박은 1994년 북미자유무역협정 과정에서도 발견이 되었다. 대표적인 사례가 NAFTA 11조항이다. 2000년 8월 미국 캘리포니아에 소재를 두고 있는 메탈클래드기업(Metalclad Corporation)은 이미 충분히 높은 오염에 방치된 농촌 공동체에 폐기물 매립장 허가를 요청했지만 멕시코 정부의 허가를 얻지 못하자 이 기업은 11조항을 근거로 멕시코 정부를 상대로 1,670 만 달러 소송을 제기했다(Roberts and Thanos 2003). 이러한 사건은 분명 우리가 논하고 있는 환경정의라는 개념과 연관성이 있다. 특히 지역 선정에서 멕시코의 빈곤한 농촌 공동체가 환경에 해로운 폐기물 매립지 지역으로 선정되었기 때문에 더욱 그렇다. 사실 오염을 규제하기 위한 과정에서 기업으로부터 소송을 당한 것은 멕시코의 지방정부였다. 미국 그리고 세계 어느 곳에서도 환경정의에 대한 갈등은 어느 곳이든지 존재하지만, 특히 지방 정부나 그룹들은 어떤 형태이든지 간에 정부의 신규 투자 유치 전략과 많은 갈등을 낳고 있는 것이 현실이다. 라틴아메리카 지역의 많은 사례에서 보듯이, 자원투자 부문에서 새로운 투자를 원하는 정부의 결정으로 인하여 지방의 반대는 종종 무시되기 일쑤이다. 캐나다 광산 개발회사인 맨해튼광물기업(Manhattan Minerals Corporation)의 경우, 페루의 탐보 그란데(Tambo Grande) 지역의 광산 개발과 관련하여 논쟁을 일으킨 바 있는 있는데, 이는 개발과 관련 이 지역 주민 2,000 가구의 타 지역으로 국내 이주 문제를 야기시켰다. 비록 지역 광산 개발에 대한 찬반 선거에서 국제 NGO인 오스팜(Oxfam)이 개입한 선거에서 주민들 중 98.7%가 반대의사를 표했지만, 개발 논쟁은 수그러지지 않았고 이는 동시에 국제적인 관심을 끌 정도도 이슈화되기도 했다.

위와 같은 메가 프로젝트들은 사실 이를 실현하기 위해서는 우선적으로 필요한 인프라 건설이 요구되는데 종종 이런 프로젝트들이 무역협정으로부터 언급이 시작되기 때문에, 이에 대한 반대와 저항도 종종 발생한다. 위에서 언급한 남미공동시장 고속도로망 건설 차원에서 제안된 '이드로비아' 프로젝트에 대한 저항 운동이 일어난 것처럼, 여타 다른 일련의 프로젝트들, 예를 들어 생태회랑지대와 관련된 '파나마 푸에블라 계획'(Plan Puebla Panama: PPP)같은 프로젝트들에 대해 원주민 공동체 그리고 다양한 환경단체들의 저항이 발생했다(Paz 2005; Cortez and Pare 2006). 많은 저항 움직임과 이들이 가장 근본적으로 문제를 제기하는 것은 명확하게 FTAA, CAFTA, PPP 등의 프로젝트들이 여전히 제국주의 방식의 자원 개발 및 활용과 연관이 있다는 것이다.

최근의 남미공동시장 역내의 환경 갈등 사례들을 보면 이러한 움직임은 더욱 쉽게 이해할 수 있다. 예를 들어, 우루과이 연안 도시인 프레이 벤토스(Fray Bentos)지역에 핀란드 회사인 보트니아(Botnia)사와 처음부터 이 프로젝트에 참여한 스페인의 셀룰로오스 국영회사(Empresa Nacional Celulosa España: ENCE)의 제안으로 제지 공장 건설에 대한 논쟁이 시작되었다. 이는 우루과이 역사에서 단일 규모로 가장 큰 투자 규모를 자랑하는 프로젝트였다(La Razon 2006). 이러한 흐름에 반발하여 아르헨티나의 환경 활동가들과 저항 단체들은 '괄레과이추 환경 시민 연합'(Asemblea Ciudadana Ambiental de Gualeguaychú)을 구성해서 우루과이와 공유하고 있는 아르헨티나 강 유역에 새롭게 건설될 공장으로부터 나올 수 있는 수질오염의 위험성을 경고하면서 투명한 환경평가를 요구하기 시작했다. 이외에도 공장으로부터 나올 수 있는 수질의 산성화 및 폐수로부터 악취 발생 등에 대해서 많은 염려와 우려를 나타내었다. 이 저항 단체의 주된 걱정은 또한 스페인과 칠레 발디비아(Valdivia)에서 ENCE가 벌금을 낼 정도의 과거실적에 대한 신뢰성의 문제도 있었다. 이들 단체들은 현장에서의 저항 캠페인과 많은 활동 네트워크들의 연대를 통해 저항의 수위를 높여 갔다(*Página 12* 2006). 아르헨티나 내에서 그리고 유럽에서 이러한 형태의 시민사회 단체들의 압박은 스페인 회사로부터 프로젝트 투자 철회를 불러 왔지만, 핀란드 회사인 보트니아(Botnia)사는 지속적으로 프로젝트 이행을 주장했다.

공장 설립에 대해 비판적인 견해를 가지고 있었던 많은 단체들은 서로 간의 연대를 통해 그리고 우루과이 내에서 수많은 환경 활동가들과의 협력 및 저항 캠페인을 통해 아주 중요한 대중적 이해와 관심을 불러왔다. 물론 환경적 관심 그리고 환경을 이슈로 한 대중 캠페인은 이 지역에서 유례가 없는 일이었으며 참여자만 거의 4만 명에 달했다(*Página 12* 2006). 투쟁 및 저항 전략은 휴가 시즌에 피켓을 들고 우루과이와 아르헨티나를 통과하는 교량이나 거리를 봉쇄하는 것이었다. 이러한 전략은 사실 아르헨티나의 2001-2003년 경제 위기 당시 전국적 규모로 등장한 실업자 운동(일명, 피케테로 운동)이나 이 지역의 다른 사회운동들의 저항 전략을 답습한 것이었다. 이러한 과감한 행동은 사실 이러한 활동가들의 의견을 무시하고 공장 건설 공사를 강행하려는 기업 측에 대한 대응 차원에서 진행되었다. 결국 이러한 갈등은 아르헨티나와 우루과이 양 국가의 정치 지도자들인 네스토르 키르치네르(Néstor Kirchner)와 타바레 바스께스(Tabaré Vázquez) 사이에 정치적 긴장감을 불러 왔고, 바스께스의 경우 이러한 비판과 저항은 결국 남미공동시장을 위협하는 것이며, 남미 지역통합을 심각하게 훼손할 수 있다고 공식적으로 비판하기도 했다(*Página 12* 2006). 이러한 저항과 공장 건설 반대는 다시 말해서 지금까지 이러한 유형의 프로젝트를 이 지역에서 거의 20년 넘게 추진해 왔던 세계은행(World Bank) 방식에 반하는 것이었다. 사실 우루과이에 제지공장을 건설하겠다는 아이디어 자체가 유럽의 엄격한 환경 규제를 피해서 다른 지역에 투자한 일종의 "오염 도피"(pollution flight)이기도 했다.

위와 같은 사례에서 보듯이, 오늘날 남미지역은 지역 수준의 참여

메커니즘 그리고 정보 및 커뮤니케이션 기술 등이 발전해 이제는 국경을 초월해 저항 운동의 연대가 가능해 졌으며 투자자들의 투명성을 요구하는 새로운 정치적 요구도 등장했다. 이 외에도 여타 다른 무역정의 활동처럼 이 지역의 빈곤 공동체들은 연대를 통한 저항 운동의 가능성을 경험하고 있으며 저항 단체들은 결과적으로 급속하게 진행되는 자유화가 결국 사회적 혹은 환경적 안전망이 없이 진행된다는 사실을 인식하고 있다. 특히 대부분의 투자자가 있는 북미지역 기업들의 사회적 책임 부재에 대해 반대의 목소리가 커지고 있는 현실이다(Friends of the Earth 2003; WDM 1998). 종종 이러한 반대의 목소리 혹은 캠페인은 특히 지역 차원의 무역협정과 관련해 지방 혹은 지역의 자원갈등 글로벌화를 유도하고 있을 정도이다.

에콰도르에서 자원개발에 참여하고 있는 셰부런(Chevron) 및 텍사코(Texaco) 석유생산 기업들에 대한 지역 토지 공동체들의 반대 캠페인은 또한 중요한 사례이다(Kimerling 1996). 1980년대 텍사코사의 에콰도르에서의 활동 보고서에 의하면, 석유개발 과정에서 이 회사는 유독성 폐기물을 일일 기준 320만 배럴을 유출시켜 개발 지역의 토양 오염에 심각하게 영향을 미쳤다. 이러한 문제로 법적 투쟁이 국제적으로 진행이 되었는데, 아이러니한 것은 지역의 원주민공동체를 대표하는 법적 활동가들은 대부분 미국이 담당했고 그리고 이러한 법적 소송에서 미래 석유개발 투자 저하를 우려한 에콰도르 정부가 반대에 서 있었다. 텍사코사는 미국에서 집단소송과 '생태적 행동' 및 '열대우림 행동 네트워크'(Rainforest Action Network)라는 단체들에 의해 주도된 소비자 불매운동이라는 역풍을 맞았다. 1994년 6월 에콰도르의 12개 원주민 공동체들이 연합해 벌인 저항 운동은 거의 2주 동안 전국을 마비시켰으며 에콰도르 역사에서 "환경 파괴와 사회적 무책임의 10년"이라고 기억되고 있다.

또 다른 석유와 관련된 사례는 로스앤젤레스에 근거를 둔 옥시덴탈

정유(Occidental Petroleum)사와 콜롬비아의 우와(U'wa) 지역 주민들과의 갈등이 대표적이다. 이들 지역 공동체는 1995년 개발 계획에 따라 만일 옥시(Oxy)사가 석유 개발을 위해 우와 지역에 드릴링을 시작하면 지역 주민들은 집단자살을 하겠다고 위협했다.[9] 정체성 정치 차원에서 지역의 환경정의를 요구하면서 이 공동체들은 다음과 같이 선언했다: "우와 지역에서 모든 것을 잃기보다는 우리 모두 자살을 함으로써 우리의 것을 영원히 지킬 것이다"(Garcia and Vrendenburg 2003). 지역민들의 저항권은 이미 법적인 협정문들에 의해 보호를 받고 있었으며 이러한 권리는 정보통신기술의 발전과 함께 지역민들의 연대를 강화시켰고 지역민들의 저항 전선을 대중적으로 확산시키고 공고히 하는데 일조를 했다. 이와 동시에 지역 주민들과의 갈등에 대해 무(無)대응으로 일관했던 기업들에게는 악몽 같은 일이기도 했다. 예를 들어 '아마존 와치'(Amazon Watch), '행동 자원 센터'(Action Resource Center)와 같은 단체들은 비폭력적인 방법으로 로스앤젤레스에 있는 옥시덴탈정유사 로비에 약 70 미터(23-foot)에 달하는 가짜 파이프라인을 설치해 상징적으로 저항하기도 했다. 로버트와 타노스(Roberts and Thanos)가 주장하듯이, "자본 투자의 글로벌화는 동시에 커뮤니케이션과 인권법의 글로벌화를 가져오기도 했다"(2003, p. 190). 다시 말해서 이는 갈등 사이의 연결 고리를 떼려고 해도 뗄 수 없는 정도로 강화시켜 왔는데, 특히 원주민의 권리와 환경적 지속성 같은 이슈들이 그것들이다.

무역 자유화의 패턴들과 새로운 형태의 기업의 사회적 책임성이라는 갈등 이슈들이 표면화되기 시작하면서 이와 관련된 많은 저항운동

9) '옥시' 혹은 '옥시 오일 앤드 가스 유에스에이'(Oxy Oil & Gas USA Inc.)사는 1935년 시티스 서비스(Cities Service Co.)라는 이름의 공익사업회사로 발족했으나 1941년부터 점차 공익사업에서 벗어나 석유, 천연가스 사업으로 전환하여 유전 탐광 · 개발 · 생산 · 정제 · 수종 · 서비스업 이외에 석유화학, 카본블랙, 플라스틱, 비료 등 석유를 중심으로 한 각종 화학제품을 생산하였다. 1982년 캘리포니아 주(州) 로스앤젤레스에 있는 옥시덴털 석유(Occidental Petroleum Corp.)에 합병되었으며 1997년 지금의 이름으로 변경하였다. 자회사로 옥시 유에스에이(OXY USA, Inc.)가 있다.

이 발생하고 있는 한편, 여전히 오래된 논쟁들도 지속되고 있는 데, 이는 국내 공기업 그리고 중소기업들의 존재와 이들의 영향력이다. 이들 기업들은 덜 유동적이고 해외 투자자들의 접근 방식과는 다소 차별적이지만 환경적으로 보았을 때 이들 기업들도 오염원 배출에서 예외적인 경우는 아니다. 멕시코 석유 국영회사인 PEMEX에 대한 저항 캠페인과 갈등은 1984년 스우아타뻭(Ixhuatapec)에서 거의 500명이 넘는 사상자를 발생시켰으며, 비슷한 사건이 브라질에서도 일어났다(Roberts and Thanos 2003). 옥시텐털이나 쉘(Shell)사와 같은 외국의 다국적 기업들의 경우는 종종 라틴아메리카 국가 소유 기업들, 예를 들어 베네수엘라의 CVG-EDELCA(Corporación Venezolana de Guayana-Electrificación del Caroní CA)같은 국영회사들보다 원주민 공동체들의 활동에 더욱 취약함을 보인다. 이는 이들 기업들이 글로벌 대중들과 세계 시민사회의 인식에 더 많은 신경을 써야 하기 때문이다. 따라서 오늘날 무역 자유화는 엄밀하게 보자면 빈곤 공동체들에게 전혀 새로운 것이 아니라 추가적인 도전 이슈로 등장했다.

결론

환경정의에 대한 개념은 우리에게 사회정의, 분배, 참여, 공정, 갈등, 인종 그리고 계급이라는 용어들과 함께 중요한 질문을 던져주고 있다. 비록 여전히 느슨하게 정의되어 있지만 현재 발생하고 있는 혹은 미래에 발생할 사회적 동원이나 저항 그리고 사회운동을 이해하기 위한 중요한 분석틀로서의 역할을 해오고 있다. 빈곤의 환경주의를 개선하기 위해 이들 많은 단체 및 그룹들의 일상적인 삶 속에서 투쟁과 저항은 전략과 가치 그리고 세계 곳곳에서 발생하고 있는 다른 많은 사회운동 및 환경운동의 경험들을 서로 공유하는 데에 있다. 비록 오늘날 환경정의라는 개념과 경험이 미국에서 파생된 유일한 개념으로 여겨지고 있지만, 실질적으로 보면 많은 자원 갈등을 경험하고 있거나 미래 환경 문제에 대한 결정 등에서 여전히 사회적 소외를 경험하고 있는 라틴아메리카 지역에서 논쟁이 오히려 적합하다. 인종, 소수민족집단 그리고 계급적 관점에서 서로 다른 환경 정체성을 가지고 있지만 갈등의 원천은 유사하며 이들의 저항 전략에 대한 논쟁도 상당한 유사성을 보이고 있다. 특히 무역 정책에 대한 환경정의 시각을 통해 환경운동 차원의 개입을 선호하고 있다는 동질성을 지니고 있다. 근본적으로 라틴아메리카 지역에서 발생하고 있는 이러한 활동들을 미국에서 발생한 환경정의 운동 혹은 미국 방식의 개념을 통해 분석할 수는 없다. 본 장은 다만 수많은 활동가들과 학자들에 의해 분석되거나 축적된 이론적 지식이나 경험들을 살펴봄으로써 라틴아메리카 지역에서 새롭게 등장하고 있는 무역과 관련된 환경정의 갈등이 얼마나 첨예하게 진행되고 있는지를 보여 주고자 했다.

오늘날 라틴아메리카 지역에서 무역에 대한 환경정치 논쟁에서 환경정의라는 개념과 분석틀은 보다 넓어지고 깊어지고 있다. 전통적으로 인식되던 환경에 대한 이해는 명확하게 정치적으로 그리고 역사적인 문맥에서 지식정치(knowledge politics)가 강조된 "원주민의 생태학"(indigenous ecology)이 내재된 것이다(Garruthers 1996). 원주민의 생태학적 개념에 대한 접근은 이들 원주민들의 자원 이용에 대한 차별과 착취에 대한 패턴이 논쟁의 중심이었다. "무역의 사회 생태학"이라는 개념은 환경 이슈와 관련해 사회정의라는 개념이 혼합해, 다시 말해서 권리의 측면에서 무역과 환경과의 관계 접근을 진일보 시킨 개념이자 운동이다. 물론 이 개념은 좀 더 폭넓은 관점에서 민주주의와 시장 사이의 관계에 대한 논쟁을 발생시키기도 했다.

현재까지 라틴아메리카 지역의 정부들은 사회적 필요 혹은 공공선 개념보다는 여전히 해외자본 투자에 상당히 민감한 반응을 보이고 있는데, 이는 정당성의 위기를 초래할 수도 있다. 오도넬(O'Donnell

1994)이 주장했던 "위임 민주주의"(delegative democracy) 개념처럼 무역정책의 결정이 권한을 위임받은 정치지도자나 권력자의 손에서 그들의 이름과 서명으로 모두 행해질 지도 있다. 현재 이런 모든 일련의 무역정책과 관련된 갈등 상황이 이러한 경향을 잘 반영하고 있다. 많은 경우 우리가 중요하게 인식해야 하는 '사회계약'(social contract) 개념이 고려되지 않고 있다(Bresser Pereira and Nokano 1998). 다시 말해서 모든 무역협정들이 자원에 대한 직접적인 협상 대상자인 지역민들이나 정책결정 과정에서 직간접적으로 영향을 받는 이들의 삶은 철저하게 배제되고 있다. 이러한 일방적 형태의 정책결정이 지속되고 팽배해 진다면 좀 더 강력한 혹은 향후 더욱 해결하기 힘든 형태의 갈등만이 남을 것이다. 이는 단순히 시장에 대한 민주화가 아니라 경제 전체의 민주주의를 이해하면 쉽게 납득이 간다. 누가 그리고 어떻게 경제에 이바지하는지에 대한 보다 근본적인 논쟁이 요구된다.

라틴아메리카 지역에서 협소한 틀에 의해 정의되는 무역 의제들은 환경정의를 요구하는 많은 시민사회 단체들의 참여를 상당히 제한하는 방식으로 진행되고 있다. 이러한 형태가 지속된다면 의제형성 혹은 협상 과정의 외부에 존재할 수밖에 없는 단체들은 무역정책의 결과로 인해 영향을 받는 단체들이나 외부 세력들과의 연대를 통해 또 다른 참여를 모색할 수밖에 없다. 이러한 인식은 결국 무역과 관련된 환경정의의 관심은 무역협정과 관련된 몇몇 내용적 위협보다는 전체적으로 보면 무역자유주의에 대한 비판과 관련이 있으며 HAS 같은 국제연대 운동의 움직임도 이러한 사실을 잘 반영하고 있다. 물론 몇몇의 전략적 차원의 어려움은 이러한 움직임을 제대로 반영할 수 있는 국제적 차원의 다른 운동들과의 연대 가능성이다. 특히 이들 사이 환경정의에 대한 폭넓은 이해 가능성, 어느 정도 무역정책에 개입 가능한지 등이 딜레마일 것이다. 연대를 통해 강한 저항 운동으로 거듭나기 위한 가능성과 환경정의를 둘러싼 국제적 차원의 저항 정치 구축에서 전통적으로 지방 수준에서 갈등의 경험을 해 온 이들의 연대가 글로벌 차원의 공약 및 활동 연대를 할 수 있을지에 대한 많은 우려가 존재하는 것도 사실이다. 하지만 위에서 살펴 본 HAS와 같은 연대를 리드할 수 있는 공유된 자원과 지지 또한 존재한다. 개인적 차원의 운동들을 넘어서서 연대를 통해 가치를 키우고 자원을 축적해 보다 큰 국제연대를 만든 사례는 존재한다. 아마도 이와 비슷한 수준에서 환경정의 실현하기 위한 다양한 분야별 노력들도 진행되고 있다. 앞에서 살펴보았듯이, 개인적 차원의 정체성을 지닌 환경정의 운동보다는 토지, 의료 그리고 원주민 권리 등의 분야에서 이러한 국제연대 움직임은 끊임없이 재생산되고 있다. 남아있는 도전은 지역의 무역정책과 관련해 정치적으로 그리고 전략적으로 연계성 있는 방법들을 통해 지역 차원의 캠페인을 리드하고 미래 환경정의 실현이라는 큰 그림을 그려나가는 것이다.

양 정부 사이에서 폐쇄적으로 운영되는 무역의 규칙에 대한 협상으로부터 시장, 소비자 그리고 자원에 접근할 수 있는 새로운 기회라는 결과를 가져다주는 투자에 대한 부문까지 포함해, 오늘날 라틴아메리카 지역에서 이행되고 있는 무역정책이 불공정하다는 인식이 확산되고 있으며 시민사회의 이에 대한 반응도 많이 달라져 있다. 이러한 불공정한 내용과 절차에 대해 반대하는 이들은 일련의 의제 차원에서뿐만 아니라 등장하는 행위자들도 다양한 형태이며 공정, 참여 그리고 정의라는 가치를 슬로건으로 내걸고 사회저항운동으로 이어지고 있다. 환경정의 차원에서 이들의 비판적 논리는 불균형적인 사회 및 환경비용에 있다. “개발” 그리고 “발전”의 이름으로 희생양이 되거나 혜택을 받지 못하고 있는 사회소외 그룹들을 명확하게 찾아내고 있다. 이러한 맥락에서 이들은 오늘날 아주 중요한 이슈인 무역과 관련된 정책 결정자들이나 엘리트들에게 사회와 환경 양쪽 측면이 만족해야 한다는 ‘지속 가능성’에 대한 논리 및 주장이 현재 추진 중인 라틴아메리카 지역의 무역에 적합한지에 대해 강력하게 문제제기를 하고 있다. 이러한 분위기 속에서 이 지역의 새로운 정치질서, 미주자유무역지대 구상 그리고 미국 조오지 부시(George Bush) 대통령의 그리 대중적이지 않은 자유무역에 대한 강한 열망 등은 역으로 이 지역에서 환경정의 운동 단체들의 등장과 국제연대 그리고 이의 대륙적 확산, 비슷한 사회운동 세력들과의 연대 등을 불러오는 새로운 기회를 제공하고 있다.

국가 내에서 그리고 지역정치 차원에서 무역정책과 관련된 환경정의에 대한 지속적인 배제는 지속 가능한 발전이라는 근래 발전주의 경향과 미래 무역의제 창출 및 빈곤 계층들의 필요에 대한 적절한 반응 등에 커다란 장벽으로 남을 것이다. 하지만 다른 한편으로는 환경정의에 대한 논쟁의 가치는 현존하는 무역정책으로부터 발생하는 환경파괴 및 이와 관련되어 증가하고 있는 불공정 사례들을 살펴보게 하는 중요한 개념이며, 다가오는 세기에 이 지역의 무역과 환경정의의 관계정립을 위해 올바른 기준을 제시할 것으로 보인다.

감사의 글

본 장의 일부 내용은 Newell(2007)에서 발췌하였다.

참고문헌

Acción Ecológica. 2004. Area de Libre Comercio de las Américas. http://www.accionecologica.org.

Agyeman, Julian. 2005. *Sustainable Communities and the Challenge of Environmental Justice*. New York University Press.

Alexander, Lucy. 1996. Colombia's Pacific Plan: Indigenous and Afro-Colombian communities challenge the developers. In *Green Guerillas*, ed. H. Collinson. Latin America Bureau.

Alvarez, Sonia, Evelina Dagnino, and Arturo Escobar, eds. 1998. *Cultures of Politics, Politics of Cultures: Re-Envisioning Latin American Social Movements*. Westview.

BankWatch. CEE Bankwatch Network 2006. http://www.bankwatch.org.

Botto, Mercedes, and Diana Tussie, eds. 2003. *El ALCA y las cumbres de las Americas: Una nueva relacion publico-privada?* Biblos.

Bresser Pereira, Luiz, and Yoshiaki Nakano. 1998. The missing social contract: Governability and reform in Latin America. In *What Kind of Democracy? What Kind of Market?* ed. P. Oxhorn and G. Ducatenzeiler. Pennsylvania State University Press.

Bullard, Robert D. 1990. *Dumping in Dixie: Race, Class and Environmental Quality*. Westview.

Bullard, Robert D., ed. 2005. *The Quest for Environmental Justice: Human Rights and the Politics of Pollution*. Sierra Club Books.

Buxton, Nick. 2007. Latin America's future debated at parallel summits. Frontline Latin America Colombia Solidarity Campaign.

Carruthers, David V. 1996. Indigenous ecology and the politics of linkage in Mexican social movements. *Third World Quarterly* 17, no. 5: 1007- 1028.

Ceceña, Ana. E. 2005. *La guerra por el agua y por la vida*. Asoc. Madres de la Plaza de Mayo.

Cole, Luke, and Sheila Foster. 2001. *From the Ground Up: Environmental Racism and the Rise of the Environmental Justice Movement*. New York

University Press.

Collinson, Helen, ed. 1996. *Green Guerillas: Environmental Conflicts and Initiatives in Latin America and the Caribbean.* Latin America Bureau.

Cortez, Carlos, and Luisa Paré. 2006. Conflicting rights, environmental agendas and the challenge of accountability: Social mobilization and protected natural areas in Mexico. In *Rights, Resources and the Politics of Accountability*, ed. P. Newell and J. Wheeler. Zed.

Crabtree, John. 2005. *Patterns of Protest: Politics and Social Movements in Bolivia.* LAB books.

Curtis, Mark. 2001. *Trade for Life: Making Trade Work for Poor People.* Christian Aid.

De Wit, Inti Montenegro. 2006. FTA means deeper poverty in Peru. Biosafety Information Centre Third World Network. http://www.biosafety-info.net.

Dobson, Andrew. 1998. *Justice and the Environment.* Oxford University Press.

Eckstein, Susan, ed. 1989. *Power and Popular Protest: Latin American Social Movements.* University of California Press.

Estigarriba, Lucía Elizabeth 2005. El ALCA y sus consecuencias en la economía campesina paraguaya. In *El ALCA y sus peligros para América Latina*, ed. J. Estay and G. Sánchez. CLACSO.

Friedman, Elizabeth J., Kathyrn Hochstetler, and Anne Marie Clark. 2001. Sovereign limits and regional opportunities for global civil society in Latin America. *Latin American Research Review* 36, no. 3: 7-37.

Friends of the Earth. 2003. *UKplc in Latin America* Briefing.

Galeano, Eduardo. 1973. *Open Veins of Latin America.* Monthly Review Press.

Garcia, M, ed. 1991. *Ambiente, estado y sociedad. Crisis y conflictos socioambientales en América Latina y Venezuela.* Universidad Simón Bolívar-Centro de Estudios del Desarrollo.

Garcia, Percy, and Harrie Vredenburg. 2003. Building corporate citizenship through strategic building in the oil and gas industry in Latin America.

Journal of Corporate Citizenship 10: 37-49.

Garvey, Niamh, and Peter Newell. 2005. Corporate accountability to the poor? Assessing the effectiveness of community-based strategies. *Development in Practice*, June 15 (no. 3-4): 389-404.

Gedicks, Al. 1996. Native peoples and sustainable development. In *Green Guerillas*, ed. H. Collinson. Latin America Bureau.

Girvan, Norman. 1976. Corporate Imperialism and Copper in Chile. In Girvan, *Corporate Imperialism*. Monthly Review Press.

Global Exchange. n.d. Top ten reasons to oppose the Free Trade of the Americas.

Guerrero, César, and Enrique Ortiz. 2005. El ALCA y la agricultura: Un análisis crítico del caso Colombiano. In *El ALCA y sus peligros para América Latina*, ed. J. Estay and G. Sánchez Estay. CLACSO.

Guimarâes, Roberto P. 1995. *The Eco-Politics of Development in the Third World: Politics and Environment in Brazil*. Lynne Rienner.

Hall, Anthony, ed. 2006. *Global Impact Local Action: New Environmental Policy in Latin America*. Institute for the Study of the Americas.

Haslam, Paul. A. 2003. Surplus values: The Americas at a crossroads in the corporate social responsibility debate. FOCAL policy paper, Canadian Foundation for the Americas.

Hochstetler, Kathryn. 2003. Fading green? Environmental politics in the Mercosur Free Trade Agreement. *Latin American Politics and Society* 45, no. 4: 1-33.

Icaza, Rosalba. 2004. Civil society in Mexico and regionalization: A framework for analysis on transborder civic activism. CSGR Working Paper 150/04, Warwick University.

IIRSA. 2006. Iniciativa para la Integración de la Infraestructura Regional Suramericana. http://www.iirsa.org.

Kimerling, Judith. 1996. Oil, lawlessness and indigenous struggles in Ecuador's Oriente. In *Green Guerillas*, ed. H. Collinson. Latin America Bureau.

Korovkin, T. 2001. Reinventing the communal tradition: Indigenous peoples, civil society and democratization in Andean Ecuador. *Latin American Research Review* 36, no. 3: 37-69.

Korzeniewicz, Roberto Patricio, and William Smith. 2003. Redes transnacionales de la sociedad civil: Entre la protesta y la colaboración. In *El ALCA y las cumbres de las Americas*, ed. M. Botto and D. Tussie. Biblos.

Martinez-Alier, Joan. 2002. *The Environmentalism of the Poor: A Study of Ecological Conflicts and Valuation*. Edward Elgar.

Martinez-Alier, Joan. 1991. Ecology and the poor: A neglected dimension of Latin American history. *Journal of Latin American Studies* 23: 621-639.

McDonald, David A., ed. 2002. *Environmental Justice in South Africa*. Ohio University Press and University of Cape Town Press.

Navarro, Zander. 1994. Democracy, citizenship and representation: Rural social movements in Southern Brazil, 1978-1990. *Bulletin of Latin America* 13, no. 2: 129-154.

Newell, Peter. 2007. Trade and environmental justice in Latin America. *New Political Economy* 12, no. 2: 237-259.

Newell, Peter, and Rohit Lekhi. 2006. Environmental (in)justice, law and accountability. In *Rights, Resources and the Politics of Accountability*, ed. P. Newell and J. Wheeler. Zed.

Newell, Peter, et al. 2006. Civil society participation in trade policymaking in Latin America: Reflections and lessons. Working Paper 267, IDS.

O'Donnell, Guillermo. 1994. Delegative democracy. *Journal of Democracy* 5, January: 55-69.

Oxhorn, Phillip. 2001. From human rights to citizenship rights? Recent trends in the study of Latin American social movements. *Latin American Research Review* 36, no. 3: 163-183.

Página 12. 2006. Puentes cortados, 8/1/06: 1-5. Buenos Aires.

Paz, F. M. 2005. Participación, cultura y política. Reflexiones sobre la acción colectiva en el corridor biológico Chichinautzin, Morelos. *Mirada Antropológica* 3-4: 9-25.

Pellow, David N., and Robert Brulle, eds. 2005. *Power, Justice, and the*

Environment: A Critical Appraisal of the Environmental Justice Movement. MIT Press.

Polanco, Héctor Díaz. 1997. *Indigenous Peoples in Latin America: The Quest for Self-Determination*. Westview.

Roberts, J. Timmons, and Demetria Thanos. 2003. *Trouble in Paradise: Globalization and Environmental Crisis in Latin America*. Routledge.

Ruben, Justin. 2004. Demonstrators in Quito sy 'No' to the Free Trade Area of the Americas (FTAA). GoEcuador.com.

Sanchez Rubio, David, Alfaro Solorzano, and Isabel V. Lucena Cid, eds. 2004. *Nuevos colonialismos del capital: Propriedad intelectual, biodiversidad y derechos de los pueblos*. Icaria and Fundación Iberoamericano de Derechos Humanos.

Teubal, Miguel, and Javier Rodríguez. 2002. *Agro y alimentos en la globalizacíon: Una perspectiva crítica*. La Colmena.

Trade Justice Movement. 2007. http://www.tjm.org.uk/.

Wise, Timothy, Hilda Salazar, and Laura Clausen, eds. 2003. *Confronting Globalization: Economic Integration and Popular Resistance in Mexico*. Kumarian.

World Development Movement. 1998. Law unto themselves: Holding multinationals to account. Discussion paper.

미주

1 출처: 파라과이 '대지의 친구' 환경단체 멤버인 베아트리즈 시베로(Beatriz Sivero)와의 토론(2006년 5월 11일 비엔나에서 개최된 "Enlazando Alternativas 2" 국제회의).

제3장

브라질 환경 투쟁의 근원적 재구성

Henri Acselrad

브라질에서 환경운동의 일반 개념은 비교적 안정적인 자금원을 지닌 단체부터 그 활동이 특정 환경에 국한된 덜 안정적인 소규모 집단에 이르기까지, 형태의 차이에 따라 폭넓고 다양한 단체들을 망라한다. 여기서 다루고 있는 대부분의 환경단체는 환경보호라는 뚜렷한 목적을 명시하고 있는 이들로, 법인이 아닌 단체로서의 초기 형태를 갖추고 있으며 특정 목적과 활동을 위해 설립되었을 뿐만 아니라 시민 개개인을 비롯해 일상적인 근린집단(近隣集團, neighborhood group), 환경적 영향으로 보이는 재난의 피해자들에 이르기까지 다양한 저항세력에게 목소리를 부여했다. 설립 초기 이러한 단체들의 공통적인 관심사는 도시 또는 농촌 지역에서 지역공동체의 삶에 영향을 미치는 문제들이었다. 도시의 경우 도시화 과정은 인구과잉과 사회기반시설 및 산업시설 건설과 관련하여 차용권 갈등을 야기했으며 농촌 지역에서는 자본가들의 활동 확대와 대형 투자 계획들의 착수로 전통적인 생활방식이 흔들리게 되었다.

브라질에서 환경운동은 대개 두 가지 주요 단계를 거쳐 발전해온 것으로 인식된다. 저항의식 및 대중의식이 형성되는 초기 단계를 거친 뒤, 그 이후 단계에서 보다 확고한 제도화가 이루어지면서 공공정책 논의에도 개입하게 되었다. 환경운동은 멸종위기에 처한 동・식물군을 보호하기 위한 활동으로 시작되어 농업에서의 기계적·화학적 방식의 남용 및 수질오염, 주요 생태계의 파괴에 대항하고, 경관 유산(landscape heritage)을 보호하기 위해 압력을 가하는 방향으로 전환되었다. 1970년대 후반 주요 도시에서는 도시 삶의 질 저하를 규탄하고 대서양림(Atlantic Forest)(대서양면에 위치한 대부분의 해안지역을 따라 분포되어 있음)과 같이 남아 있는 토착 식물의 보호를 주창하는 소규모 활동가 집단의 출현이 있었다. 아마존 지역도 브라질 남부와 남동부 지역의 환경단체들로부터 주목받기 시작했다. 이들에 의해 아마존 지역은 브라질 내부의 증가하는 환경의 질 저하로 개발 방식이 비난의 대상이 되면서 그에 맞서 싸우는 상징물과 같은 존재가 되었다. 한편, 원자력발전소 건설 반대운동은 1970년대 말에 힘을 얻기 시작하여 브라질이 독일과 맺은 원자력협정에 과학계가 의문을 제기하였다는 사실이 상당한 영향력을 발휘하게 되면서 박차를 가하기 시작했다(CIMA 1991, p. 93).

수많은 환경협회들이 1970년대 군사독재 시기 동안 설립되었다. 환경운동가들이 벌인 전국적으로 가장 큰 규모의 저항 캠페인 중 하나로 세치 케다스(Sete Quedas)[10] 폭포 침수에 반대하여 펼쳐진 '세치 케다스여 안녕'(Goodbye Sete Quedas) 캠페인도 군사정권 하에서 일어났다. 20년 동안의 군사독재 종식 후 민주화가 찾아오면서 환경운동단체들은 수적으로 성장하게 되었고 이 과정에서 초기에 지니고 있었던 대중에 대한 영향력을 상실하게 되었다. 대중들은 환경운동단체들을 권위주의 독재 기간 동안 자신들의 자유 의지를 표명할 수 있는 수단으로 바라봤기 때문이었다(Urban 2001).

1980년대는 환경단체들에게 있어서 가장 생산적인 시기였다. 남부와 남동부지역에서 환경단체들은 농약사용을 규제하는 주정부 법 제정을 위한 투쟁과 원자력발전소 건설 반대에 있어 중요한 역할을 했

10) 브라질 중서부 마투그로수두술(Mato Grosso do Sul)주에 위치한 도시

다. 국가환경위원회(National Environment Council: Conama)는 국가환경제도(National Environment System: SISNAMA)를 관할하는 기관으로, 1981년 설립되었으며 정부 부처 및 주정부를 비롯해 연방정부가 임명한 4개 비정부기구의 대표들로 구성되었다. 국가환경위원회의 또 다른 임무는 자동차에 의한 대기오염을 규제하는 표준제도 및 보호구역 지정에 관한 일반 법규, 환경오염 심각지역의 선포 기준을 정립하는 데 있었다. 1985년 공포된 법령으로 브라질 주정부와 시민사회의 활동영역이 확대되면서 국가환경위원회의 위상이 변화되었다. 이후 국가환경위원회의 67명의 위원들은 "브라질 각 지역을 대표하는 5개 시민사회 단체 대표들로 구성되어 직접 혹은 간접적으로 환경 질 보존에 힘쓰고 있다."[1] 그들은 국가환경위원회에 등록되지 않은 환경단체 중 공인된 단체들의 협의체를 통해 선출된다.

환경운동은 1988년 헌법 입안 과정에서 정치적 의사결정 수준의 요구사항을 제기할 만한 능력이 있는지를 검증하는 가장 중요한 계기와 맞닥뜨린다. 이 과정에서 환경운동가들에 의해 제기된 상당수의 법안들이 채택되었고, 환경운동가가 실제로 의회에 진출하기도 했다. 이밖에도, 특히 보다 광범위한 사회 분야와의 협력을 전개하게 되면서 환경운동이 상당한 영향력을 지니게 되었음이 입증되었다. 이들의 활약은 의원 선출을 위한 자유선거가 부활했던 1982년, 주의원을 비롯한 시의원 선거에서 다수의 활동가들이 당선되면서 이미 확인된 바 있었다. 그럼에도 불구하고, 환경문제는 정당 프로그램이나 공약에서만 피상적으로 다루어질 뿐, 장기적 관점의 경제 혹은 사회 정책상의 논의를 끌어내지는 못했다.

브라질의 환경 논쟁과 관련된 단체들이 늘 고민하는 문제는 그들이 빈곤퇴치와 저개발 문제와 같이 명백히 우선순위에 있는 사안들을 무시하지 않고 환경보호 캠페인을 벌일 수 있는 방법이다. 달리 말해, 환경에 대한 관심이 실업문제 해소와 빈곤극복의 걸림돌로 여겨지는 일이 너무나 다반사인 상황에서 환경문제의 제기가 어떻게 타당성을 지닐 수 있을지에 대해 고민하는 것이다. 또한 환경단체들은 논리적이면서 동시에 사회적으로도 수용 가능한 방식으로 사회적 불평등과 싸우고 경제적 발전을 증진하는 환경적 대응방안을 다룰 수 있는 방법에 대해 모색하고 있다.

초기부터 불평등에 대항하는 투쟁과 직접적으로 연관되어 있건 아니건 간에 환경운동 안에서 전개된 내부의 분열은 환경투쟁의 목표에 내재 되어 있었다. 물론 환경운동과 경제와의 연관성은 운동 초기에는 과소평가되어 있었다. 그러나 환경운동과 사회적 정의와의 관계가 1980년대 중반부터 각별한 중요성을 지니게 되면서 '브라질 NGO와 환경 및 개발을 위한 사회운동포럼'(Social Movements Forum for the Environment and Development)과 같은 새로운 네트워킹 기구가 탄생되었고, 1992년 리우데자네이루(Rio de Janeiro) '유엔 환경 개발 회의'(United Nations Conference on Environment and Development, the "Earth Summit": UNCED)를 준비하는 과정에서 그 연관관계는 극도로 밀접해지기에 이르렀다. 그것은 지배국의 개발 모델을 비판하고 그 대안을 찾으려는 더 광범위한 논의의 장 안으로 환경문제를 통합시키려는 시도였다. 그리고 그것은 노동운동가, 무토지농민운동, 댐 건설로 인한 수몰민 단체, 도시빈민단체운동, 고무수액 채취 노동자, 벌목꾼, 인디오운동과 공통의 정책들을 도출해내고자 하는 목표 하에, 여전히 계속 진행 중이며 아직까지도 미완결의 상태로 남아 있는 대화의 첫 시작이 되었다.

문헌에서 1990년대 브라질 환경운동의 가장 큰 변화는 제도화를 지향하는 과정에서 야기된 내부의 분열이었다고 말한다. 이 기간에 설립된 새로운 단체들은 전문적인 기술 및 행정직들에 의해 운영되었고 체계적으로 자금을 조달할 수 있었다. 그들은 자신들의 활동 분야를 보다 명확히 규정했고 구체적인 목표를 설정하여 내부 업무 평가를 실시했다. 이즈음 환경운동가라고 주장하는 이들의 새로운 정체성을 규명하기 위한 주된 논의가 시작되기도 했다. 그러나 비전문가건 전문가건, 비공식적이건 제도화되었건 간에, 이것은 그 이후의 1992년 '지구 정상 회의'(Earth Summit) 기간에 펼쳐진 환경운동을 통해 좀 더 본질적인 갈등의 단지 외적인 측면일 뿐이라는 사실이 드러났다. 파라(Pará)주의 실용주의와 지배적인 개발모델에 대한 비판, 그리고 생태친화적 현대화의 도구가 되는 것과 인권 확대에 관여하는 사회적 행위자가 되는 것 사이의 쟁점을 두고 갈수록 분열되어가고 있었다. 브라질에서 환경단체와 운동들은 2000년부터 자신들의 활동을 환경정의의 개념과 연관 짓는 방향으로 추진하기 시작했으며, 전문적이라기보다는 전투적이고 정부에 기술적인 제언을 제공하기보다는 공공정책과 관련한 논의에 좀 더 비판적으로 참가한다는 점에서 의심할 여지없이 두 번째 집단에 속한다고 볼 수 있다.

UNCED-1992와 환경운동 내부의 분열

신헌법을 중심으로 다루는 국가적 수준의 논의에서나, 1992년 6월에 리우데자네이루에서 개최된 '유엔 환경 개발 회의'(UNCED)를 준비하는 과정에서 도입된 새로운 아젠다와 관련한 국제적 논의에서도, 1986년에서 1992년 사이의 기간은 환경운동과 정치의 관계에 대한 논쟁으로 점철되었다. 우선 녹색당 창당의 타당성 및 이들의 신헌법 입안 과정 참여 방법에 대해 논의하기 위해 몇 차례의 주간(州間) 회의가 소집되었다. 1986년 5월 벨루오리존치(Belo Horizonte)에서 열린 제1차 '생태자치단체 국가 회의'(National Meeting of Autonomous Ecological Organizations)에서는 크게 원리주의자, 현실주의자, 생태친화적 현대주의자, 사회생태주의자로 구분되는 환경운동 내부의 다른 학파의 범위를 뚜렷이 구분할 수 있었다. 이어 브라질과 미국에서 환경단체 간의 긴밀한 협력관계가 수립되었고, 몇몇 브라질 운동가들이 1986년에서 1988년 사이에 개최된 다자간 회의에 참석하여 브라질 아마존 지역에서 세계은행이 지원한 개발 프로젝트들의 사회적, 환경적 영향에 대해 비판을 가하기도 했다.

1990년 5월에는 '환경과 개발에 관한 시민사회 컨퍼런스 준비를 위한 브라질 NGO 포럼'(Brazilian Preparatory NGO Forum for the Civil Society Conference on Environmental and Development)이 상파울루(São Paulo)에서 열렸다. 1992년 4월 포럼에서는 1,200개의 단체가 참여한 8개국 간의 회의가 개최되었다. 포럼의 위상이 확립되면서 환경문제를 국가개발모델과 같은 좀 더 일반적인 저항운동에 포함시키려는 움직임과 더불어, 1992년 리우데자네이루에서 열린 UN 차원의 공식회의와 병행하여 개최된 국제 NGO 포럼(International NGO Forum)의 조직 및 홍보 네트워크를 통해, 그러한 비판이 국제적 차원의 영향력을 행사할 수 있도록 하려는 시도가 나타났다. 이 당시에 풀뿌리 환경운동의 최초의 징후도 생겨나고 있었다. 이는 확장 일로에 있는 자본주의 신개척지의 약탈적인 행보로부터 자신들의 사회적 재생산 수단을 방어하기 위해 전통적인 공동체를 조직하는 행위일 뿐만 아니라, 국민들 중에서도 극빈층에게 영향을 미치는 환경문제에 관여하게 된 지역자치회와 도시 및 농촌 노동조합이 형성되면서 나타나게 된 것이다.

환경과 정의는 훗날 '지구 정상 회의'의 준비 과정에서 '브라질 NGO 및 사회운동 포럼'(Brazilian NGO and Social Movements Forum)으로 개명되었을 당시 쟁점화 되었다. 이 포럼에 참가했던 수백 개 단체의 주요 도전과제는 개발문제와 환경문제 사이에 일반적으로 존재하는 괴리를 극복할 방법을 강구하는 것이었다. 환경운동가와 "개발"(development) NGO 단체들과의 사이에 불신이 존재한다는 사실은 하나의 조직단체 안에서 함께 방안 및 대책을 수집하려는 노력을 펼치면서 분명해졌다. UN 공식회의와 동시에 펼쳐진 논의에서 전 세계 NGO 단체들의 참여를 지원하여 행사를 성공적으로 마무리했음에도 불구하고, 브라질 NGO 포럼은 그 후 대중적 관심을 유지하는 데 있어 난관에 봉착했다. 사고방식과 여러 회원단체의 정책을 인도하는 데 있어서의 차이를 비롯해 포럼은 단체 구성원들 간의 심각한 불평등 문제를 안고 있었고(Herculano 1996), 국가적 차원의 업무를 수행하는 단체라고 하기에는 위태로울 정도의 자금 어려움에 직면해 있었다. 주제 혹은 지역 중심의 네트워크는 자신들의 활동에 보다 역점을 두고 구체적인 분야에서 공적인 논의에 기여할 수 있었기 때문에 그 구조 안에서 일이 잘 되었다. 이러한 몇몇 네트워크들은 상당한 로비력을 발휘하며 공헌했다.[2]

이와 동시에 국가환경위원회 및 주정부환경위원회와 같은 단체들의 설립은 NGO 단체들에게 정부의 환경정책수립에 영향력을 행사할 기회를 조성해주었다. 1980년대부터 등장하기 시작한 이러한 협의회들은 초기에는 사회적 수요, 주간(州間) 네트워크, 상정된 사회적 협약의 전파 수단이나, 사회운동 혹은 이익집단의 압력에 따른 정부의 수요 재정비 수단으로 비춰졌다. 이러한 종류의 포럼에 참가하는 대표 단체들이 종사하고 있는 활동 분야는 매우 다양했기 때문에 참가를 희망하는 경우에도 쉽게 이루어지지 않을 수 있었지만, 정부정책수립에 관여하는 민관 파트너십과 시민사회 담론은 1990년대 초 이후로 계속되어왔다. 다양한 생태계나 도시구조는 특정 문화체계 및 사회적 행위자와 연관성을 지닐 수 있으며, 이들의 지식과 목표가 의사 결정 과정에 있어 민주적이고 다원적인 주제를 제공할 수 있다는 점에서, 참가 단체들이 토지 이용 정책을 수립하는 새로운 방식을 제공할 수 있으리라 여겨졌던 것이다. 하지만 브라질 법령 및 환경정책 체제 하에서 규정된 잠재적인 민주적 기관들은 그러한 기대에 부응하지 못했다.[3] 예컨대, '국가환경위원회(Conama) 결의안'[11)]은 공공자금의 사용을 결정하거나 투자우선순위를 정하지 못한다. 이들은 단순히 특정 활동이 어떻게 수행되어야 하는지 혹은 수행되어서는 안 되는지에 대한 규칙을 정할 뿐이다. 따라서 환경위원회의 의사결정권은 어떠한 정치적 무게감도 없이 경시되기에 이르렀고, 참여를 권장하고자 함에도 불구하고 환경 관련 기술적 표준화를 위한 제안에 주도권을 빼앗기게 되었다. 이에 따라, 환경정책수립에 있어 세부 절차를 늘리고 공식기관의 채널을 통해서는 정책수립에 영향력을 행사할 수 없게 함으로써 시민사회단체에게 더 큰 좌절감을 안겨주는 결과를 초래했다 (Acselrad 1996, p. 15).

UN회의의 즉각적인 파장으로 몇몇 환경운동단체들의 사회문제에 대한 민감도와 전통적인 "개발" NGO 단체들이 환경문제를 대하는 태도에 있어 확실한 변화의 조짐이 비쳤다. 하지만 1990년대 중반 환경문제에 대한 대중의 관심은 조금씩 줄어들기 시작했고, 이와 동시에 브라질 NGO 단체들에게 제공되던 국제지원금마저 위기에 직면하게 되었다. 이러한 위기상황에 어쩔 수 없이 휘말리게 되면서 환경운동에 종사하는 단체와 환경 분야에서 프로젝트 및 자문 업무를 수행하는 단체 사이에 분열이 확산되었다. 다자개발은행과 정부 자체적으로 "대립에서 협력으로"(confrontation to collaboration)[4] 노선을 전향하여 생태캠페인을 시민사회와 정부 간 파트너십의 내면화된 양상으로 변화시키려는 시도에서 투자가 이루어졌다. 녹색당의 윤곽이 "엉뚱한"(erratic) 행동으로 더욱 분명하게 정해졌고(Viola and Boeira 1990, p. 7) 사회단체의 요구와 투쟁과는 전혀 관련이 없는 선거활동에 국한되었다. 그에 반해, 환경에 대한 테마를 그 어떤 공식적인 기준 없이 기본적인 생태친화적 사고나 행동에 부합시키려는 단체들의 "비공식적인"(informal) 환경운동에 대한 지원은 확대되었다.

이와 같이 사회문제에 좀 더 관심을 가지는 다른 종류의 환경운동

11) 1984년 6월 5일 최초로 도입됨.

은 1980년대 중반에 등장하기 시작했다. 20년 동안의 군사정권 이후 민주주의가 회복되고 있는 가운데, 부의 집중을 높이고 힘없는 계층을 환경적으로 이용하는 것으로 비춰졌던 당시 지배적인 개발모델에 대한 비판이 확산되고 있었다. 엘리트 계층이 주도하는 변혁의 질에 대체로 수긍하긴 했지만, 군정의 종식으로 인한 권위주의 국가로부터의 탈피는 권력층에서 나타나고 있는 균열이 국가를 좀 더 민주적으로 만들고 정치를 사회주의화시켜 진보를 이끌어낼 것이라는 희망을 고취시켰다. 사회운동이 활기를 되찾기 시작하면서, 국가와의 새로운 의사소통 채널을 통해 시민들이 정치 엘리트들에 대한 통제권을 지니는 "새로운 정치"(new politics)의 출현이 가능해졌다. 예전에는 사적, 윤리적 혹은 경제적인 것으로 간주되었던 주제들이 정치화되었던 것이다. 이에 따라 시민들이 정부의 통치에 더 큰 영향력을 행사할 수 있을 것이라 기대되었다. 이러한 상황 속에서, 생태담론은 공공권(公共圈, public sphere)으로서 국가보다 더 큰 공적인 무대에서의 활동을 통해, 전통적으로 다양한 이해관계가 규정되어온 문화적 가치와 모델에 의문을 제기하게 되었다.[5] 이렇게 하여 일련의 쟁점들이 근본적인 틀을 갖추기 시작했으며, 권력의 재정의와 재배치라는 두 가지 과정을 거치면서 점차 자연 그대로의 "환경적인"(environmental) 것으로 인식되기에 이르렀다.

지배적인 사회생태학적 프로젝트에 반(反)하는 또 다른 영역이라 할 수 있었던 개발모델은 최소한 세 가지 다른 사회적 투쟁으로 점철되었다. 원자재와 상품생산을 장악하고 있는 자본주의 팽창의 최전선에서, 개발모델은 산림파괴 및 생계수단 착취문제와 관련된, 토지 투기, 단일경작, 대규모 수력발전사업, 채굴사업에 맞서 자신들의 전통 생활방식을 지키기 위해 스스로를 조직화한 사회적 행위자들의 저항에 맞닥뜨리게 된다.[6] 한편, 세계시장으로의 "경쟁적 진입"(competitive inclusion)을 선호하는 개발정책으로부터 소외된 후, 침체에 빠지게 된 분야인 식품 생산 농가들은 사막화와 토지 소유 집중화가 점점 더 가중되어 가고 있는 농촌지역에서 그들이 계속 살아갈 수 있도록, 당국에 농촌 사회기반시설 투자 및 농촌자금조달의 편의 확충을 요구하며 압력을 가했다. 현대화의 중심부에서 도시개발 모델을 비롯해 산업, 농업개발 모델의 변화와 산업오염에 대항하는 투쟁, 수도 및 하수시설 확충, 화학물질과 기계화에 덜 의존적인 농업방식을 장려하는 운동들이 생겨났다.

이러한 풀뿌리 환경운동 세력의 성장은 브라질 환경운동이 세계 다른 지역과 다른 독특한 특성을 지니는 데 있어 상당히 크게 작용했다. 대다수의 국가에서 환경운동은 강한 경제 성장기의 상승효과를 위해 추진되었다고 알려져 있다. 비교연구들을 통해 경기 침체기에는 환경보호를 위한 정책을 비롯해 입법과 규범의 질이 하락한다는 사실이 입증된 바 있다. 하지만 브라질에서는 그 반대의 경우가 발생했다(Viola 1997, p. 28). 1980년대 경기 침체기가 환경운동단체의 활동이 현저히 증가하는 시기와 일치했던 것이다. 경제성장과 환경단체의 행동 사이의 이러한 역상관(逆相關)관계는 경기 후퇴기에 해당됐던 독재정권에서 민주정권으로의 이행 과정과 분명 연관이 있다. 그러나 이는 브라질 환경운동에서 두드러지는 비(非)맬더스(non-Malthusian)학파 혹은 신(新)말사스주의(neo-Malthusian ideas)적 특성과 결부시켜 생각할 수도 있다.[7] 그렇다고 해서 신말사스주의가 브라질 환경운동 단체들에게 전혀 수용되지 않았던 것은 아니며 주로 보수단체들을 중심으로 수용되어 그 사상적 기저 형성에 일조하기도 했다. 그러나 방대한 국토의 크기에도 불구하고, 심각한 토지 소유 집중화 현상과 유달리 높은 수준의 사회적 불평등, 1970년대 이후 이어져 온 출생률 감소 탓에 경제 및 인구성장을 규탄하는 그 어떤 주장도 강한 반발에 부딪히지 않을 수 없었던 것이다.

1980년대를 두고 "잃어버린 10년"(lost decade)이라고 말하는 환경운동가들은 개발모델에 수반하는 사회 불균형 및 그 명목 하에 추진되는 환경사업의 약탈적 본성과 관련하여, 주로 자본주의 팽창의 최전선에서 지역의 사회문화적 생활방식의 동요 등을 지적하며 국가가 채택한 개발모델의 부정적인 영향을 비판하는 데 중점을 뒀다. 그러나 1980년대 시작되어 1990년대까지 지속되었던 전형적인 경기침체로 인해 풀뿌리 환경운동이 맹렬한 비판의 날을 세우지 못했을 가능성이 크며, 이는 환경운동과 노동조합운동 사이의 중요한 동맹 수립을 저해하는 작용을 했다. 브라질 최대의 대도시 상파울루의 실업률은 1980년대 이후 20년 동안 꾸준히 증가하여, 1999년 4월 기준 전체적으로 20.3퍼센트를 기록했다. 1990년대 전 시기에 걸쳐 시행된 신자유주의 정책으로 인해 사회갈등에 있어 힘의 균형이 고용주에게 유리한 방향으로 현저히 전환되면서, 제조업 일자리는 48퍼센트 하락한 데 비해 이 분야 수익은 45퍼센트나 신장되었다. 비록 단일노동자연맹(Central Única dos Trabalhadores: CUT)과 같이 핵심적인 노동조합들이 공식적으로 환경문제를 표방하고 나서면서 1990년대 초 독자적으로 국가환경위원회(National Environment Commission)까지 설립되긴 했지만, 노동조합들이 환경분쟁에 몰두할 만한 충분한 계기가 마련되지 않았다. 하지만 석유 산업 부문의 노동조합만큼은 예외였다. 주정부의 통제가 상대적으로 취약했던 석유산업 부문의 규제 완화와 아웃소싱 업무가 크게 문제시되었던 1995년 파업 이후에도, 몇몇 주에서는 업무 현장에서의 사고율 증가와 기름 유출과 같은 공공의 위험성에 대해 고발하며 적극적으로 투쟁에 나섰다. 이러한 구체적인 사례에서 볼 수 있듯이, 환경문제는 "국가자산"(national asset)인 주정부 소유 기업의 보호문제와 연관되어 있었다. 브라질의 주요 정유회사들이 주정부 소유였다는 사실은 어떤 부정의혹도 은폐되어서는 안 되며 바로잡아야 한다는 것을 의미했다. 노동조합의 이러한 일관된 태도는 이들이 국가 유산인 과나바라(Guanabara) 만(灣)의 환경의 질이 기업에 의해 저하되는 것을 방지할 방법을 강구하는 동시에 공공자산인 기업을 위한 투쟁을 벌였다는 점에서 중요한 의미를 지니고 있었다. 노동조합원들은 기업이 "국민에게 소속되어"(belonged to the people) 있는 한 사회적으로 보다 책임감을 가져야하며 최소한 기업 내외부에서 노동자들을 위험에 노출시킨 대가로 막대한 이득을 취하는 행위는 용납되어서는 안된다고 주장했다(Acselrad and Mello 2002).

몇몇 사람들이 환경운동과 노동조합운동 간의 이러한 잠재적인 동맹관계를 인식하는 데 있어 느끼는 어려움은 환경운동을 경제성장과 전혀 반대되는 것으로 결부시키려는 제한적 시각에서 기인한다. 이러한 환원주의적 태도는 몇몇 분석가들로 하여금 불평등이라는 국가의 가시적인 문제점을 "환경운동과 별개의 요인"으로 인식하도록 했다. 불평등 문제의 해소는 곧 "국민 경제활동 부문의 무제한적인 확장과 노동계의 평등하고 무제한적인 사회복지 혜택 확대에 기반을 둔 경제성장 촉진 계획의 채택"을 의미한다고 생각했기 때문이었다. 이들은 다음과 같이 결론짓는다. "이것은 아마도 최근까지 환경운동이 해결하려고 했던 가장 난해한 문제였을 것이다."[8] 이러한 주장은 신말사스주의 생태학자들로 구성된 제한된 단체 안에서는 적용 가능할 수 있을지도 모른다. 그러나 지난 30년 동안 열띤 논쟁을 펼쳐왔던 환경논의 전반에 걸쳐, 경제성장을 공개적으로 비난하는 움직임이나 혹은, 신말사스주의적 관점에서 봤을 때는 유익한 환경 부산물의 일종인 경기침체 및 실업과 관련이 있는 "거짓된 지속가능성"(spurious sustainability)을 지지하는 운동은 나타나지 않았다. 그 대신, 환경논의는 특히 천연자원의 집중적이고 광범위한 착취, 즉 비(非)자본주의적인 사회 형태의 몰수에 바탕을 두고 있으며, 이미 대다수가 도시민인 국민들의 기본적인 요구에 적절히 부응하지 못한다는 이유로, 국가 지배계층이 채택한 개발모델을 다양한 방식으로 비판하는 데 집중해왔다.[9] 경제성장률이 낮았을 때에도 환경투쟁은 토지이용의 투기 확대 및 공공투자 붕괴의 환경적 영향, 환경청의 감시권 약화, 보호지역에서의 불법 벌목 확산, 식량 생산지역의 수출용 단일경작지로의 변경 등으로 인해 정당화되었다.

페헤이라(Ferreira)(1999, p. 46)는, "1990년대 브라질에서는 사회적 목적을 위해 과학-기술의 학제 간 지식을 사용하자는 합의에 따라 그 노력의 일환으로, 이전 시기의 정치적 환경운동 스스로 자연적 체계의 지속가능성을 고려한 이른바 행동의 '파라인스티투셔널'(parainstitutional)[12] 형식을 창안할 수 있도록 고안된 접근방식을 채택함으로써, 시급하다고 인식되는 문제들을 해결하는 직접적인 수단으로 전환되었다" 고 지적한다. 1990년대 수많은 환경담론들은 즉각적이고도 실질적인 성과를 얻기 위해 구체적인 조치들을 포함한 계획과 함께 등장하긴 했지만, 이러한 실용주의 담론들이 저항과 사회적 비평을 추구하는 정치적인 환경운동을 실제로 "대체했는지는"(replaced) 전혀 분명치 않다. "비(非)농민 환경운동"(non-grassroots environmentalist movement)의 일원들이 합의추구형 담론에 호의적인 반응을 보였다는 설이 국제기구들에 의해 제기되면서 정부-민간 합작(public-private partnership)을 옹호하는 분위기가 조성되었고, 전국권이 아닌 지역권을 중심으로 한[10] 단편적 조치들 속에서 정치적 조치의 조직적인 일관성을 유지하는 안에 힘이 실렸다. 페헤이라에 따르면, 전문화된 환경운동의 실용주의 노선은 "취업 시장에 진출할 준비가 되어 있는 젊은이들을 끌어들이는 그들의 구조적인 무능력함으로 인해, 후기 산업사회의 삐뚤어진 모습에 의지하게 되었다. 실제로 NGO 단체들은 잘 훈련된 노동력을 흡수하는 대표적인 대안이 되었다"(1999, p. 50). 반면, 위기에 직면한 단체들의 자금조달 어려움의 해소 및 전문가 단체의 활용가능성 측면 이외에도, 지역주의 담론 및 합의형성 기술과 관련된 과학-기술적 조치에 따라 저항운동을 "대체하는 것"(replacement)은 국제기

12) '제도화를 향한'이란 의미를 지님.

구를 비롯해 정부 및 오염물질을 배출하는 기업들 모두가 공통적으로 가지고 있었던 목표였다. 브라질에 관한 최근의 한 보고서에서, 세계은행(World Bank)은 이러한 환경운동의 변화가 "시민 사회 참여를 증진하는 촉매제로서의 자신의 역할을 인지한 것이다"라고 명시하고 있다(Garrison 2000, p. 71). 이에 따라 비농민 환경운동단체들은 소위 말하는 "생태적 현대화"(ecological modernization) 안에서 지배적인 개발모델에 반대하는 운동을 점유하기 위한 선제 행동을 취하고자 했다.[11] "비농민"(non-grassroots) 환경운동단체들의 생태적 현대화 과정으로의 합류는 주로 자문활동이나 "환경교육"(environmental education)이라고 일컬어지는 몇 가지 형태를 통해 이루어져왔다. "생태학이 발전한 곳에서는 환경운동이 철수한다"고 지적하는 파비아니(Fabiani)의 주장처럼, 생태학의 과학적 · 교육적 담론의 발전은 사회운동으로서의 환경운동을 일정 부분 희석시키는 결과로 이어질 수 있다(Fabiani 1985, p. 90). 이러한 규칙은 종래의 환경운동단체들과의 관계에서 정부를 비롯한 국제기구 및 오염물질을 배출하는 기업들이 전략을 수립하는데 있어 강력한 지침서 역할을 했던 것처럼 보인다. 사회생태학적 변화의 특징인 과학적 불확실성 탓에 환경정책들이 종종 거대한 연구 사업으로 대체되곤 하는 것처럼(Boehmer-Christensen 1994), 오늘날 브라질의 환경운동은 주요 환경 교육 프로그램의 일부로 변화되는 추세가 확실히 뚜렷해지고 있다. 이는 풀뿌리 환경운동의 성공적인 적용 사례는 아니지만, "환경정의" 문제를 혁신적으로 포괄하기 위해 그 목표를 재구성한 것이라 할 수 있다.

브라질의 환경정의 문제와 그 발전 양상

"환경정의"라는 용어는 환경문제에 새로운 의미를 부여하고자 하는 운동을 지칭한다. 이는 보다 광의의 의미에서 사회정의의 발전에 가담했던 종래의 사회정치적 활동가들이 환경적 사고를 구체적으로 차용해오면서 생겨났다. 실제로 환경문제를 재정립하는 이러한 과정은 우리의 가능한 미래를 만들어가기 위해 사회적 투쟁이 이루어지는 장(場)의 재편성과 관련이 있다. 환경은 이 장 속에서 일자리, 소득과 같은 아주 오래된 사회문제와 분리될 수 없는 핵심적인 문제로 갈수록 대두되고 있다.

환경문제에 도입된 새로운 의미의 배경을 살펴보자면, 간단하게나마 그 부여된 의미와 관련한 최근의 역사를 거슬러 올라가 볼 필요가 있다. 처음부터 환경은 반체제적이면서 공리적인 두 가지 대조적 의미를 지니고 있었다. 전자는 소위 포디스트 소비지상주의(Fordist consumerism)[12]라고 불리는 물질적 세계의 전유(專有)라는 지배적인 체제와 화학 약품 및 기계화를 통한 농업의 산업화 등을 정당화해 온 생활양식에 반성을 촉구하는 운동을 공식적으로 알려왔다. 공리적 의미의 후자는 핵심 자본주의 국가들이 경제성장을 이룬 30년 후에도 원자재와 에너지를 아껴 지속적인 자본의 축적을 보장받고자 하는 바람에서 로마 클럽[13]에 의해 최초로 제기되었다.

비(非)정통적인 경제학자[14] 조르제스쿠 로겐(Georgescu Roegen)은 한 토론에서 원자재와 에너지를 아끼는 것은 단순히 문제를 지연시키는 것에 지나지 않는다고 경고한 바 있다. 그는 단지 자원을 아끼는 것으로는 충분치 않으며, 우리는 우리 자신에게 왜 우리가 원자재와 에너지를 사용해야 하는지에 대해 되물어야 한다고 말한다. 그에 따르면, 생태학은 단순히 희소성의 문제가 아니라 세상의 사회적 용도에 밑바탕이 되는 사회적 관계의 질의 문제이다. 그의 견해에 따르면, 생태학의 기초적인 문제는 바로 '우리가 보습과 총을 생산하기 위해 세상의 자원을 이용해야만 하는가?'에 있다.

이처럼 처음부터 공리적 모델과 문화적 모델은 환경 분야에서 각축을 벌여 왔다. 공리적 모델을 지배적인 시각에서 본다면, 환경은 구체적 혹은 차별화된 사회문화적 개념을 전혀 고려하지 않는 완전히 물적 자원으로만 구성된 단일체로 비춰진다. 양을 통해서만 표현되며, 어떤 사회에 의해 세상의 자원이 쓰일 것인지와 같은 방법에 대한 이의제기는 용납되지만, 목적에 대한 이의제기는 용납되지 않는다. 이 모델은 자본주의 경제에 원자재 및 에너지 공급이 끊겨 도시 자본주의 사회의 물자상태에 이상이 생기게 되면, 즉 오염, 교통 혼잡 및 그와 같은 다른 문제들 때문에 생산도시가 점점 사람이 살 수 없는 위태로운 상황에 처할 수 있다는, 단 하나의 중대한 환경 위험요인을 전제하고 있다. 환경을 부의 축적을 위한 수단인 하나의 단일체로 보는 이러한 시각으로 인해 오염은 "민주적"(democratic)이며 계층 간 격차를 구별하지 않는 것으로 인식된다.

반면, 문화적 모델은 무엇을 위해 사람들이 세상의 자원을 쓸 것인지와 같이 목적에 대해 의문을 제기한다. 환경은 그 사회문화적 질에 따라 다양한 모습을 지니며, 주관적인 관점이 없는 환경이란 존재하지 않는다. 달리 말해, 환경이 사용되는 의미와 방법은 각각의 사회 혹은 문화에 따라 달라지는 것이다. 이러한 관점에서 본다면, 다양한 사회집단별로 위험 창출 요인의 영향으로부터 벗어날 수 있는 능력의 차이가 나타나기 때문에, 환경 위험은 차별적으로 불균등하게 발생하게 된다. 이와 같은 환경 위험의 불균등한 배분과 사회가 그들의 물질적 기반에 부여하게 되는 다양한 의미는 몇몇 사회적 행위자들의 환경이 다른 이들보다 앞설 경우 소위 말하는 "환경분쟁"(environmental conflicts)이라는 것을 야기하는 반갑지 않은 결과로 이어질 수 있다. 또한 이에 따라, 환경은 공민권 문화와 관련하여 쟁점화 된다 — 초기에, 공민권 문화는 미래 세대의 가설적 권리로, 살아있는 이들과 아직 태어나지 않은 이들 사이의 가설적 충돌을 동일하게 상정한 것이었으며, 이를 통해 세대 간 가설적 충돌을 예견함으로써, 환경 분쟁이 현재 살아 있는 행위자들 사이에서 실제로 발생하고 있다는 사실을 자각하게 했다. 이러한 환경 분쟁의 살아있는 주인공들은, 부를 창출하는 생산기술체계에 의해 발생되는 위험요인에 의해 사회적으로 가장 큰 박탈감을 경험하거나, 개발 이득의 소수 집중화로 인해 그들의 환경적 권리를 강탈당한 이들과 같이, 환경부정의의 불균등한 노출에 항의하는 이들이다. 이러한 관점에서 볼 때는, 오염이 다양한 사회집단에게 다른 방식으로 영향을 미칠 수 있기 때문에 반드시 "민주적"(democratic)이라고 할 수는 없다.

여기서 개설(槪說)된 두 가지 접근법은 전략적 조치의 두 가지 모델에 해당된다. 공리적 접근법은 시장 및 기술적 진보, 정치적 합의에 중점을 둔 이른바 생태적 현대화 전략으로 이어진다. 공리적 접근법의 목표는 신보수주의가 내세우는 "소유권 사회"(ownership society)의 건설에 있으며, 일종의 효율혁명을 통해 가격이 책정되지 않은 것들에 가격을 매김으로써 세상을 구할 수 있다고 역설한다. 반대로, 문화적 접근법은 환경 이득 및 폐해의 불평등한 분배구조를 해소할 방안을 강구하는 반대 행동을 불러 일으켰다. 사회적 불평등과 환경의 질 저하는 동일한 원인에서 유래된다. 따라서 환경자원을 관할하는 힘의 — 불평등한 — 분배방식을 변화시키고 환경 개발비용을 가장 많이 빼앗긴 자들에게 전가하는 힘을 가진 이들의 권력을 박탈할 필요가 있다. 이러한 시각에서는 위험요인에 대한 사회집단의 불균등한 노출이 그 유동성의 차이에서 기인한다고 본다. 말하자면, 부유층은 위험을 모면할 수 있는 반면, 빈곤층은 위험의 함정에 빠질 우려가 높다는 것이다. 이에 따라, 환경부정의에 대항하는 투쟁이 등장하게 되었으며, 모든 사회 및 민족 집단에게 동일한 환경 보존권을 부여해 줄 것을 주장하게 된 것이다.

1990년대 이후로 이러한 움직임이 점차 대두하여, 담론 및 개념, 제도, 실천에 있어 다른 견지를 가진 두 가지 의제가 대립하게 되었다. 생태적 현대화는 정치적 규제를 거부하며, 가격이 책정되지 않은 것들에 가격을 매기자고 제안하고, 권리 논쟁에 맞서 이익 논쟁을 내세운다. 또한 생태적 현대화는 환경을 사유재산으로 보는 사고와 동일시되는 경향이 있다 ― "공유의 비극"(tragedy of the commons)[15]은 공동자산의 사유화를 그 경제적 활용의 해결책으로 보는 패러다임이다(다른 범위의 영토적 · 법적 조직이 운영될 수 있음을 공식화한, 마라냐웅(Maranhão)주에서의 바바수(babaçu) 너트 껍질 까는 노동자들의 운동[13]이나 네그루 강(Rio Negro) 하류의 아루망(arumã) 채집업자들의 운동[14]과 같은 성공 사례와는 반대의 경우이다). 그에 따라, "환경"(environment)은 "사업 기회"(business opportunity)로 인식되며(브라질 정부에 의해 지속적으로 기획 · 추진되고 있는 '다년간 투자 계획'(Multi-Annual Investment Plans)에 만연해 있는 발상들을 참조하기 바란다), 환경과 지속가능성은 지역 혹은 마을 간의 경쟁에 있어 중요한 범주가 되었다. 자본 유치를 위해, "생태학"(ecology)과 "지속가능성"(sustainability)은 관심을 끌기 위해 고안된 상표처럼 단순한 상징물이 되어버렸는지도 모른다.

그러나 환경정의의 개념 안에 자리 잡고 있는 전략에 따르면, 위험 요인에 대한 불균등한 노출은 빈곤층의 부당한 환경적 피해를 통해 부가 축적되는 제도의 결과물이다. 유해한 사업은 가치가 떨어지는

---

13) 정식 명칭은 '바바수 야자나무 열매의 껍질 까는 노동자들의 주간(州間) 운동'(Movimento Interestadual das Quebradeiras de Coco Bagaçu: MIQCB)으로, 1995년 브라질 북부의 4개 주 마라냐웅(Maranhão), 토칸친스(Tocantins), 파라(Pará), 피아우이(Piauí) 지역에서 관련 분야에 종사하는 농민들의 권익 보호를 위해 조직된 단체임.

14) 아마존 인디오 바니와(Baniwa) 부족이 바구니를 짤 때 쓰는 잎을 지칭하는 명칭인 아루망은 네그루 강 하류 지역에 해당하는 브라질과 콜롬비아의 접경지역 거주민들의 생계수단으로, 1998년부터 브라질 정부는 이 지역에서의 인디오 부족의 아루망 채집권을 법으로 명시하여 보호하고 있음.

지역에 배치되는 토지 시장 운영의 “조정 효과”(coordinating effect)와 이를 제한할 수 있는 정책의 부재로 인해 이 제도가 효력을 발휘하는 것으로 여겨지고 있다. 이러한 사회 영토적 세분화는 시장의 세계화와 무역 개방에 의해 가중되어 왔고, 자본의 이동 및 이탈,[16] 이전비용의 감소, “지위를 이용한 협박”(locational blackmail) — 오염물질을 배출하는 행위와 사회적 권리의 축소를 용인하도록 강요하기 위하여 실직과 세수 감소 등을 협박의 수단으로 이용하는 행위 — 을 행사하는 사업권의 확대를 더욱 자유롭게 하는 결과를 초래하게 되었다. 따라서 이러한 구조에 맞서 조직 능력 및 지위를 이용한 협박에 저항할 수 있는 능력을 구비하는 것이 환경이용 및 토지이용계획수립, 환경자원을 관할하는 힘의 재분배를 위한 사회적·기술적 실천을 재정립하는 하나의 방안이 될 것이다.

이러한 갈등 속에서 실질적으로 가장 시급한 것은 무엇일까? 뭐니 뭐니 해도 그것은 생산을 위한 물자상태와 사회적 재생산이 체계화되는 방식일 것이다[17] — 보다 구체적으로 이야기하자면, 생물물리학 분야에서 환경자원 이용을 위해 얼마나 다양한 사회적 장치들이 마련되어 있는지, 이 마련된 장치 안에서 하나의 활동이 장시간 동안 머무르는 데 있어 다른 공간적 실천의 작용은 어떠한 영향을 미치게 되는지가 이에 해당된다. 이를 테면, 유칼립투스 단일경작의 확장이 어떻게 킬롬부(quilombo) 거주민들이 그들의 토지와 물을 잃어버리게 되었음을 의미하게 되는지, 유전자 변형 대두 경작의 확장이 어떻게 소규모 유기농 농가의 생계를 망가뜨리게 되는지, 다국적 기업의 알루미늄을 위한 값싼 에너지 생산이 어떻게 토칸친스(Tocantins) 강가의 어부들과 지역공동체에게는 더 이상 어획이 불가능하다는 것을 의미하게 되는지, 석유 화학 생산이 어떻게 근로자들을 지속적인 유기성오염에 노출시켜 그들의 건강을 영구히 망치는지가 그 구체적인 예가 될 것이다.

따라서 환경정의는 인간으로서의 사회적, 경제적, 문화적, 환경적 권리의 의미를 확장시키고자 하는 운동 안에 권리 문화의 주체적 발전의 역사를 포함시키는 새로운 개념이다. 브라질에서 환경정의는 사회운동의 전략적 창의성으로부터 유래되어 최근에 생겨났다. 환경정의는 환경투쟁에 가담한 사회세력의 구성을 변화시켰고, 어떤 상황에서는 환경보호를 담당하는 정부 규제 기관 내의 변화를 가져오기도 했다.

미국에서 환경정의운동은 권리가 행사되는 사회적 상황에서 불평등을 양산하는 사회 영토적 제도에 맞서 1980년대 중반에 생겨났다. 이 운동을 중심으로 단결하기 시작한 행위자들은 "NIMBY"(not in my back yard)적 태도는커녕, 대부분의 사람들에게 묵인되어 온 "항상 빈곤층의 뒷마당에"(always in the poor people's backyard)라는 태도를 맹렬히 비난하며 인종차별적 환경보호정책과 환경부정의의 정치화를 위해 싸우고 있었다(Bullard 2002; Acselrad 2004). 수많은 미국 환경정의운동(US Environmental Justice Movement) 네트워크들의 대표들이 자신들의 경험을 전파하고, "환경부정의의 수출"(exportation of environmental injustice)[18]에 저항하고자 동맹을 결성할 용의가 있었던 지역 단체들과의 관계 수립을 위해 1998년 브라질을 방문했다. 이들은 비정부기구와 대학단체와의 협약도 추진했고, 이는 차후에 포르투알레그리(Porto Alegre)에서 개최된 세계사회포럼(World Social Forums)에서 여러 차례에 걸쳐 워크숍 공동조직으로 이어졌다. NGO IBASE(Brazilian Institute for Social and Economic Analysis), 리우데자네이루 노동조합연맹 CUT, 리우데자네이루 연방 대학 부설 도시지역연구계획연구소 IPPUR/UFRJ 소속의 연구단체에 의해 토론 자료가 준비되어 발간되자, 브라질 단체들이 먼저 미국의 경험을 재평가하기 위해 찾아왔다. "노동조합주의와 환경정의"(Sindicalismo e Justiça Ambiental)라는 제목의 세 권짜리 연속 기획물은 배포와 그 파급효과에 있어서는 한계가 있었지만, 학계와 비정부기구, 노동조합에 소속된 이들에게는 토론에서 논의된 내용들을 분석해보도록 하는 자극제가 되었다. 이것이 2001년 니테로이(Niterói)에서 열린 '환경정의와 시민권에 관한 국제컨퍼런스'(International Conference on Environmental Justice and Citizenship)의 조직으로 이어졌고, 이 대회를 통해 로버트 불라드(Robert Bullard)를 포함해 미국 환경정의 운동의 수많은 연구자들과 대표들을 비롯한, 브라질 각 지역의 다양한 사회운동 및 NGO 단체의 대표들과 연구자들이 한 자리에 모이게 되었다.

'브라질 환경정의 네트워크'(Brazilian Environmental Justice Network)는 2001년 9월에 개최된 컨퍼런스에서 창설되었다. 이후 이들은 논의를 거쳐 자신들의 행동범위를 인종차별적 환경보호정책을 넘어 유독폐기물 처리문제에까지 확장하는 선언문을 작성했다. 이 유독폐기물 처리문제는 현지 흑인운동으로부터 시작된 미국 단체들의 기점이 되기도 했었다. 환경정의의 의미는 다음과 같은 규칙과 실천을 포괄할 정도로 확대되었다. "a) 민족, 인종 혹은 계층 그 어떤 집단에 기반을 두고 있든지 간에, 경제적 활동, 연방정부 혹은 주정부 및 지역사회의 정책과 계획에 따라 내려진 결정, 또는 그러한 정책의 부재와 누락으로 인해 야기된 필요 이상의 적대적 환경 부산물에 고통 받는 사회집단은 없는지 확인해야 한다. b) 국가의 환경자원에 대한 올바르고 공평한 직·간접적 접근권을 보장해야 한다. c) 환경자원의 이용, 폐기물 처리, 환경위험의 원인 파악 및 이와 같은 업무에 영향을 미치는 정책, 계획, 프로그램, 프로젝트의 기안 참여를 위한 민주적인 절차에 이르기까지 관련 정보에 대한 충분한 접근권을 보장해야 한다. d) 환경자원 접근권의 민주적 실천과 그 자원 이용의 지속가능성을 담보할 수 있는 대안적인 개발모델 수립 증진을 위해 공민권을 지닌 공공 단체, 사회운동, 인민기구의 설립을 장려해야 한다"(선언문 2004).

2001년과 2004년 사이에 '브라질 환경정의 네트워크'는 기본적으로 전자매체를 통해 100여개 회원 단체들 간의 경험을 교환하고 문제점을 보고하기 위한 수단으로 자발적으로 설립되었다. 2004년 개최된 첫 네트워크 컨퍼런스에서, 대표자로 참가한 행위자들과 사회운동 단체들은 "어떠한 비용을 치르더라도 수익을 얻도록"(make money at all costs) 고안된 개발모델과 맞서 싸우겠다는 자신들의 노선을 분명히 하기 위해 최초로 대면하게 되었다. 아마존 지역에서는, 토지 불법점유에서 벌목, 개벌(皆伐), 목초지 확장, 최첨단 대두 경작으로 이어지는 일련의 과정을 통해 원시적 부의 축적 구조가 나타나는데 — 사회학자 프란시스쿠 지 올리베이라(Francisco de Oliveira, 2003)가 현대식 글로벌 생산방식과 노동력 착취 및 부의 추출이라는 원시적 방식과의 이러한 이상한 조합을 지칭하기 위해 "오리너구리"(platypus)식 토지이용이란 용어를 차용한 바 있음 —, 컨퍼런스에 참가한 대표들은 이 원시적 부의 축적 구조와 상관관계를 지닌 불평등에 대해 맹렬히 비난했다.

아마존 지역이 지역주민의 배제 혹은 종속을 수반하는 상업중심모델로 편입됨에 따라, 세계시장의 강력한 기업들에게 자멸적 형태로 종속될 필요 없이 지역적 기반을 바탕으로 운영되는 국내시장에 현지 생산방식을 통합시키는 대안적 방식이 대두되고 있다. 이와 같은 지역 중심의 토지 기반 투쟁은 환경적 쟁점을 정치화시키고, 다양한 공간적 실천을 상호 연계하는 개발모델에 관한 논의를 권장한다. 이러한 투쟁에 참여하는 행위자들의 목적은 지위를 이용한 투자협박에 저항하고 어떠한 조건 하에서 지역주민들이 시장에 편입될 것인가에 대해 논의하는 것이다. 이에 따라 공공단체들은 환경자원 이용 관련 정보에 대한 전면적인 접근권 요구 및 국가 환경자원에 대한 올바르고 공평한 접근권 추구를 위해 결성되었으며, 최근 몇 년 동안 브라질에서 환경정의의 개념이 어떻게 발전해왔는지 실례를 통해 보여주고 있다.

국내의 사회적 행위자들의 재해석 과정을 거치게 되면서, 환경부정의 발생에 반대하는 단체들은 넓은 의미에서 다음과 같은 대상을 포함하게 되었다.

- 주요 위험요소 생산 산업시설 주변지역과 환경적으로 바람직하지 못한 시설들(쓰레기 처리장, 유독폐기물처리장 등)이 위치해 있는 도시 변두리와 같이, 직접적으로 생산이 불가능한 장소의 오염 피해자. 이러한 지역의 거주민들이 정책 입안자들에게 자신의 목소리를 내는 것이 쉽지 않거나, 심지어 동 지역의 일자리 부족, 낮은 소득, 열악한 공공보건 및 교육서비스를 감안하여 거주민들이 그러한 산업시설로부터 얻게 될 일부 지역적 혜택을 기대하며 산업체 유치에 동의할 수 있다는 사실 때문에 위와 같은 사례에서 불평등이 생겨날 수 있다.
- 오보와 대정보(對情報), 정보의 지연 및 일자리 갈취 등을 통해, 근로자의 건강에 영향을 미치는 피해로부터 얻어진 수익을 통해 경제적 이득을 취한 산업 및 농업 근로환경 내부의 생산연계오염(production-linked pollution) 피해자(Mallerba 2004).
- 주요 사회기반시설 프로젝트와 전통 주민의 공간적 실천을 위태롭게 하는 생산시설에 의한 환경자원 ― 지역사회와 사회문화적 집단 정체성 재생산에 필수적인 토양 비옥도 및 수자원, 유전자원, 토지를 포함함 ― 강탈의 피해자.

브라질에서 일어났던 환경정의를 위한 투쟁은 다음과 같이 분류할 수 있다. 자본주의와 시장 활동 확대의 최전선에 위치한 전통 공동체들과 같이 문화적으로 특정한 환경의 권익 보호를 위한 투쟁, 시장 중심의 사회 영토적 분리정책과 환경부정의에 맞서 공평한 환경보전 권리 보호를 위한 투쟁, 환경자원에 대한 공평한 접근권 옹호, 비옥한 토지와 수자원의 집중화 및 강력한 시중금리를 취락펴락하는 안전지대에 대항한 투쟁, 또한 미래 인류의 권익 보호를 위한 투쟁이 바로 그것이다. 이러한 운동의 대표들은 현재의 투쟁과 미래의 권리 사이의 타당한 연결고리를 어떻게 만들 수 있을까? 그것은 바로 환경개발 비용을 사회 극빈층에게 전가하는 구조를 배격함으로써 가능하다. 이러한 운동이 보여주고자 하는 것은 환경 분야의 전반적인 압력이 환경적 폐해가 빈곤층에게 전가되는 한 지속될 것이라는 것이다. 이를 통해 이들은 미래에 대한 종합적 논의와 미래의 모습을 형성해나가는 현재 안에 위치한 구체적이고도 역사적인 상황에 대한 논의 간의 연관관계를 수립해낸다. 이것이 사회정의와 환경보호 사이의 전략적 접점이 된다. 우리 모두의 문제이기도 한 환경에 대한 파괴적인 압력을 저지하기 위해 우리는 약자를 보호하는 일부터 시작해야만 한다.

오늘날 지배적인 자유 시장 상황 하에서 지위를 이용한 투자협박은 환경 및 고용위험이 빈곤층에 부과되는 주요 기제로 작용하고 있다. 적정 활동을 허가하고 통제하기 위한 환경정책 및 건전한 사회고용정책의 부재 속에서, 극빈층과 비조직적인 집단은 어떠한 비용을 치르게 된다 하더라도 일자리가 보장된다면 굴복하게 될 것이다. 따라서 이러한 운동들의 역학관계는 몇몇 사회집단의 빈곤상태가 오염물질을 배출하는 유해사업의 수익을 보장하는 투자 유치에 중요한 요소가 된다는 점을 시사하고 있다. 이것이 바로 좀 더 조직화된 집단 계층의 눈에 경제 자유화 시대의 불평등 재생산의 핵심적인 요소라 할 수 있는 환경위험과 사회적 불안정 간의 뚜렷한 혼합현상이 가중되고 있는 것처럼 비춰지는 이유이다. 이와 더불어 환경보호가 단순히 도시 중산계층만의 대의(大義)가 아닌 대다수가 참여해야 할 사회적 투쟁 전체의 일부라는 인식이 확산되어가고 있다. 이는 여기서 분석된 사회적 행위자들의 실천이 브라질에서 환경을 단순히 시장의 공리적 규칙 이행을 위한 장이 아닌 정의 창출의 장으로 만들고자 하는 시도였음을 밝히는 철저한 논증과 혁신적인 투쟁을 통해 입증된다.

감사의 글

본 장(章)은 크리스토퍼 트라이브(**Cristopher Tribe**)가 저술한 포르투갈어 원본에서 번역된 것이다.

참고문헌

Acselrad, Henri. 1996. Política Ambiental e Discurso Democrático – o caso do Conselho Nacional de Meio Ambiente. Paper presented at XX Encontro Anual da ANPOCS, Caxambu.

Acselrad, Henri. 2004. Justiça Ambiental – ação coletiva e estratégias argumentativas. In *Justiça Ambiental e Cidadania*, ed. H. Acselrad et al. Relume Dumará.

Acselrad, Henri. 2005. Novas articulações em prol da justiça ambiental. *Democracia Viva* 27, June-July: 42-47.

Acselrad, Henri, and Cecilia A. Mello. 2002. Conflito social e risco ambiental – o caso de um vazamento de óleo na Baía de Guanabara. In *Ecologia Política – Naturaleza, Sociedad y Utopia*, ed. H. Alimonda. CLACSO.

Almeida, Alfredo W. 1994. Universalização e localismo, movimentos sociais e crise dos padrões tradicionais de relações políticas na Amazônia. *CESE Debate* 3, May: 43-60.

Boehmer-Christensen, Sonja. 1994. Politics and environmental management. *Journal of Environmental Planning and Management* 37, no. 1: 69-85.

Blowers, Andrew. 1997. Environmental Policy: Ecological Modernization or the Risk Society. *Urban Studies* 34, no. 5-6: 845-871.

Bullard, Robert. D. 2002. Environmental Justice: Strategies for building healthy and sustainable communities. Paper presented at the II World Social Forum, February, in Porto Alegre, Brazil.

Carvalho, Isabel. 2002. As transformações na cultura política e ao campo educativo: um olhar sobre a educação ambiental, mimeo., Porto Alegre, Brazil.

CIMA. 1991. *O Desafio do Desenvolvimento Sustentável*. Brasília, Brazil.

Diegues, A. C. S. 1994. *O Mito da Natureza Intocada*. São Paulo: NUPAUB/USP.

Fabiani, Jean L. 1985. Science des ecosystèmes et protection de la nature.

In *Protection de la Nature – Histoire et Ideologie*, ed. A. Cadoret. L'Harmattan.

Ferreira, Lucia C. 1997. Confronto e Legitimação. In *Ambientalismo no Brasil – passado, presente e futuro.* ISA.

Ferreira, Lucia C. 1999. Conflitos sociais contemporâneos: considerações sobre o ambientalismo brasileiro. *Ambiente & Sociedade* II (5, 2nd semester): 35-54.

Garrison, John W. 2000. Do confronto à colaboração – relação entre a sociedade civil, o governo e o banco mundial no Brasil. Brasília, Brazil.

Hardin, Garrett. 1968. The tragedy of the commons. *Science* 162: 1243-1248.

Herculano, Selene C. 1996. O campo do ecologismo no Brasil: o fórum das ONGs. In *Política e cultura – visões do passado e perspectivas contemporâneas*, ed. E. Reis et al. Hucitec-Anpocs.

IBASE/ CUT-RJ/IPPUR-UFRJ. 2003. *Sindicalismo e Justiça Ambiental*, series in three parts. Rio de Janeiro: IBASE/ CUT-RJ/IPPUR (Brazilian Institute for Social and Economic Analysis, Rio de Janeiro Trade Union Federation, Rio de Janeiro Federal University Institute of Urban and Regional Research and Planning).

Leis, Hector. 1994. Sociedade civil e meio ambiente. In *Comissão de Defesa do Consumidor, Meio Ambiente e Minorias da Câmara dos Deputados, Diretrizes de Ação para o Meio Ambiente no Brasil* Brasília: Relatório Final.

Loureiro, Carlos F. 2000. A assembléia permanente de entidades de defesa do meio ambiente-RJ e o pensamento de esquerda: análise crítica do coletivo organizado a partir do depoimento de suas históricas lideranças históricas estaduais. Ph.D. dissertation, Escola de Serviço Social.

Mallerba, Julianna. 2004. Meio Ambiente, classe e trabalho no capitalismo global: uma análise das novas formas de resistência a partir da experiência da ACPO. In Encontro da ANPPAS, mimeo, Indaiatuba, Brazil.

Moura, Paulo G. M. 1988. O PT e o movimento ecológico, mimeo., São Paulo, Brazil.

Oliveira, Francisco. 2003. *Crítica à razão dualista/O ornitorrinco.* São Paulo:

Boitempo.

Torres, Haroldo G. 1997. Desigualdade ambiental na cidade de São Paulo. Ph.D. dissertation, IFCH/UNICAMP.

Torres, Heroldo G. 2000. A demografia do risco ambiental. In *População e Meio Ambiente. Debates e Desafios População e Meio Ambiente. Debates e Desafios*, ed. H. Torres and H. Costa. Editora SENAC.

Urban, Tereza. 2001. *Missão (quase) impossível - aventuras e desventuras do movimento ambientalista no Brasil*. Rio de Janeiro: Editora Petrópolis e Fundação SOS Mata Atlântica.

Viola, Eduardo. 1987. O Movimento ecológico no Brasil (1974-1986): do ambientalismo à ecopolítica. In *Ecologia & Política no Brasil Ecologia & Política no Brasil*, ed. J. Pádua. IUPERJ/Espaço & Tempo.

Viola, Eduardo, and S. Boeira. 1990. A emergência do ambientalismo complexo-multissetorial no Brasil nos anos 80. Paper presented at the IV Seminário sobre Universidade e Meio Ambiente, Florianópolis, Brazil.

미주

1 연방법령 91305호, 1985년 6월 3일. Acselard 1996, p. 5, n. 6 참조

2 2001년 의회 농촌 출신 의원들에 의해 제기된 우림법(Forestry Code) 개정안에 반대하는 캠페인은 법적으로 80%에서 20%까지 보존지역으로 유지해야 하는 아마존 법정 지역에서 농촌 소유지의 감소를 겨냥한 것이었다.

3 "NGO 단체들은 그들 스스로를 조직화하여 공공정책을 제안할 능력을 상실했다. Conema, FECAM 등의 NGO 단체들은 정부의 결정을 정당화하는 종이호랑이에 지나지 않는다"고 한 환경운동가가 로우레이루(Loureiro)와의 인터뷰에서 밝혔다(2000, p. 221).

4 세계은행(World Bank) 브라질리포트의 제목이다(Garrison 2000).

5 "권위주의적인 정부의 통치로 인해 참여 채널의 부족에 억눌려있던 환경운동은 새로운 조직화 방식을 추구하고자 했고, 더 엄격히 설명하자면 정치권을 초월한 활동분야를 찾고자 했다. 좌파의 위기 속에서 권위주의에 대한 반작용으로 정치화되면서, 환경운동은 온정주의를 비롯해 포퓰리즘과 맑스 체계 및 진보적인 아방가르드 운동을 부정하기에 이르렀다"(Moura 1988, p. 3). 논쟁을 불러일으켰던 1980년대 환경운동은 새로운 언어로 자본주의 타도라는 유토피아적 전망을 이야기했다. 펠릭스 가타리(Félix Guattari)는 주체화의 지배적인 형식에 반대하여 새로운 주체의 생산에 있어 신체적 경험의 가치를 중시함으로써, 당시 생태담론에서 정치와 주체성 사이의 연관관계를 체계화하는데 중대한 영향을 끼쳤다. Carvalho 2000, p. 11 참조.

6 A. W. 지 아우메이다(A. W. de Almeida)와 A. C. S. 지에게스(A. C. S. Diegues)는 천연자원에 대한 접근권 통제를 겨냥해 자연보호지역에서의 "공동체 일원"의 강제 퇴거를 방지하고 채굴업자 마을 및 현재까지 남아있는 탈주 노예들에 의해 세워진 공동체 마을 킬롬부(quilombo)와 같은 사회적 조직화의 대안방식을 수립하고자 지역사회운동을 체계적으로 분석했다. Almeida 1994 참조.

7 1992년, 935명의 '브라질 NGO 포럼'(Brazilian NGO Forum) 회원 중 182명의 대표들을 대상으로 실시된 한 설문조사에서 대다수가 인구증가에 대

한 맬더스 이론에 관심이 없다고 밝힌 바 있다. Herculano 1996, pp. 91-126 참조.

8 페헤이라(Ferreira)에 따르면(1997, p. 42), "소외된 이들을 보호한다는 명분이 국민경제활동 부문의 무제한적인 확장과 노동계의 평등하고 무제한적인 사회복지 혜택의 확대를 주장 하는 경제성장촉진프로그램의 정당성을 확보하는 수단으로 쓰이게 되면서 불평등은 환경운동 담론을 별개의 요인으로 구분 짓는 작용을 하게 되었다. 이것은 아마도 최근까지 환경운동이 해결하려고 했던 가장 난해한 문제였을 것이다."

9 "1984년 '직선제 개헌'('Diretas Já') 캠페인과 함께, 이 운동에 가담했던 대다수의 활동가들은 정치적 투쟁에 합류했다. 운동을 통해, 환경보호는 권력의 조직 및 전체로서의 사회 자산의 문제와 직접적으로 연계되어 있다는 새로운 합의가 형성되었다."(Moura 1988, p. 4) Viola 1987, pp. 63-110도 참조.

10 "고도로 상호의존적인 세계에서는 민족주의자와 글로벌리스트 간의 차이를 고려하는 것도 필요하다. 환경운동은 글로벌리즘을 수반하며, 민족주의자적 입장을 견지하는 환경운동세력은 자가당착(自家撞着)에 빠질 수밖에 없다."(Leis 1994, p. 37)

11 생태적 현대화는 정치 기관이 기술 적합도 및 시장경제의 격상, 협력과 합의에 대한 믿음에 주안점을 두고, 경제성장을 환경문제의 해결책 제시를 통해 조화롭게 추구하려는 목적 하에 생태적 사안을 채택함으로써 따르게 되는 절차이다. Blowers 1997, pp. 853-854 참조.

12 포디즘(Fordism)은 제2차 세계대전 이후 30년 동안 서구 경제의 지속적인 성장을 보장해 줄 목표 생산량과 소비패턴, 규제기관의 조합에 부여된 명칭이다. 그 기본적인 특징으로 화석연료의 집중적인 소비를 동반하는 대량생산과 소비가 포함된다,

13 로마 클럽(Club of Rome)은 1970년대 초 세계경제의 미래에 대한 관심을 불러일으키고, 원자재 및 에너지 고갈에 따를 자본주의의 치명적인 위기에 대해 다룬 바 있는 연구보고서 "성장의 한계"(Limits to Growth)를 위탁받아 수행한 단체이다.

14 "경제적 비(非)정통성"의 의미는 시장 스스로 성장 촉진 및 부의 분배를 실현할 수 있는 능력을 지니고 있다는 사실에 의구심을 품고, 정통 경제학자

들에 의해 상정된 가설인 도구적 합리성이라는 경제행위의 기준을 어떤 식으로든 변화시키기 위해 정치적·문화적 변수를 도입함으로써, 지배적인 신고전주의 경제학적 사고에 비판을 가하려는 시도를 뜻한다.

15 "공유의 비극"(Tragedy of th Commons)은 보수생태학자 개럿 하딘(Garret Hardin)이 공기, 물, 생물다양성과 같은 자원들이 사적 소유 대상이 아닌 공유자원으로 활용되면서 야기된 생태학적 고갈문제를 설명하기 위해 이용한 우화(寓話)이다(Hardin 1968).

16 이탈은 특정 사업이 현재의 위치에서 철수하여 정치적·제도적 조건이 부의 축적을 위해 좀 더 호의적인 다른 장소나 지역, 국가로 이전하는 것이다. 이를테면, 환경규제의 완화 및 사회적 권리의 축소, 보다 유연한 계획법이 보장되는 곳이 이전 장소에 해당된다.

17 여기서 사용되는 "사회적 재생산"(social reproduction)이라는 용어는 어떤 사회건 기본적인 사회적 관계를 적기에 재생산하게 되는 구조를 의미한다. 자본주의 사회의 경우, 자본으로서의 자본의 조건과 노동자로서의 노동자의 조건을 재생산하는 것이 절차이다.

18 학계에서 환경정의의 개념과 이를 둘러싼 쟁점들에 대해서는 이미 인구 통계학자 아롤두 토히스(Haroldo Torres)에 의해 언급된 바 있다(1997, 2000).

Ⅱ부

산업개발과 환경정의

제4장
아르헨티나에서의 환경갈등과 환경정의

Carlos Reboratti

아르헨티나인들 중에 환경과 관련된 사항들에 관심을 가지고 있는 이들은 그리 많지 않다. 환경문제와 관련된 통계 조사에서 아르헨티나 국민들이 가장 중요하다고 생각하는 10개의 사회적 이슈들 중에 환경은 포함되지 않았다. 물론 그렇다고 환경 관련 이슈가 아르헨티나에 존재하지 않는다는 의미는 아니다. 다만 직접적으로 환경문제가 하나의 이슈가 되어 사회 표면에 등장한 것이 아니라, 기존의 여러 사회문제들과 혼합되어 산발적으로 그리고 매우 특별한 이슈로 존재하고 있다는 의미이다. 이러한 현상은 환경문제와 사회문제라는 두 가지 개념으로 분리되어 있어 실질적으로 아르헨티나 국민들이 누려야하는 환경권에 대한 사회적 인식을 낮춰 아르헨티나 내에서 환경정의라는 개념 논쟁의 기회를 방해하고 있다. 공식적으로 "환경정의"(environmental justice)라는 개념은 아르헨티나 사회에 단단히 자리를 잡은 개념도 아니고, 따라서 아르헨티나 대부분의 학자들과 지역민들은 환경문제를 "비공식적"(informal) 차원의 "환경분쟁"(environmental conflict) 담론 정도로 이해하고 있을 뿐이다. 그럼에도 불구하고 최근 아르헨티나 사회에서는 서로 다른 부문들에서 삶에 직접적으로 영향을 미치는 환경문제에 대해 권리를 주장하는 많은 환경갈등 사례들이 점증하고 있다. 본 장은 이러한 갈등 사례들을 살펴보고, 특히 환경정의와 관련해 이러한 갈등의 합법적 관점을 뛰어넘어 하나의 사회과정 속에서 그들의 권리를 학습해 가는 노력들과 이를 어떻게 유지하고 지속시켜가는지를 고찰해 보고자 한다.

다른 라틴아메리카 국가들의 경우처럼, 환경정의라는 개념을 통해 아르헨티나의 많은 환경문제 사례들을 분석하는 것은 사실 불가능한 일이다. 월커와 불켈리(Walker and Bulkeley)에 의하면, "환경정의"라는 용어는 "공정한 대우에 대한 부족과 결과에서 불합리한 불공정의 관찰을 통해 판단되는 혹은 통찰되는 불공정에 대한 하나의 반응"이다(2006, p. 656). 하지만 배타적으로 이는 "이미 소외되었거나 불리한 입장에 서 있는 국민들이나 사회단체들"에게까지 적용할 필요는 없다(ibid., p. 656). 다시 말해서, 라틴아메리카 지역에서 환경정의를 논함에 있어 경제적으로 정의되는 소수집단이나 인종적인 문제까지 포괄하는 단체들을 대상으로 하는 것은 불필요한 일이다. 이는 사회적 차원에서 논의되는 정체성보다는 영토적으로 정의되는 단체들을 대상으로 하는 경향이 있기 때문이다. 대개 환경정의는 천연자원의 열악한 분배와 이의 이용 문제보다는 환경의 이용으로 인해 발생하는 부정적인 결과와 불균형의 문제와 더욱 관련이 있다. 아마도 윌리엄스(Williams 2006)나 매드슬레이(Mawdsley 2006)가 언급하고 있듯이, 문제는 이러한 인식이 상황별로 선진국과 제3세계 사이에서 상당히 다르게 존재한다는 것이다. 이러한 서로 다른 상황은 환경정의에 대한 접근과 그 채널에 있어서 다르게 나타날 수밖에 없다. 이러한 논리로 접근해 보면, 사실 오늘날 제3세계 국가들은 세계 경제에서 정책결정 능력이나 소득분배 면에서 발생하는 다양한 왜곡의 희생양들이고 환경 불공정을 경험하고 있으며, 이를 경험하고 있는 빈곤국들의 피해에 대한 보상을 추구하는 하나의 논리와 개념으로 환경정의는 재정의 될 수 있다(Acselrad 2005).

환경정의에 대한 이러한 탐색은 정치 및 경제 그리고 사법적 시스템이 제대로 기능과 역할을 하지 못하기 때문에 발생하는 것인데, 예를 들어 이러한 시스템들은 국민들로 하여금 그들의 삶에 환경적으로 영향을 미치는 것들에 대한 의사결정이나 행동 등에 대해 전혀 환경정의를 고려하지 못하게 만들며, 심지어 문제를 해결할 수 있는 환경규제가 존재한다고 해도 사정은 마찬가지이다. 이는 특히 제한된 영토적 관점에서 지방민들에게 환경적 영향을 줄 수 있는 대규모의 투자와 관련된 국가개발 계획에서 주로 발생하며, 개발과 관련된 혜택은 결코 지방민들에게 돌아가지 않는 데에서 확인된다.

언급했듯이, 환경정의를 추구하는 방법론 차원의 해결 방식은 명확하게 사회적 행동을 통한 갈등 유발이다. 궁극적으로 비공식적인 정의 개념은 합법적인 그리고 정치 시스템 속에서 유용한 수단의 활성화를 통해 공식적인 정의로 전환되어야 한다. 하지만 많은 경우, 책임성 정도에 대한 시스템은 점증적으로 국민들의 이익을 대변하지 못하고 있으며, 국민들의 필요와 열망 수준과는 그 적응에 있어 상당한 차이를 보인다.

일반적으로 라틴아메리카 지역에서는 이러한 비공식적 환경정의 개념만이 특별한 제도나 기구 차원에서 논의되고 있고(적어도 추구하거나) 이마저도 기구, 헌법 그리고 제도에서 서로 다른 방향으로 전개되고 있다. 몇몇 경우에는, 제도적 차원에서 일단 이러한 목적을 위해 만들어졌지만 쉽게 사라지는가 하면, 또 다른 경우에는 공식적인 제도 및 기구의 창출과 그리고 이의 네트워크가 만들어 지기도 한다. 네트워크는 저소득 섹터나 중산층 섹터로 구성된다. 농촌에 기반을 두는 경우도 있고, 도시 지역을 기반으로 구성되기도 하며, 일련의 산림 황폐화나 산업화로 인한 오염의 문제를 쟁점화 할 때도 있다.

본 장의 목적은 아르헨티나에서 지난 15년 사이 발생한 3가지의 환경 갈등에 대한 사례 분석이다. 2005년까지 아르헨티나에서는 환경 이슈와 관련된 사회운동이 적어도 20개 이상 발생했다(Giarracca

2006). 하지만 이들 중에서 가장 중요한 3개의 갈등 사례 분석을 통해 환경정의 가능성의 다원성, 동시에 이러한 갈등들이 보여주는 목적, 특징 그리고 전개과정에서 나타나는 놀랄만한 유사성을 살펴보고자 한다. 하지만 먼저 간략하게나마 아르헨티나의 환경정치 성립과 발전 맥락을 고찰해 보고자 한다.

아르헨티나 사회와 환경

다양한 이유로 아르헨티나는 환경주의적 사고에 있어 특별히 열린 사회가 아니다. 비록 이러한 사실이 저개발 국가들에서 일반적인 특징이라 할지라도 아르헨티나의 경우는 상당히 모순적이다. 왜냐하면 환경담론은 아르헨티나의 도시 중산층들에게 상당히 뿌리를 내리고 있기 때문이며, 아르헨티나 중산층들은 여타 사회, 경제 그리고 정치적 이슈들에서 상당히 중요한 행위자들이기 때문이다. 따라서 환경문제에 대한 사회 전반적인 인식의 부족 때문에 아르헨티나에는 환경문제가 공론화되지 않고 있다고 말하기에는 다소 힘들다. 환경문제는 아르헨티나 사회에 존재하며 그것도 상당히 많은 사례들을 포함한다. 아르헨티나에서 발생한 대표적인 환경문제 리스트들을 열거해 보면, 산림 황폐화, 수질오염, 토양침식, 무분별한 어업, 과도방목, 광산개발과 오염 그리고 도시 홍수 등이 가장 심각한 환경 이슈들이다(Di Pace 1992; Morello et al. 1997). 하지만 상대적으로 이러한 이슈들은 최근까지도 전혀 사회적 반향을 불러오지 못하고 있다.

지난 역대 정부들도 이러한 환경문제나 이슈들에 대해 상당히 수동적인 입장과 태도를 견지해 왔다. 1973년에 설립된 아르헨티나 환경부(Secretaría de Medio Ambiente)조차도 1990년대 초반까지 이러한 문제들에 무기력한 반응들을 보여 왔고, 1990년대 들어 카를로스 메넴(Carlos Menem) 신자유주의 행정부가 들어서서야 본격적으로 정부 차원의 관심을 보였는데, 환경정책 방향도 환경의 보존보다는 환경의 경제적 이용에 초점이 맞추어졌다. 메넴 정부는 많은 행정 부처의 관료들을 환경정책 분야에 경험이 있거나 이 분야 전문가보다는 기업 및 경제적 마인드가 있는 고위 관료들로 채웠다. 이후 이러한 환경 관련 부처 관료들의 공공자금 횡령으로 인한 사법적 기소와 구속 사건은 여전히 환경적 이슈들을 하찮은, 무가치한 그리고 부패와 관련되어 인식되게 만들었다. 이러한 공공서비스 관점에서 보면, 아르헨티나 역대 행정부들은 환경정책이나 환경문제를 사회갈등과 분규의 한 가운데에 위치하게 했다는 비난에서 자유로울 수 없다.

입법적인 관점에서 보면, 상당수의 환경법들이 이미 1994년 아르헨티나 헌법 개정 이후에 국회를 통과해 아르헨티나 국민들은 "건강하게 환경적 삶을 영유할 수 있는" 권리를 가지고 있었으며 그리고 이러한 권리가 침해를 당했을 때 사법권위에 청원할 수 있는 권리를 동시에 보장받고 있었다. 넓은 범위에서 보자면, 1980년대 말까지 아르헨티나 헌법 하에서 이미 자연보존과 관련된 국가 혹은 지방정부 차원의 법령들도 4,000개 이상 존재했다. 그밖의 다른 특별한 이슈들에 대한 법령은 이후 추가되기 시작했는데, 예를 들어 원자력에너지, 어업, 여타 다른 환경 기관 및 기구들의 형성, 독성물질의 운송 등과 같은 분야들이 그것들이다(Bertonati and Corcuera 2002). 하지만 이러한 법 규정들은 그리 효과적이지 못했다. 또한 어떤 특별한 규제 조항도 없었으며 이러한 분야들에 대한 엄격한 법 이행에 대한 정부의 능력도 상당히 부족했다.

아르헨티나에서는 전반적으로 사회에 영향을 미칠 수 있는 환경운동의 발생 경향은 낮았다. 일반적으로 이러한 경향은, 특히 조직이나 기구를 창출하고 이를 통해 운동을 강화해 간다는 측면에서는 매우 약한 움직임을 보였다. 이는 물론 여타 라틴아메리카 지역과 비슷한 경향을 띠지만(Christen et al. 1998; Roberts 2000; Price 1994), 브리안트나 베일리(Bryant and Bailey 1997)는 이러한 경향을 "전문적인 비정부기구"(professional non-governmental organizations)의 등장이라고 해석하기도 한다. 이러한 비정부기구들 중에 가장 중요한 2개 기구는 야생동물보호단체인 '야생생명재단'(Fundación Vida Silvestre: FVS)[15]과 '아르헨티나 천연자원 재단'(Fundación Argentina de Recursos Naturales: FARN)[16]이 대표적이다. '야생생명재단'은 야생동물 보호에 대한 활동을 주로 하고 있고, '아르헨티나 천연자원 재단' 같은 경우는 환경의 입법화 문제를 중심으로 활동하고 있다. 두 재단의 오랜 전통에도 불구하고, 상대적으로 이들의 사회적 영향은 덜한데, 이는 각자 재단이 서로 다른 분야에 대한 제한된 영역에서만 활동을 하고 있기 때문이다. 그럼에도 불구하고, 아르헨티나의 이러한 비정부단체들의 활동은 국제적 비정부기구로 유명한 그린피스(Greenpeace)의 아르헨티나 환경지부로서의 역할을 맡고 있다는 점에서 그 중요성을 인식할 수 있다. 오늘날 이들 단체들의 다양한 활동은 일반 대중들의 인식 변화에 영향을 주고는 있지만, 그린피스의 단기간의 그리고 산발적인 캠페인은 더 많은 대중인식 변화나 공공정책에 대한 영향으로는 이어지지 못하고 있는 실정이다. 아마도 이러한 영향력의 부족은 아르헨티나 사회구조 때문에 발생하는 것으로, 그린피스에 대한 지지는 대부분 부에노스아이레스 도심 지역의 중산층에만 국한되어 있는 상태이다. 이러한 정치적 혹은 사회적 상태를 전제로 다음은 최근 중요하게 부각되고 있는 아르헨티나 환경갈등과 관련해 환경정의 차원의 논의들을 살펴보겠다.

15) 공식 웹사이트 http://www.vidasilvestre.org.ar/ 참조

16) 공식 웹사이트 http://www.farn.org.ar/ 참조

케브라다 데 우마우아카(Quebrada de Humahuaca) 계곡의 고압 배선 설치 프로젝트 사례

케브라다 데 우마우아카(Quebrada de Humahuaca)지역은 알티플라노(Altiplano)에 위치해 있으며, 약 120킬로미터에 달하는 깊은 계곡에 위치한 지역으로 해발 1,200-1,300미터 고도에 있다. 지정학적으로 아르헨티나와 볼리비아 국경 사이, 남쪽 안데스 계곡에 위치해 있으며 기후가 온화한 농업 지역이라는 특징이 있다. 행정 구역상 후후이(Jujuy)주에 있는 케브라다는 또한 수려한 자연 경관과 문화적 가치가 있는 곳으로, 1990년대 말 유네스코(UNESCO)에 의해 세계문화유산 지역으로 지정된 바 있다. 케브라다 데 우마우아카는 이미 국가적으로나 국제적 수준에서 유명한 관광지가 되었고 미국의 그랜드캐니언(Grand Canyon)에 준하는 아이콘으로 등장했다. 대략 2만 9천여 명이 거주하고 있고, 지역 거주민들은 약 8천여 명씩 3개 도시 지역에 나누어 거주하며 나머지는 농촌 지역에 거주 중이다. 인구밀도는 상당히 높다. 하지만 계곡의 하상(valley floor)이 200-2,000미터로 넓으며 대부분의 지역은 리오그란데(Río Grande) 강을 차지하고 있다. 이러한 기후 및 강의 영향으로 농작물 생산이 주업이며, 많은 거주민들이 관광업보다는 농업에 종사하고 있다. 아르헨티나 환경갈등 사례에서 제일 먼저 이 지역을 주목하는 이유는 환경갈등 이슈와 관련해 이 지역에서 발생하고 있는 산발적인 사회적 행동 때문이다. 이러한 사회적 행동을 통해 환경정의를 추구하는 움직임이 이미 2000년대부터 시작되었는데, 그 원인이 되었던 것은 후후이 주정부가 이 지역에 고압 배선을 연결 배치하는 프로젝트를 시작하면서부터였다. 지방개발 프로젝트로서 중요한 가치를 지녔던 이 계획은 케브라다 지역에 300미터 간격으로 400개의 고압송전탑(22미터 높이)을 세우는 작업이었다. 하지만 제한된 지역에 이렇게 많은 송전탑을 세우는 것은 이 지역민들에게 의심스러운 일이었다.

볼리비아 국경 근처 도시들에 고압송전탑을 세워 전력공급망을 연결해 간다는 아이디어는 사실 전혀 새로운 계획이 아니라, 이미 1994년 지방정부 인프라 구상에 있었던 프로젝트였다. 여러 가지 이유로 이러한 계획은 1999년까지 이행되지 못했고, 다만 주차원에서 일임한 건설회사에 의해 환경영향평가만 진행되었다. 이러한 계획이 일반 대중에 공론화되자 이 프로젝트는 지극히 열악한 수준이라는 것과 실현 가능성이 별로 없는 것으로 인식되었고 단지 계획만이 존재한다는 것이 재확인되었을 뿐이다. 열악한 계획 내용을 구체적으로 살펴보면, 고압배선은 케브라다 지역의 서쪽에 설치되어야 한다는 것인데, 그 이유가 "이 지역을 방문하는 관광객들이 일반적으로 동쪽 경사에 집중되기 때문"이라는 논리였다. 초창기에 이 계획은 일반 대중에 공개되지 않았지만, 이 프로젝트 수주를 맡은 건설회사가 2000년 7월 현장에 나타나자 지역사회가 즉각 반응하기 시작했다.

케브라다 데 우마우아카(Quebrada de Humahuaca)지역은 대체로 원주민 공동체가 많고, 몇몇 읍에서는 이 지역의 문화와, 자연경관, 관광 그리고 평화로운 삶을 원하는 이들이 이주해 와 거주하고 있는 지역이다. 원주민 공동체들은 토착민들의 권리가 인정되는 1994년 아르헨티나 헌법 개혁을 통해 그들의 새로운 정체성을 창출해 가는 과정에 있었다(Briones 2005). 케브라다 지역에서 고압송전선 건설 프로젝트에 반대하는 사회적 동원은 많은 단체들이 연대를 하면서 시작되었다. 이러한 연대는 두 가지 사회적 부문에서 움직이기 시작했는데 다양한 커뮤니케이션 네트워크를 구축하면서 진행되었다. 이들의 활동은 이러한 네트워크를 활용해 TV 대담, 저널 활동, 이웃 공동체 결성, 전문가 협회(예를 들어, 건축가 협회 등) 활동들을 통해 대대적으로 진행되었다. 그리고 마지막으로 마지못해 지방의 시정부 역시 이 운동에 참여했다. 본격적인 저항운동은 건설회사가 케브라다 남쪽 지역

(북쪽으로 향하는 고압 전선 설치 시작점)에 공사를 진행하기 위한 기초 작업(예를 들어, 경계석 설치)을 진행하면서 시작되었다. 이에 대한 반발로 지방의 한 단체가 원주민 지역에 위치한 경계석을 제거했는데, 자연을 대표하는 '파차마마'(Pacha Mama)의 허락을 받지 않은 기념물을 받아들일 수 없었던 원주민 공동체에게, 이는 일종의 원주민들의 공동체적 삶에 대한 침해로 간주되었다. 이러한 일련의 저항 활동은 많은 대중적 주목을 받았지만, 건설 과정에서 합법적인 저항은 약했다. 지방법에 의하면, 건설은 계약 관계에 우선권을 주게 되어 있었고 다른 어떤 지방의 특별한 문화 보존이나 환경적 유산 같은 고려사항들은 공공의 의견을 들어서 고려된다고 명시되어 있었다. 하지만 이러한 공공의 의견 청취 혹은 공청회는 이미 사업이 계약에 따라 시작된 후에야 한시적으로 열렸을 뿐이다. 이러한 어설픈 절차는 결국 지방거주민들의 공분의 대상이 되었고 정확한 공청회 개최를 요구하는 민원이 쇄도하게 되었으며, 2000년 8월 중순 주지사는 고압송전 건설 프로젝트의 중지를 선언했고, 몇 달 후 공식적인 정부 문서를 통해 이러한 사업 중지의 이유와 절차와 과정에 대한 철저한 조사가 진행되었다. 이후 케브라다 데 우마우아카 지역이 세계문화유산으로 지정되면서 위와 같은 유형의 사업 가능성은 의미를 상실했다.

환경정의에 대한 일상적인 탐구는 엄청난 규모의 물리적 동원이 없이도 가능하다. 오직 몇 백 명이 참여하는 환경운동을 포함해서 혹은 경계석을 제거하는 행위 하나로 오늘날 대중적 저항운동은 건설 회사를 현장에서 몰아 낼 수 있다. 하지만 이러한 운동에는 두 가지 중요한 요소가 있음을 알 수 있다. 하나는 한 사회 내부의 다양한 부분을 포함시킨다는 것이고, 이러한 포함은 결국 저항운동 활동에서 표현, 조직력 그리고 대표성이라는 다양한 측면의 시너지 효과를 발휘해 지방민들의 저항 정체성 혹은 저항 능력을 강화하는 계기가 된다는 것이다. 또 다른 중요한 요소는, 특히 규모의 인프라 건설 사례들에서 발견되듯이, 저항 과정에서 환경영향과 관련된 법제도의 단점을 찾아내고 이를 공론화 할 수 있다는 것이다. 비록 공식적인 법적 실체로서 지방정부는 고압송전 건설 과정에서 발생할 수 있는 다양한 영향들을 심도있게 분석하고 고려해야 하는 책임을 지고 있지만, 지방 행정부의 부패나 행정 관료들의 친 건설회사 입장 등으로 인하여 공청회 스케줄을 뒤로 연기 하는 등 절차와 제도가 무시되는 일들이 발생하고 있다. 지방 의회조차도 인프라 건설 프로젝트에 대한 건설 허용과 이 지역을 세계유산지역으로 지정하려는 청원을 동시에 하는 모순적인 결정을 내리기도 했다. 사법부는 산발적으로 일어난 사회운동 그룹들에 접근할 수 없었는데, 이는 관료적 통로에 더욱 많은 선호도를 지니고 있었기 때문이다. 이러한 다양한 관점에서 공식적인 환경정의에 대한 접근 경로는 차단되었지만, 결국 지방사회는 폭력이 없이 다양한 수평적 연대를 통해 지방정부로 하여금 이 프로젝트를 철회하게 만들었다.

이러한 저항운동은 환경적 관점에서 아르헨티나 사회에서 최초로 발생한 자발적인 사회운동이다. 거주 인구나 참여 규모면에서는 작지만 거대 인프라 건설 및 거대 건설회사에 승리한 사례였다. 이러한 경험은 곧바로 다른 환경운동 혹은 환경정의의 제도적 발전에 도움을 줄 수 있는 사례로 평가를 받기도 했지만, 이후 이를 국가 차원에서 제도화하지는 않았다. 이에 따라, 여전히 다른 유형의 환경갈등 혹은 운동은 지속적으로 발생할 수밖에 없었다.

에스켈(Esquel) 금광 사례

1994년 아르헨티나 정부는 광산개발 증진을 위한 법을 통과시켰는데 이 법령은 아르헨티나 광산업, 특히 광물의 탐사 및 개발에 투자하는 이들에게 많은 인센티브를 제공한다는 것을 골자로 했다. 이러한 법제도의 변화는 많은 투자자들을 불러 왔는데, 특히 아르헨티나 서쪽 지역에 집중되었다. 이러한 움직임 속에서 광산개발 활동의 증가와 이에 따른 환경적 영향 이슈는 일련의 많은 법적, 정치적 그리고 경제적 관점에서 갈등을 유발시켰다. 초기 가장 대중적으로 잘 알려진 갈등 사례는 아르헨티나 서쪽 파타고니아 안데스(Patagonian Andes)지역에 위치한 추부트(Chubut)주의 에스켈(Esquel)에서 발생했다. 에스켈은 작은 도시로 인구도 2만 8천 명에 불과했다. 이 도시는 19세기 후반에 시작된 서쪽 파타고니아 지역으로의 이주 정책을 통해 발견된다. 이러한 이주 정책은 이 지역의 원주민들을 좀 더 소외된 지역으로 몰아내는 역할을 했다. 기후적으로 서늘하고 습기가 많으며 목재 자원과 아름다운 안데스 호수라는 자연경관의 가치가 우수한 파타고니아 한대림(寒帶林)의 경계에 있는 지역적 특징을 보인다. 에스켈 지역에서 그동안 가장 중요한 자원은 목재 생산이었지만, 이 사업은 산림지역이 국립공원으로 지정되면서 점차 사업 수익성이 감소해 오고 있었다. 하지만 이는 동시에 새로운 경제활동을 창출했는데 관광 사업이 대표적이었다. 적은 규모지만 이 관광산업은 이 지역의 전통적인 목축업과 함께 지방 주민들의 경제 수익에 중요한 역할을 하고 있었다. 이 지역의 주민은 유럽 이민자들로 구성되어 있고 후손들은 그들 스스로를 "NYC"("nacidos y criados"의 스페인어 약자로, "태어나고 자란"을 의미함)로 부르며 자랑스러워하고 있었다. 오랜 시간 동안 추가적인 이민이 다른 국가들로부터 진행되었는데 흔히 파타고니아 지역으로의 이주가 많이 이루어졌다.

도시의 기본적인 근간이 되는 에스켈의 산맥은 2000년 이후 광산활동에 적합한 지역으로 조사 보고되었다. 이러한 조사를 기반으로, 2001년 11월 금광 개발에 대한 투자 자문이 진행되었고, 도시로부터 5킬로미터 떨어진 지역광산 개발 사업에 캐나다 메르디앙골드사(Meridian Gold Company)가 뛰어들었다. 이 프로젝트에 거의 1억 3천 만 달러가 투자되고, 10년 동안 개발이 허락되면서 연간 생산량만

50만 온스(1 ounce: 28.35 그램)의 금 생산이 이루어진 것으로 추정된다. 문제는 이 생산량을 달성하기 위해서 거의 2천만 톤의 암석이 제거되어야 하며, 2백만 미터톤(1 metric ton: 1,000 kg)의 광석(ore)들이 금과 부수적인 은 추출 과정에서 처음에는 중력 그리고 다음에는 시안화물 침출로 유실되었다. 이 프로젝트는 또한 대량의 물 사용이 포함되었는데(추정치로 에스켈 지역의 수자원 이용의 4분의 1에 해당하는 양), 대부분 지하 대수층의 물과 지방의 시내 하천의 물들이 이용되어야 가능했었다. 부가적으로 이 프로젝트는 340명의 고용 창출 효과도 예정되어 있었다. 광산 회사도 이러한 사실을 인지하고 있었는데 이는 "비록 몇몇 오염과 환경영향이 발생한다면 광산개발 종료 후에 추가적으로 개발현장을 산림과 목축이 가능한 그린 지대로 돌려놓기 위한 필요 조치들이 필요하겠지만, 현재와 미래 공동체의 필요에 의한 것이다"라고 밝힌 바 있다(Brancote Holding PLC 2001). 직접적으로 영향을 미칠 지역은 약 130헥타르로 노천굴(open-pit) 금광이었다. 광산 회사는 이미 직·간접적으로 20만 헥타르를 점유하고 있었으며 대부분 금 매장량이 추정되는 지역이었다.

처음에 프로젝트는 이 지역 사회에 그리 많은 영향을 미치지 않았다. 특히 2001년 아르헨티나 전체가 역사상 가장 심각한 경제 사회적 위기 상황에서 많은 실업에 시달리고 있을 즈음이었기 때문에 지역민들의 고용에는 좋은 영향을 주었다. 하지만 2002년 7월 광산개발 과정에서 시안화물을 공급하는 미국의 화학 회사인 뒤퐁(dupont)사의 아르헨티나 방문으로 지방민들 사이에서 염려와 걱정은 증가하기 시작했다. 이러한 염려는 파타고니아 대학의 교수 협의회가 제기한 프로젝트의 타당성에 대한 사회적 질문으로 옮겨가면서, 특히 시안화물 오염, 개발과정에서 먼지, 중장비의 이동, 대량의 물 사용 등에 대한 대중의 우려가 증가하기 시작했다. 2002년 10월 회사의 환경영향평가 보고서가 지방정부에 제출된 후 위와 같은 이슈들은 점점 더 공공의 관심을 점증시켰고, 몇몇 반대 단체들이 도로를 점령하기 시작했다.

첫 번째 대중 저항 시위가 11월에 조직되었고 한 달 후에는 지방법원에서 두 가지 발표가 있었는데, 하나는 좀 더 엄격한 환경영향평가가 진행되기 전에 개발사업 추진이 보류되어야 한다는 것이었고, 다른 하나는 주민들의 공청회를 반드시 거쳐야 한다는 것이었다. 2003년 2월 지방법원은 작업 중지를 선언했고, 이 결정은 여러 번의 사법 절차를 거쳤으며 심지어 아르헨티나의 대법원까지 올라가 논쟁되었다.

가장 놀랄만한 변화는 2003년 5월에 발생했는데 (처음에는 확실한 태도를 보이지 않았던)지방 시정부가 강제성이 없는 지방투표를 선택했다. 81%의 유권자가 이 프로젝트에 대해 반대표를 행사했다. 지속적인 법정 공방에도 불구하고 위와 같은 결과를 인지한 광산회사는 이 프로젝트 이행의 중단을 선언했지만, 이후 프로젝트를 통한 경제적 이익이나 장점을 강조해 사업의 필요성을 지방민들에게 홍보해 가기 시작했다. 일종의 전략 수정이었던 것이다. 하지만 이러한 회사의 노력에도 불구하고 현재까지 이 프로젝트는 다시 추진되지 못하고 있는 상태이다.

이러는 와중에 지방의 거주민들은 지속적으로 비공식적인 모임을 가져왔고, 결국에는 공식적인 조직인 '주민자치협의회'(Asociación de Vecinos Autoconvocados)를 결성했다. 이러한 협의회의 결성은 아주 중요한 저항 수단으로 다양한 지역에서 반복적으로 생겨나기 시작했으며, 자치라는 가치와 자발적인 모임이라는 의미가 가미되어 모임은 상당히 비판적이고 그리고 특별한 모임으로 발전하기 시작했다. 환경에 대한 인식에서 기존의 정치조직들에 대한 의심의 눈초리를 보내는가 하면, 정직한 사회 감시자로서 환경정의를 위한 노력을 해 나가기 시작했다.

이에 더하여 협의회는 성공적으로 대중매체에 접근해 갔고 지방의 광산개발 이슈를 국가 수준의 이슈로 공론화하는데 일익을 담당했다.

인터넷을 통한 광산개발과 환경에 대한 악영향에 대한 인식의 확산은 상당히 성공적이었으며 중요하기도 했다. 공식적인 환경단체인 아르헨티나 자연자원기금(FARN) 같은 경우는 적극적으로 자치협의회를 지지하기도 했다. 하지만 이상하게도 그린피스는 이러한 운동에 소극적으로 참여했을 뿐이다.

위와 같은 사례는 우마우아까의 경우와 유사한 것으로, 지방정부는 초창기에 개발 프로젝트에 상당히 적극적인 찬성의 입장을 보였다. 하지만 지방민들의 반대가 증가하자 지방정부는 바로 그들의 입장을 바꾸고 궁극적으로는 좀 더 깊은 연구나 환경평가 이후로 프로젝트 계획을 중지시켰다. 지방 시정부 차원의 행정적 태도도 비슷한 경향을 보이는 데, 심지어 처음에는 찬성하다가도 다른 시정부들에서 이에 대한 반대 및 저항 운동이 시작되면 그 태도를 바꾸기도 한다. 법적인 관점에서 보면, 공식적인 사법 시스템들은 상당히 효과적으로 이러한 문제들에 대처해 오고 있으며, 모든 수준에서 긍정적으로 반응하고 있음을 볼 수 있었다.

우루과이 강 제지 공장(Uruguay River Pulp Mills)

다음으로 주목할 만한 아르헨티나에서의 환경갈등 사례는 아르헨티나의 중동부에 위치한 우루과이와의 국경 지역에서 발생했다. '우루과이 강'이라고 명명되는 이 지역은 라 플라타(Río de la Plata) 강의 지류이다. 이 강을 중심으로 일련의 도시들이 발전되어 오고 있다. 1980년대 후반 우루과이는 매우 활발한 소나무 및 유칼립투스 산림정책을 발표했으며, 약 60만 헥타르의 나무를 심어 가구 생산, 건설, 그리고 특히 제지산업 활성화를 위한 목재 산업화를 유도했다. 제지공장 프로젝트에 대한 논의는 2001년에 시작되었다. 아르헨티나에서는 이미 이 지역에 20개가 넘는 공장들이 가동 중이었고, 비록 많은 오염이 발생하고 있었지만 지역민들과의 갈등은 발생하지 않은 상태였다.

제지공장 건설은 1990년대 수차례의 환경갈등을 발생시킨 바 있는데, 특히 오염의 피해가 상당히 컸기 때문이었다(Sonnenfeld 2002). 하지만 아르헨티나에서 공론화되기 시작한 것은 2002년에 들어서면서부터였으며, 그 당시 이에 대한 저항운동이 우루과이 강 아르헨티나 측에 위치한 도시인 괄레과이추(Gualeguaychú: 인구 8만 정도 거주)에서 일어났다. 우루과이 강을 따라 위치한 프라이 벤토스(Fray Bentos: 우루과이 리오네그로 주에 있는 도시로 2만 3천 명 정도 거주)라는 작은 도시의 몇몇 거주민들이 괄레과이추에서 진행 중인 2개의 제지공장 건설 및 투자에 대해 우려를 나타냈다. 두 도시는 그동안 아르헨티나와 우루과이를 연결해 서로 왕래 가능한 다리를 사이에 두고 우애 관계에 있었으며 부에노스아이레스와 가까웠다.

우루과이 시민들의 우려는 제지공장의 건설로 인한 강의 오염에 있었다. 두 도시 간에 위치한 강은 양쪽 도시 개발 초기부터 발전 되어온 관광을 위한 중요한 자원이기도 했다. 말하자면, 강을 중간에 두고 양쪽 지역에 존재하는 강은 경제적으로 목축업, 농업을 위해서 기능해 왔으며 산업과는 전혀 관계가 없었다.

스페인과 핀란드에 근거를 둔 2개의 회사가 가프라이 벤토스 인근 지역에 총 180만 달러를 투자해 2개의 제지공장 건설을 통해 연간 150만 톤의 페이스트(paste)를 생산한다는 목표를 세웠다.[17] 15만 헥타르의 유칼립투스 산림을 이용해 수 년 동안에 걸쳐 목표 생산량을 달성한다는 계획이었다. 동시에 제지공장 건설을 통해 지역의 고용을 창출하고 공정과정에서 펄프를 표백할 때 해롭지 않은 염소(Elemental Chlorine Free: ECF)를 사용해 수질오염을 줄여(오염제로) 환경 친화

17) 페이스트는 건전지나 습식 전해 콘덴서에 있어서 전해액의 취급을 용이하게 하기 위해 녹말 등에 섞어서 만든 풀모양의 물질이나 혹은 우지(牛脂), 올리브유, 송진, 염화암모늄 등을 개어서 풀 모양으로 하여 도체가 공기와 접촉하여 산화하는 것을 방지하고 납이 잘 붙도록 하는 약품을 말한다.

적인 제품을 생산하고자 했다.

하지만 아르헨티나의 괄레과이추 지역민들은 이러한 공정과정에 대한 의문을 제기하며, 제지공장 설립으로 강의 오염이 발생할 것이라는 염려와 함께 이를 반대하기 위한 저항운동 단체인 '괄레과이추 환경주의자 운동'(Movimiento Ambientalista de Gualeguaychú)을 조직했다. 2002년 당시 제안된 제지공장 건설 반대를 이슈로 수많은 시위가 발생했고 "제지공장에 대해 말하지 말라"라는 모토를 내걸고 점점 격화되기 시작했다. 제지공장의 건설은 우루과이 강의 오염을 가속화시킬 것이며, 동시에 공정 과정에서 나오는 염소와 여타 다른 화학제품들이 강의 생태계를 파괴하고 강에 서식하는 많은 물고기들 죽일 것이라는 우려들이 팽배해졌다. 특히 이산화물이 함유된 오염물질들이 발암성 물질이라는 경고가 잇달았다. 이러한 위험성에 대한 경고와 더불어 이미 아르헨티나 측의 제지공장의 전형적인 특징이 되어버린 메스꺼운 악취 발생의 경험은 저항운동을 더욱 가속화시켰다.

아르헨티나 정부 및 사법부의 무관심과 더불어 시민들은 좀 더 저항운동을 급진적으로 이행하기로 결정했다. 2003년 9월, 아르헨티나와 우루과이를 연결하는 국제적인 교량을 몇 시간 동안 일시적으로 봉쇄하기 시작했다. 대중들의 시각에서는 엔트레 리오(Entre Río)에서 환경주의자들의 저항운동이 당시 아르헨티나 경제위기 상황에서 실업자들 내몰린 이들의 피켓데로 운동(일반적으로 거리차단 시위 방법)의 하나로 여겨졌다. 이러한 방식으로 1990년대 중반 이후 정부의 민영화 정책에 의해 아르헨티나 북쪽 파타고니아 지방의 석유 정제소의 폐쇄와 더불어 실업이 증가하자 실업자 운동이 발생했고, 이와 같이 거리를 차단하는 방식의 저항 시위는 이후 경제위기와 더불어 전국적으로 확산되어 교통과 물류 운송에 부정적인 영향을 미쳤다.

2003년 아르헨티나 정부는 이러한 이슈에 대해 우려를 표명하기 시작했는데, 특히 양국이 공유하고 있는 강의 수질 오염과 이에 대한 점증하는 사회갈등에 집중되었다. 하지만 우루과이 정부는 제지공장 건설을 지속적으로 고집하였고, 2003년 10월에는 공식적으로 정부 차원의 환경영향평가를 제안하기도 했다. 하지만 대중적 시위와 교량의 봉쇄는 더욱 빈번하게 발생했다. 양 정부의 해결 방안을 구하기 위한 여러 번의 공식 회의가 있었음에도 해결 조짐이 보이지 않는 가운데 우루과이 정부는 2004년 2월 두 번째 제지공장 건설 허가를 공식화했다.

환경주의자들의 반응도 격렬해졌는데, 2004년 4월에 거주민 총 인구에 비해 엄청나게 많은 수인 4만 명이 참여하는 시위가 발생했다. 사상 유례가 없었던 큰 시위에 언론과 방송미디어들은 이를 앞다투어 보도했고, 이는 주민의회라는 조직을 통해 리드되었다. 이 주민의회의 경우 수평적으로 조직되었는데 이 조직은 관리구조가 없이 모든 것이 공개된 회의와 심의 과정을 통해 조직의 방향과 내용이 결정되고 이행되었다. 오직 NGO 조직 한 단체가 참여를 했는데, 이들의 역할은 합법적 행위 자문과 후원금으로 들어오는 기금 관리만을 담당하는 것이었다. 양국의 문제 해결을 위한 두 정부 간 공동위원회 구성은 결국 실패했고, 두 개의 회사는 제지공장 건설을 시작했으며 환경주의자들의 요구에 대해서는 철저히 침묵했다. 마지막으로 2006년 2월 거주민 의회는 양국의 통로였던 교량을 무제한으로 봉쇄하기로 결정했다.

이러한 결정과 다양한 저항운동 및 이에 준하는 활동들은 이상한 효과를 가져왔다. 보다 상세한 환경정책을 가지고 있지 않았던 아르헨티나 정부는 거주민 의회나 환경주의자들의 담론을 그대로 수용하여 헤이그에 있는 국제사법재판소(ICJ)에서 우루과이 정부를 국제조약위반국가라고 압박했다. 이러한 상황에서 2006년 5월 약 10만에 달하는 대규모 시위가 진행된 후 국제적 교량은 개방되었다. 물론 이러한 환경문제를 이슈로 한 저항 및 시위는 아르헨티나 역사에서 거의 찾아볼 수 없었던 일이었다. 환경을 이슈로 한 집회로는 아르헨티나의 어느 정치적 이벤트와 비교해도 유례가 없는 대규모 집회였다. 이후 아르헨티나 정부는 다양한 형태의 환경적 수사를 정치적 용어로 사용하기 시작했다.

앞에서 언급한 사례들과 비교해 보면, 이 경우에는 갈등의 중요한 행위자들이 서로 다른 규모와 특징들을 가지고 있다. 한편, 주민의회는 도시 중산층의 운동이라는 특징을 가지고 있으며 기본적으로 저소득층 혹은 실업자들 중심의 사회운동으로 발전한 아르헨티나 피케테로 운동과는 다른 양상으로 띠고 있다. 수평적인 조직 운영은 아르헨티나 국민들에게 새로운 모습을 보여주면서 신뢰성을 주었는데 이는 아르헨티나의 신뢰를 잃어버린 기존 정치 시스템에 좋은 본보기가 되었으며, 자발적인 사회운동이 정부의 무능력에 어떻게 접근해야 되는지를 흥미롭게 보여 준 운동이기도 했다. 이처럼 자발적으로 조직화된 환경운동은 아르헨티나 사회나 여타 사회운동에 많은 기대감을 주었다. 그린피스를 포함해서 몇몇 다른 단체들도 여기에 참여를 시도했지만 그리 성공하지 못했다. 주민의회는 이들을 불신했으며 마치 그들이 불신하는 정치인들의 참여 의도로 받아들이기도 했다. 또한 이러한 NGO 단체들은 이슈에 대한 견해에 있어서 중도적인 입장을 취했는데, 예를 들어 산업오염은 반대하지만 공장설립은 찬성하는 입장을 보이기도 했다.

시정부는 초창기부터 주민의회를 지지하는 입장을 보인 반면에 주정부는 상당히 애매모호한 태도를 보였다. 하지만 사회운동에 대한 지지 및 규모에 대한 관심과 함께 교량의 봉쇄에 대한 장기간의 정치적 그리고 경제적 손실에 대한 분석이 진행되면서, 주민의회의 멤버들 사이에서 이 이슈에 대한 관심은 점점 줄어들어 갔다. 예를 들어, 우루과이는 봉쇄로 인한 피해가 5억 달러 이상에 이른다고 평가했는데, 이는 우루과이로 들어오는 아르헨티나 관광객의 감소에 따른 피해 추정액이며, 우루과이 재정수입에 막대한 영향을 미치는 수준이라고 주장하기도 했다.

초창기에 아르헨티나 정부는 이 이슈에 대해 간단한 협상을 통해 해결될 문제라는 입장을 고수하며 그리 크게 관심을 가지지 않았다. 하지만 주민의회의 대규모 조직화, 특히 성공적인 교량 봉쇄 등의 이슈들은 아르헨티나 정부를 아주 불편한 상황에 놓이게 했고, 쉽게 교량 봉쇄 해제를 내세울 수도 없었으며(마치 피켓데로 운동에 대해 철저히 탄압 정책을 펼 수 없었던 것처럼), 철저히 환경에 대한 방어자 역할도 할 수가 없었다. 다시 말하자면 정부는 이슈에 대한 개입에 있어 약한 태도를 보였고, 환경이라는 이슈에 대해서도 관심을 가지고 있지 않았다. 결국 정부 입장에서는 최악의 선택을 해야만 했는데, 이 이슈는 마지막 해결 과정에서 국제사법재판소로 옮겨갔다. 제지공장의 오염통제 문제를 놓고 양국 간의 협의회는 난항을 겪었으며, 양국 간의 사이는 점점 불편한 관계가 되었다. 다행스러운 것은 국제사법재판소의 제소와 함께 시위나 주민의회의 활동이 소강상태를 맞았다는 것이다.

2006년 6월까지 상황은 여전히 긴장 상태에 머물러 있었다. 정부는 여전히 주민의회를 설득하여 교량을 개방했다. 하지만 현재 주민의회는 지속적인 동원과 연대에서 활력을 잃어가고 있고, 이를 극복하기 위한 새로운 대안으로 부에노스아이레스 시위를 계획하고 있다. 아무도 이 문제에 대한 해결책을 내놓지 못하고 있지만 여전히 제지공장의 건설은 계속되고 있고, 실질적으로 아르헨티나와 우루과이의 양국 관계는 가로막혀 있다.

결론

위와 같은 세 가지 사례에서 보듯이, 최근 환경정의에 대한 갈등은 규모나 빈도 면에서 증가하고 있고 점점 복잡해지고 있다. 아르헨티나 사례들을 통해 증명되었듯이, 각각의 경우 사회저항은 점점 집단적으로 조직화되고 있으며 점차 자발적 사회운동으로 발전하고 있다. 저항의 결과로 원하던 것을 얻었는지와는 별개로 아르헨티나에서는 현재 환경정의를 추구하는 새로운 행위자들이 등장하고 있는 듯하다. 말하자면 자발적인 참여를 통한 환경사회운동 세력들이 이미 등장할 것으로 보인다. 주목할 것은, 아르헨티나 사례에서 보듯이 오늘날 환경정의 운동의 주창자들은 "빈곤계층의 환경주의"는 아니라는 사실이다(Martinez Alier 1992). 비록 빈곤계층을 통한 환경정의 운동 상황이 미래에 발생할 수 있지만, 현재 시점에서 아르헨티나는 도시 중산층이 핵심적인 역할을 담당하고 있다.

다른 한편으로 이러한 운동의 발생 기원은 두 가지 중요한 측면에서 고찰된다. 지방 정체성과 자연에 대한 가치, 예를 들어, 자연경관 보존과 관광자원으로서 가치를 보존한다는 하나의 측면과 레프(Leff 2000, p. 51)가 언급했듯이 "생태계 과정과 인간 가치를 측정하여 시장의 표준으로 환원할 수 없다"는 측면에서 발생하고 있다. 제지공장 건설에 대한 반대운동 사례는 이러한 측면들을 잘 반영하고 있다. 협상을 통한 문제 해결이 불가능한 극한 상황에서 이러한 운동이 발생했고, 폭넓은 비전이 없는 상태에서 그리고 장기적인 관점에서 이들 운동은 상당히 부정적으로 인식되었다. 하지만 아르헨티나와 같이 환경에 대한 대중적 인식이 거의 부재한 국가에서 이러한 운동의 발생은 환경정의에 대한 인식을 확대시키고 환경에 대한 대중적 인식을 바꾸는 중요한 구심점이 되었다.

또 다른 놀랄만한 사실은 이 이슈에 대한 정치정당들의 개입이 없었다는 점이다. 아르헨티나 정치정당들은 부분적으로 혹은 자발적으로 일어난 사회운동에 대해 경험적으로 어떻게 대처해야 하는 지를 전혀 인식하지 못했다. 역으로 이러한 무경험은 아르헨티나 정치정당들의 새로운 이슈 발굴 부재라는 한계성을 보여주기도 했다. 확실히 이러한 주장은 아르헨티나 경제위기 상황에서 흔한 모토가 된 "정치인은 모두 나가라"라는 주장과 일맥상통하고 있다.

이러한 아르헨티나에서의 자발적인 사회운동들은 오늘날 수평적으로, 요란하게 그리고 정치적으로 접근하기 어려운 조직들로 매일매일 아르헨티나 사회에서 성장하고 있다. 기존의 사회운동에서 방법을 배우고 정부를 압박하는 전략과 시위를 통해 점점 강해지고 있다. 확실히 그 효과들도 점점 커지고 있다. 이러한 행동들이 실질적으로 환경정치의 지형을 바꾸고 있으며 미래 사회를 위한 변화의 목소리를 선도하고 있다.

참고문헌

Acselrad, Henry. 2005. Cuatro tesis sobre políticas ambientales ante las coacciones de la globalización. www.nuso.org.

Belli, Elena, Ricardo Slavutsky, and Cristina Argañaraz. 2001. De cada mojón, una apacheta. In *Estudios Sociales del NOA*. Instituto Interdisciplinario de Tilcara.

Bertonatti, Claudio, and Jorge Corcuera. 2002. *Situación ambiental de la Argentina 2000*. Fundación Vida Silvestre Argentina.

Brancote Holdings. 2001. Esquel Gold Project. Pre-feasibility Study.

Briones, Claudia. 2005. Formaciones de alteridad: contextos globales, procesos nacionales y provinciales. In *Cartografías Argentinas, políticas indigenistas y formaciones provinciales de alteridad*, ed. C. Briones. Editorial Antropofagia.

Bryant, Robert, and Simon Bailey. 1997. *Third World Political Ecology*. Routledge.

Christen, Catherine et al. 1998. Latin American Environmentalism: Comparative views. *Studies in Comparative International Development* 33, no. 2: 58-86.

Di Pace, Maria, ed. 1992. *Las utopías del medio ambiente. Desarrollo sustentable en la Argentina*. Centro Editor de America Latina.

Di Pace, Maria, et al. 1992. *Medio ambiente urbano en la Argentina*. Centro Editor de America Latina.

Giarracca, Norma. 2006, Territorios en disputa: Los bienes naturales en el centro de la escena. *Realidad económica* 217: 41-56.

Leff, Enrique. 2000. *Saber ambiental. Sustentabilidad, racionalidad, complejidad, poder*. Siglo XXI.

Martínez Alier, Joan. 1992. *De la economía ecológica al ecologismo popular*. Icaria.

Montenegro, Ricardo. 2003. Estudio sobre el impacto ambiental y sanitario de minas de oro. El caso Cordón Esquel. www.greenpeace.org.

Morello, Jorge et al. 2002. *El ajuste estructural Argentino y los cuatro jinetes del apocalípsis ambiental.* Centro Editor de America Latina.

Price, Marie. 1994. Ecopolitics and environmental nongovernmental organizations in Latin America. *Geographical Review* 84, no. 1: 42-58,

Roberts, J. Timmons. 2000. Global restructuring and the environment in Latin America. In *Latin America in the World Economy*, ed. R. Korzenewicz and W. Smith. Praeger.

Sonnenfeld, David. 2002. Social movements and ecological modernization: The transformation of pulp and paper manufacturing. *Development and Change* 33: 2-27.

Walker, Gordon, and Harriet Bulkeley. 2006. Geographies of environmental justice. *Geoforum* 37, no. 5: 655-659.

Williams, Glen, and Emma Nawdsley. 2006. Postcolonial environmental justice: Government and governance in India. *Geoforum* 37, no. 5: 660-670.

제5장

폐기물 처리와 정치: 멕시코 오아하카(Oaxaca)의 사례

Sarah A. Moore

미국과 같은 북반구 국가에서는 "폐기물 위기"(garbage crisis)(Melosi 1993; Miller 2000; Melosi 2000; Rathje and Murphy 2001)에 많은 관심이 쏟아진 반면, 남반구에서는 "폐기물 관련 정치"(politics of garbage)에 관한 관심이 상대적으로 적었다. 북반구 국가들이 수십 년 동안 야기될 문제들로 인한 여파와 고비용이 소모되지만 환경적이라 추측되는 도시고형폐기물 기술을 다루는 동안, 멕시코는 "현대화"(modernize)를 목적으로 이러한 방법들을 수입해왔다(Aguilar 2001). 이러한 추세는 쓰레기 폐기 장비, 서비스와 관련된 몇 백만 달러의 거대한 시장을 낳았다. 표 5.1에서 볼 수 있듯이 쓰레기 폐기 장비와 서비스는 글로벌 환경 시장에서 큰 부분을 차지하고 있다. 범세계적 기술 무역이 팽창하는 가운데 쓰레기 폐기 문제는 지속되고 있는 것이다(OECD 2004).

이러한 문제가 지속되고 있는 부분적 이유는 남반구 국가들이 기술의 수입을 통한 쓰레기 폐기 문제를 해결하고 있음에도 불구하고, 그들이 처리해야 할 쓰레기의 양과 질이 급격하게 변화하고 있는 상황에 놓여있기 때문이다. 이 지역들이 소비 위주의 발전 프로젝트를 추구함에 따라 1인당 쓰레기 발생량은 증가하고 있다. 멕시코의 경우를 예로 들면, 위의 추세는 40년 전 보다 1인당 쓰레기 발생량이 두 배가량 많아졌다는 것을 의미한다(SEMARNAT 2003). 이와 동시에 유기농 쓰레기에서 비유기농 쓰레기로의 변화 비율 또한 감소해 왔다(SEMARNAT 2003). 이것은 폐기물 쓰레기에서 자연 분해되어 폐기시스템에 의존하지 않는 물질의 비율이 감소되었음을 의미한다.

〈표 5.1〉 글로벌 환경 시장(단위: $US 십억)

	미국/캐나다	서유럽	호주/뉴질랜드	아프리카/라틴아메리카	동유럽	전 세계 1996	전 세계 1998
장비							
합계	47.7	29	20.5	10.1	1.7	108.9	114.1
쓰레기폐기	11.5	9.1	9	2	0.4	32	32.6
서비스							
합계	93	69.6	49.5	14	2.6	228.6	246.9
고체폐기물	34.9	29.5	31	5.8	1.1	102.3	105.4
위험물	6.3	5.2	4	0.9	0.3	16.7	16.4

출처: OECD 2004

변화하는 자연과 늘어나는 남반구의 폐기물 발생량은 '폐기물 처리'라는 단순한 과제 그 이상의 도전을 안겨준다. 폐기물 처리를 담당하는 지방자치단체들은 도시의 청결을 유지하지 않았을 경우 정부의 정당성 위기에 봉착하게 된다. 하지만 동시에 그들은 세계 모든 국가들이 고민하듯이 폐기물 처분에 관한 문제를 해결해야 한다. 남반구에서 흔히 이루어지는 야외 투척 방식은 자연환경에 부정적인 영향을 끼치고 건강문제를 야기하며, 그 폐기지역이 편중되어 있다. 오물의 편중된 폐기는 종종 주정부와 지역 주민들 간의 투쟁으로 이어지게 되는데, 이것이 바로 라틴아메리카 환경정의 논의의 시초이다.

하지만 이러한 난관을 차치하더라도 많은 쓰레기 관련 문제들은 수집과 처리 기술에 의해서만 해결될 수 있는 것이 아니다. 그것은 쓰레기와 그 관리가 사회적, 경제적, 정치적 문제이기도 하다는 것을 뜻한다(Hawkins and Muecke 2003; Stallybrass and White 1986; Strasser 1999). 이 장에서 저자는 기예르모 곤살레스 구아르다도(Guillermo González Guardado) '콜로니아'(colonia, 이웃 주민들)가 동네의 발전 목표를 달성하기 위하여 쓰레기 매립지와의 근접성을 어떻게 활용했는지, 그리고 이를 통해 멕시코 오아하카(Oaxaca) 지역의 쓰레기 처리 방식과 정책이 어떻게 이루어졌는지에 대해 알아본다. 이 지역 주민들은 도심의 쓰레기가 동네 매립지로 도달하는 것을 막아 쓰레기 위기를 일으켰다(그림 5.1). 그리고 이에 따라 도시의 쓰레기는 도심에 쌓이게 되었다. 이에 대하여 도시는 동네 주민들과 협상을 하게 되었고, 이들이 발생시킨 쓰레기 위기는 하나의 영향력 있는 시위 효과를 낳았다. 저자는 이 전술의 효과가 현대화의 맥락에 그 뿌리를 두고 있다고 본다. 말하자면, 쓰레기의 처리가 완벽하게 되지 않는 도시 공간에서는 청결함과 현대성이 동일시된다는 것이다.

본 장은 세 개의 부분으로 나뉜다. 첫째는 오아하카의 청결함과 현대성 그리고 현대 폐기물처리 관행의 역사적 관계를 다룬다. 두 번째로는 도시의 쓰레기 처리 방식과 청결성에 대한 대중들의 인식에 대해 이야기한다. 마지막으로 쓰레기 위기를 만드는 콜로니아 주민들의 전략과 그것이 지니는 환경정의적 함의로 마무리한다.

〈그림 5.1〉 쓰레기 위기 당시 거리에 버려진 쓰레기들

청결한 도시는 아름다운 도시다: 도시발전과 쓰레기

> 위생의 실질적인 목적은 폐기물을 효율적으로 처리하는 것이며 이는 근대주의자들의 약속이기도 했다. 여기서는 도시 공간을 정화시켜주고 시민들을 물리적, 도덕적으로 쓰레기에서 벗어날 수 있게 해주는 기술이 있었다. 그것은 단순히 쓰레기를 시야에서 없애는 것이었다. 눈에서 멀어지면 마음에서도 멀어지기 때문이다.
>
> \- 호킨스(Hawkins) 2003, p. 40

> 지역단체장은 청결한 도시를 만들기 위한 강력한 의지를 표명했고 여느 자치단체도 제공하지 않았던 24시간 서비스를 제공했다. 오아하카의 지방자치단체는 이 지역의 청결함을 유지하고 강화하는데 노력하고 있으며 이로 인해 이 지역은 국가 전체에서 가장 청결한 곳으로 꼽힌다.
>
> \- 토레스(Torres) 1988, p. 14

『청결한 도시』(The Sanitary City)에서 마르틴 멜로시(Martin Melosi)는 오래전부터 청결함, 아름다움, 그리고 질서가 긴밀한 관계를 지니고 있었다고 말한다. 또 도시의 인프라개발은 위의 세 가지 요소들을 달성하려는 노력에 의해 이루어졌다고 한다(Melosi 2000). 이와 비슷하게 『똥의 역사』(History of Shit)에서 도미닉 라포르테(Dominique Laporte)는 그러한 개념의 존재는 로마 시대의 하수구 시설에서도 찾아 볼 수 있다고 말한다. 또한 로마의 하수구 시설은 기술적인 성취였을 뿐만 아니라 로마 문명의 정점이었다고 밝힌다(Laporte 2000). 라포르테는 인간의 배설물에 초점을 맞춰 설명하였지만 같은 개념이 쓰레기에도 적용될 수 있다. 위의 두 책이 북반구에 초점을 두었다면 (멜로시는 미국에, 라포르테는 프랑스에) 베아트리스

곤잘레스 스테판(Beatriz González Stephan 2003)은 라틴아메리카에 대해 다음과 같은 설득력 있는 주장을 펼친다.

> 현대시대는 개인, 언어 및 지역에 대한 위생화(hygienization) 정책과 밀접하게 연결되어 있었다. 이는 순수하고 비오염적인 카테고리를 도입하는 것을 말한다. 거리, 언어, 신체와 행동의 청결함은 현대사회의 진보와 물질화의 만병통치약이었다. 신체만이 소독되어야 하는 것이 아니었다. 현대도시 계획에 따라 라틴 아메리카의 도시들의 건물들은 신중하게 재배치되었고 중심 도시의 폐기물과 사회생활의 "저속한"(vulgar) 소동이 제거되면서 도시가 재설계되었다.

이러한 정신으로, 멕시코 남부 오아하카주의 주도이자 현재 50만 명이 거주하고 있는 오아하카시는 1985년에 "Una Ciudad Limpia es una Ciudad Bonita"("청결한 도시는 아름다운 도시다")라는 캠페인을 시작했다. 이 캠페인은 도시의 이미지를 지역적으로뿐만 아니라 전국적으로 유지하기 위해 제정되었다. 지역자치단체장은 "도시의 가장 심각한 문제점은 쓰레기입니다. 하루라도 청소를 하지 않는 것은 전국적으로 완벽한 위치에 있는 도시의 이미지에 먹칠을 하는 것입니다"라고 말했다(Cruz Garcia 1987). 오아하카시 진입로 곳곳에는 "청결한 도시 오아하카로 온 것을 환영합니다"와 "청결한 도시는 아름다운 도시다"라는 표지가 설치되었다. 이 두 표지는 도시가 효과적으로 쓰레기를 은폐(억제 혹은 방출)했기에 가능했다. 이를 위해 오아하카시는 크게 두 가지로 구성된 쓰레기 수집 방법을 더 효율적으로 만들려고 노력했다. 그러나 이 또한 균형적 혹은 선형적인 형태로 이루어진 것은 아니었다. 이러한 수집 방법의 하나는 '바렌데로스'(barrenderos: 자연재료로 만든 빗자루로 거리와 공원의 쓰레기를 쓰는 사람들 — 그림 5.2 참조)고 다른 하나는 쓰레기트럭이다. 관광객들이 많은 도심

지역에서는 쓰레기수집과 바렌데로스들의 활동 빈도가 높다. 하지만 이러한 편중된 쓰레기 수집은 도시의 유일한 문제점으로 부상했다.

〈그림 5.2〉 전통 바렌데로(barrendero)

쓰레기 폐기 또한 다른 남반구 나라들의 중소 도시에서처럼 오아하카에서 해결해야 할 문제이다. 일부 위생 매립지와 가공 공장들이 멕시코에 존재하지만 대개 고체 폐기물(의학, 독성, 유해물질)은 노천 매립장에 버려진다. 멕시코보다 총 쓰레기 발생량이 많은 미국과 비교해 보았을 때, 매립지가 더 적음에도 불구하고(멕시코 76개 *vs* 미국 2216개) 버려지는 쓰레기의 비율이 더 높게 나타난다(멕시코 99퍼센트 *vs* 미국 57퍼센트)(OECD 2004). 이것은 멕시코의 매립지당 쓰레기가 무려 396,840톤(매립지당 54,010톤인 미국에 비해)이라는 것을 의미한다. 멕시코의 많은 도시들과 같이 오아하카는 노천 매립지가 하나밖에 없다. 게다가 매립지 면적의 16헥타르는 이웃 도시(자아아칠라: Zaachila)에 걸쳐있다. 당시의 많은 도시들처럼 오아하카는 도시의 쓰레기를 도시 외곽으로 옮겼다.

그러나 직접적인 폭력, 정치적인 배제 혹은 농산업에 대한 피해로 (Murphy and Stepnick 1991; Stephen 1998) 기존 거주지역을 떠난 사람들의 수치가 더욱 안정된 삶을 향유하기 위해 도시로 떠나왔을 당시보다 월등히 높아지게 되었다(Giron Mendez 1990; Ramirez 1990). 불법 점거 거주지들(콜로니아스 포풀라레스: colonias populares)이 미사용 토지에 등장하기 시작했고, 매립지 주변의 땅도 포함하는 비공식 거주지들이 소액으로 불법적 거래 대상이 되었다(자아아칠라 생태 사무국(Office of the Regent for Ecology of Zaachila)의 펠리몬 디아즈(Felimon Diaz)씨와의 인터뷰, 2003년 10월 16일). 1986년 매립지가 합법화 되었을 무렵, 매립지 주변의 이웃동네인 비센테 게레로(Vicente Guerrero)와 에밀리아노 사파타(Emiliano Zapata)에서는 오아하카시의 쓰레기 매립으로 인해 그들의 주변 환경과 건강 문제가 위협받고 있다는 불평이 만연해 있었다. 또한 이 거주 지역에서는 다른 비공식 불법 거주지에서와 같이 도시의 취약한 서비스에 대해서 항의가 있었다. 심지어 매립지에서 이득을 보는 이들도 매립지를 없애자는 의견을 내세웠다. 한 쓰레기 수집가는 "이 쓰레기 매립지가 우리에게 조금이나마 경제적 도움이 된 것은 사실이지만 환경과 건강의 문제를 고려해보았을 때 다른 곳으로 옮겨져야 한다고 생각합니다"(Bracamontes Ruiz 1991). 이러한 우려가 있음에도 불구하고, 매립지의 크기와 그에 따른 피해는 계속 커져가고 있다. 현재 22개의 지자체 — 오아하카 도시와 주변 21개의 구 — 가 이 매립지의 쓰레기를 처리하는 중이다. 아직까지 구체적인 분리수거 방법이 존재하지 않고 있으며, 매립지가 야기하는 환경오염을 완화시키기 위한 미세한 노력만이 이루어졌다.

도시와 국가 관계자들이 폐기의 문제에 대해 적절한 언급을 하지 않은 상태에서 계속 쓰레기 매립지를 넓혀가고 있으며 고체 폐기물의 관리를 현대화 시키고 효율화시키는 다른 방법을 강구 중이다. 2004년 1월에 설치된 '고체 폐기물의 관리 및 사용의 통합 시스템'(Integrated System of the Management and Use of Solid Wastes:

SIMARS)은 정부의 노력을 보여주는 한 예이다. SIMARS는 푸에블라(Puebla)주에 본사를 둔 컨설팅 회사가 오아하카 도시를 위해 제안한 프로그램이다. 고체 폐기물 관리에 대중들이 큰 불만을 가지고 있다는 것을 잘 숙지한 이 회사는 노선 개편, 쓰레기 수집의 빈도수 증대, 쓰레기장 및 기타 전송 장치의 사용, 기계식 바렌데로스의 이용(그림 5.3), 특히 지역사회 수준에서 재활용과 관련 프로그램 구현을 제안하였다. 대체로 이러한 권고 사항은 이전 도시 관계자들에 의해서는 실시되지 않았던 것들이다. 관계자들은 또 "기예르모 곤살레스 구아르다도와 주변동네의 주민들의 동의에 의해 행해지는 시 매립지의 체계적인 폐쇄가 진정한 대안입니다. 실제로 많은 단체들로부터 동의를 얻은 것도 사실입니다"(City of Oaxaca 2003)라고 이야기 했다. 하지만 도시는 아직까지 이 "진정한 대안"(real alternative)을 실행으로 옮기지 않고 있다. 다음 장에서는 쓰레기 처리와 도시의 청결함에 대한 도시민들의 의견을 알아보도록 한다. 일부 도시민들은 도시가 깨끗하다고 보지만, 대부분은 아직도 도시의 환경 상태를 헤치는 가장 큰 문제가 쓰레기라고 말한다.

〈그림 5.3〉 기계식 바렌데로(barrendero)

오아하카시의 쓰레기 처리와 청결함에 대한 대중들의 인식

2004년 오아하카 시내 세 곳에서 진행된 설문조사를 통해 응답자들에게 오아하카시의 현재 쓰레기 문제와 고체 폐기물 처리에 관한 질문을 하였다. 다음 표는 시민들이 질문에 대해 어떻게 응답하였는지를 보여 준다. 표 5.2에서 볼 수 있듯이 모든 응답자들은 장소와 상관없이 쓰레기가 도시의 가장 큰 문제로 대답하였다. 이 질문은 쓰레기 관련 문제가 응답에 과도한 영향을 줄 것을 우려하여 첫 번째로 배치되었다.

응답자들의 40퍼센트는 쓰레기가 오아하카시의 유일한 환경문제라고 대답했다. 추가로 24퍼센트의 응답자들은 쓰레기를 도시의 환경문제 두 가지 중 하나로 꼽았다(WS+G; S+G). 13퍼센트는 쓰레기가 도시의 환경문제 세 가지 중 하나라고 대답하였다. 두 번째로 가장 높은 응답은 물 부족이었으며 11퍼센트의 응답자들이 도시의 가장 큰 문제점으로 물 부족을 꼽았다. 하수구가 6퍼센트로 세 번째에 올랐다. 쓰레기 문제가 지속되는 이유는 쓰레기를 도시로부터 완벽하게 제거할 수 있는 능력이 부족하기 때문이다. 하지만 도심에서는 쓰레기 발생량과 기대되는 쓰레기 제거량이 일치하지 않는다. 이 정보를 지역에 따라 나눠 보면(표 5.3), 기예르모 곤살레스 구아르다도를 포함한 자아아칠라 지역 주민들이 다른 지역 주민들에 비해 쓰레기에 대한 우려가 크다는 것을 알 수 있다. 흥미로운 사실은 도심에서 쓰레기 수집이 더 빈번하게 행해짐에도 불구하고 더 많은 도심 주민들이 외곽 주민들보다 쓰레기가 도시 환경 오염에 큰 원인이라고 응답했다.

〈표 5.2〉 오아하카시의 가장 큰 환경 문제는 무엇이라고 생각하십니까?

	대답 수	비율(%)
쓰레기 (G)	145	40.17
G + S	47	13.02
물부족 (WS)	40	11.08
WS + G	37	10.25
모두	36	9.97
하수구 (S)	23	6.37
기타 (O)	21	5.82
기타 결합	9	〈1.00
누락	3	0.83

〈표 5.3〉 오아하카시의 가장 큰 환경 문제는 무엇이라고 생각하십니까?(중복 답변의 가능성 때문에 비율의 합은 100이 아님.)

주요 문제	도심 %	외곽 %	자아아칠라 %
물부족	41.58	25.15	37.11
쓰레기	72.27	66.87	91.75
하수구	20.79	22.09	55.67
기타	5.94	111	1.03

〈표 5.4〉 쓰레기 트럭이 당신의 주거지에 얼마나 자주 옵니까?

	도시전체	도심	외곽	자아아칠라
주당 1회 미만	37.12	27.72	56.44	16.50
주당 1-3회	488	275	40.49	73.20
주당 3회 초과	140	39.60	0.61	9.28
누락	3.60	7.92	2.45	1.03

일부 질문들은 현대 고체 폐기물 관리(MSW)와 이것이 대도시 내 여러 장소, 그리고 인구에 어떤 영향을 주느냐에 관한 것이었다. 표 5.4는 설문조사가 이루어진 콜로니아 지역에서 쓰레기 수집 빈도수에 관한 질문에 대한 답이다. 전체 답변의 38퍼센트는 쓰레기 트럭이 일

주일에 한 번 이하의 꼴로 방문한다고 대답하였다. 약 45퍼센트는 주당 한 번에서 세 번 정도로 대답하였고 14퍼센트는 일주일에 세 번 이상이라고 대답하였다. 마지막 경우는 일주일에 (일요일 포함) 쓰레기 트럭이 네 번 정도 방문하는 도심 중심지에서나 가능할 법한 일이다. 도심 주민들의 40퍼센트는 쓰레기 트럭이 일주일에 세 번 방문한다고 대답한 반면, 도시 주위의 주민들 중에 동일하게 대답한 이들은 1퍼센트에 불과했고 자아아칠라시에는 10퍼센트 이하의 수치가 나왔다. 외부 도시민들의 대부분이 트럭이 일주일에 한 번 이하로 방문한다고 대답한 반면, 자아아칠라 도시민들의 대부분(73퍼센트)은 1~3회 정도 트럭이 방문한다고 대답하였다.

모든 분야에서 응답자들은 자신들의 가정에서 주당 발생되는 쓰레기양의 추정량에 더 일관성을 보였다(표 5.5). 이는 다양한 설문 지역에서 동일하게 나타난다. 질문자의 대부분(64퍼센트)은 자신들의 가정이 주당 3~7킬로그램의 쓰레기를 생산한다고 하였으며, 31퍼센트는 7킬로그램 이상이라고 대답하였다(표 5.5). 설문조사에 따르면 67퍼센트의 사례에서 쓰레기 트럭이 방문할 때 가정에 누군가 있었다고 대답하였다(5.6퍼센트). 이것은 쓰레기 트럭이 집에서 직접 쓰레기를 처분하는 오아하카시에서 정말 중요한 점이다. 지역 규율에 따르면 나중에 쓰레기 수거를 위하여 쓰레기를 길에 방치해 놓는 것은 불법이다. 4퍼센트만이 트럭이 지나갈 때 가정에 아무도 없었다고 대답하였고, 27퍼센트는 가끔 집에 누군가 있었다고 대답하였다. 표 5.7에서도 비슷한 사례를 볼 수 있다. 89퍼센트의 응답자는 길이나 다른 장소 외에 쓰레기 트럭에 직접 쓰레기를 버린다고 대답하였다. 이것 또한 다양한 지역에서 동일하게 나타났다.

〈표 5.5〉 당신의 가정에서 일주일에 생산되는 쓰레기의 양은 얼마입니까?

	퍼센트	도심	도시외곽	자아아칠라
1-2kg	3.05	5.94	2.45	1.03
3-5kg	32.69	48.52	29.45	21.65
5-7kg	31.30	33.66	33.74	274
7-10kg	17.73	5.94	20.25	25.77
〉10kg	196	95	111	26.80
누락	0.28	0.99	0	0

〈표 5.6〉 쓰레기 트럭이 방문할 때 가정에 누가 계십니까?

(%)

	도시전체	도심	도시외곽	자아아칠라
항상	67.31	55.44	65.64	82.47
가끔	26.59	33.66	29.45	143
항상 없다	16	9.99	2.45	1.03
방문하지 않는다	0.55	0.99	0.61	0
누락	1.39	0	1.84	2.06

〈표 5.7〉 당신의 가정은 쓰레기를 어디에 버립니까?

	도시전체	도심	도시외곽	자아아칠라
트럭	89.20	80.20	92.02	93.81
거리	16	10.89	1.84	1.03
기타	6.09	6.93	6.13	12
누락	0.55	1.98	0	1.03

〈표 5.8〉 당신의 이웃들은 주당 쓰레기를 얼마나 발생시킵니까?

	도시전체	도심	도시외곽	자아아칠라
우리 가정보다 많게	35.46	38.61	32.51	37.11
우리 가정보다 적게	12.47	11.88	15.95	7.21
우리 가정과 같게	39.61	46.54	28.83	50.51
누락	12.47	2.97	22.70	5.15

〈표 5.9〉 당신의 가정은 과거에 비해 현재 생산하는 쓰레기의 양이 어떻게 됩니까?

	도시전체	도심	도시외곽	자아아칠라
더 적게	7.20	6.93	9.82	3.09
더 많게	57.06	58.41	52.76	62.89
같게	35.18	365	36.20	302
누락	0.55	0	0	0

설문조사 내 세 개의 질문은 오아하카시의 청결함과 쓰레기에 대한 사람들의 인식에 초점이 맞춰졌다. 표5.8에서 35퍼센트의 주민들은 자신들 보다 이웃들이 더 많은 쓰레기를 생산한다고 인식했다. 13퍼센트만이 주민들의 자신들 보다 쓰레기를 덜 생산하다고 생각했으며, 40퍼센트는 그 양이 같다고 말했다. 세 지역에서 모두 자신들이 이웃들 보다 더 많은 양의 쓰레기를 생산한다고 하지 않았다. 과거와 비교하여 쓰레기 발생량에 관한 질문에는(표 5.9) 응답자의 대부분이(57퍼센트) 과거에 비슷한 양의 쓰레기를 생산한다고 대답했으며, 35퍼센트는 과거보다 더 많은 쓰레기를 생산한다고 대답하였다. 이 경향은 모든 지역에서 비슷했지만 지아칠라시에서는 유일하게 시민들이 과거보다 더 많은 쓰레기를 생산한다고 대답하였다.

〈표 5.10〉 오아하카시는 깨끗한 도시입니까?

	도시전체	도심	도시외곽	자아아칠라
아니요	58.17	32.67	73.00	59.80
네	41.00	636	26.99	40.20
누락	0.83	2.97	0	0

오아하카시는 깨끗한 도시인가에 관한 질문(표 5.10)에 대해서는 대부분(58퍼센트)이 아니라고 대답하였고 41퍼센트는 깨끗한 도시에 속한다고 대답하였다. 이 질문에 관해서는 도심과 도시외곽이 차이가 있다고 할 수 있다. 도심 주민들이 도시 외곽 주민들보다 도시가 깨끗

하다고 대답하는 경향을 보였다. 자아아칠라 주민들은 차이가 덜 뚜렷하게 나타났지만 도시가 깨끗하지 않다는 쪽으로 응답을 하였다. 이 답변들은 어떻게 각 지역에 있는 거주자들이 환경문제로서 쓰레기를 인식하여 순위를 매겼는지 비교해 볼 수 있다. 도시 외곽 주민들을 보면 쓰레기가 환경오염의 가장 큰 문제라고 답변한 이들의 비율(67퍼센트)과 오아하카시가 깨끗한 도시가 아니라고 대답한 이들의 비율(73퍼센트)이 비슷하게 나타난다. 다른 지역에서는 이와 같은 경향이 나타나지 않는다. 자아아칠라 시민들 중에 쓰레기가 환경오염의 가장 큰 문제라고 답변한 이들의 비율(92퍼센트)이 오아하카시가 깨끗하지 않다고 대답한 이들의 비율(60퍼센트)보다 훨씬 크다. 반면에 도심 주민들의 대부분(65퍼센트)이 오아하카시가 깨끗하다고 답변하였지만 대부분(72퍼센트)이 아직도 오아하카시의 가장 큰 환경오염 문제가 쓰레기라고 대답하였다. 확연하게 드러나는 이 모순은 청결한 도시의 이미지를 만들려는 노력과 그에 부합하지 못하는 쓰레기 처리 시스템에 직접적인 연관이 있다. 기예르모 곤살레스 구아르다도 콜로니아 지역에서도 이와 비슷한 쓰레기 문제가 발생한다.

시위를 통해 본 쓰레기 문제

2000년도부터 기예르모 곤살레스 구아르다도 주민들이 쓰레기 매립지로 접근하는 것을 막는 봉쇄가 이루어졌다. 이로 인해 오아하카 지역의 쓰레기 처리가 불가능해졌다. 봉쇄가 된 동안에 시는 시민들에게 신경이 쓰이지만 쓰레기를 가정에 보관해달라고 요구했다.

쓰레기가 도심에, 특히 시장 주변에(그림 5.4) 축적되고 점점 악취가 나기 시작하여 시는 콜로니아 지역과 봉쇄를 해제하는 협상에 들어갔다. 오아하카시에서는 거리를 봉쇄하고 시위를 하는 것이 전적으로 합법적이기 때문에 시가 시위대를 제거할 수단이 없다. 오아하카

시민들은 길거리가 시위대로 인해 봉쇄되는 것에 비교적 익숙하다. 하지만 길거리에 쓰레기가 쌓이는 것은 즉각적인 조치를 필요로 하는 문제이다.

오늘날까지 이러한 시위들은 도시가 쓰레기 매립지를 옮기게 하거나, 시설 충비, 식목 등 콜로니아의 요구를 들어주게 하기 위한 수단이었다(건축가 쿠트베르투(Cutberto)씨와의 인터뷰, 2004년 1월 31일). 이러한 노력의 대가로 콜로니아는 만남의 광장과 농구 코트(2001), 보건소 (2003) 및 일부지역에 전기를 설치 할 수 있었다(2003).

〈그림 5.4〉 쓰레기 위기 동안 주요 시장 앞에 쌓인 쓰레기 더미

쓰레기 위기가 발생하면 오아하카시와 그 주변에서 매일 발생하는 800톤의 쓰레기를 결코 무시할 수 없다. 이때서야 비로소 쓰레기에 대한 '공적비밀'이 공개된다(Hawkins 2003). 도시의 청결 유지 관련법에 따라 쓰레기를 길가에 투척하는 것은 불법으로 되어 있지만 이 법안은 시민들에 의해 종종 무시당한다(Ciudad de Oaxaca, 1993, 제23조 2항). 오아하카시의 생태부서에 따르면 이러한 행동은 도시가 시민의 필요를 다 충족시키지 못하는 것에 대한 시위의 한 형태로 나타난다고 한다(학켈리네 마리나 에스카미야 비야누에바(Jacqueline Marina

Escamilla Villanueva)와의 인터뷰, 2004년 9월 29일).

쓰레기의 흐름을 막아 "공공의 비밀"(public secret)이 공개되면서 콜로니아의 주민들은 개발의 숨겨진 생산물인 쓰레기를 가시화할 수 있게 된다(Hawkins and Muecke 2003). 도심에 사는 사람들이 도심 외로 쓰레기를 버리지 못하게 함으로써 콜로니아 주민들은 쓰레기를 "도시 주민들의 권리"(rights to the city)를 얻는 도구로 쓴다(Mitchell 2001). 이 같은 방법을 통해서 이들은 주민들의 건강에 대해 도시가 공식적인 관심을 표명하며, 이에 상응하는 서비스, 또 그에 대한 책임을 질 것을 요구한다. 이는 외면 당해왔던 콜로니아가 환경정의를 위해 투쟁할 수 있는 가능성을 제시함과 동시에 깨끗함과 더러움, 도심과 외곽 간의 차이를 확연하게 드러낼 수 있는 방법이다.

크레스웰(Cresswell 1996)이 주장한 바와 같이, 정상은 위반과 동일시되는 개념이다. 어느 특정 시간과 장소에서 어떤 법칙을 위반하게 만드는 것은 그 법칙 자체이다. 이는 환경정의에 있어서도 매우 중요하다. "우리가 만약 신체, 사회질서, 초자연적 형태와 공간적 위치를 표현하는 극단의 시스템을 파악할 수 있다면, 우리는 더 이상 담론 내부의 '균형 바로잡기'(redress of balance) 혹은 판단 자질에 대해 논할 필요 없이 그 주요 체계를 밝혀낼 수 있을 것이다"(Cresswell 1996). 따라서 쓰레기와 도시에 관한 논의에 있어, 청결하고 현대적인 환경에 대한 바람은 쓰레기 및 그와 관련된 모든 것들이 경관에서 완전하게 소멸되는 것을 의미한다. 하지만 실질적으로 쓰레기가 도시에서 완전하게 사라질 수 없게 되면서 (사회적) 통일체의 완전성이 점차 위협을 받고 있다. 이러한 이유로 기예르모 곤살레스 구아르다 주민들은 쓰레기 및 그와 관련된 것들을 자신들의 목소리를 내는 정치적 도구(political resource)로 사용할 수 있는 것이다.

참고문헌

Aguilar, Silvia. 2001. La basura, problema social, económico, y de salud. *Las Noticias*, Oaxaca, January 25.

Bracamontes Ruíz, Reynaldo. 1991. Miseria y explotación brutal sufren cientos de pepenadores. Las Noticias, Oaxaca, November 8.

City of Oaxaca. 2003. Report on SIMARS.

Cresswell, Tim. 1996. *In Place/ Out of Place: Geography, Ideology and Transgression*. University of Minnesota Press.

Cruz Garcia, Abraham. 1987. Basura, problema grave en la ciudad. *El Imparcial*, Oaxaca: August 11.

Girón Méndez, Mario. 1990. Difícil inicio de año para amplios sectores desprotegidos. *Las Noticias*, Oaxaca, February 2.

González Stephan, Beatriz. 2003. On citizenship: The grammatology of the body-politic. In *Latin American Philosophy*, ed. E. Mendieta. Indiana University press.

Hawkins, Gay. 2003. Down the drain: Shit and the politics of disturbance. In *Culture and Waste*, ed. G. Hawkins and S. Muecke. Rowman and Littlefield.

Hawkins, Gay, and Stephen Muecke. 2003. Introduction: Cultural economies of waste. In *Culture and Waste*, ed. G. Hawkins and S. Muecke. Rowman and Littlefield.

Laporte, Dominique. 2000. *History of Shit*. MIT Press.

Melosi, Martin V. 1993. Down in the dumps: Is there a garbage crisis in America? In *Urban Public Policy*, ed. M. Melosi. Pennsylvania State University Press.

Melosi, Martin V. 2000. *The Sanitary City: Urban Infrastructure*. Johns Hopkins University Press.

Miller, Benjamin. 2000. *Fat of the Land: Garbage in New York*. Four Walls Eight Windows.

Mitchell, Don. 2003. *The Right to the City*. Guilford

Murphy, Arthur, and Alex Stepnick. 1991. *Social Inequality in Oaxaca: A History of Resistance and Change*. Temple University Press.

OECD (Organization for Economic Cooperation and Development). 2004. *Addressing the Economics of Waste*.

Ramirez, Luis. 1990. Irresponsibilidad oficial en el case de asentamientos humanos. *Las Noticias*, Oaxaca, March 9.

Rathje, William, and Cullen Murphy. 2001. *Rubbish: The Archaeology of Garbage*. University of Arizona Press.

SEMARNAT (Secretaria de Medio Ambiente y Recursos Naturales, Mexico City). 2003. Cruzada Nacinal por un México Limpio.

Stallybrass, Peter, and Allon White. 1986. *The Politics and Poetics of Transgression*. Methuen.

Stam, Robert. 1999. Palimpsestic aesthetics: A meditation on hybridity and garbage. In *Performing Hybridity*, ed. J. May and J. Fink. University of Minnesota Press.

Stephen, Lynn. 1998. Between NAFTA and Zapata: Responses to restructuring the commons in Chiapas and Oaxaca. In *Privatizing Nature*, ed. M. Goldman. Rutgers University Press.

Strasser, Susan. 1999. *Waste and Want: A Social History of Trash*. Metropolitan Books.

Torres, Humberto. 1988. La ciudad que fue limpia en peligro de ser la más sucia. *El Imparcial*, Oaxaca, February 22.

Valencia, Paulina. 2004. Maestros dejan 120 toneladas de basura. *El Imparcial*, Oaxaca, June 2.

제 6 장

지역사회와 국제사회의 공존: 미국-멕시코 국경에서의 환경정의의 실현

David V. Carruthers

미국-멕시코 국경은 지역사회와 국제사회가 충돌하는 불가사의한 곳이다. 동시에 이곳은 부유하면서 빈곤하기도 하고 도시적이면서도 시골적이기도 하며, 앵글로색슨계 백인(Anglo American)과 라틴아메리카인(Latin American)이 있고 제1세계(선진국)이면서 제3세계(개발도상국)이기도 하다. 우리는 현대 세계 경제가 비용과 편익을 이렇게 뚜렷하게 구분 짓는 곳을 거의 볼 수 없다. 국경지역에 사는 주민들은 국제 개발의 환경적 이슈와 사회적 모순을 심각하게 느끼며 굉장히 예민한 상태이다. "우리는 이런 이슈와 문제들을 매일같이 겪습니다. 우리도 이 국경지역에 살면서 많은 것을 참고 견뎌내야 한다는 것을 알고 있습니다. 가령, 우리 지역주민들이 마킬라도라(maquiladora)[1]에서 일을 하여 만드는 상품들이 우리를 위한 것이 아닌 것을 알지만, 이로부터 발생하는 오염조차도 우리가 마음대로 할 수 없는 게 현실입니다"(García Zendejas 2005). 이처럼 국경지역에서는 말로는 표현할 수 없는 복잡한 문제들을 해결하기 위한 지역사회, 더 나아가 국제사회 규모의 환경정의 실현 운동 등을 포함, 여러 형태의 노력들을 볼 수 있다.

우리는 이 특정지역으로부터 얻는 교훈에 대한 일반화는 피해야 하지만, 이 국경지역이 실제로 국제적 경제 및 문화통합의 형태, 결과 그리고 갈등을 폭로함으로써 남북관계의 효과적인 축소판을 보여주고 있음을 인지해야 한다. 즉 국경지역은 환경과 사회정의 실현 문제에 관한 초국가적 행동주의 패러다임의 한 예라는 것이다(Brooks and Fox 2002; Hogenboom, Cohen, and Antal 2003). 이렇게 집중적으로 국제 갈등이 일어나는 이곳은 국제사회가 중남미에서 일어나는 환경정의 실현 운동을 관찰하는데 많은 역할을 한다.

본 장에서는, 지역사회의 저항과 국경을 뛰어넘는 협력을 통해 환경정의의 이국(二國)적 개념을 유례없이 보여준 멕시코 북부 지역의 다양한 사건들을 분석해 볼 것이다. 첫 번째 부분은 수출조립공장에서 발생하는 심각한 산업 폐기물을 대처하기 위한 지역사회의 활동을 살펴보겠다. 두 번째 부분에서는 국경지역 에너지를 염두에 둔 정치적 문제를 살펴 볼 것인데, 특히 미국의 수요를 충족시키기 위해 전력과 액화 천연가스의 수출발판이 되고 있는 바하 캘리포니아(Baja California) 지역을 주로 다룰 것이다.

산업 유해폐기물

지금까지 많은 학술지와 관련 기사에서는 멕시코 북부 지역 대부분을 차지하고 있는 공업 단지와 공장들에서 발생하는 화학폐기물에 대처하기 위한 환경정의 실현 운동의 다양한 성공 사례와 실패 사례들을 다루어 왔다. 북미자유무역협정(North American Free Trade Agreement: NAFTA)의 지역사회와 노동자들을 보호하기 위한 "추가 협약"(side agreement)에 관한 논쟁은 몇몇의 지역사례를 국제적 문제로 부각시켰다. 학자들, 정책 입안자들, 그리고 기자들은 국경지역 중 특히 위험한 화학 성분이 검출되고 있는 메히칼리 강(Mexicali's New River)과 납 용광로, 배터리 폐기 공장들이 있는 지역의 신생아에게 빈번하게 발생하는 신경관 생성 결함(척추뼈 갈림증과 무뇌증)에 주목하였다. 이런 현상은 스테판 화학(Stepan Chemical), 알코 파시피코(Alco Pacífico), 화학폐기물 매니지먼트(Chemical Waste Management), 현대(Hyundai)와 같은 다국적 기업의 평판을 깎아 내렸다.[2]

이런 불명예스러운 배경과 함께 북미자유무역협정(NAFTA)이 지역사회의 환경을 보존하는데 실패한 근본적인 이유는 필자가 설명하고자 하는 메탈레스 이 데리바도스(Metales y Derivados, 이하 Metales)라고 볼 수 있다. Metales는 티후아나(Tijuana)의 오타이 메사(Otay Mesa) 공업단지에 부근 총 10,000명 정도의 인구가 거주하고 있는 칠판싱고 콜로니아(Colonia Chilpancingo) 마을에서 140미터 위쪽에 위치하고 있다. 샌디에이고(San Diego)에 위치한 뉴프런티어 무역회사(New Frontier Trading Corporation)가 소유한 Metales 공장은 1972년부터 자동차 배터리 및 기타 용도로 쓰이는 납과 구리를 제련하기 시작했다.

칠판싱고(Chilpancingo) 지역주민들은 20년이 넘도록 지역 및 국가 공무원에게 건강과 환경문제와 관련된 이의를 제기해 왔다. 한 멕시코 학계의 1990년도 연구에 따르면 이 지역의 수질오염이 심각한데, 납의 농도가 미국의 기준치의 3000배에 달하고 카드뮴은 기준치의 1,000배에 달한다고 보고되었다(Sullivan 2003). 1987년도와 1989년도에 멕시코 정부는 대대적인 수질관리와 함께 벌금을 부과하는 제도를 도입하였으나, 공장주들은 반응을 보이지 않았고 이에 대한 정부의 추후 조치 또한 이루어지지 않았다(Fritsch 2002). 공장 시설은 연방정부 환경 보호 사무소(PROFEPA)가 멕시코 환경 보호법을 위반한 행위로 공장을 폐쇄 시킨 1994년까지 가동되었다.[3] 공장 시설들이 폐쇄된 이후로도 대략 납 잔해 7,000톤을 포함한 24,000톤 정도의 산업 폐기물들이 환경에 그대로 노출된 상태이다. 위태로운 공장시설 벽과 낡은 잔해물을 처리하기 위한 방수포 사이에서 비소, 카드뮴, 안티몬과 같은 산업 폐기물들이 10년 이상 지속적으로 마을의 토양과 강으로 침투되었다.

Metales 사건이 국제사회의 도마 위에 오른 것은 1998년 샌디에이고의 '환경 보건 연합'(Environmental Health Coalition)과 칠판싱고 주민들이 북미자유무역협정의 환경협정 관련 기관인 북미환경협력위원회(North American Commission for Environmental Cooperation: NACEC)와 함께 탄원서를 제출하면서 시작되었다. 그 후 몇 년간 칠판싱고의 주민들과 환경운동가들은 국제회의의 개최, 시위와 농성조직, 서명운동을 펼쳤으며 각지의 환경정의 활동가들을 대상으로 실질적인 캠페인을 진행하였다. 자연스럽게 Metales는 북미자유무역협정의 실패와 앞으로 체결될 자유협정에 관한 논쟁의 중심에 서게 되었다(Fritsch 2002).

2002년 2월에 북미환경협력위원회(NACEC)는 위 사건과 관련된 실질적인 기록과 판결을 발표했다. 이 보고서는 환경오염이 인간의 건강에 심각한 피해를 입힐 수 있다는 주민들의 주장의 타당성을 입증하고 이를 개선할 것을 권고하였다(NACEC 2002a). 북미환경협력위원회의 판결은 주민들의 주장에 정당성을 실어주고 상징적인 의미를 부여하였으나 위원회가 법과 예산 실행을 권한이 없음을 감안할 때 무의미한 승리로 해석된다.

이후 실질적으로 환경을 개선할 수 있는 환경 정화 계획이 마련되지 않자 칠판싱고의 주부와 여성 활동가들은 환경 정화 계획을 추진하기 위해 2002년 4월, '칠판싱고 환경정의 단체'(Colectivo Chilpancingo Pro Justicia Ambiental)라는 새로운 주민단체를 설립하였다. 여권신장을 기반으로 새롭게 등장한 이 단체는 가정과 아이들의 건강을 우려하는 여성들로 구성 되었으며 단체의 설립배경에 대해 아래와 같이 서술했다. "우리는 메탈레스이데리바도스(Metals y Derivados)를 통해 우리의 두 눈으로 부당함을 보았기 때문에 이 자리에 섰습니다. 우리가 직접 이 지역의 환경 정화 작업을 추진할 것 입니다. 우리는 정부와 기업들이 이행하고 있지 않는 정의를 실현할 것입니다."(Lujan 2002) 환경부와 협력하고 있는 이 단체는 지속적으로 연방정부 환경보호 사무소(PROFEPA)에 압박을 가하였다(EHC 2002). 2003년 5월, 환경부와 '칠판싱고 환경정의 단체'는 그들이 직접 세운 환경 정화 계획을 제출함으로써 미국과 멕시코 정부가 조치를 취하도록 요청하였다(Colectivo Chilpancingo 2003). 2004년 2월, 미국 환경보호국과 멕시코 환경부는 환경 정화 계획을 하기 위한 예산마련을 시작하였다(Cantlupe and Wilkie 2004). 2004년 3월에는 환경부, '칠판싱고 환경정의 단체'의 구성원, 그리고 미국, 멕시코, 바하 캘리포니아의 공무원들은 환경정의 실현 계획을 이행하기 위한 실무진 구성 관련 회의를 진행하였다.

2004년 6월 24일, '칠판싱고 환경정의 단체'는 오랫동안 이어진 이 싸움을 승리로 이끄는데 성공하였다. 이들과 멕시코 정부는 향후 5년 안에 종합적인 환경 정화 작업을 이행하기로 협정을 체결하였다. 5백만 달러에서 천만 달러의 비용이 드는 정화 작업의 첫 번째 단계는 멕시코 연방과 바하 캘리포니아 정부가 50만 달러를 제공하고 미국환경보호청(EPA)이 초기비용 8만5천달러를 제공하면서 바로 집행되었다(Cantlupe 2004; Dibble 2004; EHC 2004). 2천5백톤의 납 잔해를 치우고 이를 캘리포니아의 케틀만힐즈(Kettleman Hills)로 수송하는 것이 정화 작업의 첫 번째 단계였다(EHC 2004).[4] 2005년 말, 토양 위의 2천톤에 달하는 산업 폐기물들은 부지에서 제거되었고, '환경 보건 연합'과 '칠판싱고 환경정의 단체'는 수송된 폐기물 목록 보관 작업을 인계받았다.

에너지와 환경정의

국경지역의 단체가 공업단지에서 발생하는 산업폐기물 문제에 수

년간 초점을 맞춰 온 반면 환경보건학과 사회정의적 우려는 최근 양국의 에너지 개발 분야에서 발견된다. 이러한 사례는 국경지역의 북쪽에서부터 시작 되는데 2000-2001년도에 막대한 대가를 지불한 치욕적인 정전 사태와 관련되어 있다. 캘리포니아 주와 바하 캘리포니아 지역의 에너지 개발과 전력 공급은 대부분 상호 의존으로 이루어져 있으며 많은 양의 에너지원을 타 국가에 의존하고 있다. 바하 캘리포니아의 전선망은 멕시코 본토의 주요 전력공급 시스템과 연결되어 있지 않으며 본토의 가스관 또한 반도에 미치지 못한다(CEC 2005a, p. 27). 이러한 이유로 샌디에이고와 바하 캘리포니아 같은 경우, 대부분의 전력을 국가의 시스템에 의존하기보다 수입에 의존한다(SCERP 2003, p. 92).

2001년 이후, 주요 전력 회사들은 또 다시 발생할 수 있는 정전 사태를 대비하고 미래에 지역의 수요를 충족시키기 위한 국가협력 에너지 시스템을 계획했다. 캘리포니아에 새로운 시스템을 구축하는데 있어 주민들의 반발이 심할 것을 예상하고 관련 회사들은 미래의 에너지 수요를 충족시킬 시스템을 완성하는데 가장 이상적인 바하 캘리포니아의 북부지역에 눈을 돌리기 시작했다. 에너지 회사들은 곧 바로 화력발전소, 액화 천연 가스(LNG) 인수기지(引受基地)[18]와 재액화설비[19], 가스관, 그리고 전력 공급 시스템 시설을 건설하기 위한 여러 개의 안건을 제출하였다. 다음 부분에서는 에너지 개발의 두 분야인 전력 발전과 LNG 재액화에 대한 논쟁을 살펴보도록 하겠다.

발전소와 송전선

에너지 회사들은 멕시코 국경에 총 17개의 발전소 건설을 제안했는데, 이 중 바하 캘리포니아의 주도인 메히칼리 근처에 위치한 두 개의

18) LNG 등을 하역, 저장하는 설비 등을 포함하는 부지 경계 내를 일괄하여 말함
19) 증발가스압축기에서 압축된 증발가스를 LNG와 혼합하여 다시 액화시키는 시설

가스터빈 복합화력 발전소를 중점적으로 다루고자 한다. 정전 사건 이후 바로 건설 된 두 발전소는 2003년 중반부터 임페리얼 계곡(Imperial Valley)[20] 변전소를 통해 캘리포니아 남부지역에 전력을 공급해 왔다. 첫 번째 발전소는 '셈프라에너지사의 650-메가와트급 메히칼리 화력발전소'(Sempra Energy's 650-megawatt termoeléctrica de Mexicali(TDM))이다. 또 다른 발전소는 '인터젠서비스사의 1060-메가와트급 라로시타 발전 복합단지'(InterGen Services' 1060-megawatt La Rosita Power Complex)이다.

미국과 멕시코 양 국가의 환경단체들은 사전에 이 지역 대기의 질과 수질에 나쁜 영향을 미칠 수 있는 가능성이 있다고 경고했다. 전력발전소에서 배출하는 배기가스는 북미지역 산업 배기가스양의 절반을 차지할 정도로 대기오염의 가장 큰 이유로 꼽히고 있다(NACEC 2002b). 국경지대인 메히칼리 계곡-솔턴호(Mexicali Valley-Salton Sea) 지역은 근처 발전소에서 오존층과 부유입자상물질, 일산화탄소 배출량 기준치를 일상적으로 위반하는 덕분에 폐질환이 빈번히 발생하는 등 대기오염이 벌써 심각한 상태이다(Powers 2005a; CEC 2005b, pp. 7-14). 덥고 건조한 지역에서 발전소의 냉각장치는 강의 수위를 감소시키고 염분을 증가시키며 대기와 지하수를 오염시킨다. 또한 설턴호(Salton Sea)와 뉴강(New River)에 좋지 않은 영향을 미치는데, 이미 미 대륙 전체에서 가장 오염된 강으로 꼽히고 있는 실정이다(CEC 2005b, pp. 32-35). 임페리얼 자치주(Imperial county)의 공무원들과 주민들이 멕시코에서부터 비롯될 배기가스 때문에 발전소 건설을 반대하였듯이 많은 메히칼리 주민들 또한 반대하였다(Lindquist 2005a). 하지만 멕시코정부와 바하 캘리포니아주 정부 관계자들은 경제의 성장과 일자리 창출이라는 명목을 앞세워 발전소 건설을 추진하였다. 물론 건설 추진 당시 지역 주민들의 반발이 있었으나 단체로 발

20) 미국 캘리포니아 주 남동부의 농경지대

전된 조직적인 모습을 보이진 못했다. 물론 많은 멕시코 사람들이 "이용당했다"(used)는 생각에 분통해 하였지만, 그들은 "발전소 건설을 막을 수 있다고 생각하진 않았다"(Powers 2005b).

에너지 회사들이 이 지역에 발전소를 건설할 계획 제출에 대응하여 양국의 에너지 컨설턴트와 환경운동주의자들은 협력을 통해 책임감 있는 공동체를 형성하기 시작했다. 2001년 5월, '미국 공기 공학 그룹'(US air quality engineering group), '멕시코 예우아니 그룹'(Mexico's Grupo Yeuani, 환경법학단체), '멕시코 국경 환경교육 프로젝트'(Mexico's Proyecto Fronterizo de Educación Ambiental, 아래 부록 참조), '국경 생태 개선 프로젝트'(Border Ecology Project)와 이외 몇 개의 단체들이 협력해서 미국-멕시코 국경지대에 환경친화적 에너지를 도모하기 위한 네트워크인 '국경지역 발전소 그룹'(Border Power Plant Working Group)을 설립했다.

멕시코 정부가 너무나 쉽게 발전소 건설을 승인하자 '국경지역 발전소 그룹'은 멕시코의 반발세력이 소용없다고 결론지었다(Powers 2005b). 하지만 미국으로 전력을 공급하기 위한 송전선의 설치는 하나의 기회로 다가왔다. 2001년 초, 에너지 회사들은 미국토지관리국(US Bureau of Land Management)에게 미국토지관리국 관할 지역부터 캘리포니아 남부지역에 전력을 공급하기 위한 임페리얼 계곡 변전소(Imperial Valley substation)까지 두 개의 230-KV 평행 송전선을 설치하기 위한 승인을 요청했다. 미국에너지국(US Department of Energy)과 토지관리국은 송전선과 발전소의 건설이 미칠 수 있는 영향에 대한 간단하게 축소시킨 환경영향평가를 준비하였다. 새로운 발전소 건설을 조금이라도 더 신속하게 처리하고자 미국에너지국은 2001년 12월, '심각한 영향을 미칠 우려가 발견되지 않음'이라는 평가를 내렸고, 에너지국 장관은 건설을 허가하였다(CEC 2005b, pp. 87-88).

2002년 3월, '국경지역 발전소 그룹'은 '지구정의단체'(Earth Justice)

와 '야생보호단체'(Wild Earth Advocate)와 협력하여 지방법원을 통해서 환경영향평가와 그 결과 그리고 이에 대한 허가가 임페리얼 계곡과 설톤호의 피해를 참고하지 않으며, 미국 환경법을 위반한다는 명목으로 미국에너지국과 토지관리국을 고소하였다(Lindquist 2003; CEC 2005b, pp. 87-88). 2003년 5월 2일, 지방 법원은 이에 동의, 미국에너지국이 철저한 평가를 내리지 않았으므로 법을 위반하였다고 판결을 내렸다. 하지만 몇 개월 후, 판결을 내렸던 재판관이 철저한 조사를 마치면 발전소와 송전선 건설을 허가해도 된다고 판결을 다시 내리게 되면서 '국경지역 발전소 그룹'의 승소는 금방 빛을 바랬다. 결국 회사들은 송전선 설치를 완성시키고 2003년 6월부터 전력을 공급하기 시작했다. 또한 미국에너지국과 토지관리국은 2006년 11월이 되어서야 겨우 조사를 마치고 법원의 승인을 받았다(Lindquist 2006).

이 이야기는 미국과 멕시코의 기술적 차이로 인한 또 다른 관점에서 바라 볼 수 있다. 발전소가 아직 계획 단계에 머무르던 당시, '국경지역 발전소 그룹'은 두 가지의 중요 사실을 밝혀냈다. 멕시코가 공랭식 발전소 건설에 있어서 세계에서 가장 뛰어난 기술을 갖고 있음에도 불구하고 정부 관계자는 환경에 심각한 피해를 입히는 수랭식 발전소 건설을 허가 하였다(2005a). 두 번째 사실은 캘리포니아 주의 기준에 따르는 산화질소 세정장치 설치와 관련 되어 있다. 셈프라에너지(Sempra Energy)는 선택적 환원촉매장비(SCRs)를 발전소에 설치하기로 했으나 인터젠서비스(Inter Gen Services)는 이와 같은 조건을 제시하지 않았다.

이와 같은 사실들은 환경단체가 에너지 회사들이 미국의 까다로운 환경 기준치를 피하기 위해 멕시코에 발전소를 짓는다는 사실을 공개적으로 밝히면서부터 환경정의 실현 지지자들에게 새로운 정치적 견해를 제시하였다. 캘리포니아주 출신 다이앤 파인스타인(Dianne Feinstein) 상원의원과 던칸 헌터(Duncan Hunter) 하원 의원은 발전소가 국경 밖에 있더라도 캘리포니아 주의 기준치에 맞지 않으면 전력 공급을 금지 시키는 안건에 동의하는 입장을 표명하고 입법시켰다. 결국 미국 의회의 압박을 받은 인터젠서비스사는 라로시타 공급 터빈 전체에 선택적 환원촉매장치를 설치하겠다고 발표하였다.[5]

놀랍게도 인터젠서비스사는 선택적 환원촉매장치를 규모가 작은 터빈에만 설치하면서 그들이 사전에 한 약속을 시키지 않았다. 2003년 말, 대기에 엄청난 양의 오염물질이 배출되고 나서야 '국경지역 발전소 그룹'에서 인터젠서비스사의 이중적인 모습을 고발했다. '국경지역 발전소 그룹'의 폭로는 발전소 건설을 찬성하는 양국의 지지자들과 정부관계자들, 특히 인터젠서비스사의 노골적인 거짓말을 잡아내지 못한 미국에너지국과 멕시코 정부에게 큰 망신을 주었다. 2004년 1월, 미국에너지국의 압박에 인터젠서비스사는 결국 공급 터빈 가동을 멈추었다(Lindquist 2004a). 다음 해 인터젠서비스사는 멕시코 정부로부터 선택적 환원촉매장치를 설치하기 위한 정부 지원금을 받으려고 했으나 멕시코 정부는 자국에서는 이러한 설치를 법적으로 요구하지 않았으므로 지원금을 줄 수 없다는 반응을 보였다(Lindquist 2005a).

사회정의 실현이나 환경정의 실현 관점에서 위의 문제들을 바라보면 메히칼리 화력발전소는 멕시코의 간단한 승인절차를 악용하였고 반발하는 정치적 세력도 제한되어 있으며 값싼 임금과 토지 그리고 정치적으로나 투자가치적으로도 미국보다 선호할만한 환경을 갖추고 있다는 점에서 마킬라도라와 비슷한 모습을 보여주고 있다. 수출 공장과 마찬가지로 이들은 지역사회와 관계를 맺고 지역사회의 이익을 추구하기 보다는 오로지 외부 고객의 수요를 맞추는데 주력하도록 되어있다. 가장 적절한 예로 셈프라에너지사의 발전소는 전력 전체가 미국으로 공급되도록 되어있을 뿐 바하 캘리포니아 지역 공급 시설과는 연결되어 있지도 않다. 두 개의 인터젠서비스사 발전소 터빈은 그들의 전력 절반 이상(1060MW 중 560MW)을 미국에 공급하고 있다

(CEC 2005b, pp. 46-47). 이런 불공평한 분배와 그로부터 얻은 이득의 결과는 캘리포니아 사람들이 풍부한 에너지 공급을 받는 동안 멕시코 사람들은 발전소 때문에 오염된 공기와 물을 마신다는 현실이라는 것이다. 여기서 주목할 점은 전 세계 온실가스 배출량에 있어 멕시코 역시 미국과 어깨를 나란히 할 만큼 탄소 감축 부담을 안고 있다는 것이다(Moreno 2005). "미국이 소모하고 배출하는데도 불구하고 발전소가 멕시코에 있다는 이유만으로 이산화탄소 할당제에 따라 멕시코가 그에 따른 책임을 지고 있다. 즉 미국에서 정책적으로 절대 받아들일 수 없으며 환경에 굉장히 치명적이라고 하는 에너지 발전소를 우리가 들여와 에너지를 만들어서 그들에게 공급하고 있는 것이다."(Greenpeace 2002, p. 1)

액화 천연 가스

에너지 회사들은 바하 캘리포니아 지역 태평양연안을 따라 액화 천연 가스 인수기지, 재액화 설비, 저장탱크, 그리고 가스관을 설치하는 과정에서 또 다시 형평성에 어긋나는 모습을 보여주고 있다. 멕시코는 지속적으로 천연 가스를 공급할 수 있는 기술과 기반 시설을 갖춘 주요 에너지 공급 국가 중 하나이다. 하지만 미국 에너지 회사들은 멕시코 주정부 소유 액화 천연 가스 생산사인 페트롤레오스메히카노스(Petroleos Mexicanos: PEMEX)가 한계가 있다는 점과 바하 캘리포니아의 본토의 전력 공급 시스템이 안정적으로 연결되어 있지 않다는 점, 그리고 미래에 미국의 액화 천연 가스에 대한 수요에서 액화 천연가스의 미래성과 가능성을 보았다. 멕시코 에너지 사업 계획 설계자들은 태평양연안을 따라 호주, 인도네시아, 러시아, 볼리비아와 다른 국가로부터 천연액화 가스를 수입할 수 있는 총 11개의 액화 천연 가스 인수기지가 지어질 것으로 기대했다(Lindquist 2005b).

천연가스는 259화씨에서 냉각되는 순간 본래 가스 형태 때 부피의 1/600의 부피로 압축되어 거의 냄새가 나지 않는 액체로 변한다(CEC 2006a). 이 자원은 발전소의 새 연료로 선호되는 추세이며 미국의 수요 또한 현재 자국 내의 공급량을 곧 초과할 것으로 예상된다. 복잡한 기술을 요하고 수송을 해야 하며 재액화 과정을 거쳐야 함에도 불구하고 액화 천연 가스는 석유 가격의 절반밖에 되지 않으며 온실 가스도 덜 배출한다. 미국에는 현재 인수기지가 네 개 밖에 없지만, 회사들은 많으면 40개까지 늘릴 예정이라고 한다(Romero 2005). 하지만 액화 천연 가스는 다루기가 굉장히 힘들고 불안정하며 잠재적인 위험성을 갖고 있다. 만약 실수로 인해 유출이 되면 이는 곧 가연성 증기로 변하여 물 또는 토지로 수십 킬로미터까지 퍼질 수 있다. 미국은 유출, 사고 또는 테러리스트의 공격이 있을 경우를 대비해 사람들이 사는 도심에서 최소 6마일 이상 멀리 떨어 진 곳에 액화 천연 가스 설비를 건설할 것을 강조하고 발전소 주변에는 완충 지대를 형성 하도록 요구하고 있다. 이와 반면 멕시코는 액화 천연 가스 설비에 대한 어떠한 기준과 제제도 설정하지 않았다(Moreno 2005).

현재 미국 서부 지역에는 액화 천연 가스 시설이 단 한 개도 존재하지 않는다. 에너지 회사들은 오레곤(Oregon)주에 세 개, 워싱턴(Washington)주에 한 개, 북가주(Northern California)에 한 개, 벤투라카운티(Ventura County)에 한 개, 그리고 롱비치(Long Beach)에 한 개를 건설할 장기적인 계획을 세워놓았다(CEC 2006b). 하지만 회사 관계자들은 미국의 해안 지역 주민들이 이런 위험하고 논란이 많은 시설을 건설한다는 것에 조직적으로 반대 운동을 펼치고 정치적인 반대에 부딪혀 결국 회사의 프로젝트를 무산시키거나 건설 계획이 수년간 미뤄질 것을 예상했다. 반면 멕시코 정부는 훨씬 빠른 시일 내에 승인이 나고 주민들의 반발도 심하지 않으며 토지와 건설비가 덜 지출된다는 사실을 경험을 통해 알고 있던 에너지 회사들은 액화 천연

가스 수입을 서두르기 위해 바하 캘리포니아로 곧장 향했다. 캘리포니아 정전사건 이후로 에너지 회사들은 초기에 총 여섯 개의 프로젝트를 제안했으나 두 개는 중단 되었고 또 다른 두 개는 철저한 패배로 무산되었으며 마지막 두 개는 현재 진행 중이다. 다음 설명할 이와 관련된 이야기는 굉장히 유익하므로 자세히 다룰 것이다.

초창기의 프로젝트들은 지역 주민들이 환경 문제와 불공평성에 대한 이해도가 높아짐에 따라 가장 먼저 실패할 수밖에 없었다. 2002년 초, 엘파소에너지(El Paso Corporation)는 코노코필립스정유(Conoco Phillips Petroleum)사와 협력하여 호주로부터 액화 천연 가스를 수입하기 위한 시설을 짓기 위해 국경에서 남쪽으로 25킬로미터 정도 떨어진 로사리토 해변(Rosarito Beach) 근처에 대략 30만평 정도 되는 땅을 사들였다(Niller 2002). 두 회사는 지역주민들의 반발은 전혀 예상하지 않고 당연히 지역의 발전과 일자리 창출 그리고 경제 성장을 환영할 것으로 여겼다(García Zendejas 2005; Powers 2005b). 하지만 로사리토 주민들은 오랫동안 겪어온 가스관과 탱크관 유출 및 공기 오염문제 때문에 에너지 산업을 신뢰하지 않았다. 지역 시민단체와 기획위생위원회(Comité de Planeación y Saneamiento) 그리고 수많은 지역 환경운동 단체들은 수백 명의 학생들, 선생님들, 부모님들 그리고 주민들을 시위에 동원했는데, 이 시위는 지역 언론과 공무원들 그리고 프로젝트를 반대한 시장의 큰 주목을 받았다(Lindquist 2002a; Treat 2002). 프로젝트에 대한 대중과 지방정부의 강력한 반대에 에너지 회사들은 결국 2003년 계획을 포기하였다.

2002년 2월에도 마찬가지로, 휴스턴(Houston)에 위치한 마라톤오일(Marathon Oil)사가 엄청나게 큰 규모의 인수기지 단지를 국경지역에서 남쪽으로 23킬로미터 떨어진 티후아나 해변에 건설할 계획을 발표하였다. 마라톤사는 인도네시아로부터 수입하기 위한 인수기지를 계획했고 단지 내에는 인수기지뿐만 아니라, 미국으로 공급하기 위한 재액화 설비, 저장탱크, 가스관, 400-MW 발전소 그리고 지역주민들의 마음을 사기 위한 폐수처리시설과 탈염공장(脫塩工場)을 포함하고 있었다(Treat 2002).

이번에도 마라톤사의 사업 계획가는 지역주민들이 이미 에너지 회사들의 모순을 알고 있다는 점과 지역사회의 반발을 과소평가했다. 티후아나 해변은 1991년 '티후아나 해변 지역 주부 협회'(Amas de Casa de Playas de Tijuana)가 화학 폐기물 소각로 건설을 중단시켰을 당시부터 심각한 환경오염을 겪고 있었다. 이번에는 주 시민 위원회(Comité Ciudadano Estatal)에서 지역 워크숍, 봉쇄작전, 행진, 시위, 언론, 기자회견, 타 환경보호단체와의 네트워크, 정치 지도자들과의 접촉 등 직접적인 방식으로 마라톤사 프로젝트 반대운동을 확산시켰다(García Zendejas 2005). 환경정의 실현에 대한 주장은 보통 가정과 깊은 관계를 맺고 있다. "왜 에너지 회사들은 국경의 북쪽 지역에다가 시설들을 건설하지 않는 겁니까? 전 제 가족들과 자식들에게 어떤 일이 생길지 너무 걱정됩니다."(Lindquist 2002b) 회사의 대변인이 폐수처리시설과 탈염 공장을 앞세워 자신들의 프로젝트를 합리화시키려 하였을 때 한 주민은 이렇게 답변하였다. "우리는 폐수처리시설과 탈염공장이 가져다주는 이득에는 전혀 관심이 없습니다. 제 생각엔 실제로 그렇게 이득이 많았다면, 국경지역 북쪽에 있는 라호야(La Jolla) 또는 코로나도(Coronado) 주민들이 해당 시설을 자신들의 거주지에 건설하기 위해서 가만히 있지 않았을 겁니다."(Lindquist 2002b)

계속되는 거리 시위에도 불구하고 멕시코 정부는 2003년 5월 연방 에너지 규제 위원회(Energy Regulatory Commission)를 통해 승인함으로써, 액화 천연 가스 인수기지 건설 제안을 받아들였다(Lindquist and Dibble 2004). 하지만 지역주민들의 격렬한 시위는 전 국민의 관심을 받게 되었고 정부관계자들에게 압박을 가하기 시작했다(García Zendejas 2005). 6월 멕시코시티 「프로세소」(Proceso) 잡지에 등장한 논쟁은 반대 운동의 규모를 확대시켰다(Salinas 2003). 2004년 1월 20일, 알제리의 스키크다(Skikda) 항구에서 액화 천연 가스 시설 폭발로 27명이 죽고 70명 이상이 다치는 사고가 발생했다. 이 사고는 액화 천연 가스 산업 관계자들의 안전성 주장을 보기 좋게 비웃고 위험성에 대한 논쟁을 재발시키는 등 티후아나 해변 지역에서의 반발을 더욱 심화시켰다(Lindquist 2004b). 프로젝트에 대한 불만과 반발은 여름 내내 지속되었다(Mier 2004). 시민위원회에서 액화 천연 가스 워크숍이 진행되는 와중에, 위원회 간부는 회사와 정부가 맺은 계약이 멕시코 헌법에 위배되기 때문에 바하 액화 천연 가스(Baja LNG) 프로젝트를 찬성하는 상원의원을 "반역자"(treason)라고 칭하기도 했다. 그는 프로젝트에 대한 모순과 불공평성에 대해 직설적으로 말했다. "현 정부는 사람들이 원하는 것에는 전혀 관심이 없습니다. 미국은 왜 액화 천연 가스 시설을 그들의 땅에 짓지 않을까요? 왜냐하면 미국 사람들이 미국 정부가 그렇게 하는 것을 막기 때문이고 미국 정부는 시민들의 말을 듣기 때문입니다."(Rea Torres and Osuna Murillo 2004)

엘파소에너지(El Paso)와 코노코(Conoco) 사례와 마찬가지로 마라톤사의 제안은 환경 정의 실현 운동주의에 대한 도발을 내재하고 있었다. 계획은 지나치게 야심찼고 너무 상업적이었으며 사람들에게 너무 가까이 건설되려 했고 정치적으로 잘못 관리되었다. 지역 정치 세력에게 프로젝트에 대한 지지는 너무나 많은 희생을 요구했고 그에 비해 지지에 대한 대가는 불확실했다. 지속적인 시민들의 반발에 정부관계자들은 결국 프로젝트를 무산시켰다. 2004년 2월, 주정부는 현장 부지에 대한 소유권과 관할권 혼란에 대한 염려를 이유로 현장 부지를 정부 관할로 수용했다. 마라톤사가 부지에 대한 승인을 요청하지 않은 상태이긴 하지만 정부관계자는 지방 자치 계획에 따라 어떤 경우에도 부지에 대한 개발이 제한될 것이라고 설명했다. 2004년 3월 1일 마라톤사는 씁쓸하게 프로젝트의 취소를 발표했다(Lindquist and

Dibble 2004).

이후 다른 에너지 회사들은 위 회사들의 실패를 교훈 삼아 조금 더 기민한 모습을 보여주었다. 남은 세 개의 프로젝트 중 코스타아술에너지(Enegía Costa Azul)사의 프로젝트가 가장 야심차고 건설 기술 측면으로도 가장 뛰어나다. 코스타아술사는 액화 천연 가스 시설 건설 프로젝트 참여 회사 중 유일하게 버티고 있는 회사이며 프로젝트 진행을 실패한 이전 회사와는 다르게 건설 부지가 주민들의 거주지역과 떨어져 있다. 건설 부지는 엔세나다(Ensenada)에서 북쪽으로 15마일 정도 떨어진 곳에 대략 165만평 정도를 차지하고 있다.[6] 코스타아술사는 셈프라에너지사와 쉘정유(Shell Oil)사가 계약을 맺으면서 탄생했다. 쉘정유사 같은 경우에는 원래 근처에 자신들의 고유 프로젝트를 진행할 예정이었으나 계획을 무산시키고 셈프라에너지사와 계약을 맺는 방향으로 계획을 바꿨다. 코스타아술사는 액화 천연 가스 업계에서 선두주자로 꼽히고 있다. 셈프라-쉘파트너쉽은 호주, 인도네시아, 러시아 사할린과 계약을 맺었고 멕시코에 가스를 공급하기로 했으며, 액화 천연 가스 시설 중에 지방정부와 연방정부의 승인을 모두 받은 첫 회사이다(Calbreath 2005; Lindquist 2005c, 2007).[7] 이 시설들은 간척을 통해 해안지대를 새로이 형성시켰고 55미터 높이의 절연처리가 되어 있는 두 개의 저장 타워를 보유하고 있으며 2008년도에 가동을 시작할 예정이다.

셰브런텍사코(Chevron Texaco)사의 바하 캘리포니아 해양 액화 천연 가스 터미널(Terminal GNL Mar Dentro de Baja California)은 육지를 기반으로 한 시설들에 대한 논쟁을 피하기 위해 육지를 벗어나 계획된 첫 프로젝트였다. 2003년 10월에 발표된 이 프로젝트는 티후아나 해변에서 6마일 정도 떨어진 곳에 호주로부터 들여온 액화 천연 가스를 재액화할 수 있는 설비와 저장탱크, 헬리콥터 착륙장과 바하 캘리포니아에 가스를 공급할 수 있는 해저 가스관을 설치한 300미터 깊이의 콘크리트 섬을 설치하는 것이었다. 프로젝트가 발표된 이후, '코로나도 해양 국립 보호구역'(Coronado Islands National Marine Protected Area)을 침범하고 남부지역 섬을 방파제로 삼는 다는 이유로 보수파는 즉시 격렬한 시위를 벌였다. 시위에도 불구하고 환경 및 천연자원 사무국(Secretariat of Environment and Natural Resources)은 2004년 8월 프로젝트를 승인했다.[8] 사무국의 허가에 분노한 7개의 멕시코와 미국 환경보호단체들은 NAFTA의 NACEC에서 프로젝트가 진행될 시 바다와 조류, 특히 멸종위기에 처한 산투스바다쇠오리(Xantus murrelet) 번식에 미칠 나쁜 영향들을 제대로 판단하지 못했다는 이유로 2005년 5월 3일 탄원서를 제출했다(Enciso 2005; Rodriguez 2005a).[9] NACEC 심사위원단은 탄원서를 검토하는데 동의하였다. 하지만 NACEC의 보고서가 완성되기 전에, 셰브런사는 2007년 3월 12일 프로젝트와 이에 대한 모든 승인을 무산시킨다고 발표하여 반대세력에게 승리를 안겨주었다. 회사 관계자는 논쟁이 있음에도 불구하고, "모든 결정은 사업 차원에서 이루어졌다"라고 밝혔고 이는 코스타아술사와의 시장경쟁 때문이었을 것으로 짐작되고 있다(Lindquist 2007).

2005년에는 모스 마리타임(Moss-Maritime)사가 TAMMSA(Terminales y Almacenes Maritioms de Méxicos, S.A.)와 로사리토 해변에서 5마일 정도 떨어진 곳에 해상 정박 창고와 재액화 설비를 설치하기 위해 협력하였다. 이 시설은 비교적 작은 규모이며, 로사리토에 이미 있었던 PEMEX 시설의 해저 가스관과 연결시킬 예정이었다. 이렇게 프로젝트를 진행하면 훨씬 비용이 덜 들고(8억달러 규모의 코스타아술사와 6억5천달러 규모의 셰브런사의 비해, 5천5백만달러의 비용이 들었다), 기술적으로도 간편할 뿐만 아니라 환경에도 훨씬 적은 영향을 끼쳤다(Lindquist 2005e). 2005년 1월, 모스-TAMMSA는 환경 및 천연자원 사무국(SEMARNAT)에 승인을 요청했고 4월에 허가를 받았다(CEC 2006b, p. 23).

위의 세 프로젝트는 각 회사의 사업기획자들이 이전 회사들의 실패로부터 교훈을 얻었다는 사실을 보여준다. 이 교훈은 모든 환경정의운동에서 얻을 수 있는 교훈과 상당히 유사하다. 바로 위험하고 치명적인 산업시설이 거주 지역에 들어설 경우, 반발을 불러일으키게 된다는 것이다. 주민들은 그들의 가정과 직장에 위협이 된다고 인지하는 순간, 언제라도 들고 일어서게 된다. 이리하여 이후의 산업시설들이 주민들의 거주 지역과 멀리 떨어진 해안과 해양에 설치되기 시작하자 환경보호운동가들은 자신들의 주장에 평소와 같이 힘을 실지 못하였다. 이런 문제는 환경정의운동가들이 받는 위협과 비슷한 양상을 띠고 있다. 산업개발자들은 지역주민들의 반발을 '님비현상'(NIMBY: not in my back yard)으로 간주하는 반면, 환경정의운동가들은 '니아비'(NIABY: not in anyone's back yard)라는 개념을 내세워 환경위험요소를 반대할 수 있는 정당성을 주장한다. 이런 경우 바하 지역의 에너지 프로젝트를 반대한 세력들은 회사가 주장하는 에너지에 대한 높은 수요에 저항한 것이다. 환경보호운동 지도자들은 산업개발자들이 새로운 지연 보호 방식과 덜 위협적인 에너지 및 기술을 강조하면, 양 국가의 수요를 만족시킬 수 있는 대체 에너지 프로그램에 관련된 자료를 제시함으로써 액화 천연 가스 시설 건설 계획이 정당성을 잃기를 원했던 것이다.[10]

지금까지 모스-TAMMSA는 비교적 작은 규모의 프로젝트를 추진하였기에 이를 반대하는 시위도 거의 없었다. 코스타아술사는 자사의 획기적인 건설 기술이 있음에도 불구하고, 멕시코주 및 연방법원에서 부지 근처 바하마(Bajamar) 지역 골프장 소유주들이 폭발사고의 위험성을 들어 제기한 최소 15개의 각기 다른 법적 소송에 직면해 있다 (Lindquist 2004b). 사그라질 줄 모르는 반발 세력들은 입법기관까지 손길을 뻗쳐 공식적인 조사에 착수하였으며 심지어 전국에 걸쳐 진행되고 있는 액화 천연 가스 개발 사업을 중단시킬 수 있는 국민투표도 고려하고 있다(Lindquist 2005f). '국경지역 발전소 그룹'의 빌 파워스(Bill Powers)씨에 따르면, "그들이 프로젝트를 계획하고 진행시킬 수는 있지만 그렇다고 그것이 곧 그들이 시설을 세울 수 있다는 것을 의미하지는 않는다."(Lindquist 2005g)

위에서 밝혔듯이, 총 여섯 개의 프로젝트 중 현재 두 개만 추진 중에 있으며, 고작 한 개의 프로젝트만이 건설에 착수하였다. 양국의 환경정의운동은 액화 천연 가스 문제를 통해 시민단체, 국가 차원의 협회, 활동가, 변호사, 부모, 교사, 과학자 그리고 엔지니어들을 하나로 단결시켰다. 이 반대운동을 위해 직접적인 수단 및 법적·정치적 수단 등이 동원되었고 지방정부부터 연방정부에게 이르기까지 강한 메시지를 전달하는데 성공하였다(Gortazar 2005; Ovalle 2005). 현재 바하 캘리포니아 액화 천연 가스 개발 사업을 반대하는 미국-멕시코 네트워크가 적어도 35개 이상 존재한다.[11] 이들의 캠페인은 액화 천연 가스 개발 사업을 통해, 멕시코 영토가 타 국가의 에너지 수요를 충족시키기 위해 이용되고 있다는 사실을 알리면서 전 국민의 이목을 끌게 되었다(Rodriguez 2005a, 2005b; Naumann 2005). 엔세나다에서 시위자들은 "Mexico: hay quien te quiere y hay quien te USA"("멕시코: 당신을 사랑하는 사람이 있고, '이용하는' 사람이 있습니다")라는 현수막을 내걸고 시위를 했는데, 여기서 스페인어 동사 "사용하다"라는 의미의 "USA"를 "United States of America"의 약자처럼 적었고, 이 모습은 전국으로 배포되는 주요 일간지에 고스란히 실렸다.[12] 한 활동가는 "우리는 그들이 저런 시설들을 그들 땅에 세우길 원치 않기 때문에 여기에 지으려 한다는 사실을 잘 알고 있습니다"라고 말하며, "이 사실에 대해 그 누구도 반론을 제기하지 않습니다. 그들은 저 시설들을 우리 쪽 국경에 건설할 것이고, 모든 수익은 반대편으로 넘어갈 것입니다. 국경지역 거주민들은 이러한 일에 이골이 났습니다. 다만 우리가 속이 좋아서 참고 살 수 있는 겁니다. 그게 바로 국경지역에 살

면서 얻은 결과일 겁니다."(García Zendejas 2005)

국경지역의 환경정의

위 이야기들과 설명들은 미국-멕시코 국경지역 환경정의 실현의 특이한 성격을 보여준다. 국경을 뛰어넘는 협심과 함께 바하 캘리포니아 지역 사회에서는 환경정의 실현 운동에 대한 개념이 확실히 잡혀 있고 멕시코 정치와 문화가 스며들어 있지만 양국의 성격을 동시에 갖고 있다. 환경정의 실현과 사회정의 실현은 지역과 글로벌 차원에서 특별한 방식으로 이루어졌다.

전 세계에서 벌어지는 많은 환경정의 실현 운동과 마찬가지로 위 이야기들과 설명들에 내재되어 있는 교훈들은 기운 빠지게 하는 요소도 있지만 힘을 보태주는 요소도 담고 있다. 지역 사회 규모의 차원에서 환경정의 실현 운동은 성공한 모습을 보여주었다. 이런 성공이 더 큰 규모차원의 운동에 영향을 미칠지는 모르지만 계속 성공 사례들로 남을 것이다. Metales는 확실히 칠판싱고 지역 사회와 지역단체의 여성들에게 중요한 의미를 갖고 있다. 산업 폐기물들의 위협은 어디에나 존재한다. 메히칼리 발전소가 캘리포니아의 대기오염 허용 한도를 지켰다고 하지만, 이 발전소는 이득은 한쪽이 다 갖고 대가는 엉뚱한 쪽이 치르는 불공평성의 상징이다. 가장 위험한 액화 천연 가스 시설들은 백지화되었지만 회사들은 계속적으로 새로운 기회를 엿보고 개발할 수 있는 부지를 찾고 있다.

이러한 한계가 있음에도 불구하고, 환경정의 실현은 멕시코 국경지역에 변화를 가져다 줄 힘으로 떠오르고 있다. 지역에서의 성공 사례들은 지역사회의 위력에 힘을 실어주었다. 국경지역 환경정의실현 운동은 국경지역만의 모습으로 발전했고 국경을 뛰어넘은 협력은 국경지역의 정의실현 운동의 슬로건이자 전략이 되었다. "제 생각에는 이런 점이 변화를 만든다고 봅니다. 이것이 당신에게 힘을 줍니다. 예를 들면 당신이 '이건 환경적 인종차별주의야. 이건 환경적 불공평이야' 라는 식으로 단어를 만드는 것은 우리가 원래 알았거나 우리가 살아 온 삶의 방식이었지만 어떻게 불러야 할지 몰랐을 뿐이며 이렇게 함으로써 우리는 힘을 얻는 것입니다."(García Zendejas 2005) "이건 굉장히 새로운 개념입니다. 멕시코 대부분의 사람들에게 '환경'의 뜻은 숲과 동식물을 뜻합니다. 우리는 이제 그 개념으로부터 벗어나고자 합니다. 우리는 조금 더 사람들에게 초점을 맞추고 싶습니다. 우리가 만약 세계를 이웃의 개념으로 생각한다면, 못사는 나라가 환경비용을 더 치를 수밖에 없는 것이 당연합니다. 문제는 멕시코는 못사는 나라입니다."(Cerda 2002)

국경지역의 환경 운동가들은 지역 차원의 문제들을 정의 실현을 위해 글로벌 차원의 문제와 엮고 있다. 그들은 멕시코 정치가 국민에게 조금 더 개방적으로 다가오게 할 뿐만 아니라 북미자유무역협정 차원에서 국경지역의 문제를 바라봄으로써 양국의 더 많은 참여를 장려하고 있다. 그들의 이런 노력은 마가렛 켁(Margaret Keck)과 케서린 시킹크(Kathryn Sikkink)(1998)가 말한 "부메랑 전략"(boomerang strategy), 즉 환경운동 지지자들과 운동가들의 네트워크가 국가를 뛰어넘어 외부로부터의 압력을 끌어와 정부로 하여금 불평등을 해결할 수 있는 가능성을 보여준다. Metales 사례에서 칠판싱고 시민들과 '환경 보건 연합'은 이 케이스를 북미자유무역협정과 경제통합 차원의 논쟁으로 이끌어냈다. 에너지와 관련된 정치 부문에서는 지역단체와 그들의 국제협력 단체가 환경과 사회적 불공평등 문제를 북미자유무역협정 위원회와 기관에 의뢰하여 회담을 이끌어 냈다. 미국-멕시코 국경에서 환경정의 실현은 실제로 지역사회와 글로벌 사회를 이어주고 있고, 환경보호운동가, 학자, 전문가 모두 하나가 되게 하며, 앞으로 그들의 행보가 성공적으로 이뤄질 수 있도록 해주고 있다.

부록: 국경지역의 환경정의단체

이 부록은 단지 실례를 제시하기 위해, 미국-멕시코 국경지역에서 활동하고 있는 수십 개의 환경정의 단체 및 네트워크들 중 몇 곳을 선별하여 작성한 목록이다. 보다 자세한 목록은 Bandy(1997), Interhemispheric Resource Center(1997), Bejarano(2002), Kelly(2002); Alfie Cohen(2003), Antal(2003)을 참조하기 바란다.

지역 환경정의 권익옹호 단체 및 네트워크

- 애리조나 독성물질 정보(Arizona Toxics Information: ATI)
- 국경지역 생태 프로젝트(Boder Ecology Projet: BEP)
- 멕시코 생태 재단(Fundación Ecológica Mexicana)
- 멕시코 그린피스(Greenpeace Mexico)
- 반구(半球)간 자원 센터(Interhemispheric Resource Center: IRC)
- 국경지역 보건 및 환경 네트워크(Red Fronterizo de Salud y Medio Ambiente)
- 환경 및 경제정의를 위한 남서부 네트워크(Southwest Network for Environmental and Economic Justice: SNEEJ)
- INCITRA 프로젝트(Información Ciudadana Transfronteriza: 초국경 시민 정보)13

환경법 및 환경정의 단체

- 국제 환경법 센터(Center for International Environmental Law)
- 멕시코 환경법 센터(Centro Mexicano de Derecho Ambiental: CEMDA)
- 생태 정보 공개를 위한 시민 위원회(Comité Cívico de Divulgación

Ecológica)

- 지구 정의 법적 방위 기금(Earth Justice Legal Defense Fund)
- 멕시코 인터넷 관련법(E-LAW Mexico)

노동, 무역 그리고 직장 보건 · 안전 단체 및 네트워크

- 마킬라도라에서의 정의를 위한 연합(Coalition for Justice in the Maquiladoras: CJM)
- 국경지역 노동자 지원 위원회(Comité de Apoyo Fronterizo Obrero Regional)
- 믿을만한 노동 전선(Frente Auténtico del Trabajo: FAT)
- 자유 무역을 향한 멕시코 행동 네트워크(Red Mexicana de Acción Frente al Libre Comercio: RMALC)

지역사회단체, 동부지역

- 인권 보호를 위한 치우아우아 연대 위원회(Comité Chihuahua de Solidaridad y Defensa de los Derechos Humanos)
- 마타모로스 생태 공동체(Comunidad Ecológica de Matamoros, 마킬라도라 독성물질 문제와 관련하여 CJM과 활동 중)
- 북동부 환경 권리 센터(Northeast Environmental Rights Center)[14]
- 텍사스 천연자원 보존 위원회(Texas Natural Resources Conservation Commission)[15]
- 방사성 폐기물에 대항하는 국경지역 위원회(The Border Commission against Radioactive Waste)
- 정책 연구를 위한 텍사스 센터(The Texas Center for Policy Studies, 코아우일라(Coahuila)와 타마울리파스(Tamaulipas)에 단체 본부를 두고 활동 중)

지역사회단체, 중부지역(후아레스시/엘파소)

- 생태주의자 단체 및 시민 참여(Grupo Ecologista y Participación Ciudadana)
- 브라보강 생태주의자 국제 동맹(Alianza Internacional Ecologista del Bravo)
- 후아레스시 생태 위원회(Comité Ecológica de Ciudad Juárez)
- 생태적 연계(Enlace Ecológico, Agua Prieta, Sonora)

지역사회단체, 서부지역(바하 캘리포니아/샌디에이고)

- 국경지역 발전소 그룹(Grupo de Trabajo de Termoeléctricas Fronterizas)
- 칠판싱고 환경정의 단체(Colectivo Chilpancingo Pro Justicia Ambiental)
- 주정부 시민 위원회(Comité Ciudadano Estatal)
- 기획 및 위생 위원회(Comité de Planeación y Saneamiento)
- 에코-솔(ECO-SOL)
- 환경 보건 연합(Environmental Health Coalition: EHC)[16]
- 바하 캘리포니아 생태주의자 포럼(Foro Eocologista de Baja California)
- 갈매기 생태주의자 그룹(Grupo Ecologista Gaviotas)
- X인자 그룹/CITTAC(Grupo Factor X/Centro de Información Para Trabajadoras y Trabajadores: 노동자를 위한 정보 센터)[17]
- 예우아니 그룹(Grupo Yeuani)[18]
- 바하 캘리포니아에서의 멕시코 생태주의자 운동(Movimiento Ecologista Mexicano en Baja California: MEBAC)
- 국경지역 환경교육 프로젝트(Proyecto Fronterizo de Educación Ambiental)

감사의 글

본 장의 일부는 Carruthers(2007)에서 발췌하였다. 본 프로젝트를 끝마칠 수 있도록 지원해 준 샌디에이고주립대학(San Diego State University)에 감사의 인사를 전한다. 또한 아낌없는 조언과 경험을 제공해 준 전문가 및 단체, 개인들에게도 감사의 인사를 전한다.

참고문헌

Alfie Cohen, Miriam, 2003. The rise and fall of environmental NGOs along the US-Mexico border. In *Cross-Border Activism and Its Limits*, ed. B. Hogenboom et al. Conter for Latin American Research and Documentation.

Alfie Cohen, Miriam, and Luis H. Méndez. 2000. *Maquila y movimientos ambientalistas: Examen de un riesgo compartido*. Grupo Editorial Eon.

Antal, Edit. 2003. Cross-border relations of Mexican environmental NGOs in Tijuana-San Diego. In *Cross-Border Activism and Its Limits*, ed. B. Hogenboom et al. Center for Latin American Research and Documentation.

Bandy, Joe. 1997. Reterritorializing borders: Transnational environmental justice movements on th US-Mexico Border. *Race, Gender, and Class 5*, no. 1: 80-103.

Bejarano, Fernando. 2002. Mexico-US environmental partnerships. In *Cross-Border Dialogues*, ed. D. Brooks and J. Fox. Center for US-Mexico Studies, University of California, San Diego.

Brooks, David, and Jonathan Fox, eds. 2002. *Cross-Border Dialogues: US-Mexico Social Movement Networking*. Center for US-Mexico Studies, University of California, San Diego.

Calbreath, Dean. 2005. Baja LNG terminal gets first contract. *San Diego Union Tribune*, April 12.

Cantlupe, Joe. 2004. Abandoned smelter gets near to cleanup. *San Diego Union Tribune*, June 23.

Cantlupe, Joe, and Dana Wilkie. 2004. Cleanup slated at toxic plant: US-Mexico plan targets closed facility in Tijuana. *San Diego Union Tribune*, June 25.

Carruthers, David V. 2007. Environmental justice and the politics of energy on the US-Mexico border. *Environmental Politics* 16, no. 3: 394-413.

CEC (California Electricity Commission). 2005a. Energy Supply and Demand

Assessment for the Border Region. CEC-600-2005-023 (May).
CEC. 2005b. Environmental Issues and Opportunities in the California-Mexico Border Region. CEC-600-2005-022 (May).
CEC. 2006a. Frequently asked questions about LGN. www.energy.ca.gov.
CEC. 2006b. West Coast LNG projects and proposals. www.energy.ca.gov.
Cerda, Magdalena (Coordinator, Colectivo Chilpancingo Pro Justicia Ambiental). 2002. Interviewed by author, September 27, Tijuana.
Colectivo Chiplancingo Pro Justicia Ambiental y Coaliciόn de Salud Ambiental. 2003. Plan de saneamiento del sitio de Metales y Derivados in Tijuana, Baja California, Mexico.
Dellios, Hugh. 2004. Access law spurs culture shift: Mexicans make use of open information. *San Diego Union Tribune*, February 8.
Dibble, Sandra. 2004. US, Mexico get set for clean up of abandoned toxic plant. *San Diego Union Tribune*, (June 25).
EHC (Environmental Health Coalition). 2002. Community celebrates opening of new Tijuana Office. *Toxinformer* 21, no. 3: 3-5.
EHC. 2004. Victory at last! Community celebrates Metales y Derivados cleanup agreement. *Toxinformer* 23, no. 3: 3-5.
Enciso, Angelica. 2005. De nuevo, piden revisar proyecto de regasificadora en islas Corondado. *La Jornada* (Mexico City), July 30.
Fritsch, Peter. 2002. Mexican toxic waste case shows Nafta's limits. *Wall Street Journal*, January 16.
García, Zendejas, Carla. 2005. Border Power Plant Working Group. Interview by author, October 10. Tijuana.
Gortazar, Iciar. 2005. Foro internacional de lucha contra el gas natural licuado. El Vigia en Linea, Ensenada, February 15.
Greenpeace. 2002. Terra Sempra: A report on plans to develop the California/ Baja California border region as a dirty energy export zone. San Francisco.
Greenpeace Mexico. 2004. Gas natural licuado: El fin de la independencia energética. Mexico City.
Hogenboom, Barbara, Alfie Cohen, and Edit Antal, eds. 2003. *Cross- Border*

Activism and Its Limits. Center for Latin American Research and Documentation.

Interhemispheric Resource Center. 1997. Cross-border links 1997: A directory of organizations in Canada, Mexico, and the United States. Albuquerque.

Kay, Jane. 1994. California's endangered communities. In *Unequal Protection*, ed. R. Bullard. Sierra Club Books.

Keck, Margaret, and Kathryn Sikkink. 1998. Activists beyond borders: Advocacy networks in international politics. Cornell University Press.

Kelly, Mary E. 2002. Cross border work on th environment. In *Cross-Border Dialogues*, ed. D. Brooks and J. Fox. Center for US-Mexico Studies, University of California, San Diego.

Kopinak, Kathryn. ed. 2004. *The Social Costs of Industrial Growth in Northern Mexico*. Center for US-Mexico Studies, University of California, San Diego.

Kopinak, Kathryn, and Maria Del Rocio Barajas. 2002. Too close for comfort? The proximity of industrial hazardous waste to local populations in Tijuana Mexico. *Journal of Environment and Development* 11, no. 3: 215-247.

Lindquist, Diane. 2002a. Proposed plants fuel passions. *San Diego Union Tribune*, March 4.

Lindquist, Diane. 2002b. Energy plants face Baja backlash. *San Diego Union Tribune*, November 29.

Lindquist, Diane. 2003. Courts hears suit against power lines from Mexico. *San Diego Union Tribune*, April 19.

Lindquist, Diane. 2004a. InterGen gives in, unplugs turbine. *San Diego Union Tribune*, January 17.

Lindquist, Diane. 2004b. Mexican agency warns of potential for LNG disaster. *San Diego Union Tribune*, January 23.

Lindquist, Diane. 2005a. Power Plant billing could go to tribunal in Paris. *San Diego Union Tribune*, March 11.

Lindquist, Diane. 2005b. Mexico pushes forward with LNG plans. *San Diego*

Union Tribune, February 27.

Lindquist, Diane. 2005c. Sempra LNG gets contract to supply Mexico's power agency. *San Diego Union Tribune*, January 12.

Lindquist, Diane. 2005d. Oil firm's LNG plan gets OK of Mexico. *San Diego Union Tribune*, January 7.

Lindquist, Diane. 2005e. Another entry in the LNG stakes. *San Diego Union Tribune*, February 3.

Lindquist, Diane. 2005f. Legal hurdles await Baja LNG project. *San Diego Union Tribune*, September 8.

Lindquist, Diane. 2005g. Sempra's gas venture gathering steam at Baja site. *San Diego Union Tribune*, October 24.

Lindquist, Diane. 2006. Permits on 2 power plants in Mexico OK. *San Diego Union Tribune*, December 1.

Lindquist, Diane. 2007. Chevron gives up on building LNG plant. *San Diego Union Tribune*, March13.

Lindquist, Diane, and Sandra Dibble. 2004. Plans for Baja fuel plant are dropped. *San Diego Union Tribune*, March 2.

Lujan, Lourdes. 2002. Promotora, Colectivo Chilpancingo Pro Justicia Ambiental. Interview by author, September 27, Tijuana.

Mier, Fidel. 2004. No se establecerán regasificadoras en BC. El Sol de Tijuana, August 17.

Moreno, Arturo. 2005. Greenpeace Mexico. Interview by author, June 2, Mexico City.

NACEC (North America Commission for Environmental Cooperation). 2002a. Citizen Submissions on Enforcement Matters: Metales y Derivados, Submission SEM-98-007.

NACEC (North America Commission for Environmental Cooperation). 2002b. Environmental Challenges and Opportunities of the Evolving North American Electricity Market.

Naumann, Talli. 2005. Courage, fortitude evident in confrontation over Baja Peninsula gas plans. *The Herald Mexico: El Universal*, May 23.

Niller, Eric. 2002. LNG terminal plans proliferate in Baja California. IR/PS in the news: Eoamericas. Graduate School of International Relations and Pacific Studies, University of California, San Diego.

Ovalle, Fausto. 2005. Anuncian marchas contra plantas de gas. *La Frontera*, Tijuana, February 20.

Powers, Bill. 2005a. Energy, the environment, and the California-Baja California border region. *Electricity Journal* 6, no.6: 77-84.

Powers, Bill. 2005b. Border Power Plant Working Group. Interview by author, September 20, San Diego.

Rea Torres, Hugo, and Conrado Osuna Murillo. 2004. Autorizar gaseras, tración a la patria. *El Mexicano*, Ensenada, August 17.

Rodriguez, Israel. 2005a. Arriesga el ecosistema la planta de regasificación en Tijuana. *La Jornada* (Mexico City), March 7.

Rodriguez, Israel. 2005b. Manifestaciones en Ensenada y Tijuana contra regasificadoras. La Jornada (Mexico City), March 21.

Salinas, Juan Arturo. 2003. La batalla de Chevron y Marathon oil en Tijuana. *Proceso* (Mexico City), June 21.

SCERP (Southwest Center for Environmental Research and Policy). 2003. *The US-Mexican Border Environment: Trade, Energy, and the Environment.* San Diego State University Press.

Sullivan, Kevin. 2003. A toxic legacy on the Mexican border: Abandoned US-owned smelter in Tijuana blamed for birth defects, health ailments. *Washington Post*, February 16.

Treat, Jonathan. 2002. Baja Energy and Environment Update. Americas Program, Interhemispheric Resource Center.

미주

1 '마킬라도라'(maquiladora)는 멕시코의 수출가공지역에 위치한 조립 공단이다.

2 이러한 사례 및 관련 문제에 대한 더 자세한 논의는 Bandy 1997, Alfie Cohen and Méndez 2000, Bejarano 2002, Kelly 2002, Kopinak and Barajas 2002, Alfie Cohen 2003, Antal 2003, Kopinak 2004 참조.

3 PROFEPA(Procuraduría Federal de Protección al Ambiente: 연방정부 환경 보호 사무소)는 멕시코의 환경보호 관련 부처인 SEMARNAT(환경 및 천연자원 사무국)의 시행기관이다.

4 역설적이게도, 케틀만시(Kettleman City)는 유해 폐기물 소각로를 반대하는 저소득층 라틴계 주민들을 위한 승리의 장소로 미국 환경정의 지지자들에게 친숙한 곳이다(Kay 1994).

5 환원촉매장비(SCRs)와 더불어, 생산자가 방출증가를 상쇄하기 위해 배출량 크레딧을 구매해야 하는 캘리포니아에 비해, 멕시코는 방출량 상쇄가 필요치 않기 때문에 여전히 비용 면에서 이점을 지니고 있다는 사실을 주지할 필요가 있다(CEC 2005b, p. 14).

6 코스타아술(Costa Azul)은 국경지역과 엔세나다(Ensenada) 지역 사이에 위치한 미개발 원주민 거주지에 가장 근접해 있다(Powers 2005b).

7 2003년 4월, 코스타아술(Costa Azul)은 SEMARNAT으로부터 환경허가를 받았다. 2003년 8월, 이들은 연방 에너지 규제 위원회(CRE)로부터 승인을 얻어 엔세나다시(Municipality of Ensenada)로부터 토지 사용 허가권을 취득하였다(CEC 2006b, p. 26).

8 2005년 1월, Mar Adentro 프로젝트는 에너지 규제 위원회(CRE)로부터 승인을 받음과 동시에, 통신 및 교통 사무국(Secretariat of Communication and Transportation: SCT)으로부터 세 번째 허가를 받았다. 지자체의 토지 사용 허가는 해양 터미널을 위한 것이 아니었다. 프로젝트가 정지되었을 때, 파이프라인의 통행권 승인도 보류되었다(CEC 2006b; Lindquist 2005d, 2007).

9 탄원서(SEM-05-002)는 '생물학적 다양성을 위한 센터'(Center for Biological

Diversity), '멕시코 그린피스'(Greenpeace Mexico), '아메리카 조류 보호협회'(American Bird Conservancy), '로스앤젤레스 오듀본 협회'(Los Angeles Audubon Society), '태평양 환경 및 자원 센터'(Pacific Environment and Resources Center), '섬 보호 협회'(Conservaciόn de las Islas) 그리고 '와일드코스트'(Wildcoast)에 의하여 제출되었다.

10 주요 권익보호단체의 웹사이트에서는 '멕시코 그린피스'(Greenpeace Mexico)의 액화 천연 가스(LNG)에 대한 종합적인 보고서(Greenpeace 2004)를 포함하여, 캘리포니아주 바하 캘리포니아(Baja California) 이남 지역의 대체 에너지의 실행 가능성에 대해 자세히 다룬 다양한 보고서들을 찾아볼 수 있다. www.greenpeace.org/mexico 참조. '국경지역 발전소 그룹'(Border Power Plant Working Group)과 '가용 청정에너지를 위한 납세자 연합'(Ratepayers for Affordable Clean Energy- RACE coalition)의 보고서는 www.borderpowerplants.org, www.local.org/fercrace.html, www.lngwatch.com에서 찾아볼 수 있다.

11 액화 천연 가스(LNG)를 활발하게 사용하는 주요 단체들로는, '국경지역 발전소 그룹'(Border Power Plant Working Group), '주정부 시민 위원회'(Comité Ciudadano Estatal), '섬 보호 협회'(Conservaciόn de Las Islas), '갈매기 생태주의자 그룹'(Grupo Ecologista Gaviotas), '와일드코스트'(Wildcoast), '가용 청정에너지를 위한 납세자 연합'(Ratepayers for Affordable Clean Energy- RACE coalition), '멕시코 그린피스'(Greenpeace Mexico), '아마존 와치'(Amazon Watch), '재기화발전소 설립에 반대하는 주정부 위원회'(Comité Estatal Contra la Instalaciόn de las Plantas Regasificadoras)가 있다.

12 *La Jornada* (Mexico City), 2005년 3월 21일자.

13 INCINTRA는 '국경지역 네트워크'(Red Fronterizo), '국경지역 생태 프로젝트'(BEP) 및 반구(半球)간 자원 센터(IRC)가 참여한 공동 프로젝트이다.

14 산림, 분수령, 유해폐기물소각과 관련하여 '치우아우아 위원회'(Comité Chihuahua)와 함께 활동하고 있다.

15 '텍사스 천연자원 보존 위원회'(The Texas Natural Resources Conservation Commission)와 '방사성 폐기물에 대항하는 국경지역 위원회'(The Border Commission against Radioactive Waste)는 지역단체들을 도와 시에라블랑

카(Sierra Blanca) 지역의 방사성폐기물 시설과 텍사스 남부에 있는 화학성 폐기물 관리 시설을 타도했다.

16 '환경 보건 연합'(EHC)은 지역적으로는 '환경 및 경제정의를 위한 남서부 네트워크'(SNEEJ), 국가적으로는 '보건환경정의센터'(Center for Health, Environment, and Justice: CHEJ)와 연계된 샌디에이고의 환경정의 단체이다.

17 'X인자 그룹/CITTAC'(Grupo Factor X/CITTAC)는 직장에서의 보건, 안전, 그리고 젠더 문제 해결을 위해, '마킬라도라에서의 정의를 위한 연합'(CJM), '자유 무역을 향한 멕시코 행동 네트워크'(RMALC), 예우아니(Yeuani) 및 기타 단체들과 함께 협력한다.

18 예우아니(Yeuani)는 '멕시코 환경법 센터'(CEMDA)와 연합해서 환경법 분야에 대해 다룬다.

제7장

멕시코의 환경정의: 페뇰레스(Peñoles) 사례

Jordi Díez · Reyes Rodríguez

전후(戰後)산업화가 진행된 멕시코의 자연훼손은 1980년대 들어와서 뚜렷하게 보이기 시작했다. 1971년에 환경관련법이 제정되었음에도 불구하고 국가가 주도한 산업화는 대기오염, 삼림벌채의 증가, 수질 악화, 토양침식과 같은 심각한 환경파괴의 결과를 낳았다.[1] 1980년대 환경의 질적 저하에 대한 경각심의 고취는 사회, 경제적 악재에 대한 대규모의 사회운동과 동시에 발생하였다. 채무 위기와 시장 친화적 경제 모델의 채택은 멕시코 사회의 다양한 분야에 잔재되어 있는 조합주의 구조를 타파하고 주정부에 직접적인 요구사항을 관철시킬 수 있는 환경을 조성했다. 환경저하에 대한 인식과 사회운동의 활성화를 배경으로 멕시코의 환경운동이 강화되었고, 이 운동은 국민의 주목을 받게 되었으며 국내정치에서 중요한 역할을 맡기 시작했다. 1990년대에는 강력한 환경운동과 환경-비정부기구(ENGOs)의 확산을 경험하였는데, 이는 멕시코의 환경운동을 위한 핵심적인 정책적 틀의 마련과 환경법 제정이라는 전례 없는 결과를 낳았다.[2]

1980년대 미국에 환경정의 실현 운동 지지가 뿌리를 내리기 시작하고 미국의 환경-비정부기구가 다양한 자원과 지식을 멕시코로 이전하면서[3] 멕시코의 환경운동이 환경정의의 개념에 충분히 노출되었음을 기대하는 것도 무리가 아니었다. 하지만 사회운동과 멕시코 환경운동이 성취한 주요 성공사례가 증가함에도 불구하고 멕시코 환경운동은 환경정의를 배경으로 한 담론을 이끌어 내는데 실패했다. 비록 소수의 사례에서 환경정의 실현의 개념을 담은 변화를 보여주는 듯 했으나(본 서의 제6장 참조), 몇몇의 사회적, 법적, 기관적 측면을 살펴보면 멕시코의 운동이 왜 환경정의 실현의 개념을 담아내지 못했는지 알 수 있다. 본 장에서 우리는 몇몇의 사회적, 법적 제약이 환경정의 실현과 집단행동의 형성에 영향을 끼치는 동시에 이를 저해하는 요소가 되었다는 주장에 대해 자세히 살펴볼 것이다. 우리의 주장을 더 자세히 진단하기 위해서 멕시코 북부 토레온(Torreón)의 코아우일라(Coahuila)에서 수백 명의 아이들이 광석 용광로에서 유출된 독에 노출되어 신진대사에 변화가 나타나고 정신과 신경 장애를 일으키며, IQ 저하를 야기한 페놀레스(Peñoles) 사례를 살펴볼 것이다.

본 장에서 생각해볼 문제는 페놀레스 사건과 같은 사례가 왜 사회적으로 환경정의 실현 운동을 불러일으키지 않았는가이다. 첫 번째 부분에서 우리는 사례 분석에 대한 설명을 할 것이다. 두 번째 부분에서는 시민들이 오염 문제 발생 전에 보였던 반응과 변동을 분석할 것이다. 세 번째 부분에서는 멕시코에서 환경정의 실현의 문화 발전에 방해물이 되는 법적, 기관적 문제를 살펴볼 것이다.

"납의 아이들"

멧-멕스페놀레스(Met-Mex Peñoles)는 세계에서 가장 큰 규모의 은 생산 회사이며 중남미에서 가장 많은 금, 납, 그리고 아연을 생산한다. 멕시코 북부 토레온 지역에 위치하고 있는 이 광석 용광로는 해당 지역의 가장 중요한 경제적 매개체 중 하나이다. 이 회사는 2천2백명 이상의 사람들을 고용하고 있으며, 지역 상품의 구입과 인건비의 형태로 8천5백만달러를 지출하고 매년 8억7천5백만 달러의 수입을 얻는다. 1887년에 설립된 이 회사는 1917년 미국금속회사(American Metal Company)에 의해 인수되었으며, 1971년 루이스 에체베리아 알바레즈(Luis Echeverría Álvarez)에 의해 국영화되었다. 회사는 국영화 이후 납과 은을 위한 정제공장을 설립하기 시작하면서 급격한 속도로 성장하기 시작했다. 고용률이 높아지면서 수백 명의 사람들을 이 지역으로 몰리게 하였고, 그들은 불법적으로 도시의 한 구역에 거주 지역을 형성했다. 에체베리아 대통령은 임기말기에 이들에게 합법적 재정 지원을 함으로써, 도시에서 가장 큰 구역 중 하나가 된 루이스 에체베리아 지역을 설립하였다.

환경오염에 대한 항의가 시작 된 것은 1937년으로 거슬러 올라가지만 실제로 노동자들이 보건복지부에 정식으로 항의한 것은 1961년에 이르러서였다. 보건복지부는 이 지역의 환경오염이 회사의 광산 시설들과의 관계 여부를 확인하기 위하여 몇 가지 실험을 하였고 많은 양의 비소, 납, 그리고 이산화유황이 검출되었음에도 불구하고 회사의 시설들과는 관계가 없다고 발표하였다(Viniergra et al. 1964). 1976년 독물학자인 릴라 아메리카 알버트 박사(Dr. Lila América Albert)는 이 지역에 사는 아이들을 대상으로 한 실험을 실시하였다. 총 다섯 개의 멕시코 도시에 거주하고 있는 아이들로부터 채취한 머리카락 중에서 토레온에 살고 있는 아이들 머리카락의 납 수치가 가장 높은 것으로 드러났다. 평균적으로 머리카락에서 적게는 55마이크로그램(μg)에서 많게는 220μg의 납이 검출되었다. 이 결과는 1978년 발표되었지만(Albert 1978), 회사와 정부 양측 모두 이에 따른 아무런 조치도 취하지 않았다. 연구 결과에 따르면 납에 노출된 아이들은 신경계에 영향을 받아 정신지체와 행동장애, 빈혈증, 간과 신장 손상, 청각장애 그리고 일부는 사망에 이르기까지 한 것으로 나타났다(Rosen 1992a). 납의 높은 수치가 아이의 혈액과 IQ에 직접적인 영향을 미친다는 사실을 발견해낸 연구도 있었다. 한 연구에서는 혈액의 1데시리터(dl)당

10㎍ 정도에 해당하는 납에 노출되면 IQ가 5.8 정도 낮아진다고 밝혔다. 특히 6살 이하의 어린이의 경우에는 신경이 발달하는 단계이기 때문에 납에 노출되는 것이 더 위험할 수 있는 것으로 밝혀졌다(ATSDR 1998).

1978년의 연구에 이어, 연구원들은 납의 노출이 아이들의 건강에 어떠한 영향을 초래하는지 밝혀내기 위하여 연구를 지속했고 페뇰레스 광산 반경 1킬로미터 이내에 살고 있는 아이들의 혈액 1*dl*당 평균 21.64㎍ 정도의 납이 검출되었음을 확인했다(Calderón-Salinas et al. 1996a). 미국질병관리본부(US Center for Disease Control and Prevention)에 따르면, 아이들이 10㎍/*dl* 이상의 납에 노출 될 경우 심각한 질병을 일으킬 수 있다고 한다(CDC 1991). 추가 관련 연구에서, 연구원들은 납 수치와 아이들의 IQ와의 상관관계를 밝혀내기도 했다(Calderón-Salinas et al. 1996a). 또한 이 연구 결과를 뒷받침해주는 수많은 연구가 진행되었다. 1998년도에 진행된 한 연구결과에 따르면 페뇰레스 광산에서 가장 가까운 학교에 다닌 아이들의 혈액에는 최대 50㎍ 정도의 납이 검출되었다. 이와 더불어, 공기에서 검출되는 납입자의 수치와 광산의 지형적 근접성 사이의 직접적 상관관계를 밝혀냈다(Rubio Andrade et al. 1998). 게다가, 광산과 가장 가까운 곳에 거주하는 아이들의 샘플을 보면, 15㎍ 이상의 납 수치를 보여주는 아이들의 비율이 92.1%에 달하였다. 1997년 다트머스 의과 대학(Medical School of Dartmouth University)에서 진행된 실험 결과에서는 광산 근처의 카드뮴 수치가 전 세계 그 어떤 곳보다 높은 것으로 드러났다. 먼지 1그램당 787㎍에서 많게는 13,231㎍의 카드뮴이 검출되었고, 11㎍에서 11,487㎍에 달하는 비소가 검출되었다(Benin et al. 1999). 미국에서 카드뮴의 기준치는 500㎍, 비소의 기준치는 20㎍이다.

이러한 연구 결과들을 바탕으로 많은 학자들과 과학자들 그리고 지역 환경-비정부기구들이 1980년 말부터 1990년대 초에 이르기까지 정부의 개입을 요청했지만 정부는 아무런 반응을 보이지 않았다(Valdés and Cabrera 1999). 1989년 토레온 지방정부는 페놀레스 회사와 중금속의 배출량을 줄이기로 합의하였지만, 이 같은 약속이 실질적으로 이행되지는 않았다(Albert 2004, p. 7). 하지만 1994년 당시 막 설립된 연방정부 환경 보호 사무소(Produraduría Federal De Protección al Ambiente: PROFEPA)는 페놀레스 회사에게 환경 조사를 이행하도록 했다. 점검은 1994년 초와 1995년 중반 사이에 실시되었고, 결과에 따라 환경부 기관은 회사에게 배기량을 줄이기 위한 113개의 "즉각적 응급조치"(immediate measures)를 시행하도록 명령했다. 1996년 환경보호국(Environmental Protection Office)은 회사가 일정표에 따른 이러한 응급조치를 시행할 수 있도록 협의했다(PROFEPA 2000).

그러나 이러한 조치에도 불구하고 대기오염이 사라지지는 않았다. 1998년 7월 호세 벨라스코(José Velasco) 의사는 1살 먹은 갓난아기였던 환자에게서 빈혈 증세가 나타났고, 검사 후엔 갓난아기의 혈액에서 45μg에 달하는 납 수치가 측정되었다고 밝혔다. 벨라스코 의사는 총 50명의 아이들에 대한 혈액검사를 진행하였고, 10명의 아이들이 10μg에서 14μg, 3명의 아이들이 15μg에서 19μg, 8명의 아이들이 20μg에서 44μg, 네 명이 45μg에서 69μg의 납 수치를 보인다는 것을 밝혀냈다. 벨라스코 의사는 이 결과를 시의원에게 보고했지만 이전과 같이 아무런 조치도 취해지지 않았다(Valdés and Cabrera 1999, p. 16). 정부가 아무런 대책을 세우지 않자, 두랑고(Durango)주에 위치한 후아레스 대학교(Juárez University)의 독물학자 곤살로 가르시아 바르가스 박사(Dr. Gonzalo García Vargas)는 2년 동안 이 지역 398명의 아이들을 대상으로 연구를 진행했고, 이를 통해 98명의 아이들이 25μg가 넘는 납 수치를 보였고 10명은 납 중독 현상을 보였다고 밝혔다(García Vargas et al. 1999). 1998년 1월말 가르시아 박사는 자신의 연구 결과를 들고 정부 관계자를 찾아 갔지만, 지방 정부 환경부는 아이들에게서 검출된 납의 수치가 건강상에 문제가 되지 않는다고 발표했다(*La Opinión*, 1998년 1월 20일자; 2월 7일자). 가르시아 박사의 연구 결과를 정부 관계자들이 무시하자 벨라스코 의사는 1998년 12월과 1999년 1월 사이에 이 결과를 연방정부 소속 건강복지부와 언론에 알렸다.[4] 이 시점을 우리는 몇몇의 운동가들이 "납의 아이들"(the children of lead)이라고 말하는 사회적 변화가 일어난 시기로 일컫는다.

사회운동과 정부의 반응

운동의 등장

벨라스코 의사의 행동은 지역사회에서 피해를 입은 아이들을 보호하고자 하는 사회운동의 시초가 되었다. 1999년 1월 벨라스코 의사는 결과물과 함께 입법부를 찾아갔고 살바도르 에르난데스 벨레스(Salvador Hernández Vélez) 의원을 설득하여 페뇰레스 케이스를 입법부에 소개할 수 있도록 하였다. 입법부는 즉시 조치를 취하기로 결정하고 사회적 협의를 이끌어내기 시작했다. 에르난데스의원은 보건복지부와 환경부가 이 사건을 철저히 조사하도록 요구하였다. 다른 정당의 의원들도 에르난데스 의원과 뜻을 함께하여 페뇰레스에서 일어나고 있는 납 배출을 맹렬히 비난하고 나섰다. 이 시기에 앞에서 언급한 다트머스 대학의 연구결과도 발표됨으로써 에르난데스의 요구에 힘을 실어 주었다. 곧이어 '환경 수호를 위해'(En Defensa del Ambiente, A.C.)와 '라군 지역 인권 보호 단체'(Ciudadanía Lagunera por lod Derechos Humanos, A.C.)와 같은 지방의 비정부기구들 또한 위의 노력들을 지지하기 시작했다. 비정부기구들은 언론을 통하여 정부에게 조치를 취할 것을 요구했고, 이는 전 국민들이 페뇰레스 케이스에 관심을 갖게 한 결정적인 역할을 하였다. 지역 차원에서는 피해를 입은 어린이들의 부모들이 움직임을 보이기 시작했다. 1999년 2월 마리아 돌로레스 구일렌(María Dolores Guillén)의 지휘 아래 부모들은 환경부장관에게 조치를 요구하는 편지를 보냈고, 1999년부터 토레온 시청과 입법부 앞에서 시위를 벌였다. 그들은 "페놀레스 사가 그들이 저지른 잘못을 인정하고, 정부기관 관계자들은 광산 가동을 중지시키는 등의 조치를 취할 것"을 요구하였다(*La Jornada*, 1999년 6월 6일자).

비정부기구의 맹렬한 비난과 부모들이 벌인 시위는 국민들의 큰 관심과 주목을 받게 되었고 정부는 어쩔 수 없이 조치를 취할 수밖에 없는 상황에 놓였다. 초기에 정부의 반응은 독단적으로 납중독 수치를 국제기준이 10㎍이지만 25㎍까지 허용하는 등 굉장히 느리고 헷갈리는 대안을 마련하는데 그쳤다. 그 와중에 정부는 페놀레스 회사와 주변 지역에 대한 추가 연구를 의뢰하였고 1999년 초 보건복지부는 결국 납 배출에 대한 원인이 페놀레스사라고 공식적으로 발표하였다(*La Jornada*, 1999년 7월 7일자). 1999년 3월 주정부는 적어도 700명의 아이들이 10㎍이상의 납에 노출되었다고 발표하였다. 그 결과, 환경보호국은 페놀레스사에게 납 수치를 줄일 수 있는 80개의 대책을 시행하도록 지시하였다(PROFEPA 2000, p. 7). 그 다음 달에는 24개의 추가적인 조치가 발표되었고 1999년 5월 환경보호국은 페놀레스사가 생산량을 50% 줄이도록 지시하였다. 또한 연방정부 기관은 페놀레스 회사가 납 중동 증상을 보이는 13명의 아이들을 입원시키고 루이스 에체베리아 구역의 393가구를 이동시키고 6천만 페소를 의료비로 지원하도록 지시하였다(*Reforma*, 1999년 5월 6일자). 2000년 1월에 페놀레스 회사는 환경보호국의 지시사항을 이행하지 않아 8만달러의 과태료를 물었으나(*Excelsior*, 2000년 1월 26일자) 그 다음 달 광산은 다시 100% 가동될 수 있게 되었다(Ugalde 2006, p. 387).

환경정의 운동의 반향

멕시코의 멧-멕스페놀레스사의 과오로 인해 수백 명의 아이들이 납에 중독된 본 사례는 전형적인 환경정의 실현 운동이 일어날 수밖에 없는 사례를 보여주고 있는데, 이는 노동계층인 흑인 아이들과 같이 사회적으로 취약계층이 산업시설물 때문에 발생한 오염에 심각한 피해를 입게 되었기 때문이다. 이런 오염은 정부 산하 기관들과 관련회사가 수 년 동안 심각한 문제를 그냥 방치해 두면서 일어났다. 이에 대한 시민들의 반발은 실제로 사회정의 실현의 개념을 바탕으로 하는 사례들과 굉장히 비슷한 모습을 띄고 있다.

첫째, 납에 중독된 사람들과 납에 중독된 아이들의 부모들은 조직적으로 회사와 정부가 광산으로부터의 납 배출량을 줄일 것을 요구하였다. 1998년 12월 광산 앞에서 부모들로부터 최초로 시작된 시위는 의료비를 지원하고 심지어 광산을 닫을 것을 요구하며 1999년부터 2000년에 걸쳐 진행되었다. 이렇게 광산 앞에서 시위가 일어나면서 그 이후에는 살티요(Saltillo)의 주도에 위치한 주 입법부와 시청에서도 시위가 벌어졌다. 하지만 반발 세력 사이에서 내부 분열이 일어나고 목표에 대한 의견 충돌이 일어나면서 운동 세력은 결국 약해졌다.[5] 그러나 납에 중독된 아이들을 보호하고자 하는 사회적 움직임이 나타나기 시작했다.

둘째, 부모들에 의해 일어난 "정의" 실현 운동은 훼손된 자연을 복구하고 아이들에게 의료서비스를 제공하는 것 이상이었다. 실제로 부모들이 공통적으로 요구한 것은 정의 실현을 위한 페놀레스사에 대한 정부의 조치였다. 페놀레스 사례 환경정의 실현 운동의 중요한 리더 중 한 명인 마리아 돌로레스 구일렌은 "나는 어떤 정당이나 집단의 리더가 아니다. 나는 단지 70μg의 납에 노출되어 평생 장애를 갖게 된 여자아이의 엄마일 뿐이다"라고 말했다(*La Jornada*, 1999년 6월 7일자).

정의에 대한 요구는 사회운동에서 뻗어나온 굉장히 중요한 요소이다. 또한 1990년대 멕시코에서 일어난 다른 환경운동과는 다르게(Umlas 1998; Díez 2006), 페뇰레스 사례에서 보여준 운동은 환경보호에 실질적으로 관심이 크게 있었던 사람들로 이루어지지 않았다. 예를 들면, 이 운동에서 가장 활발한 활동을 보여준 비정부기구 중 하나인 '라군 지역 인권 보호 단체'는 근본적으로 환경보호보다는 인권을 보호하고자 하는 단체이다. 실제로 이 단체는 페뇰레스 사례가 아이들의 인권을 보호하고 그렇기 때문에 정의 실현의 의미를 내재한다고 주장했다. 마지막으로 주정부와 연방정부가 페뇰레스 사에게 의료비 지원을 하고 393가구를 이동시키도록 지시했을 때, 28명의 부모들은 자신의 아이들이 입은 피해에 대한 보상을 요구하는 민사 소송을 걸었다(*Reforma*, 1999년 5월 12일자). 원고들은 거물급 변호사들에게 법적 조언을 듣고 지역 최저임금의 네 배에 해당하는 금액에 1,095(민법과 노동법에 의한 계산법에 따름)를 곱한 금액(한 아이당 4만3천달러)을 배상하라고 요구하였다. 변호사들은 그들의 아이들이 영구적으로 장애를 얻게 되었다는 사실을 부각시키며 그들의 주장에 힘을 실어 주었다(*Reforma*, 1999년 5월 12일자). 집단 소송의 개념이 소송 절차에 없던 나라에서 일어난 이 소송은 환경정의 실현을 외치는 운동이 사용하는 수단과 굉장히 비슷한 모습을 보여준다. 그렇기 때문에 이 사례는 환경정의 실현 운동과 굉장히 비슷한 모습을 갖고 있는 사회적 환경정의 실현 운동의 예가 될 수 있다.

환경정의의 한계

이런 공통적인 성격을 띠고 있음에도 불구하고 몇몇의 사실들은 이 사례가 왜 정확히 환경정의 실현 운동이 아닌지 설명해주고 있다. 환경정의 실현을 전제로 한 운동과는 다르게 페뇰레스 사례에서 피해를 입은 아이들은 회사의 고의로 피해를 입은 것이 아니다. 이를 테면,

저자 데이빗 카러더스(Daivd Carruthers)는 이 책의 도입부에 미국에서 일어나는 환경정의 실현 운동의 이유는 대부분 미국에서 말하는 히스패닉, 흑인 또는 인디안 커뮤니티 같은 못사는 지역에 산업폐기물들이 형평성에 어긋나게 발생하기 때문에 생긴다고 말한다. 그가 언급한 것과 같이 미국의 분석가들은 환경적인 측면에서 일어나는 차별에 대한 인구 통계 자료를 낼 수 있었다. 하지만 멕시코와 같은 경우는 조금 다르다. 공장의 설립은 배기가스 때문에 피해를 입은 지역 주민단체의 형성으로 이어졌다. 알다시피 회사의 고용계획은 공장 근처에 많은 사람들이 정착하도록 만든다. 그렇다고 공장이 더 못 사는 지역에 설립되거나 하는 것은 아니다. 그러므로 지역 주민단체의 형성은 차별에 의해 발생한 것이라고 볼 수는 없다. 부모들과 지역주민들이 하는 대부분의 주장은 공장 측과 정부가 심각한 대기오염을 그대로 방치해둠으로써 생겨난 것이다. 즉, 애초에 공장의 납 배출에 대한 법적인 제제가 없었기 때문에 위반사항 조차 존재할 수 없었고 그렇기 때문에 그들의 요구에 따른 환경정의 실현 운동은 한계를 갖게 될 수 밖에 없었다(Ugalde 2006, p. 389).

더 중요한 사실은 피해자들이 운동을 일으킨 이유가 인종차별의 문제에 따른 회사와 정부의 조치가 아닌 배상에 대한 요구였다는 것이다. 반대로 미국에서 환경정의 실현 운동의 중심에는 항상 인종차별과 같은 문제 의식이 존재하였다. 저자 카러더스 또한 이 책의 도입부에서 미국의 환경정의 실현 운동의 시작은 환경보호주의 보다는 인권운동의 연장이라고 설명한다. 미국과 같은 경우 다문화, 다인종의 역사가 길고 이런 사실들이 현재 미국사회의 가장 두드러진 모습이기 때문에 인권운동의 연장이라는 공식이 충분이 성립할 수 있다. 하지만 멕시코의 경우에는 사회적 특성상 인종차별을 전제로 하는 운동이 일어나기 어렵다. 그렇다고 멕시코가 아예 인종차별과 관련된 사회적 운동과 변화가 없었던 것은 아니다. 실제로 현대 멕시코의 가장 두드러지는 사회운동은 성과 같은 인권문제 위주로 전개되었다. 하지만 아프리카계와 같은 다인종으로 구성된 다른 중남미국가들과는 다르게 멕시코의 인종, 민족적 사회운동은 거의 대부분 원주민운동으로 제한되어 있다. 이는 인종 또는 신분차별의 개념이 내재된 환경정의 실현운동에 참여한 계층이 원주민이라는 점을 설명해주는 대목이다. 실제로 멕시코에서 있었던 성공적인 환경 캠페인들의 사례를 보면 대부분 원주민이 주도하였는데, 그 예로 1990년 중반 테포스틀란(Tepoztlán)에 골프장 건설을 중단 시킨 성공적인 사례가 있다(Díez 2006, pp. 86-87). 하지만 페놀레스 사례와 같은 경우 인종적 요소가 존재하지 않았기 때문에 운동은 신분에 따른 문제를 포함하지는 못했다. 피해받은 사람들이 노동계층에 속해 있었기 때문에 운동은 사회계층에 따른 차별문제로 이어질 수 있었다. 하지만 앞서 말했듯이 페놀레스 사례에서는 신분과 계층과 관련된 담론은 포함되어 있지 않았다.

이에 대한 가장 큰 이유로는 멕시코에서 위와 같은 환경정의 실현운동의 개념이 환경-비정부기구에 의해 수용되지 않았기 때문이다. 신분차별에 의한 몇몇의 운동 사례에서도 관련 비정부기구들은 인권보다 "환경의제"(green agenda)에 집중하는 경우가 대부분이었다. 그 말인즉슨 이런 단체들의 노력은 환경보존과 야생을 보호하는데 초점을 맞췄다는 것이다(Díez 2006, pp. 34-37). 그 이유는 대부분의 비정부기구의 경우 기부금을 통해 운영되는 경우가 많고 국제적 기부자들이 환경의제에 초첨을 맞춰 기부하기 때문이다. 고로 대기오염에 따른 피해에 대한 배상을 받기 위해 발생한 페놀레스 사례의 운동은 환경-비정부기구의 목적과는 거의 상관이 없는 것과 마찬가지였다. 이런 이유 때문에 다른 환경정의 실현 운동과는 다르게 페놀레스 사례는 결국 운동세력이 약해지고 지역 규모에서 그치는 한계에 부딪혔다.

환경정의 도입에 따른 기관 및 법적 장애물

페놀레스 사회운동이 약해진 가장 중요한 이유 중 하나는 배상금을 목적으로 부모들이 건 소송이 실패 한 것과 환경훼손에 따른 배상을 받는 것을 견제하는 법적 기관, 그리고 요소들 때문이다. 이번 파트에서 우리는 기관과 법적 장애물에 대해 자세히 살펴 볼 것이다.

법적 사례

전에 언급했듯이, 몇몇의 부모들은 아이들이 입은 피해에 따른 배상을 요구하는 민사소송을 제기했다. 이 사례는 전형적인 민사상 책임문제로 다뤄졌고, 환경을 훼손한 측이 아이들이 받은 피해에 대한 책임이 있다고 판결한 특이한 경우였다. 이런 결과에 따라 고소인들은 판사에게 대기오염을 제공하는 광산 가동을 중단하고 자연 훼손에 대한 책임을 요청하기 보다는 그들의 아이들이 입은 피해에 대한 배상만을 요청하였다.[6] 고소인들이 말하는 배상은 회사가 피해자들 1인당 4만3천 달러를 지불하라는 것이었다.

1999년 5월 26일 페놀레스 회사의 대변인은 수석 판사에게 피해를 입은 아이들이 시설 근처에 살지 않고 소송 내용에 설명하고 있는 증상을 다 나타내고 있는 것이 아니며 고소인들이 아이들의 증상에 대한 진료보고서를 첨부하지 않았다고 주장했다. 또한 아이들에게서 나타난 높은 납 수치에 대한 보고서의 유효성에 대해서도 되물었고 더 중요한 사실은 광산이 아이들의 납 수치와 직접적인 연관성이 없다고 주장한 것이다. 회사 대변인은 자동차 배기가스, 인근 도자기 공장에서 배출한 가스, 아이들이 사용하는 장난감과 연필, 휘발유의 연소, 통조림 제품 섭취 또는 살충제 사용과 같은 다양한 활동이 보고서에 나타난 높은 납 수치와 연관이 있을 수 있다고 주장했다. 이와 같은 주장을 앞세워 회사는 고소인들에게 아이들의 증상과 광산의 직접적인 연관성을 증명해야 한다고 밝혔다.

2000년 3월 소송은 증거자료 제출을 계기로 6개월 동안 진행이 되게 되었다. 하지만 이 기간 동안 페놀레스 사는 고소인들의 증거자료가 결론에 이르지 못한다고 주장하며 판사에게 소송을 기각하라고 요구하였다. 몇몇의 소송절차 이후, 페놀레스 사는 증거자료를 기각시키도록 판사를 설득시키는데 성공하였다. 논리상 대부분의 증거자료가 기각되면서 회사는 자연스레 무죄를 선언 받게 되었고 고소인들은 소송에서 패소하게 되었다. 2001년 7월 10일 판사는 고소인들이 충분한 증거자료를 제출하지 못한 점을 인정했다. 부모들은 결국 다른 기관에서 소송을 걸었으나 다시 한 번 패소하게 되었다. 하지만 2003년 2월 부모들은 법원에서 합법적으로 다시 소송을 진행할 수 있게 되었고,[7] 재판은 글을 쓰고 있는 현재에도 진행 중이다.

손해배상을 위한 법률적 수단으로서의 "민사상 책임"(Civil Responsibility)의 개념

피해 가족을 대표하는 변호사들은 그들의 주장을 "민사상 책임"이라는 개념을 더해 강화시켰다. 멕시코의 법을 살펴보면 민사상 책임이란 개인 또는 회사가 타인에게 피해를 입힌 것에 대한 배상을 말하는데(Colín et al. 1924, pp. 725-726), 법적인 동의 없이 제 3자의 권익을 침해하였을 때 해당한다는 것이다(계약 이외의 책임)(Borja 1991, p. 456).

페놀레스 사례에서 아이들을 대변하는 변호사들은 계약 이외의 책임, 즉 민사상 책임의 개념을 앞세워 회사의 배상을 요구했다. 변호사들이 이런 기준을 세워두고 주장할 수밖에 없었던 이유는 아이들과 회사 사이에 그 어떠한 동의도 존재하지 않았으며 위반사항을 따질 기준이 될 만한 계약서가 존재하지 않았기 때문이다. 이 사례에서 고소인들은 광산과 시민들이 입은 피해의 연결고리를 찾고자 했고 초반에는 광산이 존재하고 그 주위에 사는 아이들에게서 높은 수치의 납이 검출 되었다는 것이 연결고리로 작용했다. 그러므로 그들이 건강상 입은 피해는 광산에 의해서 발생한 것이 맞는 것이다. 이 논리와 민사상 책임의 개념을 근거로 고소인들은 다음 사항들을 증명하고자 했다:

- 멕-멕스페뇰레스 사가 납 생산을 했다는 것(위험활동)
- 광산이 배기가스를 배출했고 공기, 토양, 물을 오염시켰다는 것(위험활동)
- 아이들이 광산 근처에 살았고, 직접 및 지속적으로 배기가스에 노출되었다는 것(연결고리)
- 아이들이 건강상 입은 피해는 납 배출에 직접적으로 노출된 결과라는 것(연결고리)
- 광산에서 채굴된 납이 피해를 입혔다는 것(피해)

위의 사항들을 증명하고자 하는 목적으로, 고소인들은 연결고리에 대한 증거자료를 제출했다. 하지만 위에서 설명했듯이 증거자료는 기각되었고 대부분의 증거자료는 쓸모없게 되었다. 결국 연결고리가 증명되지 않으면서 "민사상 책임"의 공식은 성립하지 않았고 결국 그들이 패소하게 된 것이다. 페뇰레스 사례에서 알 수 있듯이 멕시코에서 "민사상 책임"을 성립시키기란 굉장히 어려운 일이다. 그러므로 "민사상 책임"이라는 개념은 배상을 받고자 하는 사람들의 의욕을 상실하게 만든다. 또한 소송의 절차부터 내용이 굉장히 까다롭고 복잡하기 때문에 비용이 만만치 않다는 점이다. 보통 이런 소송은 기술적 측면을 내재하고 있기 때문에 소송이 굉장히 긴 시간 동안 지속되는 경우가 대부분이다. 그러므로 이런 방법을 통해서 환경 훼손에 대한 정의 실현을 한다는 것은 굉장히 어려운 일이다. "민사상 책임"까지 건강과 직관되는 문제의 근거로 쓰일 수 없으면 멕시코의 환경법이 과연 배상을 받을 수 있는 메커니즘을 갖고 있는가라는 질문이 자연스레 나오기 마련이다. 다음 내용은 이 질문에 대한 답변을 하고자 한다.

환경보호와 환경훼손에 대한 보상 기관 및 법적 체계

1971년을 시작으로 입법부가 환경보호에 관한 법령을 처음 발표 했을 때, 멕시코에는 이미 몇몇 환경법이 존재했었다.[8] 국가적인 차원에서 환경문제를 다루고 있는 주요 법령은 바로 '생태 균형 및 환경 보호에 관한 일반법'(Ley General de Equilibrio Ecológico y Protección al Ambiente, 이하 환경보호법)이다. 환경법을 채택한 멕시코시티와 다른 주 및 지방 자치제 당국 모두 이러한 환경보호법을 따른다. 또한 환경법 제정을 담당하는 연방정부 환경 보호 사무소, 환경 및 천연자원 사무국(Secretariat of Environment and Natural Resources: SEMARNAT), 국립 생태 연구소(National Institute of Ecology), 국가 물 위원회(National Water Commission)와 같은 다양한 연방기관들이 생겨났다. 멕시코의 환경법은 수 차례 개정되었다. 1996년 환경보호법에는 법정에서 빈번히 일어나는 환경관련 소송을 해결하고 더 효과적으로 환경을 보호할 수 있는 중요한 내용의 법조문들이 포함되었다. 이 개정안은 민사 법원 전 단계의 소송 가능성과 자연훼손에 대한 책임을 지는 개념 그리고 훼손에 대한 책임의 기준을 잡아주고자 하는 것이 목표였다. 2004년에 제정된 수법(Water Law)과 같이 비슷한 환경법에도 위와 같은 논리를 적용해 개정하였다.

1996년에 있었던 환경보호법 개정에 따라 '공적 고발'이라는 개념이 탄생했는데, 이것은 모든 시민이 환경법 위반사항을 정부에 고발할 수 있는 권리를 부여 받는 것이며 더 구체적으로는 자연훼손을 하거나 할 가능성이 있는 어떤 종류의 활동도 보고 할 수 있는 것이다. 위의 내용을 포함하고 있는 환경보호법 제189조의 내용은 다음과 같다:

> 모든 시민, 사회단체, 비정부기구, 협회는 생태계와 자연보존을 위해 환경재정법의 조항과 법조문에 위배되는 모든 활동 및 자연 훼손을 유래할 수 있는 가능성을 갖고 있는 것에 대해 연방정부 환경 보호 사무소 또는 다른 정부기관들을 통하지 않고 먼저 보고 할 수 있다. 보고를 하기 위해서 개인은 환경보호국을 찾아갈 필요 없이 살고 있는 지역의 가장 가까운 관련 정부 기관에 자유롭게 보고할 수 있다. 또한 접수된 모든 보고는 연방정부의 권한에 따라 지방정부와 환경보호국에 전달되어야 한다.

환경보호법 제195조에 따르면 환경훼손에 대한 대중의 불만은 행정상의 차원, 예방 차원, 또는 바로잡는 차원에서만 수용될 수 있거나 환경훼손에 대한 책임을 갖고 있는 지방 기관 및 정부에 대한 권고일 경우에만 수용된다. 여기서 권고는 대중성을 갖추고 있으나 법적 구속력이 없다. 즉, 권고는 권고일 뿐이지 정부 기관에게 자연훼손에 대한 복구를 하라는 강요는 아니라는 것이다. 환경을 훼손하거나 훼손할 가능성이 있는 활동 또는 단체에 대한 대중의 불만이 제기되더라도 항상 즉각적인 조치가 취해지는 것은 아니다. 개인 또는 집단은 불만을 제기할 수 있지만 그에 대한 결정은 환경보호국과 같은 정부기관의 결정에 달려있다. 대중의 불만은 정부기관들이 자연훼손에 대한 조치를 취하거나 훼손할 잠재성을 갖고 있는 것에 대한 대책을 세우게 강요하는 요소로 여겨지지 않는다.

'공적 고발'이라는 개념에 더해 환경보호법은 민사소송을 허용하는 조항도 포함하고 있다. 환경보호법 제203조는 다음과 같다:

행정상의 제재와 형벌에 처하는 사항에 해당하지 않더라도 자연을 훼손하고 오염 시키거나 천연 자원 또는 생태계에 나쁜 영향을 미치는 모든 개인과 집단은 그에 합당한 책임을 지고 훼손된 자연을 다시 바로잡아야 한다. 환경훼손에 대한 책임은 해당 훼손 활동이 발생한 시점부터 5년 이내에 이행되어야 한다.

위와 같은 법조문에서 우리는 자연 훼손에 따른 개인이 입은 피해는 해당 법에 한해 민법전(民法典)에 따라 보상된다는 점을 추측할 수 있다. 하지만 이 법조문들은 자연훼손에 관련 된 사항만 명기하였을 뿐 개인이 입는 피해에 대한 부분은 언급되어 있지 않다. '계약 이외의 책임'이라는 개념과 비슷하게 자연훼손과 개인이 입은 건강상 피해 사이의 연결고리가 필요한 것이다. 또한 절차적 코드(Procedural Code)에 따른 멕시코 법의 논리에 따르면, 개인이 입은 피해 보상 요구를 위해 사법절차를 밟는 경우 권리가 침해 받았음이 법조문에 명기되어야 하고, 그것을 존중하는 개인 또는 정부기관에게 법적 의무가 발생한다. 멕시코의 법에는 자연훼손에 따른 개인의 피해에 대한 항목이 포함되어 있지 않기 때문에 개인들은 자연훼손에 대해 법을 전제로 보상을 받기 힘들다. 그 이유는 페놀레스 사례에서도 알 수 있듯이, 고소인들이 보상을 받기 위해서 멕시코의 환경관련법을 들먹일 수 없기 때문이다. 멕시코에서는 자연훼손 때문에 개인이 입은 건강상 또는 개인적인 피해가 법적 체제의 범주 내에서 보상될 수 없다는 점에서 사람들은 '계약 이외의 책임'이라는 개념을 앞세워야 하지만 이 또한 문제가 있는 것으로 보인다.

멕시코 내 집단소송의 한계

멕시코에서 개인이 입은 피해에 대한 보상을 요구하는 집단소송을 제지하는 가장 큰 이유는 멕시코의 법적 체제가 개인들이 모인 집단을 법적 실체로 인정하지 않기 때문이다. 이 때문에 그들이 법적 실체로 인정되지 않는 한 보상에 대한 요구는 이루어질 수 없다. 그러므로 멕시코 법 체제 범주 내에서는 미국에서 하듯이 집단 소송을 할 수 없다. 페놀레스 사례에서는 한 변호사가 부모 집단을 대표했으나 그것은 변호사가 부모 개개인을 대표한 것이지 집단의 성격으로 대표한 것은 아니다. 멕시코에서는 '공동 소송'(litisconsorcio)이라는 개념으로 알려져 있다. 이 개념에 따르면 각 개인들은 피해를 입은 것을 각자 증명해야 하며 보상 또한 개인에게 각기 다르게 돌아간다. 또한 보상은 공동 소송의 개념아래 집단에 속한 개인들에게만 돌아가며 그 이외의 사람들은 보상을 받을 수 없다. 이런 개념은 집단 소송을 하고자 하는 사람들의 의욕을 꺾는 요소로 작용한다. 다른 나라에서 사람들이 입은 피해에 대해 집단 소송을 거는 것은 사람들이 특정 문제에 대해 법적으로 대응하는 행동을 격려하지만, 멕시코 법 체제는 집단 소송의 개념을 수용하지 않기 때문에 이런 혜택이 사람들에게 주어질 수 없다.

위에서 알 수 있는 것처럼 멕시코의 법 체제 또는 환경관련법은 피해에 대한 보상을 요구할 수 있도록 하는 효과적인 법조문을 포함하지 못하고 있다. 즉 멕시코의 법 체제는 자연훼손에 따른 보상이 이루어지기 위한 "실질적인"(no teeth) 내용을 포함하지 않고 있다는 것이다. 그렇기 때문에 멕시코에서는 "오염자 부담"(polluter pays)이라는 원칙이 성립되기 굉장히 어려운 환경이다. 실제로 멕시코에서 환경정의 실현 운동이 등장하기 가장 어려운 이유 중 하나는 환경관련법이 효과적이지 못한 측면 때문이다. 이런 경우, 법을 실행하는 것은 환경보호국과 같은 환경관련 기관에게 모든 것이 달려있다. 이런 상황에서 환경정의 실현을 위한 집단행동은 굉장히 어려워 질 수밖에 없다.

결론

본서의 목적은 중남미 환경정의 실현 운동의 한계와 장래성에 대해 알아보고 지역사회의 환경정의 실현에 대한 의식과 행동을 살펴보기 위함이다. 본 장에서 우리는 산업 공해에 따른 인간의 피해에 관련해 멕시코 최악의 사건인 페뇰레스 사례를 살펴보았다. 우리는 페뇰레스 사례가 환경정의 실현 운동이 등장할 수 있는 전형적인 사례이기에 분석하기로 정하였다. 우리의 분석에 따라 우리는 멕시코의 법적 체제 및 다양한 요소들이 환경정의 실현 운동의 규모를 억제한다고 주장하였다.

우리가 앞서 살펴보았던 것처럼, 멕-멕스페뇰레스 사의 광산 주변에 사는 아이들의 혈액에서 높은 수치의 납이 검출된 것을 증명하는 관련 연구의 공개는 정부관계자, 비정부기구, 그리고 피해를 입은 시민들의 대응을 유도하였다. 이들이 보인 반응은 미국에서 일어난 환경정의 실현 운동의 주요 특징과 굉장히 비슷한 점을 보여주고 있다. 광산과 정부로부터 조치를 요구하는 사회운동의 등장과 정의 실현이라는 개념을 그들의 요구 사항과 문제에 적용시키는 것 그리고 민법 소송을 통해 집단이 보상을 추구했다는 이런 점이 미국의 것과 굉장히 닮아서 멕시코 내에서도 환경정의 실현 운동의 잠재성이 보였다는 것이다. 하지만 우리가 보았듯이 페뇰레스 사례에서 일어난 운동은 미국에서 일어난 환경정의 실현 운동을 부채질 한 가장 중요한 요소인 환경과 관련된 차별을 전제로 하지 않았다. 페뇰레스 사례에서 피해를 입은 지역주민들과 아이들은 광산이 지역사회가 형성되기 전에 들어섰기 때문에 직접적인 대상이 된 것은 아니다. 이 사례는 멕시코에서 환경관련 차별의 개념을 적용한 사회운동이 얼마나 어려운 것인지 보여준다. 공장 또는 광산의 부지가 결정될 때 일반적으로 미래까지 바라보고 결정을 하지는 않는다. 그러므로 부유하지 못한 지역에

광산과 공장이 들어서서 환경적 차별을 초래했다는 것을 전제로 한 사회그룹의 주장은 성립할 수 없는 것이다.

또한 이 사례에서의 운동은 환경정의 실현운동의 가장 중요한 요소인 인종 또는 신분의 개념이 적용되지 않았다. 멕시코에서 통상적으로 있는 사회운동과는 다르게 인종과 관련된 운동은 단일화된 사회구성의 특성상 일어나기 힘들다. 페뇰레스 사례는 환경정의 운동이 실현되기 위한 이런 특성들이 적용되는 것이 굉장히 어렵다는 것을 분명히 보여준다.

하지만 근본적으로 멕시코에서는 법적 장애물들이 환경정의 실현운동의 규모가 커지는 것을 억제한다고 볼 수 있다. 우리가 보여주고자 했던 것처럼 멕시코의 법 체제는 사람들이 입은 피해에 대해 보상받는 절차를 굉장히 어렵게 한다. 우리가 분석해본 바와 같이 환경훼손과 그에 따른 건강상의 피해에 대한 정확한 연결고리를 증명하지 못하면 승소하는 것은 정말 어려운 일이다. 고소인들 및 지역주민들과 페뇰레스사와 그 어떤 계약도 존재하지 않기 때문에 사람들은 '계약 이외의 책임'이라는 개념을 앞세워야 했다. 또한 멕시코의 환경관련법 체제는 자연환경의 악화로부터 발생한 피해에 대한 연결고리가 분명하지 않을 경우 보상에 대한 요구를 인정하지 않는다. 마지막으로 멕시코의 법 체제는 한 집단을 법적 실체로 인정하지 않기 때문에 집단 소송 또한 인정하지 않는다. 개인들은 변호사가 집단을 대표하더라도 '공동 소송'의 개념이 팽배한 멕시코의 법 체제 아래 집단 소송으로 인정하지 한 명의 변호사가 개인들을 따로 대표하게 되는 것이다. 이런 점은 사람들이 보상을 받기 위해 집단적으로 행동하고자 하는 의지를 깎아 내린다. 그러므로 페뇰레스 사례는 맥락상 멕시코에서 자연환경훼손에 따른 환경정의 실현 운동이 굉장히 많은 장애요소들을 갖고 있고, 실질적으로 환경정의 실현 운동이라는 개념에 한계가 있다고 강조하고 있는 것이다.

참고문헌

ATSDR (Agency for Toxic Substances and Disease Registry). 1998. The Nature and Extent of Lead Poisoning in Children in the United States: A Report to Congress. US Department of Health and Human Services.

Albert, Lila, M. Martínez-Dewane, and M. García. 1978. Metales pesados I. Plomo en el cabello de niños mexicanos. *Revista Socio-Química Mexicana* 30, no. 2: 55-62.

Albert, Lila, M. Martínez-Dewane, and M. García. 2004. Met-Mex Peñoles y los niños de Torreón. *Revista de Toxicología en Línea* 4: 1-16.

Baker, Richard D. 1971. *Judicial Review in Mexico: A Study of the Amparo.* University of Texas Press.

Benin, A., J. Sargent, M. Dalton, and S. Roda. 1999. High concentrations of heavy metals in neighborhoods near ore smelters in northern Mexico. *Environmental Health Perspectives* 107, no. 4: 279-284.

Borja Soriano, Manuel. 1992. *Teoría general de las obligaciones.* Porrúa.

Burgoa, Ignacio. 1998. *El juicio de amparo.* Porrúa.

Calderón-Salinas, J., B. Valdés-Anaya, M. Zúñiga-Charles, and A. Albores-Medina. 1996a. Lead exposure in a population of Mexican children. *Human and Experimental Toxicology* 15: 306-311.

Calderón-Salinas, J., C. Hernández-Luna, B. Valdés-Anaya, M. Maldonado-Vega, and A, López-Miranda. 1996b. Evolution of lead toxicity in a population of Mexican children. *Human Experimental Toxicology* 15: 376-382.

Colín, Ambroise, and Henri Capitant. 1924. *Curso elemental de derecho civil.* Reus.

Díez, Jordi. 2006. *Political Change and Environmental Policymaking in Mexico.* Routledge.

Escobar, R., M. Borja, G. Vinegra, L. Antopia, and F. Silva. 1964. Estudio epidemológico de la metalúrgica Peñoles. *Salúd Pública México* 6, no., 5: 387-403.

Garcia Vargas, G., M. Rubio Andrade, L. Del razo Jiménez, V. Borja Aburto, E. Vera Aguilar, and M. Cebirán García. 1999. Lead exposure in children from urban areas in the Region Lagunera, Mexico. *Toxicological Sciences* 48: 329.

Hogenboom, Barabra. 1998. *Mexico and NAFTA Environment Debate: The Transitional Politics of Economic Integration*. International Books.

OECD (Organization for Economic Cooperation and Development). 1998. Environmental Performance Reviews: Mexico.

OECD. 2003. Environmental Performance Reviews: Mexico.

PROFEPA (Procuraduría Federal De Protección al Ambiente). 2000. Met-Mex Peñoles y el plomo en Torreón: Acciones de la PROFEPA de 1999 a 2000.

Rosen, John F. 1992a. Effects of low levels of lead exposure. *Science* 256, no. 17: 294.

Rosen, John F. 1992b. Health effects of lead at low exposure levels. *American Journal of Diseases of Children* 146: 1278-1281.

Rubio Andrade, M., L. del Razo, V. Borja, E. Vera, M. Cebirán, and G. García-Vegas. 1998. Evaluación de le exposición a plomo en niños residentes en el área conurbada de las ciudades de Gómez Palacios y Torreón. XVI Congreso Internacional de Investigación Bioquímica.

Ugalde, Vicente. 2006. La politique des déchets dangereux au Mexique. Thèse en droit, Université Panthéon-Assas, Paris.

Valdés, Francisco, and Victor Manuel Cabrera Morelos. 1999. La contaminación por metales pesados en Torreón, Coahuila, México. Texas Center for Policy Studies.

Viniegra, G., R. Excobar, E. Borja, and P. Caballero. 1964. La polución atmosférica e hídrica de Torreón, Coahuila. *Salúd Pública México* 6, no. 5: 405-414.

미주

1 멕시코의 수문학 지역 24곳의 지하수 수질은 오염되거나 혹은 심하게 오염된 것으로 판정받았다. 또한 멕시코 주요 도시의 공기의 질은 OECD 국가 중에서 가장 나쁜 곳 중 하나이며 산림 벌채의 진행 속도는 세계에서 3번째로 빠르다(OECD 1998).

2 멕시코의 환경운동단체의 활동을 검토하기 위해서는, Díez 2006, pp. 27-37 참조. 정책에 끼친 운동의 영향을 살펴보기 위해서는, ibid., pp. 57-76, 93 참조.

3 1990년대 초반 멕시코의 비정부기구 수의 증가는 미국 비정부기구들의 전문 지식과 기술의 이전에 의해 크게 도움을 받았다(Díez 2006; Hogenboom 1998; Gilbreath 2003).

4 "Detectan a 15 menores con envenenamiento de plomo,", *El Siglo de Torreón*, 1998년 12월 11일자; "Una icógnita cómo adquirieron plomo en la sangfre 18 ninos contaminados," *La Opinión*, 1999년 1월 7일자 참조.

5 운동의 힘이 약해진 것의 가장 중대한 요인은 회사에게 무엇을 요구할지를 두고 의견이 분분했기 때문이다. 일부 운동가들은 주로 보상을 요구했던 반면, 다른 사람들은 더 나아가서 공장이 완전히 폐쇄되기를 바랐다(활동가 Francisco Váldes-Pérezgasca와의 사적인 대화, 2006년 4월 25일).

6 부모들 중 또 다른 그룹은 범죄 경내에 따라 사건을 쫓기로 하면서, 연방 변호사를 순순히 따를 것을 거부하였다. 그러나 소송은 결국 형사법(Criminal Code)을 위반하지 않았기 때문에, 범죄가 아니라는 이유로 기각되었다.

7 '보호 영장'(writ of amparo)은 법률이나 행정 행위가 헌법상의 권리 또는 보증을 위반하는 것에 대해, 개인에게 부여되는 헌법조항의 면제를 법원이 금지하는 명령의 한 형태이다. '암파로'(amparo)에 대한 보다 자세한 설명은 Burgoa 1998과 Baker 1971 참조.

8 개괄적인 내용은 Díez 2006, pp. 40-43 참조.

Ⅲ부

토지, 자원 그리고 환경정의

제8장

라틴아메리카에서의 생태관광, 공원 체계 그리고 환경정의

Michele Zebich-Knos

공원과 보호지역 및 그 주변지역의 생태관광이 증가함에 따라, 허니(Honey 1999)는 이러한 생태관광산업의 성장이 모든 문제에 대한 해결책이 아니며 지역공동체와 지속가능성을 염두에 두고 접근해야 함을 우리에게 상기시키고 있다. 생물권 보존지역 및 보호지역과 공원을 둘러싼 개발에 대한 최근 라틴아메리카 내부의 담론은 환경정의를 경제 및 환경의 평등(equation) 문제에 포함시키도록 유도하고 있으며 생태관광사업과 국가의 보존지역이 그 인근 지역의 거주민에게 과연 이로운지에 대한 질문을 던지고 있다. 멕시코의 '모나크 나비[21] 생물권 보존구역'(Monarch Butterfly Biosphere Reserve)과 자네트 가와스 국립공원(Jeanette Kawas National Park), 벨리즈의 '톨레도 구역'(Toledo District), 그리고 파나마의 나사간디(Nasagandi) 주변 '쿠나 보존구역'(Kuna Reserve) 프로젝트 사례는 이러한 질문에 대한 통찰을 제공하며 본 연구의 토대를 형성할 것이다.

국제 자연 보호 연맹(International Union for Conservation of Nature and Natural Resources: IUCN)은 보호지역을 "자연과 문화유

21) 날개모양이 주황색과 검은색의 패턴으로 되어 있으며 날개를 펴면 8.9-10.2cm의 크기이다. 이 나비는 북미, 뉴질랜드, 호주 등에서도 볼 수 있다. 드물게는 서부유럽과 영국에서도 볼 수 있다. 멕시코로 날아오는 모나크 나비는 겨울을 나기 위해 가을에 북아메리카에서 이동한 것으로 봄에 다시 북으로 이동한다. 그 이동시간에 나비의 3-4 세대가 걸린다.

산의 보호 및 향유, 생물다양성 유지, 그리고 생태적 생명유지 기능의 관리를 주요 목적으로 한 지역"으로 정의하고 있다(Ceballos-Lascurain 1996, p.29). 국립공원이라 하면 보호지역을 먼저 떠올리게 되지만, 보호지역은 그 범위 내에서 인간 활동을 제한적으로 허용하는 생물권 보존구역 등의 기타 관리 유형도 포함하고 있다(Haenn 2003). '모나크 나비 생물권 보존구역'은 일반적으로 통용되는 국립보호지역에 대한 정의에 해당하는 한 예로(Ceballos-Lascurain 1996, pp. 29-31), 기술적 의미에서 국립공원은 아니지만 모나크 나비의 겨울 서식지를 보존하기 위한 지역이다.

공원조성과정에서 국가 정책 입안자가 지역 주민의 의미 있는 참여를 배제한 채 종종 하향식 접근법을 취하기 때문에 환경정의는 뒷전으로 밀릴 수 있다. 본 장에서는 국가 정책 입안자들이 보존과정 속에서 그 지역 주민의 의견을 반영하는 정도에 대해 사례분석을 통해 고찰하고자 한다. 또한 소도시나 농촌에서 재원 창출 수단으로서 증가하고 있는 생태관광의 역할을 검토하고, 점차 확대되어 가고 있는 국가 및 민간 공원을 겨냥한 환경운동의 증가와의 관계를 살펴보고자 한다. 특히 라틴아메리카에서 생태관광은 국립공원이나 보존구역(reserves) 인근 지역에서의 개발 세입 분배와 관련이 있기 때문에 이 점에 각별한 주의를 기울일 것이다. 지역 기반의 생태관광산업 개발은 비정부기구(NGO)의 개입 없이는 거의 발생하지 않는다. 따라서 보호지역과 접하고 있거나 그 안에 위치한 지역공동체에서의 비정부기구 역할에 대한 이해 없이는 이러한 문제를 검토할 수 없다.

코스타리카의 '몬테베르데 운수림 보존구역'(Monteverde Cloud Forest Reserve)와 같이 민간소유의 성공적인 보존구역 사례가 있지만, 본 장에서는 지역공동체와 공공보호지역 사이의 관계에 중점을 둔다(Budowski 1992). 공공보호지역 내부에서 하나의 혼성적(hybrid) 공간으로 볼 수 있는 곳은 '쿠나 얄라주의 야생지 관리를 위한 연구 프로젝트'(Study Project for the Management of the Wildlands of Kuna Yala: PEMASKY)[22] 지역으로, 파나마의 '쿠나 보존구역' 내에 위치해있다. 이 보존구역은 쿠나족의 거주지로, 1953년 이래 파나마 국가법(Panamanian national law)에 의거하여 자치정부로 운영되고 있다(Chapin, 2000). 이 법에서는 쿠나족이 그들 자신의 문제, 특히 토지와 천연자원 관련 문제를 처리할 수 있는 정치적·법적 체계 및 자치규정을 명시하고 있다. 이러한 사례는 국가 정책 입안자보다 오히려 그 지역 토착민에 의해 혼성적 보호 지역(hybrid protected area) 및 생태관광 프로젝트가 추진될 경우 어떻게 전개될 수 있는지를 보여준다. 이러한 사례들을 통해, 본 장에서는 사람이 중심이 되는 개발(people- centered development)이라는 큰 맥락 안에서 생태관광을 평가하고, 환경보존의 기폭제로서 생태관광의 역할을 명확히 하고자 한다.

환경정의 적용

생태관광, 보호지역, 그리고 지역 주민 사이의 관계에 접근하기 전에, 우리는 이러한 이야기의 근간을 형성하고 있는 환경정의에 대한 개념을 되짚어보아야만 한다. 환경의 영향은 공평하게 분배되지 않는다는 점과 누군가의 "뒷마당"(backyard)[23] 신세가 될 수도 있다는 사실에 대한 우려가 커지면서, 1990년대에 들어서면서 새로운 풀뿌리 환경주의는 세계 각지에서 세력을 더해 왔다(Bullard 1994; Bullard and Clinton 1994; Fabor 1998). 이 새로운 환경주의가 사회정의 문제와 결부되면서, 환경정의의 개념이 확고히 자리매김하게 되었다.

22) 'Proyecto de Estudio para el Manejo de Areas Silvestres de Kuna': 1983년 쿠나의 지도자들과 기술자들이 그들의 자치영역인 파나마 쿠나 얄라주의 Comarca(Indigenous Reserve) 남부 경계에서 보호구역을 설정하고 운영하기 시작하였다.

23) 본문에서의 '뒷마당'은 '님비현상'(NIMBY)을 지칭하는 것으로, 혐오하는 특정 시설이 자신이 거주하는 지역에 들어서는 것을 반대하는 사회적인 현상을 말한다.

환경정의는 대개 권력이 없는 약자와 빈곤계층이 직면하게 되는 해로운 환경적 영향에 중점을 두지만(Steel, Clinton, and Lovrich 2003), 본 연구는 이보다 한 단계 더 나아가 환경정의를 "노동 및 사회정의와 생태계에 대한 관심을 명확히 연계하는 잘 발전된 환경적 이념 체계"라 정의하는 테일러(Taylor)의 패러다임(Taylor 2000, pp. 508-580)을 이용하고자 한다. 미국환경보호청(US Environmental Protection Agency)은 환경정의를 "환경법, 규제, 정책의 개발, 시행, 집행과 관련하여 인종, 피부색, 국적, 소득과 상관없이 모든 사람들의 의미 있는 참여(meaningful involvement) 및 공정한 대우"라고 정의하고 있다(US EPA 2006; Parris 2005). 이 두 가지 정의는 환경정책 결정 과정에서 절차적 참여와 보호지역에 인접한 지역공동체의 기대 및 요구를 인정하는 실질적인 산출 중심의 결과에 부합된다. 그러나 우리가 제시한 사례 대부분에서 볼 수 있듯이, 실제 적용은 이론과 너무나도 동떨어진 양상을 띤다.

우리는 노동 및 사회정의와 환경문제의 테일러식 연계를 조화시켜 이를 미국환경보호청(EPA) 정의에 내재된 환경정책입안과정에 융합시킴으로써 공원이 지역공동체로 확장되는 라틴아메리카에서의 농촌지역 연구를 위한 유용한 틀을 도출해냈다. 라틴아메리카의 경우 도시와 농촌지역의 소득 격차가 현저하기 때문에 보호지역에 인접한 지역공동체는 "어려움에 처한(공공기관이나 기업에 의해 정당한 대우를 받지 못하는 저소득 계층 혹은 불이익을 당하는 계층)"이라는 정의에 부합하였다.

미국환경보호청은 자국의 이해당사자들을 위해 정의를 내렸지만 개발도상국에서 이 개념의 적용가능성은 주로 개발 문헌(development literature)에서 고찰되었다(Desai 1998, p. 299). 수많은 보존 단체들은 이제 보호지역을 둘러싼 개발과 보존 사이의 연계를 인정한다. 비록 그 연계가 항상 나타나는 것은 아니지만 국제 자연 보호 연맹

(IUCN)은 "보호지역이 빈곤을 줄이는데 기여할 수 있는가?"(Can Protected Areas Contribute to Poverty Reduction)라는 보고서에서 그 연계성의 존재에 힘을 보탰다. 이 보고서는 보호지역 인근에 거주하는 사람들의 개발 요구와 생물다양성 보존 사이의 균형된 접근방식을 권장했다(Scherl et al. 2004). 국제 자연 보호 연맹은 "환경정의"(environmental justice)란 용어를 사용하지는 않았지만, 그럼에도 불구하고 "사회적으로 책임 있는 관리 접근방식의 채택을 통해 대내외적으로 펼쳐지는 지속 가능한 개발과 빈곤감소 전략에 완전히 통합시킴으로써 농촌 빈곤계층의 요구를 해결하는데 보다 중요한 역할을 하는 보존지역을 장려하였다(IUCN 2004, p.48).

라틴아메리카에서 공원의 조성과 확대는 농촌 주민에게 중요한 경제적 문제가 되고 있다. 국가 정부와 지구적 보존운동 세력, 그리고 도시의 약삭빠른 관광분야 이익단체의 힘에 밀려, 농촌 거주자들은 그들이 전통적으로 사냥, 벌목, 농업을 하여 소득을 창출하던 토지 내에서의 보호지역 확대에 대해 속수무책으로 바라보고 있을 뿐이다. 이러한 연유로, 지역공동체, 국가 혹은 주정부 공무원 및 생태관광 기업 사이의 관계는 "외부의 위협에 대항하는 풀뿌리 지역공동체의 반발"을 불러일으킬 수 있는 여지가 있다.

라틴아메리카에서의 생태관광을 위한 개념적 토대: 책임관광객(Responsible Tourist)

관광은 많은 개발도상국가 및 세계 각지에서 외화를 벌어들이는 가장 빠른 수단으로 간주되는 큰 사업이다. 코스타리카의 사례에서 볼 수 있듯이 관광은 전통적인 수출품을 제치고 주요한 외화벌이가 되었다. 1990년까지 관광은 커피보다 더 많이 외화를 벌어들이는 사업이었으며 바나나 다음으로 두 번째로 많은 외화를 벌어들이는 수단이었다. 또 다른 예로 쿠바를 들 수 있는데, 쿠바 정부는 외화 부족 문제를 완화하기 위하여 관광 개발 정책을 추진하였다. 이 두 지역의 경우, 관광은 국가 차원에서 경제적 목표를 가지고 조명되고 있다. 그러나 소규모 지역공동체에 귀속되는 관광 편익에 대한 자료는 거의 전무하다. 특히 국립 및 민간 공원의 경계 지역으로 대개 해당 지역 생태관광산업의 정박지 역할을 하는 지역에 대한 자료는 거의 찾아보기 힘들다. 따라서 지자체와 마을 단위의 개발과정에서 생태관광의 역할, 특히 소규모 관광산업의 역할을 검토해보는 것이 필요하다(Drake 1991).

본 장의 사례는 지역공동체 단위의 소규모 개발에서 관광산업의 역할을 고찰하고 있다. 이러한 사례는 해안가를 중심으로 한 대규모의 관광산업과 대조된다. 관광 수요가 더욱 다양해지고 새로운 모험에 대한 요구가 커지면서, 점차 "생태관광"(ecotourism)이라 불리는 새로운 유형의 관광산업은 개발도상국의 민간 및 공공부문과 선진국들의 관광산업의 홍보대상이 되었다. 엑토르 세바요스-라스쿠라인(Héctor Ceballos-Lascuráin 1998)에 따르면, 관광산업은 "그 지역에서 볼 수 있는 기존의 문화적 측면뿐만 아니라.... 연구 혹은 경관을 감상 등의 특정 목적에 의해 상대적으로 사람의 손이 닿지 않은 자연 그대로의 모습을 간직한 지역을 여행하는 것"이다.

이와 더불어 국제 자연 보호 연맹은 이러한 생태관광산업의 정의안에 환경정의 개념을 포함시켜 "지역 주민의 활발한 사회-경제적 참여를 유도해 혜택을 제공하는 환경적 책임관광(environmentally responsible travel)"이라고 기술하고 있다(Ceballos- Lascurain 1996, p. 20).

관광산업에서는 '생태관광'이란 용어를 막연하게 사용하고 있지만, 대개 생태 관광객은 사회적 책임관광(socially responsible tourism)[24)]

24) 관광객이 여행지의 경제 · 환경 · 문화 등을 존중하고 보호할 책임이 있다는 개념으로 기존 형태의 관광을 지양하기 위해 고안된 대안관광의 하나로서, '지속 가능한 관광'(Sustainable

의 신조(tenet)를 공유하고 있다. 이러한 관광산업 유형은 대개 소규모로, 자연적이고 문화적인 지역 자원에 대한 감상을 추구할 뿐만 아니라 지역 주민에게 재정적 편익을 가져온다. 한편, 관광객들의 입장에서도 그 지역의 주민들이 해안가 전망의 대형 호텔 주변의 비품(fixture) 이상으로 느껴지게 된다. 지역 주민들은 해당 지역 관습의 전달자이며 게스트하우스나 소규모 호텔 혹은 식당과 같은 관광편의 시설의 소유자이거나 자동차 또는 말과 같은 교통수단의 소유자일 수 있다. 결과적으로 지역 주민들은 예전에는 대도시의 관광산업 대표자나 고위층 정부 관료들에게나 해당됐던 새로운 의미의 권력을 획득한다. 책임관광객들은 소박한 펜션 혹은 해당 지역의 소규모 호텔 방을 빌리거나 심지어 지역 주민이 거주하는 집에 숙소를 얻기도 한다. 그들은 지역 주민들이 어떻게 사는지 보고 싶어 하고, 그들의 생활방식을 이해하길 원하기 때문이다.

책임관광객들은 지역의 환경에 민감하고, 지역공동체의 삶을 방해하기보다는 지역적 조건에 대해 배우기를 원한다. 생태관광산업에서는 몇몇 중요한 자연적 또는 문화적인 특성이 여행자들을 끌어들인다고 생각하지만, 사회적 책임관광객들은 종종 새로운 병원, 관개사업, 학교와 같은 지역공동체 개발 사업을 방문하고 학습하기를 원한다. 책임관광산업의 이점은 생태관광객을 끌어들이는 매력적인 공간 외부에 위치하는 지역공동체에게 경제적 이윤을 줄 수 있다는 점과, 만약 국가 정책 입안자 및 민간 기획자가 소규모 관광을 통해 지역공동체에 더 큰 권한을 주고자 하는 경우, 그 경제적 성공 가능성이 훨씬 높아진다는 점이다. 라틴아메리카의 전통적인 하향식 정책입안과정에 비추어 볼 때, 국가 차원의 행위자들의 자발적인 권력 분산 노력은 지역공동체 차원의 성공에 결정적인 요소이다.[1]

애쉬튼(Ashton)은 지속 가능한 방법으로 환경을 보존하면서 사람들

Tourism), '생태관광'(Ecotourism) 등의 용어와 함께 쓰인다.

의 선택권을 보호하는 동시에 농촌지역공동체에 경제적 기회를 제공하고자 개발된 책임관광의 핵심을 찌르는 통찰력을 제공한다(Ashton and Ashton 1993). 농촌 소득 창출의 수단으로서 끌어 들여야 하는 관광객이 있다. 불행하게도, 이 여행객이 실제로 책임생태관광객(responsible ecotourist)인지 알기는 어렵다. 그러나 이는 우리의 목적을 달성하는 데 있어 문제가 되지 않는다. 왜냐하면 지역공동체의 주요 관심사는 소득 창출이지 그 지역에 방문하는 사람들의 감정적 믿음이 아니기 때문이다. 따라서 본 장에서는 농촌지역에 방문하는 여행객을 단순히 생태관광객이라 간주하고 이들이 책임관광객으로 행동할 것이라고 가정한다.

그림 8.1은 책임관광산업의 이상적인 관리를 모든 관련 행위자의 체계적 상호의존성으로 나타낸 것이다. 실제와 마찬가지로 모델에서는 위계(계층)가 존재하지만 이들은 개별 사례에 따라 유동적이고 변화하는 통합 피드백 루프(intergrated feedbak loop)의 일부로 존재한다.

관광, 환경, 지역공동체: 공생관계?

라틴아메리카 여행이 점점 환경과 연계되어감에 따라 국가나 지역의 지도자들은 그들 국가의 모험을 즐기기 위해 외딴 지역으로 몰려드는 여행객이 많다는 사실을 깨닫게 되었다. 라틴아메리카 고유의 동식물군은 여행객들을 끌어들이는 상품이 되었다. 생태계는 보존이 필요했고, 관광산업은 공원과 인근 지역공동체를 위한 소득 창출, 즉 저너(Zerner)가 명명하듯 "자연의 상품화"(commodification of nature)를 통해 "'야생의'(wild) 자연을 구하는 방법"이 되었다(Zerner 1999, p. 3).

〈그림 8.1〉 책임관광산업 관리 루프(상호의존 모델)

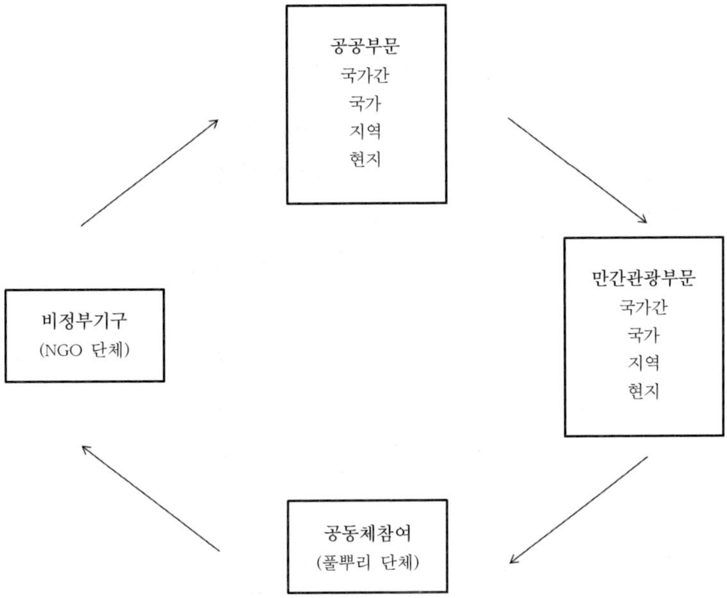

최근의 개발 관련 문헌은 풀뿌리, 지역공동체 개발, 권한 이양, 대중 참여 등의 용어들로 가득 차 있다. 막스-니프(Max-Neef)는 "인간적 척도 개발"(human scale development)에 대해, 라틴아메리카 국가의 전통적인 가부장적 역할이 "아래에서 위로의 창의적 해결"에 순응하는 과정으로 적고 있다(Max-Neef 1991, p. 8). 코튼(Korten)은 이를 "사람 중심의 개발"이라 부르는데, 이 안에서 지역의 참여는 지역의 의견을 듣는 것뿐만 아니라 "지역자원의 통제와 소유권 강화"를 포함하는 개념이다(Korten 1992, p. 65). 이에 대해 마이클 세르네아(Michael Cernea)는 지역의 참여가 "주민들의 능력을 동원하기 위해, 수동적인 주체보다는 사회적 행위자가 되기 위해, 자원을 관리하기 위해, 결정을 하기 위해 그리고 그들의 삶에 영향을 미치는 행위들을 통제하기 위해 그들에게 권한을 이양하는 것을 의미한다"고 거듭 강조한다(Lindberg and Hawkins 1993에서 인용).

멕시코의 '모나크 나비 생물권 보존구역'(Monarch Butterfly Biosphere Reserve)

자연관광산업 계획보다 지역공동체에 대한 통제 의지가 더 강하게 나타나는 분야도 없다. 브랜든(Brandon)의 자연관광산업 연구에서는 지역공동체를 수익자로 규정하고 있지만, 관리 결정에서 권한이 지역공동체에 이양되지는 않는 수동적 수혜자 접근방식과 "활발한"(active) 참여적 접근방식을 구분하고 있다(Brandon 1993, p. 139). 허니는 또한 지역공동체에 대한 생태관광산업의 영향 연구를 통해, "사람과 공원을 통합한다는 화려한 문구에도 불구하고... 과거의 방법과 권력관계는 사라지기 힘들다"(Honey 1999, p. 85)고 인정하고 있다.

브랜든은 수혜자 접근방식의 한 예로, 멕시코의 "나비 프로젝트"(butterfly project)를 인용하고 있는데, 이 프로젝트는 '모나크 나비 특별 생물권 보존구역'(Monarch Butterfly Special Biosphere Reserves)에서 월동 장소(wintering locations)를 선정하고 지역 주민에게 부가적인 소득을 제공하기 위해 수십억의 모나크 왕비 나비의 자연적 이주를 유도할 수 있도록 NGO 단체들에 의해 고안된 사업이다.

다양한 소득 창출 사업이 어떻게 문제를 유발하게 되는지 이해하기 전에, 하향식(top down) 보존구역 조성의 속성을 먼저 파악하는 것이 중요하다. 1986년 대통령령으로 미초아칸(Michoacán)주와 멕시코(México)주 안에 모나크 나비 서식지 62평방 마일이 '모나크 나비 특별 생물권 보존구역'(CONANP 2006)으로 선포되었다. 터커(Tucker)는 "국가와 국제적인 보존 이해관계에 의한 보존구역지정은 그 결정과정에서 배제되었던 농촌 지역공동체에게 충격으로 다가왔다"고 기록하고 있다(Tucker 2004, p. 570). 보존지 선정 이후 이 지역은 경제적으로 침체되었으며, 나비보존구역 안에서의 벌목 및 가축 방목의 증가뿐만 아니라 지속불가능한 농업과 토양침식으로 인해 농업생산성이 감소하였다.

더 심각한 것은 보존구역의 농촌 지역공동체가 토지 소유권(land title)을 보유하고 있었음에도 오랫동안 유지해오던 산림이용권을 잃게 되었다는 것이다. 설상가상으로 보존구역의 경계는 정확히 확정지을 수 없거나 모호했고, 심지어 모나크 나비들이 전혀 서식하지 않는 지역도 포함되어 있었다(Tucker 2004). 서로 상충되는 인간의 필요와 지역 동물군의 필요(동물군은 정부가 정한 경계를 고려하지 않고 이동함)를 조정하고자 할 때 문제는 발생한다. 이는 보호구역을 더욱 관리하기 어렵게 만드는 요인이며, 앞으로 20-30년 동안 나비들이 모두 보존구역 경계 바깥 지역으로 이동하는 일이 일어나지 말란 법도 없다. 이러한 점이 자연을 다룰 때 발생하는 딜레마이기도 하다.

보존구역에는 마사우아(Mazahua)와 오또미(Otomi) 인디오 부족의 토착 문화를 물려받은 후손들이 거주하고 있으며, 56개의 에히도(ejido)[25]와 공동으로 토지를 소유하는(Camp 2003) 13개의 토착민 지역공동체 및 21개의 소규모 부동산(WWF-Mexico 2006)이 포함되어 있다. 핵심지역과 완충지역의 82퍼센트가 공동 소유이거나 민간 소유의 토지이기 때문에, 지역공동체와 부동산 소유자는 나비 보존구역에서 중요한 역할을 수행하게 된다(Tucker 2004). 이는 공원 토지의 대부분이 정부 소유인 국립공원의 상황과는 다르다. 그 결과 멕시코 정부 관료와 지역공동체 지도자, 거주민 사이의 복잡하고 치열한 분쟁이 발생하게 되었다.

나비 프로젝트는 초기 많은 수의 방문객이 비교적 조직화되지 않은 방식으로 보존구역을 찾아오자 지역의 여행 기반 시설을 조직하기 위해, 멕시코 NGO 단체인 대안숲모델(Alternare and Bosque Modelo)이 고안하였다(Tucker 2004; USFWS 2006). 대안숲모델은 방문객을

25) 멕시코의 토지공유제 및 공유제촌락을 일컫는 것으로 라틴어 'exitum'에서 유래되었다. 공동체 사람들에 의해 공유되는 공동토지이용 방식으로 경작되며, National Agrarian Registry (Registro Agrario National)에 등록되어 있다.

지역별로 나누고 방문센터를 만들어 나무를 심고 트레일 관리 및 음식이나 기념품 판매를 위해 지역공동체에 부스를 설치했다. 또한 세입분배체계를 만들어 방문객의 요금이 지역공동체로 유입될 수 있도록 하였다.

나비 보존구역 인근의 지역공동체에 이익 배분이 이루어지긴 했지만, 사업은 주로 바킨(Barkin 2000)이 "정보가 부족한 비니스맨"이라 표현한 NGO 단체 관리자에 의해 조정되었다. 지역 주민들은 NGO 단체 전문가가 문제를 지적하고 해결책을 제시한 이후에만 관여하게 되었다. 여전히 가부장주의 기제가 작용했으며, 경제적 이익 창출이 가능함에도 불구하고 사업에 성공한 지역공동체는 거의 없었다.

프로젝트로부터 이윤을 얻은 사람들은 주로 가이드나 식품상과 같은 개인 사업가들이었다. 그러나 대부분의 개인들은 관광사업과 연계되었다고 느끼지 못한다. 바킨은 대다수 관광활동은 그 지역의 수많은 공동체 중 단지 한 개의 공동체하고만 계약이 체결되어 있다고 지적한다(Barkin 2000, p. 161). 이 때문에 사업 유지를 위한 재정상태가 열악할 수밖에 없다. 이를테면, 지역 주민이 심은 나무는 관리 소홀로 곧 병이 든다. 지역 주민은 나무를 심는 비용은 지급받지만, 심은 이후의 유지 및 관리에 대한 책임을 맡은 집단은 없기 때문이다. 이와 마찬가지로, 사업계획 및 공동체의 가게 운영은 하향식으로 이루어졌고, 일단 그렇게 몇 차례 반복되고 나면 지역 주민들은 가게 운영 문제와 자신들이 무관하다고 느꼈다. 사업과 연관된 소수의 공동체는 그 결과로 나타난 것이며, 일반적으로 지역에 대한 경제적 효과는 거의 없는 것으로 인식되었다(Brandon 1993, p. 141). 그러나 2005년도 사업 목록에서 나타난 바와 같이, 대안숲모델은 미국 어류 및 야생생물 관리국(U.S. Fish and Wildlife Service: USFWS)으로부터 계속 재정지원을 받아왔다. 2005년 미국 어류 및 야생생물 관리국(USFWS)의 경계 없는 야생동물-멕시코 프로그램(Wildlife Without Borders-Mexico

Program)은 대안숲모델의 "'모나크 나비 생물권 보존구역'에서의 서식지 복원을 위한 지자체 참여 훈련(Paticipatory Training)"에 4만8천달러의 자금을 지원했다. 그 전까지 미국 어류 및 야생생물 관리국이 대안숲모델에 지원한 자금 총액은 총 30만9,250달러였다(USFWS).

현재 단지 두 곳의 보호구역만이 일반인에게 개방되어 있다. 앙강게오(Angangueo)의 시에라친쿠아(Sierra Chincua)와 오캄포(Ocampo)에 있는 엘로사리오(El Rosario)가 그 예이다. 이는 지역 생태관광산업의 불균형을 증가시켰다(Michoácan 2006). 만약 보존구역이 생태적인 이유로 개방되었다가 폐쇄된다면, 지역 생태관광 계획이 어떠한 지장을 받게 될지 어렵지 않게 짐작할 수 있으며, 멕시코 정부가 어느 보호구역을 폐쇄하고 또 어떤 새로운 장소를 개방할 것인지를 결정하는 것도 쉽지 않은 문제이다.

멕시코 연방정부와 세계야생생물기금(World Wildlife Fund: WWF)과 같은 국제 NGO 단체들의 관심이 촉발될 정도로, 2000년까지 지역 거주민들은 산림 보존구역을 꾸준히 악화시켰다. 세계야생생물기금의 주된 목적은 나비 서식지 보호였고 보존구역을 확장하는데 도움이 되는 연구들이 행해졌다. 2000년 11월 멕시코 연방 정부는 보존구역을 62평방마일에서 217평방마일로 확장했다(WWF 2006; CONANP 2000). 세계야생생물기금은 행정부문의 하향식 접근방식으로부터 발생한 과거의 문제에 비추어 볼 때, 멕시코 정부가 보존구역을 확장하는 데 있어 지역공동체의 참여를 촉구해야 한다고 주장했다(WWF 2006).

세계야생생물기금은 자체적으로 모나크 나비 프로젝트(Monarch Butterfly Project)를 기획하기도 했는데, 이로써 연속적인 모니터링이 용이하게 되었고 이 지역에서의 환경교육과 관광산업을 촉진하기도 했다. 멕시코 세계야생생물기금(WWF-México)은 '모나크 나비 생물권 보존구역'에 생태관광객의 방문을 촉진하기 위해 웹사이트에 여행자를 위한 유용한 정보를 제공하였다. 대개 멕시코인들이 주를 이루는 방문객들은 세계야생생물기금이 에히도와 지자체를 통해 목록에 올린 각 나비 보존구역 내에서 여행 기반 시설을 이용할 수 있다(WWF-México 2006). 세계야생생물기금 웹사이트에서는 선적, 음식, 도로, 기타 편의시설에 대한 정보를 상세히 올리고 있다(WWF-México 2006).

확장된 생물권 보존구역으로 인해 결과적으로 새로운 대통령령이 발효되어 이전의 모든 선적 허가는 취소되었고, 이는 보존구역에 인접한 지역공동체에 재정적인 차질을 초래했다. 벌목은 산림 악화 문제에 속하지만, 지역민에게는 생계의 원천이기 때문이다. 세계야생생물기금은 멕시코 정부로 하여금 지역의 경제적 우려를 반영하여, 지역 주민의 생계수단이 벌목에서 지속 가능한 대안으로 변화될 수 있도록 해결책 마련을 권고했다. 이를 계기로 새롭게 확장된 나비 보존구역은 벌목 수입의 손실에 대해 경제적 보상을 제공하기 위한 재정 계획을 함께 내놓아야 했다.

세계야생생물기금은 벌목 수입의 손실을 보상하기 위해 지역 주민에게 보존양해지불(conservation concession payments) 방식을 사용했다. 보존 집단의 근거(rationale)는 '만약 벌목 회사들이 목재에 대한 이권을 가질 수 있다면, 그들도 가질 수 있다'는 전제에 기초하고 있다(Wolman 2004). 그들은 멕시코 정부에 로열티를 지불했으며 나무를 벌목하지 않고 있다. 그 대신에 세계야생생물기금의 모나크 나비 보존 기금(Monarch Butterfly Conservation Fund)에서는 나비 보존구역(Butterfly Reserve) 내에서 이미 벌목허가권 소유자로부터 벌목되지 않은 나무에 대해 입방미터당 18달러에 허가권을 구입했다. 그들은 또한 벌목 허가권이 없는 토지소유자에게 그들의 땅을 보존하도록 헥타르(ha)당 12달러를 지불하고 벌목허가권을 가진 토지소유자에게는 헥타르당 8달러를 지불했다(Wolman 2004, p. 880; WWF 2006). 이러한 허가권 구입이 벌목 수입의 손실을 부분적으로 해소하고 있지만, 지역의 생태관광객을 위한 기반 시설을 개선하고 있지는 못하므로 이를 위한 재정 지원이 필요하다. 또한 보존구역의 생태관광이 계절적 주기를 타는 산업이라는 점 역시 극복해야 할 문제이다. 모나크 나비들은 멕시코와 미초아칸주에서 겨울을 보내기 위해 미국과 캐나다로부터 남쪽으로 2,000마일을 여행한다. 이러한 이동은 12월부터 3월에 걸쳐 이루어지기 때문에, 한시적으로만 여행시즌이 형성되고 결과적으로 지역 주민의 수입이 제한된다. 이러한 사례에서 환경정의적 요소가 분명히 드러나게 되는데, 이는 지역민의 생계가 모나크 나비들을 구하려는 국제적인 노력과 불가분적 관계에 놓여있기 때문이다. 지역공동체가 속한 삼자구도를 살펴보면, 지역공동체는 에히도가 통제하는 토지가 대부분 보존구역 경계 안에 포함되기 때문에, 이로 인해 벌목을 하지 못해 발생하는 소득 손실을 메우기 위해 현재 NGO 단체 및 외부의 기금 자원에 의존하고 있다. 또한 자연보호지역(Protected Natural Areas)에 대해 멕시코 국가 위원회(Mexican National Commission)의 행정적 규제를 받고 있는데, 이는 2000년의 보존구역 확대가 보여주는 바와 같이 변경의 여지가 있다(CONANP 2006; WWF-México 2006; Tucker 2004).

현 상황에서 생태관광으로 벌어들이는 수입은 벌목에서 얻는 수입의 손실과 맞먹을 것 같지는 않다. 이는 결국 NGO 단체의 보존양해지불 방식에 지역 주민이 의존할 수밖에 없다는 것을 의미한다. 그러한 지원을 받아 본 사람이라면 누구나 알듯이, 그러한 재정지원은 매우 일정하지 않을 수 있고 시간에 따라 달라질 수 있다. 요컨대, 패커드 재단(Packard Foundation)이 세계야생생물기금을 통해 재정지원을 하고 있는 양해지불 프로그램은 시장에 의해 추진된 것이 아니고, 보조금이기 때문에 사라질 수 있다는 것이다. 만약 재정지원이 끊긴다면 이는 해당 지역공동체의 생계에 큰 차질을 빚게 될 것이다.

1986년 25,000명이었던 방문객이 1999년 250,000명으로 증가하였다. 바킨(2000)은 이러한 숫자가 그 지역 65,000명의 거주민을 지탱하는데 충분한가에 대해서 회의적이다. NGO 단체 의존 문제에 대한 해결법은 지역공동체에 더 많은 수입을 가져올 수 있는 지속가능하고 수준 높은 생태관광 기반 시설을 갖추는 것이다. 특히 이 지역의 도로, 식당, 숙소 등의 생태관광 기반 시설을 개선한다면, 여행객의 수를 현저하게 늘리지 않고도 더 장기간 여행자가 머물거나 높은 가격을 지불하도록 할 수 있다. 통제된 수의 여행자들이 더 높은 가격을 지불하게 되면 인적 최대 수용 능력(human carrying capacity)은 억제될 것이다. 바킨(2000)은 계절적 나비 명소라는 지역적 한계를 넘어, 특히 해당 지역의 주요 여행객인 멕시코시티 시민과 과달라하라(Guadalajara)의 주민에게 연중 내내 자연 및 건강 관광지로서의 역할을 제공할 수 있도록 변화를 제안하였다. 이 지역의 온천(geo-thermal springs)은 연중 내내 건강 관광산업의 매력적인 상품이 될 수 있다. 이러한 미개발수요를 충족하기 위해서 지역공동체 연합인 에히도 동맹(Alianza de Ejidos)은 생태 및 건강 관광을 연중상품으로 확대하려고 하였다. 그러나 수요를 충족시키지 못한다면, 그러한 풀뿌리 조정(grassfoots coordination)은 큰 난관이 될 수 있는 그 지역의 정치적 권력 기반과 부딪혀야 한다. 바킨(2000)은 관광 세입 증가의 대안으로, 이 지역이 멕시코시티와 과달라하라의 수원(source of water)이라는 점에 주목하고 있다. 이는 이 지역을 위한 개발 기금과 추가적인 재식림의 가능성을 높여준다. 도시지역과 모나크 나비 서식지간에 물을 중심으로 상호 필요에 의한 관계가 발전할 수 있다. 이는 재정적 복지를 위한 갈등 속에서 이들 농촌지역의 실질적인 권한을 분명 증가시킬 것이다.

온두라스의 자네트 가와스 국립공원(jeanette Kawas(Punta Sal) National Park)

온두라스 북부 해안의 텔라 생태관광 프로젝트(Tela Ecotourism Project)의 참여 접근방식에서는 멕시코의 나비 프로젝트가 맞닥뜨렸던 문제들을 피하고자 하였다. 프로젝트는 자네트 가와스(jeanette Kawas, 이전 푼타살(Punta Sal)) 국립공원과 그 인근을 방문하는 관광객들의 관리에 중점을 두었으며, 온두라스 관광 연구소(Institute of Honduran Tourism: IHT)가 이 프로젝트를 후원했다. 이 지역은 온두라스에 자생하는 조류종의 약 80퍼센트와 식물군 60퍼센트의 서식처이기도 하다(Travel Agent Central America 1997). 텔라(Tela)시는 공원과 인접해 있으며 해안이 유명하여 여행자들이 즐겨 찾는 곳이다. 이 공원의 완충지역에는 메스티소(mestizo)[26]와 아프리카계 카리브 토착민 혼혈인종인 가리푸나(Garifuna)[27]가 거주하는 지역공동체들이 위치해 있다(Buckley 2003).

'모나크 나비 생물권 보존구역'의 웹사이트와는 달리, 자네트 가와스 국립공원 사이트는 여행객의 편의시설, 투어, 예약 방법 등을 이해하기 쉽게 영어와 스페인어로 제공하고 있다. 이러한 편리한 정보 이용 방식은 성공적인 관광객 유치로 이어졌다. 가령, 그레이 라인 투어(Gray Line Tours) 웹사이트는 온두라스의 다른 지역으로부터 텔라까지 편리한 여행 예약서비스를 제공하고 있다.

공원은 '란세티야 보호 재단, 푼타살 및 텍시괃'(Foundation for the Protection of Lancetilla, Punta Sal and Texiguat), 또는 스페인 머리글자를 딴 PROLANSATE[28]에 의해 관리되고 있다. PROLANSATE는 텔라 지역의 자연 서식지 보존에 헌신해 온 지역 기반 보존 단체이다

26) 백인과 아메리카 원주민의 혼혈
27) 아메리카 원주민과 흑인의 혼혈
28) Protection of Lancetilla, Punta sal and Texiguat의 줄임말로 지역의 보존단체이다.

(PROLANSATE 2006a).

지역 세입의 원천인 관광 촉진 및 공원 보호를 위해, 온두라스 국가 정부는 공원과 지역공동체 사이의 연계방식을 개발하였다. 유엔개발프로그램(UNDP)의 재정지원과 컨설턴트의 지원으로(Ashton 1999) 공원관리계획이 수립되었다. 이 계획을 통해 지역공동체 지도자와의 대화 및 지역공동체를 대상으로 설문조사를 실시하여 공동체의 요구를 파악했다. 공원 관리 정책의 결정 과정에서 지역공동체 지도자들을 참여시킨 공원 위원회는 이 과정의 성과물이라 할 수 있다(Ashton 1993, p. 196).

공원 관리는 두 단계의 접근방식을 거쳐, 자네트 가와스 국립공원 위원회(jeanette Kawas(Punta Sal) National Park Authority: JKNPA)와 자네트 가와스 국립공원 트러스트(JKNP Trust)라는 감독위원회(board of directors)를 통해 이루어졌다. 이 계획은 생태관광이 완충구역 안에서의 집행, 교육 그리고 기타 프로그램을 위한 충분한 재원이 될 것이라는 확신에 기초하여 추진되었다(Ashton 1999).

자네트 가와스 국립공원위원회(JKNPA)는 공원 보존 및 13개 지역공동체와 공원 직원 그리고 중앙정부 사이의 커뮤니케이션을 담당하고 있다. 지역공동체는 의사 결정 과정에서 발언권을 가질 뿐만 아니라, 관광산업과 관련 있는 기타 행위자들도 의견을 개진할 수 있다. 자네트 가와스 국립공원위원회의 표결 멤버에는 공원 주위 13개의 지역공동체, 텔라시, 민간 관광 부문을 대표하는 2명의 멤버, PROLANSATE의 대표, 온두라스 관광 연구소(IHT), 자네트 가와스 국립공원(JKNP), 온두라스 산림개발 조합(Honduran Corporation for Forest Development: COHDEFOR), 그리고 란세티야 식물정원(Lancetilla Botanical Gardens)의 기관장들이 포함된다. 위원회에서 온두라스 산림개발 조합(COHDEFOR)과 온두라스 관광 연구소 대표는 중앙정부에 공개채널(open channel)로서의 역할을 담당한다. 공원의 재정은 동일한 기관장급 위원회로 구성된 자네트 가와스 국립공원 트러스트에 의해 관리된다. 트러스트는 이용 요금을 정하고 수납하는 업무뿐만 아니라 공원 직원을 고용하는 업무를 맡는다. 공원생태학과 행정부문에서 훈련받은 전문가들은 초기부터 전문직에 고용되는 반면, 주위 지역공동체 출신의 낮은 수준의 직원은 적절한 훈련과 경험을 얻은 후에야 전문직으로 이동할 수 있다.

자네트 가와스 국립공원은 이용자들의 요금으로만 재정을 충당하기 때문에, 공원관리업체는 공원과 연계하여 추진되는 관광산업의 촉진에 적극적인 관심을 표하고 있다. 공원의 관리와 의사 결정은 자네트 가와스 국립공원 위원회 및 트러스트의 지역공동체 대표부와 매우 밀접하게 연결되어 있기 때문에, 지역공동체의 활발한 참여 없이는 푼타살(Punta Sal)과 연계된 관광산업 개발이 이루어질 수 없다. 이미 자네트 가와스 국립공원 위원회는 주변 지역공동체 안에서의 재정지원 프로젝트를 요구했으며, 이는 공원 보존을 개선하고 관광을 편리하게 하는 동시에 지역공동체에 이익을 가져다 줄 것이다. 가장 시급한 당면 과제는 하수처리와 교육이다(Ashton and Ashton 1993, p. 20). 적절한 교육 없이는 지역가이드를 훈련시킬 수 없으며, 적합한 위생체계가 담보되지 않는 한 많은 수의 여행객을 지속적으로 수용할 수 없다.

PROLANSATE의 가장 우선순위는 보존이지만 여행객이 주요 공원 이용요금을 모두 지불하고 있으므로 실질적인 필요에 따라 관광산업 부문에서 지역 고용 촉진이 이루어져야 함은 당연한 일이다(PROLANSATE 2006b). PROLANSATE 임무선언서(mission statement)에는 천연자원 보존과 동시에 지역공동체 발전 및 생태관광에 관한 내용이 포함되어 있다. 그러나 NGO 단체가 보존을 우선시하며, 지역공동체에 기반한 사회경제적 문제는 이들에게 부차적인 사안에 불과하다는 사실은 분명하다. 1997년 PROLANSATE는 농임업 및 지속 가능한 농업, 지역공동체 개발에 대한 지역의 원조를 제공하기 위해 미국에 본부를 둔 에콜로직(Ecologic)사와 제휴를 체결했다. 그러나 검토 결과, 이 협력협정은 생태관광과 무관하다는 사실이 밝혀졌다. 다만, 보존교육 및 지속 가능한 농업과 연관이 있을 뿐이었다(Ecologic 2006).

PROLANSATE의 환경에 대한 편파적 태도는 1995년 2월 PROLANSATE의 전(前) 회장인 자네트 가와스(jeanette Kawas)를 갑자기 사망에 이르게 한 원인이 되었을지도 모른다. 이 사건으로 농업활동가와 환경주의자들 사이의 긴장이 고조된 것만은 분명하다(Cuevas 1995). 텔라의 토착민이면서 열렬한 환경보호주의자였던 가와스는 그녀의 집에서 두 개의 농민 단체에 속해있는 것으로 추정되는 사람들로부터 총격을 받아 피살당했다. 농장노동자국가연맹(National Union of Farmworkers)과 아프리카야자농업협동조합(African Palm Agricultural Cooperative)은 바나나, 코코넛, 기타 팜유의 경작을 위해 공원의 일부 토지를 그들 단체에 이전하려고 했다. 초기에는 온두라스 정부가 농부 조직 편에 서 있었으나, 가와스가 항의 시위를 조직한 이후에는 토지 이전 제안을 취소하였다. 가와스는 국민당(Natioal Party) 국회의원인 훌리오 갈린도(Julio Galindo)가 호텔 전시용으로 돌고래를 포획하자 이를 비난하는 캠페인을 벌여 또 다른 적으로 만들었다(Cuevas 1995). 가와스 암살은 환경보호자들과 선출 지역공동체 대표자들 사이의 긴장 관계를 극명하게 보여준다.

공원 관리자인 PROLANSATE와 몇몇 지역민들 사이의 매우 실제적인 긴장에도 불구하고, 온두라스 관광 연구소가 후원한 텔라 생태관광 프로젝트는 영속성을 지닌 지역공동체와 관광산업, 환경 사이의 전형적인 공생 관계에 바탕을 두고 있었다. 텔라로부터 공원까지의 편리한 접근성은 이 지역으로 매년 40만 명의 방문객을 끌어들이고 있고, 이는 버클리(Buckly 2003)가 언급한 바와 같이 "견고한 세입 기반"을 만들어줄 것이다. 그 밖에도 온두라스 관광 연구소는 미국 시장 진출을 위해 플로리다주 코럴게이블스(Coral Gables)에 사무실을 두고 있다. 그 성공 여부는 아직 충분히 평가되지는 않았지만, 이는 적어도 지역민의 의견이 의사 결정에 투입되지 않았던 트리클다운(trickle down) 편익보다는 더 많은 것을 제공하기 위한 시도라 할 수 있다.

생태관광 이니셔티브 개발

벨리즈의 '톨레도 구역'(Toledo District)

벨리즈 마야(Mayan) 지역의 성공 사례는 톨레도 지역공동체에 관한 이야기이다.2 '톨레도 구역' 내에는 발덴 자연보호구역(Balden Natural Reserve)뿐만 아니라 마야 유적지 3곳 님니푸니트(Nim Li Punit), 욱스벤카(Uxbenka), 루바안툰(Lubaantun)이 위치해 있다. 푼타고르다(Punta Gorda)의 해안에서 조금 떨어진 곳은 사포딜야 까예 해양 보호구역(Sapodilla Cayes Marine Reserve)이다. 마야 문명과 생물종이 풍부한 자연환경으로부터 경제적인 이윤을 얻기 위해 이 구역의 마야 지역공동체는 지역별로 그들 스스로 운영하는 관광산업 프로젝트를 만들었다. 이 프로젝트는 톨레도 생태관광협회(Toledo Ecotourism Association: TEA)가 주관한다. 톨레도 생태관광협회는 1990년에 현지 마야인, 가리푸나(Garifuna)[29], 크리올(Creole)[30]거주민에 의해 설립되었다(Beavers 1995). 세계야생생물 및 자연보존 기금(World Wide Fund for Nature and the Nature Conservancy)이 후원한 초기의 펀드는 5개 동의 게스트 하우스 건축에 쓰였고, 1995년까

29) 벨리즈, 과테말라, 니카라과, 온두라스 등 중미 카리브해 연안에 거주하며 아프리카인과 아라와족, 따이노족, 카리브족 등 카리브해 연안의 아메리카 토착민의 혈통이며, 언어는 아라와칸 제어에 속하는 가리푸나어를 쓴다.

30) 에스파냐어(語)로는 '크리오요'(Criollo). 신대륙에서 태어난 에스파냐인에 한정하였었으나, 북아메리카 · 라틴아메리카 · 서인도제도 등에서 태어난 에스파냐인 · 프랑스인과 신대륙의 흑인 사이 태어난 사람들을 일컫는 말로 확대되었다.

지 미국국제개발처(U.S. Agency for International Development: USAID)와 벨리즈의 관광 및 청년부처(Ministry of Tourism and Youth)는 추가로 8개의 게스트 하우스 건축에 재정적 지원을 하였다(Buckley 2003; Weizsman 2001).

생태관광으로 얻은 수익은 참가한 마을 주민들과 나누고, 일부는 마케팅, 지역 가이드 훈련 그리고 트레일 유지보수 등 그 지역 관광산업 개발에 재투자된다(Toledo Institute for Development and Environment 2006; Eco Institute 1992). 참여한 모든 지역공동체가 관광산업 프로젝트로부터 이익을 얻고, 각 마을의 수용 능력을 초과하지 않도록 하기 위해서 여행자들은 여러 지역공동체에 배분된다. 이러한 순번(rotation) 체계는 여행자 세입에 대한 지역민 사이의, 그리고 마을 간의 갈등을 최소화해주고 있다(Beavers 1995).

여행자들은 마을 주민들이 지은 8인용 게스트 하우스에서 숙박한다. 음식은 마을 주민의 집에서 제공된다. 톨레도 생태관광협회와 무전 연락망을 통해 참여하는 마을에 여행자들을 엄격하게 배분한다는 것은 이 지역에서의 여행의 자유가 지역공동체에 의해 규제된다는 것을 의미한다. 여행자들이 여행 지역에 들어가기 위해서는 이용자 요금을 지불해야 하며, 여행자들은 문자 그대로 특정 마을에 방문하고 거주하도록 "할당"(assigned)된다(Mahler and Wotkyns 1991, p. 145). 이러한 제한적인 여행 유형은 여행자들이 스스로를 "책임 있는"(responsible) 사람으로 여기며, 자신들의 존재가 마야 지역공동체 개발 계획에 확실히 일조를 하고 있다는 것을 자각할 때 가장 효과적이다. 또한 이러한 과정은 생태관광이 마을 주민들의 유일한 경제적 소득원은 아니라는 것을 의미하기도 한다. 대신에 이는 기존 생계의 보조적 역할을 담당하거나 소득원을 다양화시킨다(Beavers 1995).

버클리(2003)에 의하면, 마을 주민들은 여행자들로부터 하루에 1인당 약 35달러를 받는다. 이 비용에는 숙박, 음식, 수공예품, 댄스 퍼포

먼스 등에 대한 지불이 포함된다. 마을 조합(village association)에게 비용을 지불하는 것이지만, 80퍼센트는 관련 서비스를 공급하는 톨레도 생태관광협회 마을 구성원에게 돌아간다. 나머지 20퍼센트는 푼타 고르다(Punta Gorda)에 있는 톨레도 생태관광협회 본부로 전달되어 재식림, 트레일 유지 보수, 위생과 교육, 행정적 비용, 광고 그리고 행정적 비용 중 가장 큰 몫을 차지하는 세금 등으로 쓰인다(Beavers 1995, p. 3).

책임관광산업 모델에 기초한(그림 8.1), 지역적 노력('톨레도 구역' 프로젝트)과 국가적 노력 사이의 연계가 현실화되어 가고 있다. 벨리즈의 관광 및 청년부처는 지역 기반 계획과 관광산업 관련 소규모 사업이 지원하는 일명 "지속 가능한"(sustainable) 관광 정책을 확립해 왔다(Weizsman 2001). 이를테면, 그 나라의 다른 지역에도 융자를 통해 '톨레도 구역' 지역공동체 내에 있는 것과 유사한 소규모 호텔과 게스트하우스 설립을 지원하였다. 짐작건대, 미래에는 국제적인 문도마야(Mundo Maya) 여정 길에 속하는 벨리즈를 경유하는 관광버스의 경우, 이 지역의 가이드를 이용하고 벨리즈의 국경에서 여행세를 지불해야 할 것이다. 국경, 호텔, 공항세를 통해 거둬들인 세입의 일부는 벨리즈의 전반적인 관광산업 전략에 기여하게 되는데, 이 전략에서 관광계획에 바탕을 둔 지역공동체가 공식적인 역할을 수행한다(Belize Today 1993, pp. 9-11). 톨레도 사례를 연구하는 학자들이 지적하는 한 가지 실패사례는 구두(口頭) 광고에 지나치게 의존한 경우였으나, 이는 오늘날 웹사이트 이용 등을 통하여 쉽게 극복될 수 있는 문제이다(Buckley 2003; Beavers 1995). '톨레도 구역' 프로젝트는 참여하는 지역공동체의 실질적인 이익과 직결되는 보존 및 생태관광 추진 시 일종의 지역개입 모델로서 계속해서 기능하고 있다.

풀뿌리 관광산업: 파나마 쿠나 얄라(Kuna Yala)에서의 성공의 장애물

벨리즈 '톨레도 구역'에서의 지역공동체의 노력은 관광개발을 위한 지역공동체의 조정을 용이하게 했다는 점에서 성공적이다. 그러나 이는 관광산업 개발을 위한 쿠나의 시도에서 볼 수 있듯이 항상 그런 것은 아니다.

쿠나 얄라 또는 쿠나 영역의 식민지화와 산림 황폐화에 대한 비(非)쿠나계 파나마인들의 우려는 파나마인과 외국의 산림 전문가들로 구성된 경영 컨설테이션(consultation)으로 이어졌다.3 이러한 진단 결과, 1983년에 PEMASKY[31]라 알려진 쿠나 얄라의 야생생물 연구 및 관리 프로젝트(Study and Management Project for the Wildland of Kuna Yala)가 출범하게 되었다. 1987년 쿠나 총 의회(Kuna General Congress)는 지역 관리를 위해 그 분할지역을 '지구'(zone)로 편성한 생물권보존 모델을 수용하였다(Archibold 1992, pp. 21-33). PEMASKY는 NGO 단체처럼 운영되지만, NGO 단체는 아니다(Chapin 2000). 쿠나 지도자와 미국의 과학자들은 이 지역을 위한 관리계획을 발전시키기 위해 PEMASKY에 참여하였다(Archibold 1992, p. 22). 이 프로젝트는 쿠나 얄라에서의 과학적인 연구 촉진뿐만 아니라 산 블라스(San Blas) 산림 지역 내 열대우림에서의 자연관광산업의 도입을 추천했다. 많은 생태관광산업 회사들은 PEMASKY 국립공원 혹은 생물보존 구역이 더 매력적인 관광코스가 될 여지가 있다고 언급한다. 생태관광객들에게는 연구 및 관리 프로젝트의 시찰보다 국립공원이 분명 더 매력적일 것이다.

쿠나인들은 지역공동체 협력과 집단 작업을 중시하는 자치적 관리 구조뿐만 아니라 파나마 정부가 인정한 준자치적(semi-autonomoud) 법적 위상을 누릴 수 있었지만, 쿠나 얄라로부터 멀리 떨어진 지역으

31) 파나마의 쿠나 얄라 야생지역을 위한 연구 및 관리 프로젝트(The study project for the management of the wildlands of Kuna Yala, Panama)

로 생태관광을 끌어가려던 계획에 있어서는 심각한 문제에 부딪혔다(Chapin 2000).

쿠나인들은 코스타리카의 생태관광산업 붐에 대해 인지하고 있었고, 쿠나 주민의 이익 창출이라는 책무를 위해 그들이 운영하는 관광산업에 대한 나름의 비전을 수립하고자 했다. 더딘 성장과 열악한 재정지원을 경험한 '톨레도 구역' 생태관광산업 프로젝트와는 달리, PEMASKY는 현지 및 국제적 재정 지원으로 엄청난 경제적 지원이 쇄도했다. 1980년대 쿠나노동자연맹(Union of Kuna Workers: UTK)은 현금으로 22만달러를 지원했고, 1983-1991년 사이의 기간 동안 미주재단(Inter-American Foundation)은 76만5천달러를 지원했다. 세계야생생물보호기금은 1983-1989년 사이에 15만9천달러를 기부했으며, 맥아더재단(MacArthur Foundation)은 1986-1991년 사이의 기간 동안 30만달러를 기부했고, '문화 살리기'(Cultural Survival)와 같은 소규모 비영리단체 또한 PEMASKY에 기부하였다. 채핀(Chapin 2000)은 PEMASKY가 1983-1991년 사이에 외부로부터 122만달러를 받은 것으로 추정하고 있다. 이 시기에 쿠나인들은 PEMASKY 직원을 충원했고 감독자, 기술자, 목수, 공원 가이드 그리고 기타 행정직원의 봉급으로 과도하게 돈을 지출했다(Chapin 2000, pp. 22-23). 그러나 채핀은 쿠나인들이 이러한 과오에도 불구하고 "만약 파나마 정부에 의해 자금이 관리되었더라면 쿠나의 선결 과제들이 거의 해결되지 않았을 것"이라고 주장한다(ibid., p. 30).

카르티(Cartí)항구 인근의 쿠나 해안지역을 정기적으로 운행하는 크루즈 여객선 때문에 이 지역 관광이 알려져 있지 않았던 것은 아니었다. 게다가 1960년대 이후로 파나마시에서 출발하여 카르티로 여행객을 운송하는 전세비행기가 운행되고 있었으며, 여행객들은 까르티에 소재한 미국인 소유의 소규모 호텔 등지에서 머물렀다. 그럼에도 불구하고 카르티 지역을 여행자들의 메카(Mecca)로 만들기 위해 국제공항을 만들려던 파나마 정부의 계획은 쿠나인들의 저항에 부딪혔다. 책임관광객이 아닌(non-responsible) 여행객들의 "관광 명소"(tourist atrraction)가 되는 것은 그들이 바라던 바가 아니었다. 쿠나인들의 폭력 위협으로 인해 정부는 계획을 철회하였고, 북아메리카의 호텔경영자들도 사실상 이 지역에서 철수하였다. 오늘날 카르티 지역 내에 소재한 호텔들은 주로 쿠나인들에 의해 운영되고 있다(Chapin 1990).

누사간디(Nusagandí)에 있는 PEMASKY 본부는 엘 리아노 카르티(El Liano-Cartí) 도로가 산 블라스 지역을 가로지르는 곳에 위치해있는데, 이는 이곳이 자연 관광산업 개발을 위한 최적의 위치라고 생각했기 때문이었다. 본부 캠프에는 대규모 공동침실, 거실, 사무실이 있으며, 스미소니언 열대연구센터(STRI)[32]에서 파견된 과학자들이 체류하고 있다. 자연 관광산업 시장으로의 확장은 과학자들이 다소 순진하게 권고하는 후속 단계로, 쿠나인들의 동의를 얻은 상태이다. 이 후자 집단[쿠나인들]은 이미 쿠나 영토 내에서 "외국인으로서의"(foreign) 적합한 행동에 대한 가이드라인을 만들었고, 이를 집행하는 데 주저하지 않았다(Chapin 1990, pp. 42-45). 생태 관광산업 센터로서의 누사간디의 위치는 인근에 그 사업에 필요한 노동력을 제공할 지역공동체가 없는 탓에 문제가 있는 것으로 입증됐다(Chapin 2000; Young 2006)

책임관광산업 관리 루프를 통해 다양한 문제의 소지가 발견되었기 때문에, 누사간디는 여행지로서 절대 성장하지 못했다. 쿠나인들은 사업 경험이 부족했기 때문에, 파나마시티 또는 미국 소재 여행사들과의 견고한 관계를 수립하지 못했다(Gündling, Korn, and Specht 2000). 그 결과 대부분의 생태관광객들은 쿠나 경계로부터 200야드 떨어져 있는 파나마 지방의 버바야 로지(Burbayar Lodge)에서 숙박하였고, 버바야 로지의 웹사이트에는 이 지역 주민들이 지역공동체 인근의 세

32) Smithsonian Tropical Research Institute

가지 "직접적인 일"과 몇몇 다른 "간접적인 일"을 통해 생계를 유지하고 있다고 소개되고 했다(Burbayar Lodge 2006). 이 지역은 인구분포가 희박하여, '쿠나 보존구역' 내에서의 관광객 이용요금 형태로 소비되는 정부의 세입이 전체 쿠나 인구에 도움이 될 정도이다. 루이즈영오브몰라투어(Louise Young of Mola Tours)는 1996년 이후 누사간디를 방문하는 생태관광객들을 가이드하면서, 많은 여행객들이 누사간디의 원시 열대우림에서의 힘겨운 트래킹 코스보다 새를 관찰하면서 버바야 로지에 단순히 머무르는 일정을 더 선호한다는 사실을 관찰하였다. 이는 쿠나에 지불된 공원 요금의 감소를 의미하는 것이었다(Young 2006).

파나마 인디언 지식 촉진을 위한 재단(Fundacíon para la Promoción del Conocimiento Indígena de Panamá)은 쿠나인들이 전략적인 생태관광개발 계획과 마케팅 연구를 완료하는데 도움을 주었지만(Eco-index 2006), 아직도 쿠나인들은 일반적인 사업 수완이 부족하다. 대부분의 NGO 단체들은 기증자(donor)이지 시장(market)이 아니기 때문에, 기업가 정신이 부족한 사람들에 의해 운영된다. 이러한 공백은 고객 주도의 지속성장 모델을 전수해주는 비즈니스 스쿨 워크샵으로 메워질 수 있을 것이다.

누사간디 캠프로 가는 열악한 도로 사정이 관광을 단념시키는 주요 요인이 되기도 한다. 파나마시에서 누사간디로 들어가는 자갈 도로는 폭우가 내리면 진흙으로 바뀌어 성능 좋은 4륜구동 차만이 통행할 수 있다. 카르티에서 누사간디 구간의 도로는 완벽하게 자갈이 깔리지 않아서 강력한 윈치(winches)가 장착되지 않은 차량의 운행은 위험하다는 단순한 이유 때문에 여행객들의 캠프 진입을 가로막고 있다(Chapin 1990). 최근 2003년, 파나마시에 있는 한 여행사는 자신들의 웹사이트에 이 같은 도로 문제를 분명히 명시하였다. 누사간디 여행 프로그램을 소개하며, 콘도르저니(Condor Journeys)와 어드벤처

(Adventures) 여행사는 "도로와 필드 상황이 열악하다"고 적고 있다 (Condor Journeys and Adventures 2006).

이러한 열악한 도로 사정은 누사간디 관광 확장에 있어 주요 실패 원인이다. 여행객이 쉽게 누사간디에 도달할 수 없을 뿐만 아니라, 교통 불편으로 인해 시설을 발전시키는데 방해가 되고 있으며 건설비용을 상승시키는 요인이 되고 있다. 결과적으로 캠프는 기본적인 여행자 편의시설을 완비하지 못하였다. 이러한 편의시설에는 화장실, 전력 생성기 등이 포함된다.

도로는 일반적으로 국가 정부에 의해 공급되는 공공재이다. 쿠나인들은 열악한 도로로 빚어진 생태관광산업의 차질을 과소평가했다. 프로젝트 시작점에서 파나마 정부와 더 긴밀한 관계를 구축하였다면 국가가 후원하는 22킬로미터의 엘 리아노 카르티 도로 개선 프로젝트 착수에 도움이 되었을 것이다. 그러나 이러한 정치적인 거래로 카르티에서의 쿠나인들이 자신들의 통제권을 포기하게 되는 결과가 수반되었을 것이고, 이는 이미 태양이 이글대고 파도가 넘실대는(sun-and-surf) 관광명소로의 전환을 위해 파나마 정부가 목표했던 바이기도 했다.

2005년 12월, 파나마 정부는 도로 개선을 위한 재정지원을 승인했다(Ministerio de Economía y Finanzas 2005). 일단 개선이 되고나면 도로는 쿠나인에 의해 관리되는 자연관광산업을 위한 생명선으로서의 역할을 수행하게 될 것이다. 쿠나인들이 이 지역 정찰을 위해 누사간디와 칸간디(Cangandí) 두 곳에 통제소를 설치할 의사가 있음를 분명히 했다(Quintero 2005). 비(非)쿠나계 정착민들은 1970년대를 떠올리게 하는 토지 충돌에 대해 두려움을 느꼈고, 이는 도로 개선 사업의 조속한 진행을 저지하기 위해 벌어지고 있는 로비의 원인이다(Chapin 2000). 그러나 어쨌든 도로 개선이 완료될 때까지는 유지관리 정책이 추진되기로 결정되면서 - 기금모금과는 별개의 - 시장 기반 사업모델이 시행되고 있다. 이러한 연유로 누사간디를 자주 찾는 자연관광객들은 여전히 조악한 여건의 도로를 이용하게 될 것이다.

얻은 교훈: 환경정의 실현하기

책임생태관광산업은 벨리즈, 온두라스, 멕시코 그리고 파나마에서 이미 자리 잡았고, 이는 국가 관광산업 전략 안에 포함되었으며 지역공동체에게는 비교적 적은 노력에 비해 많은 경제적 이익을 보는 산업으로 인식되고 있다. 지역공동체 수준의 책임관광산업에는 아카풀코(Acapulco)[33]와 같은 수백만 달러의 투자는 필요 없다.[4] 대신 기반시설 건설과 국제 마케팅 분야에서의 국가정부의 지원은 벨리즈의 '톨레도 구역' 사례를 모방한 지역공동체의 노력에 기여할 수 있다. '톨레도 구역'은 벨리즈 관광위원회(Belize Tourist Board)의 국제적 미디어 캠페인에 의해 분명 혜택을 받고 있다. 그러한 국제적 캠페인을 할 수 있는 지역공동체는 거의 전무하다. 따라서 관광 마케팅에 대해서는 국가정부에 의존해야만 한다.

풀뿌리, 지역, 국가 및 국제적 수준에 이르기까지 지역공동체-기업-정부 사이의 업무관계를 조정하지 않고서는 보호지역에 거주하거나 그 지역에 인접하여 살아가는 거주민이 생태관광산업에서 뚜렷한 이익을 얻기는 어렵다. NGO 단체는 관광산업 기반 시설과 마케팅 그리고 기타 외부와의 성공적인 협상에 필수적인 요소들을 조직하는데 필요한 훈련 및 관리 기술을 제공할 수 있다.

그러나 각 집단은 그들만의 의제와 협상문화를 가지고 있으며, 협상에서는 교육을 받은 이해당사자가 유리하다. '모나크 나비 생물권 보존구역'이나 파나마의 쿠나 지역에서 거주민이 직면한 내재적인 불이익을 고려해볼 때, 협상의 공평성을 기대하기는 어려울 수 있다. 지

33) 정식명칭은 아카풀코 데 후라레스(Acapulco de Juárez). 멕시코 게레로 주에 있는 항구도시

역 주민들의 식자율(literacy rates)이 낮아, 협상시 관련 행위자간의 협상력 격차가 벌어지는 요인이 되고 있다.

쿠나인들은 파나마 정부와 적극적으로 협상한 경험을 가지고 있으며 자신들의 토지에 대해 많은 자율권을 행사하고 있지만, 사업 수완이 부족하고 외부인의 불신으로 인해 시장에서 불이익을 받고 있다. 관광산업이 쿠나 총 의회(Kuna General Congress)에 의해 통제되고 있고 지역 내부의 권한 이양은 중요한 문제가 되지 않지만, 인디오 이해당사들은 관리 및 기타 사업수완 습득의 가치를 평가절하해서는 안된다. 그러나 외부인의 불신이 주요 문제로 자리 잡고 있는 한, 쿠나인들이 광범위한 지속가능 생태관광 영역을 형성할 수 있을지에 대한 의문이 든다(Chapin 2000; Young 2006). 지역문화에 대한 위협은 실로 생태관광산업으로 인한 경제적 이윤과의 균형을 맞춰야 하는 현실적인 문제이다.

인근에 지어진 건축물은 최소한의 편안함을 요구하는 책임관광객들에게 거처를 제공할 수 있다. 그러나 파우스트(Faust)는 자신의 연구 "멕시코 캄페체의 마야 공동체"(Mayan communities in Campeche, México, Faust 1991, pp. 206-210)에서 그러한 최소한의 편의시설이 갖추어지지 못할 수도 있다고 지적하고 있다. 여행객들이 원하는 수준의 목욕시설, 화장실, 하수처리시설 및 물이용과 같은 편의시설은 농촌 마을에 없는 경우가 많지만, 재래식 기본 편의시설들은 갖추어져 있다.

이 지역의 정치적 상황은 해당지역의 편의시설보다 훨씬 더 중요하다. 페루의 샤이닝 패스(Shining Path) 게릴라 운동[34]과 관련한 정치적 불안정, 1990년대 멕시코 사파티스타(Zapatista)[35] 문제와 아이티

34) Shining Path(스페인어 Sendero Luminoso)는 페루의 마오저뚱 게릴라 반군 단체로 '페루 공산당' 또는 'PCP' 로 불린다. 1980 년 페루의 내부 갈등에서 발생되었다.

35) 사파티스타 민족해방군(EZLN)은 1994년 1월 1일 북아메리카자유무역협정(NAFTA)의 발효와 함께 출범하였다. 사파티스타는 농업개혁을 주장하고 멕시코 혁명 당시 남부 해방군(Ejército Libertador del Sur)의 사령관이었던 에밀리아노 사파타에서 나왔다.

의 정치 및 사회·경제적 혼란은 이 지역으로의 방문객의 유입을 막는 결과를 초래했고, 이를 회복하는 데에는 수년이 걸릴 것이다. 책임관광객들은 모험심이 많지만, 이들은 휴가 중 총알을 대면하는 상황을 감수할 만큼 용감하진 않다. 따라서 코스타리카처럼 정치적으로 안정된 지역이 책임관광산업 시장에서 꾸준한 우위를 차지할 수밖에 없는 것이다.

끝으로, 관광산업의 독립적이고 다양한 수입원은 자연보호지역 설정으로 인해 영향 받은 지역민을 위한 재원으로 쓰여야만 한다. 지속가능한 농업과 탄소 상쇄 프로젝트도 좀 더 균형 있는 세입 창출 구조와 그 지역의 환경 보호에 기여할 수 있다.[5] 지속 가능한 농업으로 인한 수익금은 일반적으로 지역생산자에게 환원되는 반면에, 공원에서 얻게 되는 수입은 분쟁의 소지가 있는 탓에 국가정부가 그 할당에서 최종결정권을 갖고 있다.

참고문헌

Agyeman, Julian. 2005. Where justice and sustainability meet. *Environment* 47, no. 6:12.

Archibold, Guillermo. 1992. Pemasky in Kuna Yala: protecting Mother Earth...and her children. In *Toward a Green Central America*, ed. V. Barzetti and Y. Rovinski. Kumarian.

Ashton, Ray. 1993. Sustainable tourism and local communities: The need to develop a business-like approach to the problem. In Proceeding of the 1993 World Congress on Adventure Travel and Eco-Tourism. Adventure Travel Society.

Ashton, Ray. 1999. Working for a successful ecotourism story: The case of Punta Sal National Park. In *Tourism Development in Critical Environments*, ed. T. Singh and S. Singh. Cognizant.

Ashton, Ray, and Patricia Ashton. 1993. An Introduction to Sustainable Tourism (Ecotourism) in Central America. Prepared for the Paseo Pantera Ecotourism Program. Document PN-ABQ-202, US Agency for International Development.

Barkin, David. 2000. The economic impacts of ecotourism: Conflicts and solutions in highland Mexico. In *Toursim and Development in Mountain Regions*, ed. P. Godde et al. CABI.

Beavers, John. 1995. Community Based Ecotourism in the Maya Forest: A Case Study from Belize. Report prepared for Nature Conservancy-USAID/Maya Forest Project.

Belize Today. 2000. Tourism-Towards 2000.

Brandon, Katrina. 1993. Basic steps toward encouraging local participation in nature tourism projects. In *Ecotourism*, ed. K. Lindberg and D. Hawkins. Ecotourism Society.

Buckley, Ralf. 2003. *Case Studies in Ecotourism*. CABI.

Budowski, Tamara. 1992. Ecotourism Costa Rican style. In *Toward a Green Central America*, ed. V. Barzetti and Y. Rovinski. Kumarian.

Bullard, Robert D. ed. 1994. *Unequal Protection: Environmental Justice and Communities of Color.* Sierra Club Books.

Bullard, Robert D., and William J. Clinton. 1994. Overcoming racism in environmental decisionmaking. *Environment* 36, no. 4: 10-44.

Burbayar Lodge. 2006. The Lodge, committed to the community of Llano-Carti http://www.burbayar.com.

Camp, Roderic A. 2003. Politics in Mexico: The Democratic Transformation. Oxford University Press.

Ceballos-Lascuráin, Hector. 1988. The future of ecotourism. *Mexico Journal*, January: 13-14.

Ceballos-Lascuráin, Hector. 1993. Overview on ecotourism around the world: IUCN's ecotourism program. In Proceedings of the 1993 World Congress on Adventure Tourism and Eco-Tourism. Adventure Travel Society.

Ceballos-Lascuráin, Hector. 1996. Tourism, ecotourism, and protected areas: The state of nature-based tourism around the world and guidelines for its development. International Union for Conservation of Nature and Natural Resources.

Chapin, Mac. 1990. The Silent Jungle: Ecotourism Among the Kuna Indians of Panama. Cultural Survival Quarterly 14, no. 1: 42-45.

Chapin, Mac. 2000. defending Kuna Yala. US Agency for International Development.

CONANP (Comisión Nacional de Áreas Naturales Protegidas, Secretária de Medio Ambiente, Recursos Naturales y Pesca (México). 2000. Diario Oficial, November 10. http://www.conanp.gob.mx.

Condor Journeys and Adventures. 2006. Nusagandi Kuna jungle adventure, http://www.condorjourneys-adventures.com.

Cuevas, Freddy. 1995. Honduran environmentalist killed. Associated Press, February 7.

Desai, Uday. 1998. Poverty, government and the global environment. In *Ecological Policy ad Politics in Developing Countries*, ed. U. Desai. State University of New York Press.

Drake, Susan P. 1991. Local participation in ecotourism projects. In *Nature Tourism*, ed. T. Whelan. Island.

Eco-index. 2004. Program to promote indigenous alternative tourism in Panama. http://www.eco-index.org.

Eco Institute of Costa Ria. 1992. *Sustainable Tourism Newsletter* 1, no. 2: 1-8.

Ecologic Development Fund. 2006. Current projects. http://www.ecoo-gic/org.

Faber, Daniel. 1998. The struggle for ecological democracy and environmental justice. In *The Struggle for Ecological Democracy and Environmental Justice*, ed. D. Faber. Guilford.

Faust, Betty B. 1991. Maya culture and Maya participation in the international ecotourism and resource conservation project. In *Ecotourism and Resource Conservation*, volume 1, ed. J. Kusler. Ecotourism and Resource Conservation Project.

Gündling, Lothar, Horst Kom, and Rudolf Specht, eds. 2000. Report of the International Expert Workshop: Case Studies on Sustainable Tourism and Biological Diversity *[really in English?]*. Prepared for German Federal Agency for Nature Conservation.

Haenn, Nora. 2003. Risking environmental justice: culture, conservation, and governance at Calakmul, Mexico. In *Struggles for Social Rights in Latin America*, ed. S. Eckstein and T. Wickham-Crowley. Routledge.

Honey, Martha. 1999. *Ecotourism and Sustainable Development: Who Owns Paradise?* Island.

Korten, David. 1992. People-centered development: Alternative for a world in crisis. In *Development and Democratization in the Third World*, ed. K. Bauzon. Crane Russak.

Lindberg, Kreg, and Donald E. hawkins eds. 1993. *Ecotourism: A Guide For Planners and Managers*. Ecotourism Society.

Mahler, Richard, and Steele Wotkyns. 1991. *Belize: A Natural Destination*. John Muir Publications.

Max-Neef, Manfred A. 1991. *Human Scale Development: Conception,*

Application and Further Reflections. Apex Press.

Mexican Secretariat of Tourism. 2006. Programa Mundo Maya. http://www.sectur.gob.mx

Michoacán State Government. 2006. Winter in Michoacán. http://www.michoacan.gob.mx

Ministerio de Economía y Finanzas de Panamá. 2005. Consejo económico nacional-aprobaciones del Jueves, 29 de diciembre de 2005. http://www.mef.gob.pa.

Organización Mundo Maya. 2002. Componentes de la Planeación Ecoturística en el Mundo Maya. Ecotourism Summit, Québec.

Parris, Thomas M. 2005. Searching for environmental justice. *Environment* 47, no. 6: 3.

PROLANSATE. 2006a. Historial de la Fundación PROLANSATE. http://www.prolansate.org.

PROLANSATE. 2006b. Misión de la Organización. http://www.prolansate.org.

Quintero, José de León. 2005. Vía El Lano-Cartí será un paso controlado. *La Prensa*, May 13.

Ramírez-Sáiz, Juan Manuel, 1987. Turismo y medio ambiente: El caso de Acapulco. Estudios Demográficos y Urbanos 2: 479-512.

Scherl, Lea M., Alison Wilson, Robert Wild, Jill Blockhus, Phil Franks, Jeffrey A. McNeely, and Thomas O. McShane. 2004. *Can Protected Areas Contribute to Poverty Reduction? Opportunities and Limitations*. IUCN Publications.

Steel, Brent S., Richard L. Clinton, and Nicholas P. Lovrich. 2003. *Environmental Politics and Policy: A Comparative Approach*. McGraw-Hill.

Taylor, Dorcetta E. 2000. The rise of the environmental justice paradigm: Injustice framing and the social construction of environmental discourses. *American Behavioral Scientist* 43, no. 4: 508-580.

Toledo Institute for Development and Environment. 2006. About Tide, http://www.tidebelize.org.

Travel Agent Central America. 1997. A Taste of Honduras. Available on

LexisNexis.

Tucker, Catherine M. 2004. Community institutions and forest management in Mexico's Monarch Butterfly Reserve. *Society and Natural Resources* 17: 569-587.

US Environmental Protection Agency. 2006. Definition of environmental justice. http://www.epa.gov.

US Fish and Wildlife Service, Division of international Conservation. 2005. Wildlife Without Borders-Mexico. 2005 Program Statistics and Sample Projects. http://www.fws.gov.

Véliz, Claudio. 1980. *The Centralist Tradition*. Princeton University Press.

Weizsman, Pat. 2001. Case Study: Tourism and Biodiversity (Ecotourism-A Sustainable Development Tool, A Case for Belize). Report prepared for Ministry of Tourism and Youth.

Wolman, Andrew. 2004. Review of conservation payment initiatives in Latin America: conservation concessions, conservation incentive agreements and permit retirement schemes. *William and Mary Environmental Law and Policy Review* 28, spring: 859-883.

WWF(World Wildlife Fund). 2006. The Monarch Butterfly Reserve. http://www.worldwlidlife.org.

World Wildlife Fund-México. 2006. Mexican Forests. http://www.wwf.org.

Young, Louise. 2006. Interview by author, January 31.

Zerner, Charles, ed. 1999. Toward a broader vision of justice and nature conservation. In *People, Plants, and Justice*, ed. C. Zerner. Columbia University Press.

미주

1 라틴아메리카의 중앙집권주의 경향에 대한 더 자세한 설명은 Véliz(1980) 참조.

2 마야문명 지속가능 관광 프로그램(Mundo Maya Sustainable Tourism Program)은 1989년 과테말라, 온두라스, 벨리즈, 멕시코와 엘살바도로가 시작하였으며, 여행자들이 마야 유적지로 방문하는 것을 용이하게 해주었다. 편리해진 국경 횡단, 홍보, 소규모 관광 기업을 위한 지원, 관광 기반 시설은 현재 마야문명 프로그램(Mundo Maya Program)의 최우선과제이고, 이는 5개국 관광부처에서 뿐만 아니라 그 지역의 마야문명 단체(Mundo Maya Organization)에서도 협력하고 있다(Organizacíon Mundo Maya 2002; Mexican Secretariat of Tourism 2006).

3 PEMASKY를 위한 재정적·기술적 원조는 주로 스미소니언 열대 연구센터(Smithsonian Tropical Research Institute(STRI)), 미주재단(Inter-American Foundation), 미국제개발기구(US Agency for International Development), 세계야생생물기금(The World Wildlife Fund), 맥아더재단(MacArthur Foundation)과 몇몇 파나마 정부의 협조로 이루어지고 있다(Archibold 1992, p. 22).

4 멕시코 아카풀코(Acapulco)는 지역공동체의 투입이 거의 결여된 전통적인 국가수준의 관광산업계획의 한 예로, 불과 몇 년 만에 작은 마을에서 해안가 리조트로 변했다. 아카풀코(Acapulco)의 대규모 변화 사례는 Ramírez-Sáiz(1987) 참조.

5 탄소상쇄는 교토의정서 요건을 만족시키기 위해 한 가지 방법으로 산림지역을 이산화탄소를 흡수하기 위한 저장소로 이용한다. 간섭을 받지 않은 상태의 산림은 수입을 창출하는 재화가 될 수 있다.

제9장

브라질 세하두(Cerrado)[36]에서의 환경정의와 농업개발

Wendy Wolford

환경정의 운동은 미국에서 가장 중요한 사회운동 중 하나이다. 1950년대와 1960년대에 인권 투쟁이 전개되기 시작하면서, 인종, 계층 그리고 환경오염 사이의 복잡한 연관성 강조와 사회운동의 "틀"(frame)(Kurtz 2003) 제시라는 두 가지 측면에서 지역공동체가 환경피해의 부당한 노출에 항변할 수 있는 환경정의의 담화분석 도구가 쏟아져 나왔다. 비록 환경정의의 개념이 논쟁의 대상이 되고 있고, 운동(Bullard 1990; Holifield 2001), 분석개념(Holifield 2001), 정책규정(Bowen et al. 1995, p. 641), 풀뿌리 정치전략(Towers 2000), 부당한 환경위험 및 사회복지에 미치는 환경영향에 대한 일련의 관심사(Pulido, Sidawi and Vos 1996)와 같이 여러 가지 의미로 규정되고 있긴 하지만, 계층 및 인종적 불평등이 환경위험에의 임의적 노출과 밀접한 관련이 있다는 인식이 최근 들어 널리 수용되고 있다.

브라질에서 환경정의는 인종적 불평등보다는 천연자원의 공정한 분배를 막는 계층적 불평등의 차원에서 조명되는 경향이 있긴 하지만,[1] 1980년대 초 이후 "환경정의"(environmental justice)를 추구하는

36) 아프리카의 사바나와 유사한 형태의 초원으로, 브라질 고원 중앙부에 위치한 8개주 미나스제라이스(Minas Gerais)주, 고이아스(Goiás)주, 토칸친스(Tocantins)주, 바이아(Bahia)주, 마라냐옹(Maranhão)주, 마투그로수(Mato Grosso)주, 마투그로수두술(Mato Grosso do Sul)주, 피아우이(Piauí), 연방자치구(Distrito Federal)에 걸쳐 있는 지역이다. 총 면적 2,045,064㎢로, 세계에서 손꼽히는 열대 생태계 중 하나이며 브라질에서 두 번째로 큰 생물군의 서식지이다.

움직임은 브라질에서도 전국에 걸쳐 급속히 증가 되어왔다. 1980년대 군사독재가 붕괴되면서, 브라질인들은 자원에 대한 접근권 및 그 분배와 관련한 결정과정 참여권이라는 두 가지 요구조건을 내걸고 조직적인 움직임을 펼치기 시작했다.[2] 이 움직임의 부수적 현상으로, 정치인과 국민들 사이에서 자원에 대한 접근권이 사회적 계층, 정치적 연고, 지역과 국가의 인종적 정체성 형성과정 및 문화적 고정관념에 의해 영향을 받는다는 인식이 생겨났다.

환경정의의 문제가 도시의 산업발달로 인해 생겨난 미국과 반대로, 브라질에서는 환경정의의 쟁점이 자국의 토지통합 및 근대화의 특수한 역사적 상황 안에서 고려되어야 할 농업문제로 여겨져 왔다. 전통적으로 미국 중심으로 그 논의를 공고히 해 왔던 환경정의의 영역을 제3세계로 옮겨 살펴보면 환경차별의 다양한 역사를 알 수 있게 된다. 브라질에서 환경부정의는 현재도 계속되어오고 있는 식민 · 제국주의적 관습과 사상 안에 내재되어 있으며 이는 특히 토지에 대한 불평등한 접근권과 그에 수반되는 환경훼손이라는 측면에서 분명히 드러난다. 이를 입증하기 위해, 나는 브라질 세하두(cerrado) - 브라질 중서부의 관목지와 덤불숲 - 의 농업개발 사례를 소개하고자 한다. 문자 그대로 번역할 때, "세하두"(cerrado)는 "닫힌"(closed)을 의미하며 수세기 동안 이 지역에서는 경제개발이 거의 이루어지지 않았었다. 상대적인 지리적 격리로 인해 종(種)의 다양성과 풍토성이 높은 수준으로 보호되면서, 이 지역은 전 세계에서 생물학적으로 가장 풍요로운 사바나 지역이 되었으며 보존 및 연구가치가 높은 생태계로 인식되기에 이르렀다(Klink, Moreira, and Solbrig 1993; Stedman-Edwards 2000; WWF 2001). 그러나 1970년대 이후 이 지역은 경제적 목적을 위해 개발되어야만 하는 "관목과 몇 그루의 소고목(小高木)들이 어수선하게 펼쳐져 있는"(Perkins 2002) "황무지"(wasteland)(Warnken 1999)로 재인식되기 시작했다. 세계적인 농식품 체계 개발이라는 맥락에서 고안된 정부정책들은 세하두를 선두적인 농산업 중심지로 개조시켰다. 신도로 개통, 바이오기술 혁신, 정부보조금 지급을 통해 농산품 생산업자들이 강과 도로를 따라 대규모 농장을 개척할 수 있도록 했으며, 세하두 접경지역을 세계적 규모의 수준 높은 생산 및 마케팅, 유통 네트워크로 연결시켰다. 대두는 이 지역에서 가장 중요한 작물로, 브라질은 전 세계 최대의 대두 생산 및 수출국가 중 하나가 되었으며 심지어 미국 대두 생산에 위협적인 존재가 되기에 이르렀다. 최근 몇 년 사이 미국 농가들이 바이아(Bahia)주 서쪽 끝에 위치한 세하두 신개척지(그림 9.1)로 이주해 왔기 때문이다. 브라질에서의 높은 수익률에 매료된 미국 농가들은 그들의 선조들이 미국 중서부에서 했던 것처럼, 스스로를 새로운 '와일드 프론티어'(wild frontier)[37]를 여는 개척자로 인식했다. "무제한적인 기회"(unlimited opportunities)의 노란 황금색 수평선을 만들어낸 이 농업의 "기적"(miracle)(AgBrazil website, 2003년 8월 6일 검색)은 환경정의의 관점에서 농업생산의 정치경제학에 초점을 맞춰 분석할 필요가 있다. 이 사례에는 환경정의의 두 가지 측면이 명백히 드러난다. 바로 분배의 불평등과 절차의 불공정성이다(Holifield 2001, pp. 80-81; Lake 1996).[3] "분배의 불평등"(distributional inequity)은 단순히 소수의 엘리트의 수중에 자원이 집중되어 있음을 의미하는 반면, 절차의 불공정성은 불평등이 조직적으로 구성되어 있으며 당연시되도록 만드는 절차를 의미한다. 이 장에서, 나는 이 두 가지 불평등의 형태가 세하두에 존재함을 밝히고자 하며 이 불평등이 수출시장을 목표로 대량생산되는 현대화된 농업생산품에 제공되는 정치적 지원을 통해 확립·유지되고 있음을 보여주고자 한다. 세하두에 관한 학술적 연구와 대중서에는 대량생산을 지향하는 농업생산 고유의 규모의 경제와 결합된 이 지역의 생태적 중요성 때문에 개발이 이루어졌다는 일반적이다 못해 헤게모니적인 신념이 존재한

37) 미국 식민지 개척 당시, 개척지와 미개척지와의 경계선을 이르던 말이다.

다(Resende 2001; EMBRAPA personnel, personal communications). 이 지역 농장의 평균 크기는 448헥타르로, 전국 평균인 73헥타르(Helfand 2003 인용)의 6배가 넘는 수치를 자랑한다. 미국에 본사를 두고 부동산 중개업을 하고 있으며 세하두에 있는 미국 농가들을 위해 계약을 체결해 준 바 있는 한 회사는, 세하두 변방에 위치한 바이아 서부의 대두 농장이 보통 5,000헥타르가 넘으며 대다수가 62,000헥타르를 초과한다는 사실을 적극적으로 보도하고 있다. 애그브라질(AgBrazil)의 최고경영자 필립 반켄(Philip Warnken)은 "농장이 너무 방대해서 지상의 풍경을 보면 몇 안 되는 가옥이 점처럼 찍혀있다"(Perkins 2002 인용)고 말한 것으로 전해진다.

〈그림 9.1〉 바이아(Bahia) 서부

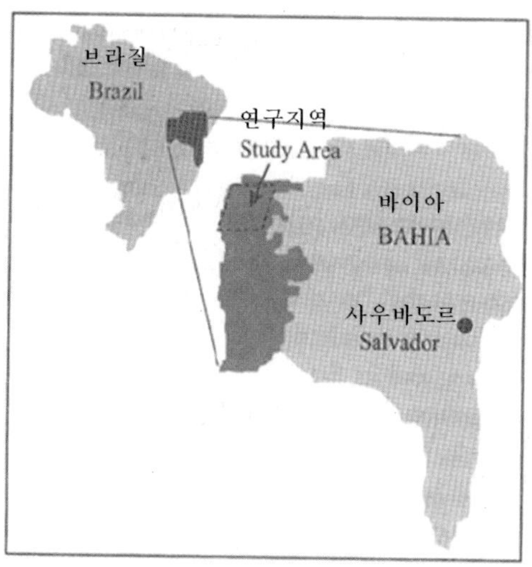

세하두의 농가와 신문기자, 정책 입안자 및 학자들은 대규모 농업생산이 세하두 환경의 "자연적"(natural) 특징, 특히 경작에 앞서 집중처리 과정을 요하는 불모의 토양과 기계화를 용이하게 해주는 편평한 지형에 따른 당연한 대응책 - 실제로, 유일한 대응책 - 이었다고 주장

한다. 이러한 대량생산의 이식은 대규모 농장을 소유한 현대적인 생산업자들의 활동 촉진 및 지원을 위해 국가적, 국제적 수준에서 행해진 고의적인 정치적 작업을 의식적으로 잊게 만들었다. 세계적인 농식품 체계 개발이라는 맥락에서 고안된 정부정책들은 세하두의 농산업 생산의 특징을 개발하는 데에는 비판적이었다. 농업생산력 발전을 위해 고안된 공공정책은 대농장에만 중점을 두고 있으며, 소규모 자작농과 농촌 빈민은 값싼 노동력과 영토 식민화의 공급원으로 여겼다. 동시에, 대두시장에 대한 지정학적 관심이 세계적인 리서치 기관 및 개발은행들로 하여금 브라질 세하두에 투자하도록 부추기는 역할을 했다. 이러한 세계적인 관심은 이른바 녹색 혁명(Green Revolution)이라고 일컬어지는 국제 정세의 흐름에 따라 발생한 것이었으며, 세하두 지역에 자본집약적인 현대적 농업의 채택을 용이하게 했다. 이와 같이 국가적 수준에서 세계적인 식품 체계 개발이라는 명목 하에 행해진 의도적인 작업은 브라질의 "곡창지대"(breadbasket)를 소수의 농업생산자를 위한 특권 기반으로 둔갑시켰으며, 동시에 이 지역 생산기반의 생태적 지속가능성을 위협하는 절차적 불공정성의 기저를 이루고 있다.

환경정의의 관점에서 브라질 세하두의 농업개발의 문제점을 살펴봄에 있어, 우리는 이 지역에서의 사회정의와 농업생산, 환경의 질적 저하 간의 관계를 알아둘 필요가 있다. 이러한 분석은 자연이 어떻게 지역 전체의 생태적, 사회적 보전과의 절충을 거쳐 "자원"(resource)으로서의 생산방식을 통해 복원될 수 있는지, 엘리트 계층이 지니는 특권 자체가 어떠한 방식으로 의식적 행동이 아닌 파괴적 행동의 고착화를 위한 구조적인 문제로서 나타나게 되는지, 어떠한 이유에서 미국 농가들이 세하두로 이주해 대두를 경작하고 있는지, 그리고 왜 세하두와 멀리 떨어진 지역에서(예를 들어, 브라질 남부지역에서) 토지 분배에 대한 사회정의의 실현을 요구하고 있는지에 대해 설명해주며, 동시에 세하두에서의 농산업 개발과 환경의 질적 저하에 대해 비판한다.

환경문제와 사회정의는 "지역적"(local) 문제로 인식되는 경향이 있다. 그러나 환경문제와 사회정의는 그 형성과정을 통해 물질적, 정치적 상태를 노출시킬 수 있도록 지역적, 국가적, 국제적 차원에서 분석돼야만 한다. 미국에서 주장하는 환경정의는 자원에 대한 동등한 접근권과 환경위험으로부터의 자유 보장과 같은 지역사회 중심의 요구사항에 치우쳐 있다. "NIMBY현상"(not in my back yard)에서 벗어난 환경정의로의 이행 그 이상의, 환경정의의 범위에 대한 그들의 관심은 쟁점의 스칼라를 비롯한 공간적 구성마저도 무시한 채, 다양한 차원의 이의 제기의 전략적 구성에만 중점을 두는 경향이 있다. 윌리엄즈(Wiliams, 1999)는 환경부정의에 대한 시장 중심의 설명은 환경부정의를 조장하는 구조적 절차의 범위를 감추고 "문제의 발생과정에 연루되어 있는 지역 외적인 범위를 무시할 뿐만 아니라 심지어 적법하지 못하게 만든다"고 밝혀 그러한 분석에 반향을 불러일으켰다(Kurtz 2003, p. 890 인용).

이 장에서 나는 세하두의 개발문제에 대해 국가적 수준과 세계적인 식품 체계라는 두 가지 맥락에서 서술하고자 한다. 그리고 나서 이것이 왜 환경정의의 문제인지를 설명할 것이다. 이 장은 환경정의에 대한 관심을 전 세계 농업개발 분석에 포함시키기 위한 최초의 시도가 될 것이다.

브라질 세하두(Cerrado)의 개발

세하두는 브라질 중서부 지역에 펼쳐져 있으며 브라질 농업 리서치 회사(EMBRAPA)에 따르면 브라질 전체 국토의 25퍼센트에 해당하는 면적인 약 2억4백만 헥타르를 차지하고 있다.[4] 아마존 분지에 이어 브라질에서 두 번째로 큰 생물군을 형성하고 있으며 남아메리카에서 가장 넓은 덤불숲/사바나 지역을 보유하고 있다.

세하두는 우기와 건기의 두 개의 계절로 뚜렷이 구분되는 열대기후를 지니고 있다. 이 지역의 연평균강수량은 1,500밀리미터이며 대부분의 비가 10월과 4월 사이에 집중된다. 세하두의 식생은 다양하며 토양의 상태와 수분이용가능성에 따라 관목과 덤불숲이 혼합된 형태로 나타난다. 대개, 세하두의 토양은 알루미늄의 농도가 높아 상대적으로 독성이 강하다. 정기적으로 수분공급이 가능한 비옥한 토양의 경우에는 덤불숲이 좀 더 우거진 경향이 있는 반면, 탁 트인 관목지는 생육환경으로 그다지 비옥하지 못한 토양을 지니고 있다(Stedman-Edwards 2000). 세하두의 지형은 아주 편평한 고원지대부터 완만한 구릉지대까지 다양하다.

낮은 인구밀도와 제한된 경제개발로 최근까지 세하두의 풍부한 생태계 보전성이 유지될 수 있었다. 세계야생생물기금(World Wildlife Fund: WWF)의 연구원들에 의하면, 세하두에는 4,400종 이상의 토종식물과 117종의 토종 육상 척추동물들이 서식하고 있는 것으로 추정된다. 이밖에도, 브라질 조류 종의 25퍼센트가 세하두에서 발견되며, 이 중 16퍼센트가 토종 조류로 알려져 있다(Stedman-Edwards 2000). 그러나 대규모 농업의 확산으로, 재규어, 큰 개미핥기, 큰 아르마딜로, 갈기늑대와 같은 수많은 토종 동식물들의 서식지가 크게 감소하고 있다. 1998년 노먼 마이어(Norman Myers)는 전 세계 25개 "생물다양성 중요 보존지점"(biodiversity hotspot) 중 하나로, 높은 풍토성과 오염되지 않은 식생의 비율이 낮은 특징을 나타내는 세하두를 꼽았다.[5] 현재, 세하두 토종 식생의 40퍼센트가 사라졌으며 또 다른 40퍼센트는 훼손된 것으로 추정되고 있다.

브라질 세하두(Cerrado)에서의 농식품 개발과 환경정의

세하두는 브라질의 얼굴이다. 사람들이 붐비는 도시, 빈민가, 기계로 인해 완전히 쑥대밭으로 변해 소와 대두, 울타리만 남아있는 들판. 우리의 빈곤문제를 완화시켜줄 곡창지대로 이상적이었던 세하두는 스스로를 야심찬 생명체 수출업자로 전환시켜버렸다.

- 마르셀 브루슈틴(Marcel Bursztyn), 『세하두의 딜레마』의 서문

브라질 세하두에서의 투자 기회는 상상하기 어렵다.

- 필립 반켄(Philip Warnken), 애그브라질(AgBrazil)의 최고경영자

세하두는 1960년대 첫 번째 개발 대상이었다. 이 지역에 대한 정부의 식민화 및 농업생산 계획은 1950년대 토지개혁을 위한 포퓰리즘적 동원에서 생겨났다. 시위와 대중동원은 1946년부터 1964년까지 국가정치에 있어 민주주의의 창을 특징짓는 요소가 되었다. 운동가들은 가톨릭 교회와 함께 농지 개혁을 위한 공격적인 캠페인을 조직했고, 전(前)공산당 출신 운동가들은 농민노동조합의 형성과정을 감독했으며, 1964년에는 '법으로 안 되면 강제로라도'(na lei ou na marra) 토지 분배의 실현을 달성하겠다는 목표를 공식적으로 표명한 2,000명 이상의 농민들이 모여 이른바 '소작농 연맹'(Pesant Leagues)을 조직했다(Medeiros 1989).

토지의 재분배를 위한 민중 조직화의 증가는 영향력 있는 농업 엘리트들의 심사를 불편하게 했다. 특히 이 같은 움직임은 쿠바 혁명의 영향으로 불거지기 시작한 농촌 지역 기반의 공산당 혁명 발발에 대한 우려를 낳았다(Page 1972). 1964년 3월 21일 굴라트(Goulart)[38]

38) 1961년부터 1964년까지 집권한 브라질의 24대 대통령 주앙 베우쉬오르 마르키스 굴라트(João Belchior Marques Goulart)를 지칭하며, 흔히 "장구"(Jango)라는 닉네임으로 불리기도 한다.

대통령이 급진적인 농지 개혁을 선언한 이후 리우데자네이루(Rio de Janeiro)에는 장갑차가 들이닥쳤고, 군대가 정부의 통치권을 장악하여 21년 동안 정권을 유지했다. 군정 내부의 행정 관료들은 집권 후 곧이어 농촌의 불균등한 상태를 개혁하기보다는 이를 이용해 농촌개발을 위한 새로운 계획을 수립하는 데 공을 들였다.

수출을 통해 외환보유액을 증가시킬 수 있을 것이란 기대로 대규모 농산업 개발에 호의적이었던 군부는 야심찬 산업개발계획을 추진할 필요가 있었다(Martins 1981). 정부 관료들 대부분은 유럽과 북미 선진국들의 경우처럼, 산업의 현대화를 위해서는 농업의 현대화가 동반되어야 한다는 사실에 동의했다. 주제 지 소우자 마르칭스(José de Souza Martins)에 따르면, "쿠데타 5개월 후... '진보를 위한 동맹'(Alliance for Progress)[39]의 북미대표 월트 로스토(Walt Rostow)는 상파울루(São Paulo)에서 내부 시장의 문제에 대해 기업가들과 함께 열띤 토론을 벌이고 있었다. 농업을 변화시키고 현대화시키는 데에 기업가들이 관심을 가져야만 한다고 [그는 강조했다.]."(Martins 1981, p. 94)

토지소유구조를 혁신적으로 변경하는 것이 아니었기 때문에 "보수적 현대화"(conservative modernization)라고 지칭되었던 군부의 정책은 이미 농산품 투입과 산출물 시장에 뛰어들어있던 생산자들에게 조세 인센티브를 제공함으로써 불평등을 가중시켰다. 1965년 정부가 '국가지방신용제도'(Sistema Nacional de Crédito Rural: SNCR)를 설립하면서 농업생산을 위한 자금조달은 1968년에서 1978년 사이 기간 동안 실질적으로 다섯 배 증가했다(Goodman, Sorj, and Wilkinson 1984, p. 198). 1973년에서 1983년 사이의 높은 인플레이션률은 이 자금의 수익률이 사실은 마이너스였다는 것을 의미했다. 이와 같은 직간접적인 생산 보조금은 옥수수와 대두를 포함한 대규모 수출 작물 생산업

39) 1961년 푼타델에스테(Punta del Este) 헌장에 따라 미국과 22개 중남미국가들이 세운 국제경제사회 발전을 위한 10개년 계획을 지칭한다.

자들에게 혜택을 제공했다(Graziano da Silva 1982; Delgado 1985). 한 연구는 1975년에서 1982년 사이 제공된 공식 자금의 반 이상이 전체 농가의 단지 3에서 4퍼센트에게만 돌아갔을 것으로 추정했다(Graham et al. 1987, Helfand 1999, p. 7 인용). 세하두의 심장부 마투그로수(Mato Grosso)의 경우, 10,000헥타르(약 25,000에이커) 이상의 토지를 소유한 농업생산자들이 주 전체 농가 중 단 1.88퍼센트를 차지했다. 그런데 SNCR이 설립된 지 5년 후인 1970년에 이르러서는 주 전체 농업생산자들에게 지출되어야할 총 자금의 44.74퍼센트를 이들 농가가 받고 있었다(EMBRAPA-IBGE 1979, p. 279).[6]

1970년대에 수립된 개발 정책들은 경지 확대를 위해 주로 세하두에 초점을 맞추고 있었다. 아마존 신개척지는 토지 접근권을 요구하는 농촌 이주자들을 흡수하고자 하는 목적에서 형성된 지역이었던 반면, 세하두 신개척지는 대농가들이 국제생산품에 관여하는 자본을 쉽게 이용할 수 있게 하기 위해 만들어진 곳이었다. 1972-1974년 사이 기간 동안 '제1차 국가 개발 계획'(National Development Plan: NPD)이라는 명칭 하에 추진된 일련의 조치들에는 다음과 같이 기술되어 있었다. "기술변화 창출 및 농업시장 확립을 가속화시키며 가격 변동에 민감하게 반응할 수 있도록, 브라질 농업에 조세 및 자금조달 제도를 공급한다. 또한, 주로 중서부의 세하두 지역을 비롯해 북부 및 북동부의 습윤 계곡에 위치한 빈 땅을 활용함으로써 경작지를 확대한다(Executive Office, 1970, Stepman-Edwards 2000, p. 12 인용).

제2차 국가 개발 계획(1975-1979)은 'POLOCENTRO'라고 불리는 보다 구체적인 일련의 정책들을 포함하고 있었다. 이는 신개척지로의 경지 확대, 세계 시장을 향한 전문화, 개발 촉진을 위한 과학적 · 기술적 농업생산 기반 증진이라는 세 가지 주요 목표를 지니고 있었다. 본래 Polocentro 계획에는 기초식량작물의 재배를 장려하는 정책이 포함되어 있었으며(Klink and Moreira 2002, p. 77), 1960년대 과학연구를 통해 현지 토양 상태 보호를 위해서는 이 지역에서 다양한 자급용 농작물 경작이 이루어져야 한다고 권고된 바 있었다(Recuperação 1964, pp. 148-150). 그러나 1960년대 중반 이후, 군정은 세하두에서 자급용 농작물 생산을 외면한 채 주로 대두, 쌀, 면화와 같은 산업용 상품작물 재배 기반의 농산업 현대화 계획을 시행했다.

농업성장에 필요한 우수한 잠재력을 비롯해 고속도로 및 전력과 같은 기본적인 사회기반시설에 접근 가능한 세하두의 12개 "지점들"(poles)이 선정되었다(Klink n.d.). 전국 방방곡곡에서 몰려든 노련함과 자본력을 겸비한 농가들에게(이후에는 주로 브라질 남부 출신이 주를 이룸) 이 지역에서의 토지 구입 및 투자금 명목으로 후한 지원금이 제공되었다. 1970년에서 1990년 사이 제공된 평균 공공 자금액은 이 지역 대두 생산가치의 40퍼센트 이상을 차지하기에 이르렀고(Warnken 1999, p. 68), 이는 대규모 생산업자들에게 해택을 가져다주었다. 1975년부터 1982년 사이에 3,373개의 프로젝트가 승인되었으며, 이 중 81퍼센트가 200헥타르 이상 규모의 농가와 관련된 것들이었다(Klink and Moreira 2002, pp. 76-77). 또한 프로젝트의 약 40퍼센트가 1,000헥타르 이상 규모의 농가와 관련된 것들이었으며, 이들 농가가 제공된 자금의 대부분(60퍼센트)을 지급받았다. 대략 2백50만 헥타르의 토지가 Polocentro 계획을 통해 개발되었고, 대두 보급률은 600퍼센트 이상 신장되었다(Warnken 1999, p. 77).

그러나 세하두 지역에서의 경쟁적인 농업생산은 지역 자체의 실질적인 질적 "신장을 이룰 때"(produced)까지 이어질 수는 없었다(Cunha 1994). 브라질 정부뿐만 아니라 이 지역 개척에 나섰던 농가들까지도 인디오들이 생산한 제품이나 운영하는 사업체와의 거래에는 관심이 없었다(Luchiezi n.d.). 개발계획 도입 초기의 의도는 지역 외부에서 유입된 상품과 사업체들을 수용하기 위해 기존 생태계를 개조하는 것이었다. 이러한 목적을 수행하기 위해 열대 대두 종자가 개발되었다. 이 당시 브라질에서 이용 가능한 유전물질의 대부분은 미국에서 도입된 온화한 기후에서 생산된 대두로, 이러한 기후조건에 익숙한 변종 종자의 재배는 열대 기후에서 성공할 수가 없었다. 1976년 EMBRAPA는 세하두 지역에 적합한 대두 품종을 개발하기 위한 새로운 육종계획에 착수했다. 이 같은 노력의 일환으로 미국에서 건너온 연구진들이 브라질 연구진들과 협력하였고 신(新)대두 종자에 관한 대부분의 연구는 미국 농무부 산하 미시시피(Mississippi)주 스톤빌(Stoneville)에 위치한 실험실 소속 연구진들과의 공조 하에 이루어졌다. 1970년대 후반에 이르러 전통 변종 종자들이 온화한 지역에서 재배되었던 것처럼 열대 지역에서도 재배 가능한 변종 종자들의 생산법이 발견되었다.

세하두 지역에서는 신(新)종자와 더불어 적합한 토양의 발견도 반드시 필요했다. 세하두 지역에서는 단 7퍼센트의 토지만이 자연적으로 비옥한 토질을 보유하고 있는 것으로 알려져 있다. 나머지 지역은 알루미늄을 함유하고 있어 고산도(高酸度)를 나타낸다. 석회석과 수분의 비중이 높은 비료의 사용은 토지를 기름진 땅으로 변화시켰다. 브라질 농학자 카를루스 호베르투 스페아르(Carlos Roberto Spehar)는, "오늘날의 기술력이라면, 누구나 토양을 만들어낼 수 있다"[7]고 말한다. 토양 "개량"(correction)을 향한 부단한 노력은 투입 원가가 사바나 지역 1헥타르를 경작지로 바꿔놓는데 필요한 자본의 대부분을 차지한다는 것을 의미한다. 한 연구에 따르면, 사바나를 양질의 토지로 만들어내는데 필요한 자본의 25퍼센트가 토지비용으로 쓰였고 약 42.5퍼센트는 토지 구입 및 생산요소의 적용에 지출되었으며 17.5퍼센트는 생산시설 착공에 투입되었다고 한다(Goedert 1990, Rezende 2002, p. 16 인용).

세하두 지역의 토지는 신종자 개발 및 생산요소의 집중 적용을 통해 대두, 쌀, 면화와 같은 특정 농산품 생산을 겨냥해 만들어졌다.

1970년, 전체 경지 규모는 대략 55,000헥타르에 달했을 것으로 추정되며, 당시 이 중 9,000헥타르에서 경작이 이루어졌다. 1995-96년 사이, 전체 경지 규모는 75,000헥타르에 달했을 것으로 추정되며, 이 중 50,000헥타르에서 경작이 이루어졌다(IBGE 그림/농수산업 센서스, Rezende 2001, p. 2 인용). 이러한 토지 생산으로 인해 세하두 지역은 성공 가능한 경제적 신개척지가 되었다. 제1차 녹색혁명(Green Revolution)[40] 배후의 주축세력 중 하나였던 식물생물학자 노먼 볼로그(Dr. Norman Borlaug)는, 세하두 지역에서의 과학의 적용은 "금세기 전 세계에서 가장 중요한 경지확대지역을 만들어냈다"(Landers 2001 인용)고 밝히기도 했다.

수출생산을 적극 장려했던 브라질 정부는 토지 혹은 수자원 활용에 있어 사실상 거의 제한을 가하지 않았다. 세하두 지역이 남아메리카에서 가장 중요한 환경지역 중 하나로 인식되고 있긴 하지만, 2002년 기준 전체 경지 면적의 2퍼센트가 채 안 되는 지역이 정부의 보호 아래 있었다. 아마존 우림과 달리 세하두 지역은 1988년 헌법에서 연방정부가 관할하는 보호지역에 포함되지 않았고 이 지역에서 가장 중요한 환경규제로는 여전히 1965년 최초로 제정된 브라질 '우림법'(Forest Code, 법 4,771/65호)이 있을 뿐이다. 우림법은 토지소유자가 자신의 소유지의 20퍼센트를 강과 호수 및 자연적인 물길을 따라 형성되어 있는 대상(帶狀)의 토지를 비롯해 고유의 식생과 야생동물 보전을 위해 확보해야만 한다고 명시하고 있다.

2000년까지 아마존 우림 경계지역의 세하두의 50퍼센트는 법정보전규제에 속하는 지역이었다. 하지만 아마존 지역의 법정보전 비율을 80퍼센트에서 50퍼센트로 낮추려는 정부의 시도를 저지하고자 했던 환경운동가들과의 격렬한 논쟁 끝에 그 절충안으로 농가당 보전지역 비율을 35퍼센트로 낮추는 방안이 채택되었다(Abramovay 2000). 법

40) 20세기 후반 이후 활발해진 작물의 품종개량 등 새로운 기술 도입으로 인해 개발도상국의 식량 생산력의 급속한 증대 및 이를 위한 농업상의 여러 개혁을 이르는 말이다.

정보전지역이 축소되었지만, 세하두 지역에서의 우림법은 제대로 시행되지 않았다. 한 연구에 따르면(Grote, Deblitz, and Stegmann 2001), 세하두 지역에서 브라질 우림법이 실제로 집행되었다면 생산비용이 500헥타르당 23퍼센트, 1,000헥타르당 19퍼센트가 증가되었을 것이라고 한다. 규제의 부족은 생산자들에게 있어 일종의 임시 자산이 되었고 대규모 집약 농업을 더욱 장려하는 결과를 초래했다.[8]

세하두 지역의 낮은 토지비용과 노동비용 역시 대규모 대두 생산의 촉진 원인이 되었다. 2002년 세하두 지역의 토지 가격은 평균적으로 미국 '옥수수 지대'(Corn Belt)[41)]와 비교했을 때 9배나 낮은 수준이었다. 이것이 세하두 지역에서의 대두 생산이 전통적인 다른 작물생산 지역에 비해 경쟁력을 갖출 수 있었던 주요 원인 중 하나였다(표 9.1 참조). 브라질 그 어느 지역보다도 세하두 지역의 토지 가격은 저렴했다. 낮은 토지 비용은 이 지역의 대규모 생산에 있어 일종의 추가적인 장려책이 되었던 것이다(Rezende 2001). 미국과 브라질의 생산방식은 매우 흡사했지만, 세하두의 토지 비용이 농가들로 하여금 미국을 떠나 브라질로 이주해 그들이 두고 온 땅보다 훨씬 더 큰 규모의 토지를 매입하도록 부추겼던 것이다. 2001년, 마투그로수주 중부 세하두 지역의 대두 생산 농장의 평균 규모는 1,000헥타르 이상이었으며 동기간 미국 옥수수 지대의 농장 규모는 120-150헥타르였다(Rezende 2001, p. 7). 수출을 위한 대량상품 생산에 종사할 만한 능력과 교육수준을 갖춘 이들에게 있어서 브라질은 겉으로 보기에 무한한 토지를 지닌 나라인 것이다. 게다가 이 지역의 임금도 매우 낮다. 한 보고서에 따르면(Luchiezi n.d.), 트랙터 운전사의 평균 임금은 한 시간당 78센트이며, 인부들은 한 시간당 50센트의 임금을 받는다고 한다. 관리자들은 상대적으로 높은 수준인 한 시간당 1.40달러의 임금을 받는다. 이처럼 임금이 낮은 이유는 경쟁이 치열하기 때문이다. 최근 몇 년간

41) 미국의 중서부에 걸쳐 형성된 세계 제1의 옥수수 재배지역을 이르는 말이다.

브라질 빈민들이 경작지역에서 일자리를 찾을 수 있으리라 기대하며 세하두 지역으로 몰려들어 빈민가가 형성되기에 이르렀지만, 이들 중 일자리를 구한 이는 소수에 지나지 않았다. 대규모로 기계화된 농장은 노동력을 거의 필요로 하지 않았기 때문이다. 한 연구는 1970년부터 1985년까지 토지 100헥타르당 노동인력의 수가 7명에서 4명으로 감소했다고 밝힌 바 있다(WWF, CEBRAC 2000 인용).[9] 세하두가 농업 신개척지로 인식되고 이 지역의 주요 경제활동이 목축과 대두생산과 관련이 있음에도 불구하고, 고도로 산업화되고 도시화된 남부 및 남동부 지역을 포함하여 브라질 그 어느 지역과 비교했을 때보다 더 높은 비율의 인구(약 90퍼센트)가 도시에 거주하고 있다(Hogan, Cunha, and Carmo 2001).

〈표 9.1〉 미국과 브라질에서의 대두 생산 비용(헥타르당 달러)

	미국	브라질
변동원가a	239.7	267.4
고정원가	271.8	81.7
노동비용	81.5	9.7
투자이율	69.2	7.7
토지비용	286.6	37.2
합 계	798.1	386.2

a. 종자, 비료, 화학약품, 기계설비 운영 및 보수 포함 비용.
출처: Hirsch et al. 2001.

그러나 1960년대 토지 분배를 위한 대중의 요구가 실현되었거나 군정이 농촌 정착을 위한 장려금 및 사회기반시설을 제공하고 국내시장을 위한 소규모 생산품의 재배를 지원했다면, 세하두 지역의 대농장들이 소농장들보다 조금은 덜 "당연한"(natural) 우위를 차지하게 되었을 것이다. 많은 연구들이 농장의 규모와 농업 생산성이 반비례 관계에 있음을 입증한 바 있다(Carter 1984). 스티븐 헬팬드(Stephen Helfand)는 최근 연구에서, 세하두의 곡물 생산자들에게 있어 자금, 전력, 기술

지원에 대한 접근권은 농장의 규모보다 효율성 면에서 더 큰 영향력을 발휘했다고 주장한다. 헬팬드는 이러한 공공재(公共財)가 소농가들에게 공급되었다면 "(농장의 규모와 효율성 사이의) 반비례 관계가 브라질 중서부의 1,000헥타르에 달하는 농장들에서까지도 흔히 나타났을 것이다"(2003, p. 12)라고 강조한다.

브라질 농식품 개발의 정치경제학

브라질 대두산업의 급속한 성장은 1940년대 중반 이후 세계 농식품 체계 안에서 이해해야만 한다(Friedmann and McMichael 1989). 물론 브라질은 농업생산을 통해 늘 세계 경제의 주축을 이뤄왔었다. 브라질 생산된 최초의 수익상품은 1500년대 초 사탕수수였으며, 그 이후로 브라질 국민총생산의 대다수는 사탕수수, 커피, 고무, 카카오, 면화를 포함해 비교적 적은 수의 농산품 혹은 천연자원의 수출이 차지해 왔다. 1900년대 초, 커피 생산을 통해 얻은 정부수익으로 브라질 내부 국소지역의 산업화가 용이해졌으며, 특히 상파울루주의 산업화에 박차를 가하게 되었다(Dean 1969).

그러나 제2차 세계대전 이후, 브라질은 미국이 주도하는 현대적인 농산품 체계에 좀 더 깊숙이 관여하게 되었다(Müller 1985). 당시 미국과 유럽에서 개발된 현대적인 농업생산방식과 기술(녹색혁명)이 전 세계 나머지 국가들에게 보급되고 있었다. 이러한 생산방식과 기술이 없었더라면, 세하두 지역에서의 곡물집약생산은 불가능했을 것이다. 브라질 생산업자들은 국제 공조를 통해 녹색혁명기술을 접하게 되었다. 브라질 농가들은 시카고에서 개최된 세계 박람회(World Fair)에 참석하기 위해 미국으로 건너갔고 그곳에서 중서부 지역의 농업시찰을 통해 기계화, 화학적 생산요소, 무경운농업(無耕耘農業), 전산체계화에 대해 배웠다. 미국제개발처(U.S. Agency for International

Development: USAID)의 농촌진흥청담당관들이 브라질 농업발전 진흥을 위해 활동했다. USAID는 2002년 '세계식량상'(World Food Prize)을 수상한 페드루 산체스(Pedro Sanchez)의 프로젝트를 위해 약 4천만달러의 지원금을 제공하기도 했다. 노스캐롤라이나 주립 대학교(North Carolina State University)의 연구원인 산체스는 "브라질 세하두 지역의 열대 산성 토양을 7천5백만에이커의 비옥한 농지로 변화시키기 위한"(캘리포니아 대학교 버클리 캠퍼스(University of California at Berkeley, 2002년 8월 12일 보도자료) 캠페인을 주도했다. 페드루 산체스가 "자연적으로 이용 가능한 자원을 활용하여 토양 비옥도 복원을 이뤄냄으로써, 브라질부터 아프리카에 이르기까지 수십만 소농가의 작물 수량을 급격히 신장시켰다"(위의 자료)는 사실은 높이 평가할 만하지만 세하두 지역에서 천연자원은 대규모 자본집약적 농가에 혜택을 주기 위해 교묘히 이용되어 왔다.

구호기관 채널을 통해 미국이 브라질 농업에 대해 관심을 가지는 것은 소비시장 투입개발을 위한 농산업적 이권을 고려한 것이다. '국제 계획을 위한 농업연구 국가지도계획'(Agriculture Research Science National Program Leader for International Programs)의 릭 베넷(Rick Bennett)은 이러한 맥락에서 다음과 같이 말한다. "브라질이 수백만 달러를 들여 우리의 농산품과 기술을 구매하려 한다면, 공동의 문제를 규명하고 우리 모두에게 도움을 줄 수 있는 해결책을 찾는 일에 브라질 과학자들을 참여시키는 것은 좋은 생각이 아니지 않을까?"(ARS/USDA 2000년 5월). 1973년 '브라질농업연구기업'(EMBRAPA)이 정부 및 과학자, 농업생산업자들 사이의 연락망을 담당하는 기관으로 설립되었고, 1970년대 내내 기관 직원의 대다수가 미국에서 연수를 받았다(Warnken 1999, p. 45). 금융조달이 가능했던 대농가들에게 세하두 지역의 신개척지는 해외 수출 및 투입시장과 긴밀하게 연결되어 있는 곳이었다. 화학적 생산요소와 종자, 관개시설, 트랙터, 지도 상담을 제공하는 주요 공급사들은 주로 미국에 본사를 둔 다국적 기업들이었다. 한 미국인 농장주는, "그들이 미국에서 얻는 것을 우리는 여기서 얻었다"(Romero 2000 인용)고 밝힌 바 있다. 브라질로의 농업기술 및 농산품 전파에는 두 개의 회사가 중요한 역할을 했다. 세발(Ceval)(네덜란드 회사 번기(Bunge) 소유의 운영기업)과 미국에 본사를 둔 카길(Cagil)로, 바이아 서부지역의 투입 및 공정, 유통시장을 주도하고 있다. 세발이 운영하는 이 지역 최대의 대두 분쇄 플랜트는 남아메리카 전체에서 가장 큰 규모를 지니고 있으며 세하두 지역 대두 시장의 약 75퍼센트를 장악하고 있다.

경쟁력 있는 곡물 분야의 개발은 국가 밀 생산기반을 조성하고 미국으로부터의 식량 원조 의존도를 감소시키고자 했던 브라질의 열망으로 인해 어느 정도 덕을 본 것으로 볼 수도 있다. 1954년, 미국은 개발도상국으로의 곡물 수출을 국내 농업 생산 지원책 및 해외 원조 지원책으로 이용하고자 하는 취지에서 '농산물무역개발원조법'(Agricultural Trade Development and Assistance Act)("평화를 위한 식량"(Food For Peace) 혹은 공법 480호로 알려짐)을 통과시켰다. 미국이 제공한 방식에 따라 밀을 국내에서 생산하게 되면서 브라질 주정부는 산업 핵심 국가에서 개발되고 그들의 고도로 발전된 농산업 기반시설에서 고안된 현대적 기술에 편승할 수 있었다. 대두의 상승에 자극 받은 밀과 겨울 작물 생산은 하절기에 동일한 밭에서 이루어질 수 있었다.10

1970년대 소련의 곡물 구매로 미국 대두 재고가 바닥나고, 국제가격이 상승하여 미국산 대두 수출의 임시 금수(禁輸) 조치로 이어지면서 국제경제의 상황은 대두생산에 더 강한 자극제가 되었다(Friedmann and MacMichael 1989; Yokota 1997). 통상금지령은 미국의 공급에 의존하던 아시아와 유럽 서부지역의 소비자들에게 타격을 입혔고, 이들은 브라질에서 적극적으로 새로운 공급원을 찾았다. 1974년 일본은 세하두 지역에서의 대두생산 개발을 위해 '일본국제협력처'(Japanese International Cooperation Agency: JICA)를 통한 금융조달에 동의했다. 일본-브라질 공동 계획의 첫 단계는 'PRODECER Ⅰ'(Programa Nipo-Brasileiro de Desenvolvimento do Cerrado)으로 명명되었다. JICA는 미나스제라이스의 70,000헥타르의 농지개발을 위해 약 5천만 달러를 제공했고, 주로 옥수수와 대두, 밀을 재배하기 위해 3곳의 개척지에 "숙련된"(experienced) 92가구의 농가를 정착시켰다(Osada, n.d. 1; Klink and Moreira 2002, p. 77). 1985년 PRODECER Ⅱ에서는 약 3억5천만달러에 달하는 일본의 투자로 200,000헥타르의 농지가 개발되었다. 이러한 양국 간 쌍무협정은 오늘날 세하두 지역의 높은 생산성을 확보하는데 결정적인 역할을 했다.

브라질의 월드 시스템: 미국 농가들이 세하두로 이주하다

최근 몇 년간 미국 농가들이 바이아주 서쪽 끝 접경지역을 따라 펼쳐진 세하두 신개척지로 이주해왔다(그림 9.1). 브라질의 높은 판매수익에 매료되어 미국 농가들은 그들의 선조들이 미국 중서부에서 했던 것처럼, 스스로를 새로운 '와일드 프론티어'를 여는 개척자로 인식했다.

이 지역으로 이주한 미국 농가들은 불균등한 개발을 통해 시장 확대와 수익 확보를 이루는 생산적인 사업을 강조했다(Smith 1990). 브라질과 미국 사이의 불균등한 개발은 미국 농가들이 최첨단 기술과 수직적으로 통합된 기업 내 네트워크(카길 및 번기와 같은 기업에 의해 유지되는)를 활용하면서 동시에 낮은 토지가격 및 노동비용, 환경비용을 이용할 수 있다는 것을 의미한다. 이들은 소유지 이용에 있어 정부의 개입을 전혀 염려할 필요 없이 대규모 토지를 구매할 수 있다. 수출생산을 적극 장려했던 브라질 정부는 토지 혹은 수자원 활용에 있어 사실상 거의 제한을 가하지 않았다. 미국 농가들이 미국 환경법에 의해 느끼는 부담이 가중되면서 브라질 세하두에 새로운 집과 농장을 만들게 되었던 것이다.

자손이 가업을 잇는 것을 허용하는 조건 하에 7,000에이커 이상을 구매했던 아이오와(Iowa) 출신의 한 농장주는 다음과 같이 말했다. "아이오와에서 농장을 확장했다면 훨씬 더 많은 비용이 들었을 겁니다... 우리 선조들이 스코틀랜드(Scotland)를 떠나왔을 때는 아이오와에서의 삶이 더 나아보였을 겁니다. 아마도 지금 브라질의 경우도 이와 같을 겁니다"(Perkins 2002 인용). 미시시피 출신의 농장주는 다음과 같이 밝혔다. "우리 가족은 1830년대 델타(Delta) 지대로 이주해 왔습니다... 이젠 내가 개척자가 되어 새로운 땅을 개척할 차례인 것 같습니다"(Philips n.d.). 브라질에 육로개발회사를 설립했던 사업가 데이빗 크루제(David Kruse)는 다음과 같이 소회를 밝혔다. "브라질은 우리가 아이오와에서 확장시킨 곳이다"(Perkins 2002 인용). 브라질의 신개척지가 황야의 이미지를 떠올리게 했음에도 불구하고, 이들 농가들은 농업 기회를 위해 기꺼이 고난을 감수하려 했던 것이다. 한 농장주는 다음과 같이 이야기했다. "내가 그곳에 내려가기 전에, 난 그들이 원숭이들과 싸우며 우림에서 농사를 짓는 한낱 시골뜨기 무리에 지나지 않을 거라 생각했습니다. 하지만 그곳에 내려간 사람들은 많았습니다. 그 모습을 본 사람이라면 내가 그랬듯, 그 잠재력을 알아보았을 겁니다"(Perkins 2002 인용). 이들 농가들에게는 미국 개척지의 가치관이 브라질로 옮겨온 것으로 보였던 것이다. 필립 반켄은 다음과 같이 말한다. "그것은 마치 미국 중서부에서 다시 농사를 짓기 위해 땅을 개척할 기회를 얻은 것과 같았다." 또한, 브라질 금융잡지 이스투에지녜이루(ISTOÉ Dinheiro)는 2003년 1월 20일에 다음과 같이 보도한 바 있다.

> 브라질 세하두(cerrado)의 외딴 시골 지역에, 금발머리의 햇볕에 그을린 피부를 지닌 다른 외모의 사람들이 이목을 끌고 있다. 이들은 포르투갈어를 전혀 못하지만 어떤 토지가 생산성이 있을지에 대해선 정확히 안다. 많은 미국 농가들이 고이아스(Goiás)와 바이아(Bahia)주 사이 지역에 위치한 미개발지로, 이른바 농업 신개척지라 일컬어지는 곳에 발을 들여놓고 있다. 이들은 이곳에서 한 가지 목적에 몰두할 것이다. 바로 농가에게 있어 금과 동일시되는 노란색 곡물 대두 재배가 그것이다. 19세기 미국 중서부 지역을 개척했던 이들의 선조들처럼, 이들은 땅과 기회를 찾고 있다.[11]

최근 몇 년간, 규제 없는 신개척지의 자연은 미국의 치솟는 토지비용과 환경규제의 증가에 직면한 농가들에게 더욱 매력적으로 다가왔다. 최근 브라질에서의 토지 소유에 대해 알아봤던 미시시피 출신의 한 농장주는 다음과 같이 말했다. "여기서는 우리가 아주 위태롭습니다... 일종의 모험이 될 수도 있겠지만, 제 생각엔 우리의 미래가 그 모험에 달려있는 것 같습니다. 우리는 돈을 벌고 농사짓는 삶을 유지할 수 있는 기회를 찾고 있는 것입니다. 그곳이 브라질일지라도 말입니다"(Thompson 2000 인용). 미국에서 토지는 경쟁적인 개발 관심으로 인해 높은 기회비용이 따른다. 농지 가격은 토지의 질보다 대체가능성에 의해 더 좌우된다. 스트립몰과 교외 주택지역, 6차선 고속도로가 시골 지역에 생겨나게 됨에 따라, 농가가 토지를 지키는 것이 어려워졌다. 1990년에서 1998년 사이, 미국 옥수수 지대 농장 부동산의 평균 가격은 에이커당 1,111달러에서 에이커당 1,869달러로 상승했다.[12] 동 기간 동안, 인접한 48개 주의 농장 부동산 가격은 에이커당 737달러에서 에이커당 1,000달러로 인상되었다.

하지만 브라질 신개척지의 토지 가격은 낮았다 - 2002년, 세하두 지역의 토지 가격은 평균 미국 옥수수 지대 대비 9배 낮은 수준이었다.

이것이 세하두 지역에서의 대두생산이 전통적인 다른 작물생산지역에 비해 경쟁력을 갖출 수 있었던 주요 원인 중 하나였다(표 9.1 참조).

그러나 미국 농가들은 단순히 낮은 토지비용에만 매료된 것은 아니었다. "수원지굴설[과 같은 것]에 공공규제가 전무"(애그브라질 웹사이트 참조)하다는 점 역시 대두 생산업자들을 브라질로 끌어들인 요인이었다. 1970년대 국제환경운동이 시작되고 1970년 환경보호청(Environmental Protection Agency)이 설립된 이래로, 미국에서는 대규모 집약농업으로 인해 야기되는 환경의 질 저하에 대한 인식이 확산되어 왔고 민간 소유지와 공유지를 보호하려는 취지하에 토지와 수자원 이용에 관한 규제가 확립되었다.[13] 고(高)투입 집약농업을 둘러싼 우려의 대부분은 수자원의 지속가능성과 관련한 것들이었다. 바이아 서부지역의 농업방식은 살수관개(撒水灌漑) 방식의 높은 도입률에서도 확인할 수 있듯이 최첨단 기계화 방식이며, 이는 지상관측위성 사진을 통해 쉽게 확인할 수 있다(그림 9.2). 각각의 원(circle)은 살수관개 농지이다. 1990년부터 2002년까지 연구 대상 지역에서의 살수관개 농지는 대농장을 중심으로 급속히 확대되었다.

생산방식의 전환 및 토양 보존용 잔디 재배를 통해 취약한 농지를 보호하고자 하는 농가에게 정부 자금을 제공하고자 하는 취지에서 실시된, 1985년 '보존계획'(Conservation Reserve Program)과 같은 예방책들은 간접적으로 토지비용을 증가시켜 결과적으로 농업생산비용의 인상을 초래하게 되었다. 수많은 농가들이 정부가 환경보호에 역점을 두면서 부당하게 피해를 입게 되었다고 느끼고 있다. 미시시피 출신의 한 농장주는 다음과 같이 지적했다. "그곳으로 내려간 모든 것은 성장하고 있는 반면, 이곳의 농촌지역은 죽어가고 있습니다"(Thompson 2002 인용). 캘리포니아 대학교 데비스 캠퍼스(University of California at Davis)의 경제학자이자 『미국 자산에서의 농업의 종말』(The End of Agriculture in the American Portfolio,

〈그림 9.2〉 그림 9.1에서 파란색 상자의 맨 아래 부분(약 20 x 20㎞)에 해당하는 개척지역의 농지 확장 및 살수관개시설 원거리 촬영 이미지

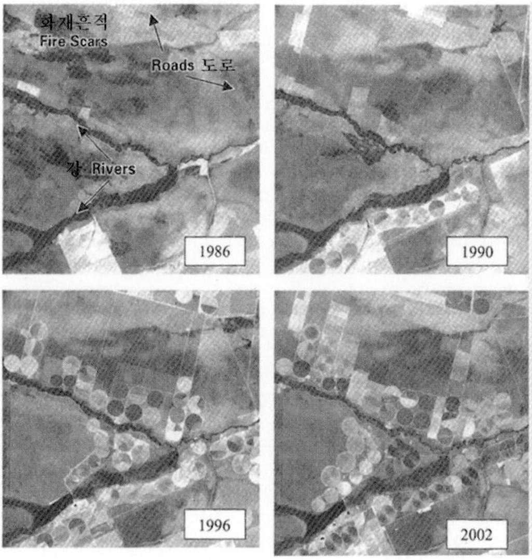

* 지상관측위성사진 RGB=453 조합. 각각의 원은 살수관개 농지임. 살수관개농업은 연구 대상 지역에서 주로 1990년에서 2002년 사이에 급속히 확장되어 옴.

1998)의 저자 스티븐 블랭크(Seteven Blank)는 환경 및 식품규제의 직접적인 결과로 높아진 생산비용 탓에 미국의 "농가 상품이 서서히 사라지고 있다"고까지 주장한다.

미국의 상대적으로 엄격한 환경규제에 대한 인식은 농업 및 유사 산업으로 하여금 규제가 덜한 새로운 생산지역을 찾도록 강요했다. 예를 들어, 미국의 축산업 규제법은 브라질 세하두 지역의 방화와 벌목으로 인한 숲 파괴의 주요 원인으로 간주되고 있다(Knight 2002). 애그브라질의 최고경영자는 다음과 같이 언급한 바 있다. "농업법(Farm Bill) 제정과 면화 및 쌀 생산농가에 대한 지원제한계획이 논의되면서, 해당 농가들로부터 하루에 수십 통의 전화를 받았다."(Thompson 2002 인용)

결론

수출을 위한 대량상품 생산에 종사할 만한 능력과 교육 수준을 갖춘 이들에게 있어, 브라질은 겉으로 보기에 무한한 토지를 지닌 나라로 비춰진다. 2002년 EMBRAPA는 세하두를 구성하는 2억4백만헥타르 중 6천1백만헥타르가 현재 가용되고 있으며 약 6천6백만헥타르가 생산법인의 가용용지로 쓰이고 있는 것으로 추정했다.[14] 하지만 금융자산이나 직업이 없는 이들에게, 브라질은 이용 가능한 토지가 거의 없는 국가라고 할 수 있다. 2002년 기준, 토지를 구매할 형편이 안 되거나 착취당할 대로 당한 뒤 그 대가로 쓸모없는 땅을 지급받은 "무토지 농민"(landless)은 약 4백만 가구인 것으로 조사되었다. 1985년 이후, 브라질은 라틴아메리카 최대 규모의 풀뿌리 농지개혁운동의 본고장이 되어왔다. 'Movimento dos Trabalhadores Rurais Sem Terra'('무토지농민운동'을 뜻하며, 약자로 'MST'로 표기함)가 바로 그것으로, 이 운동의 일원들이 토지 분배를 위한 투쟁으로 타도운동을 벌이며 단체행동에 나서고 있다. 현대적 수출 농가와 빈곤한 무토지 농민들의 공존은 세하두 신개척지에서 여전히 벌어지고 있는 - 또한 강화되고 있는 - 브라질의 불균등한 개발의 궤적을 시사하고 있다고 볼 수 있다. 이러한 분배의 불평등은 농산업 생산모델과 밀접하게 연관되어 있으며, 브라질에서 가장 민감한 생태계의 심각한 환경의 질 저하와도 관련이 있다. 환경부정의와 싸우기 위해 생겨난 사회운동은 20세기 초 미국의 포퓰리즘과 유사한 형태의 농업 포퓰리즘을 표방하는 중요한 농민운동이다. 일반적으로 MST가 주장하는 대안은 불평등한 토지 거주권에 대한 비판과 땅으로의 복귀 캠페인, 지역사회(또는 대개 전통사회) 혹은 연고가 있는 곳의 경제회복 및 지속 가능한(전통농업으로도 인식되는) 농업의 실현을 포함하고 있다. 이 운동의 지도자들은 경제, 사회, 환경 프로젝트로서 토지 분배의 실현을 주장하고 있다. 토지 개혁은 자산을 분배하고 평등을 담보한 성장을 이뤄낸다는 점에서 경제적이다. 또한 브라질의 개발과정으로부터 지속적으로 소외되어왔던 농촌빈민을 포함한다는 점에서 사회적 프로젝트라고 할 수 있다. 마지막으로, 토지 개혁은 운동가들과 그 일원들이 소농가들을 토지를 돌볼 천부적인 관리인이자 환경건강과 식품안전, 더 나아가 국권 증진에 이바지할 수 있는 능력을 갖춘 관리인이라고 주장하고 있다는 점에서 환경 프로젝트라 할 수 있다. MST는 최근 바이아 서부지역에서 활발히 조직화되어가고 있다. 그러나 초기부터 MST는 세하두 지역의 발전을 이끌어낸 농산업 생산모델을 비판해왔다.

세하두 지역에서의 환경정의 문제는 부유한 대규모 농가들이 토지에 대한 접근권을 지니고 있으며, - 의도적이든 그렇지 않든 간에 - 이들로 인해 이 지역에서의 환경의 질 저하가 더 심각해지고 있다는 점에 있다. 세하두 지역에서의 채취 활동은 토양의 질 저하, 수질오염, CO2 배출의 증가 및 생물다양성의 손실에 대한 심각한 환경 우려를 불러일으키고 있다. 토양의 질 저하와 수질오염은 흔히 대규모 현대 농업과 연관되어 있는 문제점들이긴 하지만, 세하두 지역의 경우에는 토양을 생산적인 토지로 변화시키는데 요구되는 개입과정으로 인해 추가적인 위험요소를 안고 있다. 수자원 역시 세하두 지역의 건조한 동절기 기간 동안 관개에 의존한다는 점에서 영향을 받을 수 있다. 중앙살수장치와 같은 첨단 관개기술을 통해 지하의 대수층으로부터 물을 끌어올려 "브라질 수문체계의 척수"(spinal cord of Brazil's hydrographic system)를 구성하는 브라질의 3대 강 아마존(Amazon), 상프랑시스쿠(São Francisco), 토칸친스(Tocantins)로 흘려보내고 있다.

다양한 비정부기구들이 생태계의 자연적 품질을 - 억압하는 것이 아니라 - 이끌어낼 수 있는 대안상품 및 생산방식을 제시함으로써, 세하두 지역에서의 이러한 환경 및 경제의 지속가능성에 대한 문제에 대응해왔다. 야생 식물은 내수뿐만 아니라 해외수출용으로 재배될 수 있으며(Abramovay 2000), 소농가들은 좀 더 생태친화적인 지속 가능한 방식을 이용하여 다양한 작물의 생산을 실현할 수 있을 것이다. 경제 개발을 장려하면서 동시에 세하두 지역의 생태계에서 여전히 발견되고 있는 "유전자 은행들"(genetic banks)을 보존하는 것도 방법이 될 수 있을 것이다(CEBRAP 2000). 그러나 이러한 정책의 변화에는 세하두 지역에서의 생산방식이 식민시기 이래로 브라질의 국가개발방식을 특징지어 왔던 이중성을 반영하고(또한 재생산하고) 있기 때문에 어려움이 따를 것이다. 가장 최근에 개발이 시작된 신개척지, 세하두 지역에서의 개발은 브라질의 농업 자본주의를 통해 형성된 엘리트 계층의 특권을 반영하고 재생산하고 있다.

참고문헌

Abramovay, Ricardo. 2000. Preservar para Lucrar como os Cerrados. Gazeta Mercantil, May 22.

Alvarez, Sonia, and Arturo Escobar, eds. 1992. *The Making of Latin American Social Movements in Latin America.* *Westvieew.*1

Blank, Stephen. 1998. *The End of Agriculture in the American Portfolio.* Quorum.

Bowen, William M. Mark J. Salling, Kingsley E. Haynes, and Ellen J. Cyran. 1995. Toward Environmental Justice: Spatial Equity in Ohio and Cleveland. *Annals of the Association of American Geographers* 85, no. 4: 641-663.

Bullard, Robert, ed. 1990. *Dumping in Dixie: Race, Class and Environmental Quality.* *Westview.*

Carter, Michael. 1984. Identification of the inverse relationship between farm size and productivity: An empirical analysis of peasant agriculture production. *Oxford Economic Papers* 36: 131-145.

Cunha, Aércio. 1994. *Uma Avaliação da Sustentabilidade da Agricultura nos Cerrados.* IPEA.

Cutter, Susan, Lloyd Clark, and Danika Holm. 1996. The role of geograhpic scale in monitoring environmental justice. *Risk Analysis* 16, no.4: 517-526.

CEBRAC (Fundação Centro Brasileiro de Referência e Apoio Cultural). 2000. Analysis of the Environmental Impact Study (EIA/RIMA) for the Araguaia-Tocantins Hidrovia Project.

Dean, Warren. 1969. *The Industrialization of São Paulo,* 1880-1945. University of Texas Press.

Delgado, Guilherme. 1985. Capital Financeiro e Agricultura no Brasil: 1965-1985. Editora UNICAMP.

Eckstein, Susana Eva, and Timothy Wickham-Crowley, eds. 2002. *What Justice, Whose Justice?* University of California Press.

Fox, Richard, and Orin Starn, eds. 1997 *Between Resistance and Revolution.* Rutgers University Press.

Friedmann, Harriett, and Phillip McMichael. 1989. Agriculture and the state system: The rise and decline of national agricultures, 1870 to the present. *Sociologia Ruralis* 29, no. 2: 93-117.

Goodman, David, Bernardo Sorj, and John Wilkinson. 1984. Agro-industry, state policy and rural social structures: Recent analyses of proletarianisation in Brazilian Agriculture. *In Proletarianisation in the Third World,* ed. B. Munslow and M. Finch. Croom Helm.

Graziano da Silva, José. 1982. A Modernização Dolorosa: Estructura Agrária, Fronteira Agrícola e Trabalhadores Rurais no Brasil. Zahar Editores.

Grote, Ulrike, Claus Deblitz, and Susanne Stegmann. 2001. International trade in agricultural products: The impact of environmental standards on costs and competitiveness. Prepared for 77th EAAE Seminar/NJF Seminar No. 325, Helsinki.

Helfand, Stephen. 1999. The political economy of agricultural policy in Brazil: Decision making and influence from 1964 to 1992. *Latin American Research Review* 34, no. 2: 3-41.

Helfand, Stephen. 2003. Farm size and the determinants of technical efficiency in the Brazilian center-west. Presented at IX NEMESIS Conference, IPEA, Rio de Janeiro.

Hogan, Daniel J., José Marcos Pinto da Cunha, and Roberto Luiz de Carmo. 2001. Populaiton distribution and environmental change in Brazil's center-west region. Population Studies Center, State University of Campinas, São Paulo.

Holifield, Ryan. 2001. Defining environmental justice and environmental racism. *Urban Geography* 22, no. 1: 78-90.

Klink, Carlos. n.d. The *Cerrado* Loses Ground. brazilnetwork.org.

Klink, Carlos, and Adriana G. Moreira. 2002. Past and current human occupation and land use. *In the Cerrados of Brazil,* ed. P. Oliveira and R. Marquis. Columbia Unviersity Press.

Klink, Carlos, Adriana G. Moreira, and Otto Solbrig. 1993. Ecological impact of agricultural development in the Brazilian Cerrado. In *the World's Savannas,* ed. M. Young and O. Solbrig. UNESCO and Parthenon.

Knihgt, Bruce, I. 2002. Address to the USDA Symposium on Natural Resource Management to Offset Greenhouse Gasses, Raleigh.

Kurtz, Hilda. 2003. Scale frames and counter-scale frames: constructing the problem of environmental injustice. *Political Geography* 22, no. 8: 887-916.

Landers, John. 2001. Zero Tillage Development in Tropical Brazil: The Story of a Successful NGO Activity. Bulletin 147, FAO Agricultural Services.

Luchiezi, Álvaro, Jr. n.d. Repercussões Ambientais da Expansão da Soja no *Cerrado* e seus Vínculos com a Liberalização do Comércio e a Política Macroeconômica Brasileira. Paper prepared for Fundo Mundial para a Natureza, World Wildlife Fund.

Martins, José de Souza. 1981. Os Camponeses e a Política No Brasil: As Lutas Sociais no Campo e Seu Lugar no Processo Político. Vozes.

Medeiros, Leonilde. 1989. Historia dos Movimentos Sociais no Campo. FASE.

Müller, Guilhermo. 1989. Complexos Agroindustrial e Modernização Agrária. Hucitec.

Osada, Neido Mayumi. n.d. PRODECER: Projetos no *Cerrado* e Dívidas Agrícolas. Núcleo de Pesquisa em Relações Internacionais de la Universidad de San Pablo.

Page, Joseph. 1972. *The Revolution That Never Was: Northeast Brazil,* 1955-1964. Grossman.

Perkins, Jerry. 2002. Iowans bid to broaden farming prospects in Brazil: bountiful Brazil lures Iowans with vast farming prospects. DesMoines Register, November 10.

Philips, Jim. n.d. Heading overseas. ProgressiveFarmer.com.

Puildo, Laura, Steve Sidawi, and Robert Vos. 1996. An archaeology of environmental racism in Los Angeles. *Urban Geography* 17, no. 5: 419-439.

Recuperação do *Cerrado*. Estudos Brasileiros, 21. Rio de Janeiro: Serviço de Informaão Agrícola.

Rezende, Gervásio Castro de. 2001. Inconsistência Espacial da Política de Preços Mínimas e a Questão do Desenvolvimento Agrícola da Região.

Rezende, Gervásio Castro de. 2002. Ocupação Agrícola e Estrutura Agrária no *Cerrado:* O Papel do Preço da Terra, Dos Recursos Naturais e da Tecnologia.

Working Paper Number 913. Rio de Janeiro: Instituto de Pesquisa Econômica Aplicada.

Romero, Simon. 2002. US farmers put down roots in Brazilian soil. *New York Times,* December 1.

Smith, Neil. 1990. *Uneven Development*, second edition. Blackwell.

Stedman-Edwards, Pamela. 2000. The Brazilian *Cerrado.* In *The Root Causes of Biodiversity Loss,* ed. A. Wood et al. Earthscan.

Thompson, James. 2000. Investing in Brazil. *Soybean Digest,* January 1.

Towers, Geroge. 2000. Applying the political geography of scale: grassroots strategies and environmental justice. *Professional Geographer* 52,no. 1: 23-26.

Warnken, Philip. 1999. The Development and Growth of the Soybean Industry in Brazil. Iowa State University Press.

World Wildlife Fund (WWF). 2001. Expansão Agrícola e Perda da Biodiversidade no *Cerrado* (Agricultural Expansion and Loss of Biodiversity in the *Cerrado*).

미주

1 인종적 민주주의라는 사고는 1930년대 지우베르투 프레이리(Gilberto Freyre)에 의해 최초로 개념화되었다. 그러나 노예와 주인과의 관계에 대해 연구한 이후의 학자들에 의해 문제점이 제기되고, 브라질의 사회적 관계에 대한 주요 저술들이 발표된 후 폐기되었다. 하지만 인종적 민주주의의 신화는 만연해 있으며 많은 브라질인들은 자국의 불평등이 인종적 문제가 아닌 경제적 문제로 인해 야기된 것이라고 주장한다. 아직 연구되지 않은 상당수의 문헌들에서 이러한 주제를 다루고 있다. 그렇지만, 이 장에서는 천연자원에의 정당한 접근권이라는 개념을 계층에 근간하여 사용하고자 한다.

2 사회운동과 "현존 민주주의"(actually existing democracy)의 주체에 대한 자료를 모두 언급하기에는 지나치게 방대하지만, 라틴아메리카의 "새로운" 사회운동과 빈민정치, 환경운동에 대한 눈에 띄는 저서들로는 Alvarez and Escobar 1992, Fox and Starn 1997, Eckstein and Wickham-Crowley 2002를 참조하기 바란다.

3 수잔 커터(Susan Cutter)도 결과의 차이를 절차에 대비시켜 언급한 바 있다(Cutter and Holm 1996).

4 1헥타르는 2.47에이커에 해당된다.

5 WWF에 따르면, 식물 다양성이 '중요 보존 지점'(hotspot) 선정의 생물학적 기준이 된다고 한다. http://www.biodiversityhotspots.org 참조.

6 반대로, 1970년 10헥타르 미만의 토지를 소유한 농가는 주 전체 농가의 44.0퍼센트를 차지했지만 지출된 전체 공공 자금의 단 1.50퍼센트만을 지급받았다.

7 Minnesota IssueWatch, 2003년 1월호 인용(http://www.mnplan.state.mn.us).

8 1993년, 네덜란드 정부는 100-150 가구의 양돈 농가를 마투그로수(Mato Grosso)주로 이주시키는 방안을 검토 중이었다. 이는 네덜란드 내에서의 양돈 생산이 환경문제로 인해 정치적으로나 경제적으로 갈수록 어려워지고 있었기 때문이었다(Stedman-Edwards 2000).

9 이 보고서는 다음 사이트에서 열람할 수 있다(http://www.worldwideconsulting.

org).

10 밀과 대두를 번갈아가며 생산하는 방식은 농산업 복합단지에 종적 구획의 일원으로 새로이 참여하게 된 브라질 남부의 양계장과 기업들의 성장을 용이하게 했다(Mueller 1985). 이들은 비료 생산부터 작물 영양분 공급 및 가축 공정 혼합, 포장, 마케팅에 이르기까지의 과정을 담당했다.

11 이스투에(ISTOÉ) 발췌 자료 참조(http://www.mre.gov.br).

12 국가농업통계국(National Agricultural Statistics Service: NASS)이 1998년 3월 17일 미국 농무부 농업통계게시판에 게시한 그림.

13 미국의 화학적 집약농업 생산방식에 대해 고발하는 레이첼 캐런(Rachel Caron)의 『침묵의 봄』(Silent Spring, 1962)은 1970년대 높아진 환경의식에서 발로된 중요한 저술 중 하나로 평가된다.

14 7천7백만헥타르는 농업생산에 부적합한 것으로 평가되고 있다.

제10장

대중 시위와 반(反)대중적인 정책: 볼리비아에서의 국가 개혁, 자원갈등 그리고 사회정의

Tom Perreault

최근 볼리비아 정부는 수자원부를 신설했다. 2006년 1월, 대통령으로 선출된 에보 모랄레스(Evo Morales)는 통합되지 않은 채 여러 관련 정부 부처와 사용자 집단에 의해 종종 상충되는 자원관련법이 난무하는 상황에서 물 관리 조정을 위한 사회 운동과 활동가들의 요구에 부응하여 수자원부를 신설하였다. 프랑스의 거대 초국가기업인 수에즈의 자회사 아구아스델일리마니(Aguas del Illimani)에 반대하는 거리시위가 일어나기 불과 수 개월 전에 모랄레스 대통령은 수자원부 장관으로 아벨 마마니(Abel Mamani)를 임용하였다. “제2의 물 전쟁”이 세상에 알려지면서, 대통령이었던 카를로스 메사(Carlos Mesa)로 하여금 1998년에 부여된 아구아스델일리마니의 이권을 폐기하도록 압박하기 위해 신자유주의를 반대하는 국민적 정서와 정부의 약점을 이용하였다. 거리의 시위자에서 급작스레 정부 부처 장관이 된 마마니는 사회운동뿐만 아니라 좀 더 일반적으로 반 신자유주의적 자원 정치의 심각성을 알렸다. 실제, 모랄레스의 인기는 천연가스를 국유화하기 위한 그의 행보-칠레의 항구를 경유하여 미국으로 가스를 수출하려는 정부의 계획에 대해 2003년 반대시위 이후에 팽배해온 요청-에 상당부분 뿌리를 두고 있다. 자원 갈등은 종종 볼리비아 정치의 중심을 차지하였다. 모랄레스의 완전한 승리- 반세기 역사상 볼리비아 정치에서의 가장 드라마틱한 변화-는 신자유주의 모델에 대한 만연한 거부감뿐만 아니라 자연자원의 구심성(centrality), 볼리비아 정부에 대한 그들의 거버넌스를 입증한 것이기도 했다.

볼리비아 역사상 처음으로 선출된 원주민 후예 출신인 모랄레스는 1980년대 민주주의로 복귀 이후 첫 번째 선거에서 완벽한 승리를 얻은 첫 번째 대통령이기도 했다.[1]

모랄레스가 얻은 약 54%의 득표율은 그가 그의 전통적인 기반인 코카 재배자, 안데스 토착민들 그리고 캄페시노(campesinos) 뿐만 아니라 도시 빈민과 중산층, 전문가와 지식인들 상당수로부터 지지를 받았음을 보여준다. 더욱이 모랄레스와 사회주의운동당(Movimiento al Socialismo)의 승리는 볼리비아의 전통적인 정치 정당의 몰락을 알리는 것이었고, 특히 1952년 사회혁명에서 권력을 잡고 그 이후 50년 동안 볼리비아 정치에서 어느 시기 어느 곳에나 존재했던 민족주의혁명운동당(Movimiento Nacional Revolucionario)의 몰락을 의미하는 것이었다. 이제 볼리비아인들은 변화를 시작하려 하고 있다.

주류 정치정당의 몰락[2]은 과거세대 동안 추구해왔던 신자유주의 정치에 대한 거부로 해석될 수 있다. 1990년대 말 이후, 볼리비아 내에서는 신자유주의 모델에 대한 저항이 거세져 왔다. 특히 안데스 지역 토착민과 농민(campesino)집단, 노동자 연맹 및 도시빈민 사이에서 신자유주의 모델에 대한 저항이 거세져 왔다. 이 장에서는 일반적인 환경정의라는 관점에서 볼리비아의 자원정치와 저항에 대해 생각해보고자 한다. 나는 두 개의 주요한 저항운동, 코차밤바(Cochabamba)시의 2000 물 전쟁(Guerra del Agua)과 엘 알토(El Alto)와 라 파스(La Paz)가 중심되어 일어났으며 이후에는 다른 많은 고산도시(highland cities)로 퍼진 2003 (Guerra del Gas)에 대한 조사를 세밀히 검토하고자 한다. 다른 사례에서 보면 이러한 갈등은 단지 자원관리에 대한 지역적 경쟁으로 남아 있을 수도 있는데, 이 경우는 국가적으로 그리고 국제적으로 빠르게 부각되었다. 이러한 물리적 도약(scalar jump)을 이뤄내는 과정에서 물과 가스 시위는 오랜 식민지 역사와 신 식민지주의적 착취, 소외 및 가난을 겪어온 사람들에게 다양한 불만을 표현하는 매개체가 되었다. 기본적으로 이는 자원 통치방식에 대한 갈등이었고, 이 안에서 시위자들은 국가의 신자유주의적 정치와 갈등하는 사회정의적 비전을 분명히 하였다. 이에 본 장에서는 왜, 그리고 어떻게 물과 천연가스 시위가 생존권, 정치참여, 지역자치 그리고 시민권과 국가의 의미와 관련된 넓은 의미의 주장을 구체화하였는가에 대한 질문을 다루고자 한다.

자원 거버넌스(resource governance)와 신자유주의

최근 물과 천연가스에 대한 볼리비아 갈등의 중심에는 자원 거버넌스 문제가 있으며, 여기서는 이를 자연자원에 취해지는 의사결정을 통한 법적 체계와 제도로 개념화하였다. "자원 거버넌스"(resource governance)라는 용어는 최근에 널리 사용되고 있는데, 이는 신자유주의 하에서 정치-경제 구조개편의 요소로서 환경과 자원관리의 제도적 변화를 나타낸다. 환경관리에 대한 비판적 논의는 종종 정부, 법, 자본 그리고 시민사회의 새로운 제도적 형태를 강조하는 규제이론을 끄집어낸다. 이러한 관점에서 특정한 제도적 형태- 예를 들면 자원의 채굴(extraction) 및 보존과 관련된 정책, 자원권(right), 또는 성문화된 사회적 규범과 관리- 는 자연과 사회 사이의 신진대사적 관계를 조정하고 그를 통해 기존의 축적 체제 내에서 환경과 사회의 규제를 안정화하는 기능을 한다. 그러한 제도 마련은 자본주의의 사회적 그리고 생태적 모순에 대한 반응과 법전화로 나타난다(Bakker 2002; Bridge and Jonas 2002). 이러한 연구의 한 가지 중점은 국가 중심의 관리 형태에서 벗어나 국가, 준국가(quasi-state), 비국가 행위자들이 참여하는 분권화된 제도를 마련하기 위한 운동이다(MacLeod and Goodwin 1999). 그러나 오랫동안 국력이 약했고 부패했던 볼리비아의 상황에서 많은 자연자원에 대한 거버넌스는 강력하게 집중화된 적이 없었다는 것을 인지하는 것은 중요하다. 예를 들면 물 분야에서 지역의 사용자집단(관개하는 사람들 조직이든 지역공동체에 기반한 식수 협회이든)은 오랫동안 볼리비아의 많은 농촌과 도시의 물 공급을 담당해왔다. 더욱이 초국가적인 개발기관 - 비정부기관, 양자간 지원기관, 다자간 금융기관 - 은 볼리비아의 식수 및 관개 시스템의 개발과 관리에 오랫동안 관여해왔다(Gerbrandy and Hoogendam 1998). 따라서 볼리비아의 신자유주의화 과정 및 그와 관련한 자원 거버넌스의 변화가 북대서양 국가들의 일반적인 패턴을 따라갈 것이라고 단순히 추측할 순 없으며, 강력한 중앙집권 국가 정치체제가 "비워지고", 그들의 기능이 국가 이외의 행위자들에게 위탁되었다(Jessop 2002; Tickell and Peck 1995). 본 장에서 증명하기 희망하는 바와 같이, 볼리비아의 신자유주의 개혁은 비록 그것이 발전된 산업경제에서 발생되는 것과는 어느 정도 거리가 있지만, 자연자원 관리에 대한 단호한 재조정과 재조직화를 이끌어냈다. 아래에 주장하였듯이, 거버넌스에서의 이러한 변화는 최근 자원갈등의 중심에 있으며 자연자원의 사유화와 국외 유출을 효과적으로 막아온 저항운동의 출현을 이끌어냈다.

자원 거버넌스에 대한 시장원리의 적용은 경쟁, 시장, 그리고 효율성 지표와 같은 민간부문 규범과 제도로의 전반적인 이동을 수반한다. 이전에 공공이 통제하던 자원관리의 사유화는 그러한 '제도적 재구성'(institutional reconfiguration)을 대표하는 것으로 Harvey(2003)는 이를 "강탈에 의한 축적"이라 부른다. Harvey는 Mark(1967[1867])가 초기단계(primitive) 축적에 대한 논의에서 서술한 메커니즘이 최근 노동과 사회정책 개혁, 무역협정, 자원사유화, 그리고 경제적 정치적 재구조화를 통해 가공되어 왔으며, 이러한 모든 것이 새로운 축적 라운드를 용이하게 해왔다고 주장한다. Bakker(2002)가 지적한 바와 같이 시장원리를 지향한 제도적 재편성은 단지 제도 및 내용의 실행에 있어서의 변화뿐 아니라 자원을 개념화하고 광범위하게 표현하는 방식에서의 변화도 필요하다. 신자유주의 하에서 물과 같은 자원은 더 이상 시민으로서 개인이 권리를 가지는 공공재로 인식되지 않는다. 오히려 희소한 재화로서 그 재화에 대한 소비자로서의 접근은 시장에 의해 조정된다.

외국 원조기관, 금융기관, 민간회사의 영향이 강하고, 정치적·경제적 불안정이 고질적인 볼리비아에서, 자연자원 관리를 위한 법적·제도적 체계는 종종 구식이고, 불완전하여 쉽게 국내외 자본의 이익에 맞도록 재구성된다. 사실 신자유주의 정책이 경제계획에서 국가 개입을 축소하고 민간투자를 용이하도록 하는 일련의 법적·제도적 개혁을 도입한 것은 최근의 일이다(Conaghan et al., 1990 ; Kohl 2002). 이러한 새로운 거버넌스 구조에 내재된 것은 자원권(resources right) 할당에서의 불평등과 권력의 불균형일 뿐만 아니라 자원의 이용에서 얻는 이윤의 불평등한 분배였다. 이러한 인식은 자연자원에 대한 접근과 통제에서의 구조적 불균형이 신자유주의를 통하여 제도화되어 가는 방식에 대한 주의를 환기시켰다. 누가 자원권을 할당할 권력을 가질 것인가? 어떤 제도에 의해, 어떠한 지리적 규모에서, 그리고 누구의 참여를 통해 자연과 자연자원에 관해 결정하는가? 이러한 질문은 결국 환경갈등의 규범적인 토대에 대한 주의를 끌어냈고 널리 회자되는 환경정의가 무엇인가에 대한 관심을 가져왔다.

환경안보(environmental security)에 대한 문헌에 묘사된 부족한 자원을 둘러싼 홉스적(Hobbesian) 갈등과는 대조적으로(e.g.Homer-Dixon 1999), 볼리비아의 물과 가스 전쟁은 자원에 대한 접근 및 통제와 생계, 민주주의 그리고 개발이 가지는 함의라는 측면에서 거버넌스 문제에 대한 좀 더 미묘하면서 광범위한 논쟁을 포함하고 있었다. 이러한 개념은 다양한 가치체제에 근거하여 자원에 대한 경쟁적인 주장과 의사결정권한이 관련되어 있는 한 결국 사회정의에 대한 이해로 귀결된다(Zerner 2000). 환경정의에 대한 거버넌스 접근법은 정치참여 과정, 의사결정과 자원관리 및 분배의 민주화에 중점을 둔다. 이는 산업 입지 결정과 오염 노출에서의 사회적 불평등(Bullard 1993), 환경적 어메니티 접근성에 있어서의 사회적 불균등(Heynen 2004), 그리고 상이한 공간적 이동성과 인종에 기반한 특권(Pulido 2000)에 중점을 두는 전통적인 환경정의로부터의 벗어남을 알리는 것이다. 이러한 접근방법의 중요성과 엄청난 기여도를 인지하지만, 이 장에서는 자연과 자연자원에 대한 갈등이 어떻게 동시에 사회정의에 대한 갈등인지에 대해 관심을 가져야 함을 주장하고자 한다(Moore 2005). 최근의 볼리비아 내 시위는 Martinez-Alier(2003)가 "가난한 자의 환경주의"—자원 접근과 환경적 상태에 대한 우려와 사회정의에 대한 요구를 융합하는 운동—이라 이름 붙인 것의 변형(variant)으로 볼 수 있다(본서의 도입부분 참고).

물과 가스에 대한 최근의 볼리비아 갈등이 특히 중요한 이유는 사회정의에 대한 두 가지 주장 때문이다. 첫째, 시위자들은 절차적 정의를 요구하였다. 자연자원의 관리에 대한 결정에서의 투명성과 더 많은 참여를 요구한 것이다. 둘째, 시위자들은 분배정의를 요구했는데 이는 자연자원의 개발로부터 얻는 이익에 대한 좀 더 공정한 분배요구이다. 아래에 논의된 바와 같이 이러한 주장들이 취하는 사회적-공간적 형태는 상당히 다양하다. 특히 이는 가스와 물의 이용가치 및 물리적 성질이 기본적으로 구별되기 때문이기도 한다. 그러나 이러한 차이에도 불구하고, 상품화를 거부한 시위자들, 사유화, 공동자원으로 인지되는(물의 경우, 관리되는) 것에 대한 외국 기업체의 통제라는 통합요소를 찾을 수 있다.

"물은 생명이다": 물 전쟁, 2000년 4월

Jallalla usos y costumbres, Kawsachun yaku, Wañachun privatizadores
[관례적 이용에 대한 권력, 오래 살아있는 물, die privatizers]
- 물 전쟁에서의 케추아(Quechua) 슬로건

20세기가 막을 내릴 즈음에, 이전의 통치자였던 우고 반세르(Hugo Banzer) 정부는 볼리비아의 자원을 팔아치우는 새로운 방법을 강구하였다. 1999년 말, 물 관리 부문에서 시장에 기반한 절차를 적극 장려해온 세계은행(World Bank)의 압박 하에, 반세르(Banzer)는 미국의 벡텔(Bechtel)에 의해 통제되는 초국적 콘소시움인 아구아스델투나리(Aguas del Tunari)에 허가권을 내주었다(García et al, 2003). 아구아스델투나리는 2000년 1월 도시 물서비스 업무를 맡자마자, 수도요금을 200%까지 올렸고, 이 회사는 물 서비스 공급 확대와 기존 기반시설의 최신화에 드는 소요 비용을 감당하기 위해 수도요금 상승이 불가피하다고 주장하였다. 그러나 어떠한 개선이 일어나기도 전에 수도요금이 인상되었으며, 이로 인해 많은 사람들은 분노하였고 부당하게 폭리를 취한다는 의심을 가지기 시작했다. 아구아스델투나리는 그 도시의 모든 물 체계에 대한 통제를 주장하였는데 여기에는 물 협동체 구성원들이 그들의 창의력과 노동력을 바쳐 도시의 원조 없이도 집합적으로 관리해 온 인근지역의 많은 물 협동체가 포함되었다(Finnegan 2002). 그 물 회사는 심지어 거주민이 그들 지붕에 모아둔 빗물에 대해서까지 요금을 부과하였다.

코차밤바의 사회운동은 아구아스델투나리의 계약은 물론 그 계약을 가능하게 한 법 개정을 분석하기 위해 1월 초에 동원되기 시작했다.[3] '물과 생명 방어 연합'(Coordinadora de Defensa del Agua y de la Vida, 이하 Coordinadora)은 허가권 반대를 위해 도로점령 및 행진을 하였다.(Bustamante 2002). 같은 해 3월 Coordinadora가 실시한 선거에서 코차밤바 주민 대다수가 도시 물 서비스의 사유화에 대해 반대하였다.[4] 4월초 농민 조직은 코차밤바 계곡의 모든 도로를 봉쇄하기 시작했고 일방적인 파업으로 인해 도시가 마비되었다. 그 이후 며칠 동안 수만 명의 사람들이 거리와 광장에 모여서 아구아스델투나리의 계약 취소와 계약을 가능하게 한 법의 개혁을 요구하였다. Coordinadora의 몇몇 구성원들은 한밤의 일제 검거로 인해 철창에 갇히게 되었고 민주주의자에서 독재자로 변절한 반세르는 90일간의 비상계엄령을 선포하고 코차밤바 거리에 군대를 배치하였다. 잇따른 대치로 인해 한 명의 사망자와 수십 명의 부상자가 발생하였으나 이는 반세르 정부로 하여금 시위자의 요구를 수용하도록 하는 계기가 되었다. 4월 9일 정부는 아구아스델투나리와의 계약을 취소하였고 그 콘소시움은 철수하겠다고 발표하였다. 코차밤바 물 서비스의 감독과 관리는 사회운동에 참여한 SEMAPA(지방자치 식수 및 하수도 서비스)에 의해 통제될 것이라고 발표하였다. 정부는 서둘러서 개정된 식수법을 내놓았다.

그러나 시 인구의 40%가 시의 물 시스템으로부터 서비스를 공급받지 못하고 있으며 민간 소매자가 파는 비싸고 안전하지 않은 물에 의존해야 하는 등 많은 구조적 문제들이 남아있다(Garcia et al. 2003). 반건조지역과 가뭄에 취약한 코차밤바 지역에서의 물부족은 아직 해결되지 않았다. 한편, 관개하는 소작농의 수리권(water rights) 역시 불안정한 상태이다(Perresult 2005). 무엇보다도 거리를 점령한 시위자 대다수는 비교적 최근에 이주한 사람들로, 시의 식수공급을 받고 있지 못한 상태이다. 따라서 그들의 물 전쟁(Guerra del Agua) 참여는 안전한 자원 접근권 수호나 공정하고 효율적인 시의 서비스 방어를 위한 것이 아니다. 오히려 이는 볼리비아 자연자원의 사유화에 대한 반대이며 외국 이해당사자에 의한 통제를 반대한 것이다. 이 점은

Coordinadora의 지도자인 오스카 올리베라(Oscar Olivera)가 강조한 것이다.

> 물 전쟁은 분명히 지역 간 갈등임을 말하려 한다. 그러나 ... 자연히 이는 관개자들(irrigators), 즉 께추스(Quechus)와 함께 시작되었는데, 이들은 물에 대해 사업가나 정치가와는 매우 다른 생각을 가진 토착민들이었다. 도시에서 그들의 투쟁에 합류한 사람들은 이주민이었다. 그들은 1985년 이후 대규모 이주에 의해 인근에 모여든 사람들로, 물이 없는 사람들였다. 그들은 물이 사유화되지 않고, 물회사가 다국적 기업의 손에 넘어가지 않도록 하기 위해, 그리고 물 네트워크가 다국적 기업의 자산이 되지 않도록 하기 위해 투쟁했다. 그리고 농민의 이용과 관습(usos y costumbres of campesinos)을 지키기 위해 투쟁했다. 그러나 물을 관리하거나 물을 향유하는 사람들이 아니었다.[5]

이러한 진술이 보여주듯이 이용과 관습(usos y costumbres[customary uses])은 갈등의 중심에 있었고, 투쟁과 관련된 인근 물 협동 조합이나 관개 조합을 위한 윤리적 경제 측면의 수리권(water right)을 형성했다. 안데스지역 볼리비아에서 공유자산인 자원의 관리에서 널리 인정되어온 관행적인 전통은 과거부터 내려왔으며 그 이용에 대한 공공의 동의가 있었고, 내재적으로는 지역적이고 집합적이며, 특유하고, 가변적인 특징을 가졌다. 이렇기에, 그들은 사유화되고 개별화된 자원권 체제와는 다른 논리에 동의하고 있었다. 수리권이 시행되고 물이 할당되는 방법, 어떻게 물과 관련한 결정이 이루어지는가 그리고 물은 어떻게 관리되는가 뿐만 아니라 물 관리에 대한 사회조직 형태와 규모에서 상이한 논리를 지지하였다(Laurie et al. 2002).

물 전쟁이 대개 지역적인 투쟁였음에도 불구하고(알티프라노(Altiplano)에서 산발적인 도로 봉쇄를 제외한 주요 활동은 코차밤바

시나 그 인근에서 일어남), 이는 빠르게 국가적 중대 사안으로 부각되었다. 시위자들은 정부로 하여금 아구아스델투나리와의 계약을 취소하여 코차밤바 내 물 서비스를 공공의 통제 하에 두도록 하였으며, 허가권(concessions)을 허용해 준 법령을 수정하기에 이른다. 이는 물 사유화를 되돌린 세계 최초 일반인 시위 사례이다(Barlow and Clarke 2002). 코차밤바에서의 성공에 고무된 볼리비아의 활동가들과 지식인들은 그 이후에 라파스(La Paz)와 엘 알토(El Alto)에서의 아구아스델 일리마니에게 부여되는 물 공급 통제권에 관심을 돌렸다. 이로써 시위자들은 그들의 관심을 국가적·정치적 아젠다로 만들 수 있었고, 최근 사회 조직, 법적 제안, 공공 교육 캠페인의 형태로 계속되는 정치에 참여하였다(Perreault, 2005).

"가스는 우리 것이다(El gas es nuestro)": 가스 전쟁, 2003년 10월

> 일어나라 볼리비아, 일어나라. Gringos[42)]가 우리의 가스를 훔치고 싶어 한다.
>
> - 가스 전쟁동안에 사용된 슬로건

물 전쟁 후 3년 반이 지나서 볼리비아에서 또다시 대규모 시위가 전국에서 발발한다. 이번 문제는 칠레 항구를 통한 천연가스의 수출을 허용하는 정부의 계획이었다. 1996년 개정된 탄화수소법에 의한 석유와 가스 채굴에 대한 규정 하에, 가스 수출로부터의 재정적 이윤은 관련 다국적 회사의 콘소시움이 대부분 차지하는 반면에, 국가는 로열티, 세금, 요금 등의 명목으로 상대적으로 적은 부분만 얻는다.

42) 스페인어 정의는 외국인이지만 라틴아메리카에서 실제 사용되는 의미는 미국에서 성장하고 교육을 받아 미국의 정치·경제를 숭상할 뿐만 아니라 이를 자국에도 적용하려는 사람들을 일컫는다.

이 법에서는 수출 회사가 국가에 지불하는 로열티를 극적으로 낮추었고, 위험 분담의 조항을 만들어, 로열티는 이윤이 생긴 경우에만 국가에 지불되도록 하였다. 그 이전에는 이와는 대조적으로 시장 상황에 관계없이 채굴된 가스와 오일에 대해 모두 지불하도록 하는 요건이 있었다. 새로운 법에 의해서 다국적 자본에게는 아주 우호적인 법적 요건이 만들어진 반면에 국가가 취할 수 있는 이윤은 현저하게 감소하였다(Orgaz García 2000). 사실, 볼리비아는 정부는 2003년 12월, 석유 및 가스 채굴과 생산에 있어서 볼리비아의 BP Amoco[43]와 Repsol YPF는 세계에서 가장 적은 운영비용으로 많은 이윤을 얻고 있다고 발표하였다(Hylton and Thomson 2004).

가스 전쟁은 탐욕적인 자원 수탈, 사회적 배제, 빈곤의 체계적인 과정을 가진 볼리비아의 과거 식민지 역사적 배경과 현재의 신식민지에 대한 저항으로 보아야 한다. 1980년대 초에 있었던 민주주의로의 회귀는 이러한 상황에 대해 작은 변화를 가져왔지만, 신자유주의로의 즉각적인 변화는 빈곤을 심화시키고 농촌으로부터의 집단적 이주(exodus)를 초래하였다. 이는 결국 충분한 서비스나 고용이 제공되지 않는 도시에서 최하층을 양산하는 결과를 가져왔다. 철저히 비민주적이고 돌이킬 수 없을 정도로 부패했다고 판단한 국가에 대해 시위를 일으킨 사람들은 엘 알토, 라파스, 코차밤바 그리고 오루로(Oruro) 출신의 사람들이었다. 이러한 과정은 또한 Cortes Hurtado(2003, p. 4)가 볼리비아 정치에서 "대리인의 위기(crisis of representivity)"라 부른 것에 대한 대응으로 급진적인 사회운동을 일으키는 데 기여했다. 전통적인 소규모 노동 조합 체계의 쇠퇴에 뒤이어 사회운동이 출현하여 계급, 민족, 지방, 부문 간 이해당사자들을 조직했고, 약화된 국가에 대항하여 다시 강성해진 시민사회를 대표하는 주요한 역할을 맡았다.

43) 비피아모코. 영국의 석유회사로 영국국영석유회사인 BP(British Petroleum Co.)가 1999년 미국의 아모코를 흡수합병한 회사이며, 세계 2대 민간석유회사이다.

가스 전쟁은 2002년에 파리에서 설립된 다국적 콘소시엄인 퍼시픽 LNG(Pacific LNG)의 형성으로 거슬러 올라간다. 퍼시픽 LNG는 마가리타 석유회사(Margarita oil)와 퍼시픽 항구로 이르는 파이프라인을 경유하여 볼리비아 남단에 있는 가스유전으로부터 천연가스를 운반하려고 만든 것이다. 이는 칠레 해안에 퍼시픽 LNG의 시설에서 극저온으로 처리되어 액화 천연 가스(LNG) 형태로 캘리포니아 시장으로 이동된다(Miranda Pacheco 2002). 2002년 워싱턴 회의에서 퍼시픽 LNG는 북미에서 볼리비아산 가스를 공급하기 위해 셈프라(Sempra) 에너지사와 계약을 체결했다. 이 계약은 그 당시 볼리비아의 대통령인 호르헤 "투토" 퀴리가(Jorge "Tuto" Quiriga)의 감독 하에 진행되었다. 2002년 8월, 텍사스에서 교육받았으며 재계 입장을 대변하는 보수파인 젊은 기술관료 퀴로가(Quiroga)는 칠레 항구를 이용한 가스 수출 지지를 선언했다(Guzmán 2002). 1870년대 태평양 전쟁에서 볼리비아인들은 칠레에게 해안을 빼앗겼고, 그 결과 볼리비아인들은 육지에만 고립되어 원통해했다(Klein 1992). 무장세력, 민족주의 정치인 그리고 국민 대다수가 그 선언을 반대했음에도 불구하고 페루보다는 칠레가 볼리비아 가스 유전에서 가까워 비용이 절감되기 때문에 퍼시픽 LNG는 이러한 선언을 환영했다.

2002년 8월 곤잘로 산체스 데 로사다(Gonzalo Sánchez de Lozada)가 대통령에 재임했을 때 그는 전임자를 따랐다.[6] 알려진 바와 같이 그는 "Goni"로 미국에서 살아온 광업계의 거물이었고(Gringo 액센트로 스페인어를 하는) Glassman(1999)이 볼리비아 국제화의 핵심이라 했던 세계주의적 시각을 가진 엘리트였다. 민족적 감성이 없는 그는 칠레를 선택하여 얻을 수 있는 경제적 이점을 선호했다. 그러나 2001년 Goni 의 국민혁명운동당(National Revolutionary Movement(MNR)) 원이었고 이후 그의 주재 각료였던 Jose Guillermo Justiniano가 천연가스에 대한 혁명적 갈등 가능성을 예상했다는 것은 당연하다: "가스 관련 모든 것이 해결되었다고 생각해서는 안 된다; 만약 가스가 정치 체계 안에서 그러한 일들을 수월하게 했다면 이는 또한 그 시스템 외부의 혁명적 변화를 위한 동기가 될 수 있다는 것을 잊어선 안 된다."(Guzman 2003b).

2003년 9월 중반, 새로이 만들어진 오스카 올리베라(Oscar Olivera)가 이끄는 '국가 가스 방어 연합'(Coodinadora Nacional por la Defensa del Gas)은 정부를 더욱 압박하기 위해 엘 알토(El Alto) 와 알티프라노(Altiplano)에서 진행된 시위 외에도 다른 사회운동을 함께 진행하였다. 후자의 시위들이 산발적이며 폭넓은 지지를 받지는 못했지만 이 시위들은 알티프라노의 도로점거로 소라타(Sorata)에 억류된 외국인 관광객과 수백명의 볼리비아인을 "구출"하기 위한 정부의 과도한 진압 탓에 좀 더 일반화된 운동으로 융합되었다. 많은 경찰과 군대가 몰려들자 와리사타(Warisata)의 아이마라(Aymara)마을 인근의 농민들은 놀랐고, 경찰과 농민의 대치로 인해 경찰관 1명과 농민 5명이 사망하였는데 그중에는 8살 소녀가 포함되어 있었다. 소녀는 자기 집에서 유탄으로 인해 사망하였다(Espinoza and Guzmán 2003; Guzmán 2003a). 와리사타에서의 사망은 알티프라노 아이마라 농민들을 단합시켰고 급진적으로 시위하도록 하는 계기를 만들었다. 이들은 엘 알토와 라파스 시와 농촌지역에서 도로 점거 및 파업의 강도를 강화하였다(Espinoza 2003 b). 파업으로 엘 알토가 마비되었는데, 엘 알토는 알티프라노의 가장자리에 위치해 라파스를 내려다 볼 수 있는 곳으로 인구 80만명 이상의 도시이며 그 중 80%가 농민이었다. 엘 알토의 노동자 지도자였던 로베르토 델라 크루스(Roberto de la Cruz)는 시위의 과격화, 그리고 농민 투쟁에 대한 도시노동자의 연민을 아래와 같이 적고 있다.

목표는 가스에 대한 투쟁을 시작하는 것이었고, 그들이 도로를 막으려고 했던 라파스의 농민연합(Campesino Federation)회의에서 우리는 어떻게 하면 시골에 사는 사람들이 계속 가축분으로 요리할 수 있을지 논의했다. 반면에 Goni는 가스를 팔기를 원했다. 이러한 논쟁은 투쟁을 참여하기 시작하고 합세하려는 농민에게는 중요했다(Espinoza 2003a, p.17; 저자 해석).

여기서 델라 크루스는 천연가스와 정치적-사회적 개발 모델 사이의 개념적 연계를 설명하였다. 가스 투쟁은 단지 천연자원에 대한 투쟁이 아니라 국가 자원에 대한 투쟁이었다. 이러한 투쟁의 핵심은 볼리비아 역사의 사회적 특징인 구조적 불평등이 또 다시 국가재산으로 간주되던 것을 외국계 회사가 수출할 수 있도록 허용하는 계획에 의해 재생산되고 있다는 여론이었다. 아래는 엘 알토 시위자가 표현한 것으로, 부와 권력의 심장인 라파스의 남부지역(과 더 낮은 고도지역)에 대한 것이었다.:

이러한 자본주의 사람들은 그 국민을 알지 못한다. 그 곳에서(라파스 남부지역에서) 그들은 어려운 상황을 알지 못한다. 그들은 그들이 잠들 때 비행기와 공항의 소음을 알지 못하고 그들은 그들의 권리를 위해 싸워본 적이 없어서 경찰의 최루탄 가스를 삼킨다는 것도 알지 못한다. 그곳에서, 그들은 모든 것을 가지고 있다.(Espinoza 2003 a, p.17 저자 번역)

10월 12일까지, 엘 알토에서 20명 이상의 군인이 죽었을 때 (Espinoza 2003c), 이미 시위자들의 요구는 그들의 본래 주장에서 변해 있었다. "페루로의 가스" 요구로 시작한 것이- 정부에게 칠레의 항구보다는 페루를 통해 천연가스를 수출하기 위해 계획을 변경하라는 요구- 수출계획에 대한 전반적인 거부로 변했다. 이제 시위자들은 국가 가스 매장량의 복귀와 산업화를 요청했다- 즉, 국가 통제를 강화할 것과 동시에 천연가스에 대한 민간과 외국의 영향을 약화시킬 것, 그리고 국가의 사회개발을 위한 국가 주도의 가스 이용을 위해 노력할 것(del Granado and Zaratti 2003). 이러한 요구는 국가의 재건에 대한 요구와 산만하게 한데 묶였다("refundar el país"- 이 개념은 새로운 사회조직 형태에 기반한 더 많은 민주화를 위한 요청과 연결된다. 이러한 요구는 알티프라노의 아이마라 그룹과 산타크루스(Santa Cruz)의 아마존 도시인 캠바스(Cambas)에서 시작되었다. 그들은 가난한 토착농민인 과격한 산악지방 사람들과 이해관계가 전혀 없는 백인과 혼혈(mestizo)인 도시 중상위층 사람들이었다.[7] 따라서 국가의 재건 요구를 통하여, 지역 자치권은 가스 전쟁과 그 여파 후의 중요한 중심사상으로서 출현하였다(Lora 2003b).

엘 알토의 대학살은, 그 다음 날 라파스에서 일어났던 것처럼, 전국민의 분노를 불러일으켰다. 10월 14일 정부의 인권청(Defensor del Pueblo)의 이전 수장은 라파스에서 단식 투쟁을 시작하였다. 이후 3일 동안 이에 동참한 사람들이 1,000명이 넘었고, 대부분이 중산층 도시 지식인, 예술가, 활동가들이었다. 10월 16일 8천명 이상의 광부들이 북부 알티프라노의 파타카마야(Patacamaya)마을에서 모여 라파스로 행군하기 시작하였다. 그 다음날 아침에 무장군 사령부는 고니(Goni)에 대한 지지를 철회하였고 그의 남은 시간은 짧고, 그가 취할 수 있는 선택 여지는 거의 없다는 분명한 신호를 보냈다(Lazarte 2003). 그때까지도 시위자들에게 명백한 "민주주의 무시" 라면서 터무니없는 비난을 하고, 고니에 지지를 보여왔던 미국 대사관조차도 이제 고니는 유용성이 없음을 깨달았다. 10월 17일 오후에 광부들이 라파스에 도착했을 때, 고니는 이미 물러났고, 엠블런스를 타고 대통령 궁에서 도망쳐 산타크루스공항으로 갔다. 거기에는 마이애미로 가는 그의 비행기가 기다리고 있었다(Cortés Hurtado 2003)

그날 저녁, 고니(Goni)의 부통령이었던 카를로스 메사(Carlos Mesa)가 대통령직을 인수하였다. 그는 고니의 비행기가 산타크루스의 활주로에 내리는 바로 그 순간에 선서를 하였다. 거의 현실에서 일어나기 어려운 일련의 사건들이 TV스크린을 통해 전국에 방송되고 있었다. 볼리비아를 뒤흔든 폭력에 개인적으로 놀랐고, 정치적으로 취약한 위치에 있던 메사(Mesa)는 전통적인 정당의 연합이 아닌 통합정부 형태를 출범하였다. 그는 즉각적으로 시위 관련 사회적 운동에서 표출된 3가지 정치적 요구를 수행하겠다고 약속하였다. : 천연가스의 수출과 거버넌스에 대한 투표, 볼리비아 국가와 민족에 좀 더 우호적인 탄화수소법 개정, 그리고 헌법 개정을 위해 일반투표로 선출된 입헌회의(Constitutional Assembly)의 구성(Lazarte 2003).[8] 그의 임기 첫해, 메사(Mesa)는 (심각한 단점을 가지고 있고 많은 비판을 받은) 탄화수소법을 개정했고, 가스에 대한 투표를 실시했다(이 역시 비판받았었다). 입법회의는 에보 모랄레스(Evo Morales)의 선거를 기다려야 했다.

추방된 고니와 그의 지지자들이 나중에 퍼뜨린 얘기와는 달리, 시위자들은 "마약-테러리스트"도 아니었고 반민주적이지도 않았다.[9] 1985년에서 2003년까지 21년간의 신자유주의적 "민주주의" 기간 동안, 시위 기간에 280여명의 볼리비아인이 사망했고,[10] 700여 명이 부상당했고 1만여 명이 불법구류를 당했다(Opinión 2003). 볼리비아인들은 고니가 그의 임기 중에 남긴 폭력적인 발작을 "제한적 민주주의"(democradura) - 민주주의 형태이며 그 스타일에서는 독재정부(dictadura) - 라 부르고 있다. 민주주의라 보기에는 어려우며, 볼리비아의 정치적 체계는 군사폭력과 공직부패라는 불순물을 촉진해왔다. 이 시스템은 의미있는 참여와 대표성이 결여된, 단지 민주주의 형식으로 살짝 가려진 체계적 폭력과 지배정치로 볼 수 있다.

시위와 정의의 불균등한 지리학

기본적으로는 유사하지만 물과 가스 전쟁은 분명히 각기 다른 공간적 역동성을 가지고 있다. 여기서 볼리비아의 자원 시위에서의 불균등한 지리성에 대해 간단히 두 가지 발견점을 말하고자 한다.

첫째, 물 전쟁은 주로 지역의 갈등이었다. 알티플라노에서 고립된 도로 봉쇄와 라파스에서의 몇몇 시위를 제외하고, 대부분의 운동은 코차밤바시와 그 인근에서 일어났다. 아구아스델투나리의 허가권이 볼리비아의 다른 도시에서도 분명 함의를 가지고 있음에도 불구하고 지역적으로 생산되어 소비되는 자원에 대한 지역 갈등이었다. 시위자들은 생계와 삶에 물을 직접적으로 연계하는 시위 중심 슬로건인 "물은 생명이다(el agua es vida)", 일상생활에서의 물의 장소, 보편적 중요성에 대한 일상적 요구를 강조했다. 마찬가지로 이용과 관행(usos y costumbres)에 대한 관개자(irrigators)의 강조는 물의 생물학적 기능에 대한 수리권뿐만 아니라 삶의 사회적 측면에서의 수리권과 연계된다. 이러한 의미에서 물은 육체에서와 마찬가지로 지역공동체와 문화를 위한 필수요소로서 광범위하게 표현된다.

가스 전쟁은 좀 더 국가적이고 좀 더 민족주의적인 시위였다. 시위의 중심은 알티프라노였고 특히 엘 알토로 그 지역에서는 라파스에서 죽은 24명보다 더 많이 죽었으며 몇몇 시위가 있었다. 도로 봉쇄, 단식 투쟁, 행진, 집회는 빠르게 다른 도시로 퍼져나갔으며, 격렬하지는 않았지만 유명한 시위 지역으로는 코차밤바, 오루로(Oruro), 포토시(Potosí), 그리고 수크레(Sucre) 지역을 들 수 있다. 천연가스 생산 지역 — 동부 타리야 주의 차코(Chaco)지역 — 은 비교적 시위기간 동안에 조용했다. 타리야(Tarija)의 엘리트들은 산타크루스(Santa Cruz)의 엘리트들과 마찬가지로 가스 수출을 선호했으며, 고니(Goni)와 함께 시위자들을 마약테러주의자들과 급진좌파의 토착민 조직이 꾸민 것이라고 맹렬히 비난하였다. 타리야(Tarija)의 농민조직과 차코(Chaco)의 토착민인 구아라니(Guaraní)- 대부분이 가스 생산에 의해 직접적으로 영향을 받지만-는 알티프라노(Altiplano) 시위를 이끄는 조직의 기본 입장을 지지함에도 불구하고, 시위기간 동안에 잠잠히 있었다(Lora 2003a; Orduna 2004).

그렇다면 왜 가스 전쟁은 가스 생산 지역에서 떨어진 알티프라노를 중심으로 국가 투쟁으로 빠르게 전개될 수 있었을까? 마찬가지로, 물의 보편적인 중요성을 비추어 볼 때, 왜 물 전쟁은 주로 지역적 투쟁으로 남았을까? 시위의 이러한 불균등한 지리학을 무엇으로 설명할 수 있는가? 부분적으로 이 질문에 대한 해답은 동원과 갈등의 지역적 그리고 국가적 역사 안에 뿌리를 두고 있으며 물과 석유가 내포하고 있는 매우 상이한 정치경제학과 관련되었다. 생물학적·사회적 재생산에 있어서, 물은 국제적 시장과 지정학적 위치와 별로 관련이 없다. Selby(2005)가 지적한 바와 같이 경제적 부의 중심을 차지하는 탄화수소는 국가 정책의 중심에 있다. 이와는 대조적으로 물 관리는 좀 더 공간적이고 행정적으로 분산된 업무이고 지역적으로 중요하며 국제적인 무역은 거의 없고 지리전략적인 관심거리도 아니다.

그러나 물과 가스에 대한 볼리비아 시위의 상이한 지리학은 또한 그 자체가 자원의 유형과 관련이 있고, 자본과 사회의 재생산 순환으로 그것이 들어오는 방법과 관련이 있다. 사회로의 물 유입은 운하, 관, 저수지, 법적 체계, 사회적 조직의 복잡한 연결망을 통해 일반적으로 전달됨에도 불구하고- Bakker(2002)가 "물사회적 자원"(hydrosocial resource)이라 불림- 이것은 볼리비아에서처럼 비교적 간단한 기술적 조정을 통해 사회적 재생산 사이클에 들어올 수 있다. 수동식우물(hand dug wells), 지붕 물통(물탱크), 흙과 돌로 된 수로. 많은 볼리비아 인들은 오랫동안 물을 집합재인 동시에 사회적 권리로 여겨왔다. 그들 노동력의 산물이면서 수단(instrument)으로 여겨왔다. 그 이용가치는 의심의 여지가 없다(또한 내재적으로 상징성이 있다).

물과 대조적으로 천연가스는 좀 더 기술적으로 복잡한 수단을 통해 사회로 투입된다. 천연가스의 이용가치는 물과는 상당히 다르고 항상 사회적으로 조정된다. 천연가스의 광범위하고 불안한(휘발성의) 속성은 추출, 수송, 저장, 연소를 하는 복잡한 엔지니어링 체계를 통해 일상생활로 들어간다. Bridge(2004, p.396)가 지적한 바와 같이 천연가스는 "이용가치를 가질 것이고 풍부한 공급이 있을 수 있으나, 그 교환가치의 생산은 과학과 자본과 법을 필요로 한다." 사회투쟁의 통합요소로서 천연가스의 중요성은 물질적 요소이면서 동시에 상징적이라는 것이다. 가스는 일부 외국회사와 자국의 엘리트를 부유하게 하는 한편, 오히려 그 곳에서 일하는 볼리비아 사람들을 — 국가의 부를 도둑질하는 형태로 — 더욱 가난하게 만드는 잘 알려진 착취의 상징이 되었다. 이러한 과정에서 배제되었고 정치적으로 잘 조직화된 사람들이 볼리비아의 자원을 수출하려는 정부의 계획에 처음으로 항의하였다. 가스는 아마도, Bridge(2004,pp.395)가 단언한 바와 같이, "지리적 야망을 내포한 상품"일지 모른다. 그러나 이는 가난, 저개발, 폭력을 내포한 배타적 지리학이다.

나의 두 번째 관찰은 사회적으로 불균등한 시위 정치의 특성에 대한 것이다. Ramonet는 폭동은 "수세기의 역사적 경험에 기반하고 있다. 자연적인 부(은, 주석, 석유)의 수출은 결코 가난한 이들의 상황을 개선하지도 국가의 현대화에 기여하지도 않았다. 볼리비아 인들은, 산체스 데 로사다(Sánchez de Lozada)를 타도하는데 있어서, 라틴아메리카의 부패를 악화시키고 사람들을 절망하게 만들고, 사회적 배제를 증가시켜온 경제모델에 반대한다"고 적고 있다(2003, pp.32; 저자 역). Ramonet가 볼리비아가 경험한 신자유주의의 배제적 속성을 지적한 것은 적절하다. 그러나 시위의 배제적 속성은 가치가 없다. '코차밤바 지역 관개자들의 연합(Cochabamba's Departmental Irrigator's

Federation: FEDECOR)'이 이끈 물 전쟁은 관개자들에게 그들의 영향을 확고히 해주었다. 그러나 Laurie et al.(2002)가 본 바와 같이, 그들은 코차밤바시 이민자들의 수요를 불분명하게 했으며 관개자, 광업종사자, 공장 종사자와 같은 조직이 누리는 집합적인 정치적·사회적 편익의 일부와 단지 불안정한 수리권을 가졌다. 더욱이, 단지 소작농 중 특정한 "엘리트" 만이 이러한 과정으로부터 이익을 봤다. 집단 관개자들은 관개 접근권이 없는 대부분의 볼리비아 캄페시노들보다 상대적으로 특권을 가진 것으로 인식되어야 한다. FEDECOR은 상대적으로 특권을 가진 소작농 그룹의 이익을 대표했다. 더욱이 FEDECOR은 주로 코차밤바의 낮은 계곡에 있는 관개자들로 구성되어 있다. 즉, 우물로의 접근과 좋은 조건의 계곡 — 평평한 토지와 넓은 도시 시장으로 용이하게 접근할 수 있는 사람들이었다. 물 전쟁을 통해 FEDECOR은 그들의 조직력을 강화할 수 있었고, 정치적·사회적 영향력을 얻을 수 있었다. 그러나 이러한 이익은 사회적으로 배분되고 코차밤바의 캄페시노들 간에도 공간적으로 불균등한 형태를 띠었다.

마찬가지로, 거리시위이며 조직적이지 않은 투쟁이라는 점에서, 가스 전쟁은 알티프라노(Altiplano)의 아이마라와 라파스와 코차밤바에서의 도시사회운동의 특징이 있었다. 따라서 천연가스에 대한 투쟁은 실제의 생산 중심지에서 떨어진 사람들과 장소에서 일어났고 한정되었다. 반면 가스 추출로 인해 직접적으로 영향을 받은 구아라니(Guaraní)지자체는 안데스지역에서의 요구와 논의에서 주로 배제되었다. 정부와 사회운동에서도 구아라니가 그들의 토지에서 일어나는 채굴에 대해 입을 열 가능성에 대해 심각하게 고려하지 않았다. 이러한 관계는 안데스와 아마존 집단, 토착민과 혼혈인 사이에 역사적으로 형성되어 온 지역적 적대감에 만연하게 배태되어 있는데, 이는 계급과 민족 구분(ethnoc division)을 초월한다(Gustafson, 2006). 복잡한 규모의 정치학이 이 갈등 속에 작용하고, 이는 낭만적인 지역민에게 의

지해서 설명할 수도 없고 지역을 초월한 네트워크의 활동에만 귀결시킬 수도 없다.

결론

물과 가스 전쟁이 보여주듯이, 환경 거버넌스와 자원권에 대한 질문은 볼리비아 시위정치의 핵심에서 볼 수 있다. 그러나 이러한 갈등은 볼리비아는 어떤 국가인가 그리고 국가로서 무엇이어야 하는가에 대한 것보다는 물과 천연가스를 관리하는 최선의 방법에 대한 것이다. 이 둘은 분리될 수 없는데, 물과 가스가 자연자원일 뿐만 아니라 국가 자원이기 때문이다. 즉 국가와 그 국민에게 속한 자원이기에 몇몇 사적 이익을 위해 착취되어서는 안 된다.(실제로 착취될 수 없다) — 특히 그러한 이익의 수혜자가 외국인 경우에는 더욱 그러하다(칠레나 북미인 경우에 더욱 그렇다.).

불균등한 자연과 이러한 폭동기간 동안의 모순적이면서 우연적인 시위에도 불구하고 물과 가스 전쟁에서 시위자에 의해 창출된 요구 중에 세 가지 대단히 중요한 통합적 주제를 확인할 수 있다.

첫째, 시위자들은 폭넓은 형태의 참여를 요구했고 자연자원에 대한 의사 결정 과정의 민주화를 요구하였다. 국가 자원에 대한 외국인 지배, 백인 토지소유주인 엘리트 계급에 의한 오랜 배제의 역사 그리고 해결 기미가 보이지 않는 가난을 보면서 많은 볼리비안 인들은 신자유주의 개혁에 대한 최근의 파문을 이해하게 되었다. 그러한 사유화와 관련된 개혁은 국가의 자연자원과 주요산업에 대한 외국인 통제를 증가시켰고, 많은 볼리비아인에게는 이러한 사유화와 개혁이 식민주의와 외국인 지배라는 역사적 연속 패턴으로 보였다(Cortés Hurtado 2003; Orgáz García 2002). 따라서 물과 가스에 대한 시위는 단지 그러한 자원을 어떻게 가장 잘 관리할 수 있을까에 대한 갈등이 아니다.

좀 더 광의적으로, 자원의 관리에 대한 참여권에 대한 논쟁이며, 자원으로부터 얻을 수 있는 이익에서의 참여권에 대한 논쟁이다. 이러한 점에서 광의적으로는 환경정의 투쟁으로 볼 수 있다.

아마도 둘째, 시위자들은 좀 더 안전한 생계와 자원권리를 요구했다. 이는 물 전쟁 기간 동안에 가장 확연히 나타났다. 그 기간 동안 "물은 생명이다" (el agua es vida)와 같은 슬로건은 어디서나 볼 수 있었다. 관개자와 도시 거주민이 수리권의 도덕적 경제를 부각시킨 것과 같이, 물의 보편적이고, 신체와 밀접하고, 일상적인 특성은 물 전쟁에 가스 전쟁이 갖지 못한 긴급함과 친밀함을 부여해 주었다. 특히 이용과 관행(usos y costumbres)의 개념은 물 체계에 대한 지역의, 집합적인 통제를 위해 관개자나 도시물 사용자들이 제기한 핵심적인 요구였다. 천연가스에 대한 이용가치는 물의 이용가치와는 확연히 다르나 개인화되고 윤리적인 체제에 거북하게 위치해 있다. 그러나 생계와 자원권리에 대한 주장은 가스 전쟁의 중심에서도 예상하지 못한 방식으로 발견된다. 물 전쟁에서 시위자들이 "물은 삶이다"라고 확실히 주장할 수 있는 반면에 가스 전쟁에 대한 구호는 "볼리비아 인을 위한 가스"였다. 이러한 구호를 만들면서 시위자들은 초국가적 회사의 이익이 아닌 국가 발전과 사회복지- 국가적, 집합적 규모에서 생계 안정성-가 거대한 가스 매장지를 개발하는 정부계획에서 우선순위가 돼야 한다고 주장했다. 이는 분배정의에 대한 요구였다.

셋째, 이 시위자들은 경제개발의 대안모델을 분명히 요구했다. 신자유주의는 대부분의 볼리비아인들에게 불안정과 빈곤을 가져왔으며 잘 조직된 생산조직, 자원권 및 사회조직의 붕괴를 가져왔다(Arze abd Kruse 2004). 자원관리와 사회조직의 집합형태가 신자유주의라는 힘으로부터 강력한 압력을 받게 되자, 사회운동은 분배정의 및 국가발전에서의 좀 더 사회적인 모델을 요구했다. 물 전쟁은 가스 전쟁이 일어날 수 있었던 힘이 되었고, 이는 결국 엘 알토와 라파스에서의 물 서비스에 대한 아구아스델일리마니의 허가권에 대항한 소위 "제2의 물 전쟁"이라고 불리는 정치적 상황을 만들었다. 시위자들은 2003년 10월 곤잘로 산체스 데 로사다와 2005년 6월 그의 후계자였던 카를로스 메사(Carlos Mesa)를 사임하도록 압박함으로써 두 개의 신자유주의 정부를 몰락시켰다. 이 두 가지 사건은 2005년 12월 에보 모랄레스(Evo Morales)의 선거를 위한 교두보를 만들었다. 에보 모랄레스는 물 서비스에 대한 사적인 이권을 허용하지 않고, 국가의 천연가스 매장지(reserves)를 국유화함으로써 볼리비아의 신자유주의 정책을 뒤집겠다고 맹세해왔다.[11]

이러한 요구는 볼리비아의 자연 및 국가 자원의 신자유화에 반대하는 다양한 사회적 활동가의 연합을 가져온 물과 가스 전쟁을 통해 구성되었음에도 불구하고, 시위들을 들여다보면 분열과 배타적 속성을 볼 수 있다. 여기서 논의한 바와 같이 물과 가스 전쟁의 정직한 분석은 자원 투쟁의 불균등한 지리적 요소와 이 사건들에서의 볼리비아의 오래된 사회적인 불균등이 노출되고 두드러진 방법을 인식해야 한다. 이를 인정하는 것은 이러한 갈등 및 사회적 운동과 그에 참여한 개개인의 성과를 축소하는 것은 아니다. 오히려, 이는 잠재성뿐만 아니라 저항운동에서의 한계에 대한 주의를 강조하는 것이고, Watts 와 McCarthy(1997)의 지적처럼, 그들이 달성할 수 있는 것보다 더 많이 그들에게 기대는 것에 대한 주의를 강조하는 것이다. 볼리비아의 정의를 위한 투쟁은 결코 끝나지 않았고, 좀 더 공정한 정치적·사회적 체계를 건설하려는 노력은 좀 더 포괄적인 사회 조직 형태를 수반하여야 한다. 이는 단순히 정규적인 정치영역에서뿐만 아니라 시민사회에서도 중요하다. 그러한 구조(structures)의 씨앗이 이미 뿌려졌는지는 두고 볼 일이다.

감사의 글

본 장의 일부는 “From the Guerra del Agua to the Guerra del Gas: Resource governance, neoliberalism and popular protest in Bolivia” in Antipode(38, no.1:150-172)의 제목으로 나왔었고, Blackwell Publishing의 관대한 허용으로 개정된 형태로 여기서 출판하게 되었다. 이 장은 개인적인 견해를 기초로 작성되었고, 2003년 8월에서 2004년 6월까지 볼리비아에서 10개월 동안과 그 이후의 문서 분석 및 활동가 리더와의 전면적인 인터뷰를 기초로 작성하였으며, 이러한 작업은 Fullbright-Hays Fellowship에 의해 지원을 받았고, Maxwell School of Syracuse University와 Department of Geography에 의해 지원되었다. 이 작업에서 David Carruthers의 지원과 지지에 감사드린다.

참고문헌

Arze, Carol, and Tom Kruse. 2004. The consequences of neoliberal reform. *NACLA Report on the Americas* 38, no. 3: 23-28

Bakker, Karen. 2002. From state to market? Water mercantilización in Spain.

Environment and Planning A 34: 767-790.

Barlow, Maude, and Tony Clarke. 2002. *Blue Gold: The Fight to Stop the Corporate Theft of the World's Water.* New Press.

Bridge, Gavin. 2004. Editorial: Gas and how to get it. *Geoforum* 35: 395-397.

Bridge, Gavin, and Andrew E. G. Jonas. 2002. Governing nature: The re-regulation of resource access, production and consumption. *Environment and Planning* A 34: 759-766.

Bullard, Robert D., ed. 1993. *Confronting Environmental Racism: Voices from the Grassroots.* South End.

Bustamante, Rocio. 2002. The "Water War" in Cocahabamba: A war against privatisation. In *Water Law and Indigenous Rights*-WALIR studies, volume 2.

Wageningen University/IWE and United Nations/CEPAL.

Conaahan, Catherine, James Malloy, and Luis Abugattas. 1990. Business and the "boys": The politics of neoliberalism in the Central Andes. *Latin American Research Review* 25, no. 2: 3-30.

Cortés Hurtado, Roger. 2003. Reflexiones sobre la rebelión boliviana: El fracaso definitivo del Gonismo. *Le Monde Diplomatique "el Dipló"* (Bolivian edition) 14: 4-5.

del Granado, Hugo, and Francesco Zaratti. 2003. La industrialización del gas: ¿Mito o realidad? *Pulso* (La Paz) 217: 9.

Espinoza, Claudia. 2003a. El Alto: La ciudad rebelde y sin límites. *Pulso* (La Paz) 218: 16-17.

Espinoza, Claudia. 2003b. "Plan Añutaya": La respuesta comunal. *Pulso* (La Paz) no. 216: 16.

Espinoza, Claudia. 2003c. Villa Ingenio, una historia de massacre y terror. *Pulso* (La Paz) 220: 22-23.

Espinoza, Claudia, and Gustavo Guzmán. 2003. Reconstrucción no official de los hechos sucedidos en Warisata: "Operación Rescate." *Pulso* (La Paz) 216: 12-13.

Farthing, Linda, and Kahryn Ledebur. 2004. The beat goes on: The US war on coca. *NACLA Report on the Americas* 38, no. 34-39.

Finnegan, William. 2002. Leasing the rain. *New Yorker*, April 8.

García, Alberto, Fernando García, and Luz Quitón. 2003. La "*Guerra del Agua" Abril de 2000: La Crisis de la Política en Bolivia*. PIEB.

Gerbrandy, Gerben, and Paul Hoogendam. 1998. *Aguas y Acequias: Los Derechos al Agua y la Gestión Campesina de Riego en los Andes Bolivianos*. Plural Editores.

Glassman, Jim. 1999. State power beyond the "territorial trap": The internationalization of the state. *Political Geography* 18: 669-696.

Gustafson, Bret. 2006. Spectacles of autonomy and crisis: Or, what bulls and beauty queens have to do with regionalism in Eastern Bolivia. *Journal of Latin American Anthropology* 11, no. 2: 351-379.

Guzmán, Gustavo. 2002. El gas, una partida de tres jugadores. *Pulso* (La Paz) 163.

Guzmán, Gustavo. 2003a. Han asesinado a una niña boliviana. *Pulso* (La Paz) 216: 11.

Guzmán, Gustavo. 2003b. Un presidente sitiado y un desafío nacional: El gas. *Pulso* (La Paz) 215: 12-13.

Harvey, David. 2003. *The New Imperialism*. Oxford University Press.

Heynen, Nikolas. 2004. The scalar Produciton of injustice within the urban forest. *Antipode* 35, n. 5: 980-998.

Homer-Dixon, Thomas. 1999. *Environment, Scarcity, and Violence*. Princeton University Press.

Hylton, Forrest, and Sinclair Thomson. 2004. Insurgent Bolivia. *NACLA Report on the Americas* 38, no. 3: 15-19.

Jessop, Bob. 2002. Liberalism, neoliberalism, and urban governance: A statetheoretical perspective *Antipode* 34: 452-72.

Klein, Herbert S. 1992. *Bolivia: The Evolution of a Multi-Ethnic Society.* Oxford University Press.

Kohl, Benjamin. 2002. Stabilizing neoliberalism in Bolivia: Popular participation and privatization. *Political Geography* 21: 449-472.

Laurie, Nina, Robert Andonlina, and Sarah Radcliffe. 2002. The excluded "Indigenous"? The implications of multi-ethnic policies for water reform in Bolivia. In *Multiculturalism in Latin America*, ed. R. Sieder. Palgrave.

Lazarte, Jorge. 2003. Insurgencia civil y ceguera "culpable" del poder. *Pulso* (La Paz) 220: 8-9.

Lora, Miguel. 2003a. Habla el Chaco: El gas no se rifa, aunque patalee Tarija. *Pulso* (La Paz) 224: 13.

Lora, Miguel. 2003b. Ya no es solo gas ahora la gente exige refundar el país. *Pulso* (La Paz) 218: 14-15.

Marx, Karl. 1967[1867]. *Capital*, volume 1. International Publishers.

MacLeod, Gordon, and Mark Goodwin. 1999. Space, scale and state strategy: Rethinking urban and regional governance. *Progress in Human Geography* 23, no. 4: 503-527.

Martinez-Alier, Joan. 2003. Mining conflicts, environmental justice, and valuation. In *Just Sustainabilities,* ed. J. Agyeman et al. MIT Press.

Miranda Pacheco, Carlos. 2002. El Puerto boliviano en el Pacífico. *Pulso* (La Paz) 157: 8-9.

Moore, Donald S. 2005. *Suffering for Territory: Race, Place, and Power in Zimbabwe.* Duke University Press.

Nickson, Andrew, and Claudia Vargas. 2002. The limitations of water regulation: The failure of the Cochabamba concession in Bolivia. *Bulletin of Latin American Research* 21, no. 1: 99-120.

Opinión. 2003. 280 muertos, 700 heridos y los 10.000 detenidos son cifras de la democracia. *La Opinión*, Cochabamba, October 21.

Orduna, Victor. 2004. Margarita y los Guaranís. *Pulso* (special report) (La Paz) 246: 1-8.

Orgáz García, Mirko. 2002. *La Guerra del Gas: Nación versus Transnacionales en Bolivia*. OFAVIN.

Perreault, Tom. 2005. State restructuring and the scale politics of rural water governance in Bolivia. *Environment and Planning* A 37, no. 2: 263-284.

Pulido, Laura. 2000. Rethinking environmental racism: white privilege and urban development in southern Califonia. *Annals of the Association of American Geographers* 90, no. 1: 12-40.

Ramonet, Ignacio. 2003. Bolivia. *Le Monde Diplomatique* "el Dipló" (Bolivian edition) 14: 32.

Selby, Jan. 2005. Oil and water: The contrasting anatomies of resource conflicts. *Government and Opposition* 40, no. 2: 200-224.

Tickell, Adam, and Jamie Peck. 1995. Social regulation after Fordism: Regulation theory, neo-liberalism, and the global-local nexus. *Economy and Society* 24, no. 3: 357-386.

Watts, Michael, and James McCarthy. 1997. Nature as artifice, nature as artifact: Development, environment and modernity in the late twentieth century. In *Geographies of Economies,* ed. R. Lee and J. Wills. Arnold.

Zerner, Charles. 2000. Toward a broader visions of justice and nature conservation. In *People, Plants, and Justice,* ed. C. Zerner. Columbia University Press.

미주

1 볼리비아 선거시스템에서, 만약 어느 후보도 국민투표에서 50% 이상을 득표하는 대통령 후보가 없으면, 새로이 선출된 의회는 가장 많은 득표를 가진 두 후보 중에서 새로운 대통령을 선출할 수 있다.

2 국민혁명당(Movimiento Nacional Revolucionario) 외에도, 좌파혁명당(Movimiento Izquierdista Revolucionario), 국민민주당(Accion Democratica Nacional)과 신공화당(Nueva Fuerza Republicana)등이 포함된다.

3 이러한 갈등에 대한 심도있는 분석을 제공하는 것은 내 의도가 아니다. 이는 이미 상당한 관심을 받아왔다. 오히려 별로 기록되지 않은 가스 전쟁에 대한 비교의 토대로 오직 시위의 대략적인 스케치를 하고자 하였다. 이는 좀 더 세부적으로 아래에서 검토되었다.

4 총투표는 48,276인이 참가했고, 다음의 질문에 투표하였다. "당신은 물값이 올라가는 것을 받아들이겠는가"(이 질문에 99% 사람이 "아니오"라고 답하였다). "아구아스델투나리(Aguas Del Tunari)와의 계약이 취소되어야 하는가"(이 질문에 96%가 "예"라고 답하였다, " 당신은 법 no.2029의 내용과 같이 물이 사유재산이라는데 동의하는가?(이 질문에 97%가 "아니오"라고 답하였다)(Bustamante 2002)

5 오스카 올리비아(Oscar Olivia)와 2004년 2월 12일에 볼리비아 코차밤바(Cochabamba)에서 가진 인터뷰로, 저자가 번역하였다.

6 산체스 데 로사다(Sánchez de Lozada)는 1993년에서 1997년까지 대통령이었다. 이 기간 동안 그는 모든 사람을 위한 계획(Plan de Todos) 하에 전면적인 신자유주의 개혁을 실행했었다.

7 2004년 5월 미스유니버스에서 미스볼리비아로서 출전한 산타크루스(Santa Cruz) 출신의 21살 가브리엘라 오비에도 사레테(Gabriela Oviedo Sarrete)가 말한 것이다. 미인대회 이전에, 참가자의 고국에 대한 가장 일반적인 오해에 대한 질문을 받는 오비에도(Oviedo)는 대답했다: "불행하게도 볼리비아를 잘 알지 못하는 사람들은 우리를 단지 가난하고 매우 작은, 인디안으로 생각한다.....나는 그 나라의 다른 쪽(other side) 출신이다. 동쪽이고, 우리는 모두 키가 크고 백인이고, 영어를 할 줄 안다. 따라서 볼리비아인이

단지 "안데안" 국가라는 오해는 틀린 것이다. 볼리비아는 많은 것을 제공한다...."(2004년 5월 28일 Pulso p.3 인용). 예상대로, 오비에도(Oviedo)의 발언은 지역적인 긴장을 악화시켰고, 문화부 차관이 맹렬히 비난했고 라파스(La Paz)의 정치만화가와 저널리스트로부터 맹렬히 공격받았다.

8 11시간의 조정에서, 고니(Goni)는 10월 15일에 동일의 개혁을 약속했다. 그러나 그 때에 이르러, 그는 모든 신뢰를 잃었고, 시위자들은 그의 사임을 요구했다.

9 시위자들을 "마약테러리스트" 라고 한 비판은 코카 재배자 협회의 리더이면서 사회주의를 위한 운동(Movimiento al Socialismo)의 수장인 에보 모랄레스(Evo Morales)를 비난하기 위해 고니(Goni)가 사용한 수사적인 전략이다. 볼리비아 경제에서 코카의 중요성과 원주민 문화는 현재 긴장의 원인이다. 가끔은 갈등으로 발전하기도 했다(Fathing and Ledebur 2004). "마약테러리스트"는 무장한 반군으로서 펠리페 키스페(Felipe Quispe)의 과거와 관련한 것이다. 이로 인해 그는 감옥에서 수년을 보냈다.

10 거의 모든 사람들이 경찰이나 군대에 의해 죽임을 당한 시민이었다. 2003년 2월 시위동안 고니(Goni)와 IMF에 의해 부과된 세제와 예산 개혁에 항의하여 약 60여명의 사람들이 죽었다. 여기에는 11명의 경찰과 4명의 군인이 포함되어 있는데 라파스의 무리요 광장(Plaza Murrillo)에서 일어난 경찰과 군대사이의 총 싸움에서 죽은 이들로 이 싸움은 의회 빌딩 앞에서 일어났다.

11 모랄레스는 2006년 5월 1일에 이 약속을 실현했다. 이때 그는 대통령령 28701하에 볼리비아 천연가스의 "국유화"를 선언했다. 그러나 사실, 이는 지대와 세금 조건의 강화된 재협상 이상의 진정한 국유화는 아니다.

제11장

푸에르토리코 비에케스(Vieques)에서의 환경정의를 위한 투쟁

Katherine T.McCaffrey

2003년에 미국의 어류 및 야생동물부(US Department of Fish and Wildlife)는 이전에 미국 해군 폭격장(bombing range)으로 사용되던 곳에서 새로운 국립야생생물 보호구역(Natioal Wildlife Refuge)의 개장을 발표했다. 이 정부기관은 14,573에이커의 비에케스 야생생물 보호구역(Vieques Wildlife Refuge)이 카리브해 지역에서 가장 넓고 생태적으로 가장 다양성이 높은 보호구역이라고 발표했다.

홍보자료에 의하면 비에케스 야생생물 보호구역(Vieques Wildlife Refuge)은 "멸종위기에 처한 바다거북에게 도피처인 해안, 아열대건조림, 맹그로브[44] 늪(mangrove lagoons), 솔트플랫(salt flats)[45], 생물발광만(bioluminescent bays)"[1] 이 있는 "독특한 지역"이다. 어류 및 야생동물부(US Department of Fish and Wildlife)는 비에케스(Vieques)를 가족 휴가에 가장 적합한 장소로 장려하고 있다.

> 비포장 도로위에서의 산악 바이킹에서부터 터키석 빛이 나는 물에서의 수영까지, 비에케스 국립 야생생물 보존구역(Vieques National Wildlife Refuge)은 모든 유형의 레크레이션 기회를 제공한다. 플라야 카르카스(Playa Caracas)와 플라야 라 치바(Playa la Chiva)는 현실로부터의 탈출

44) 열대와 아열대의 갯벌이나 하구에서 자라는 목본식물의 집단을 일컫음
45) 염수의 증발로 염분이 축적된 평지를 일컫음

> 지이기도 하다. 고층건물도 없고 홍청거림이나 야단법석도 없다. 단지 자연과 하나되는 조용한 장소일 뿐이다. 때때로 당신은 몇 가지 다른 것을 발견할 수 있다. 수영과 잠수는 환상적이다. 물은 크리스탈처럼 맑고 바다생물의 다양한 색은 정말 놀랍다. 비에케스 국립 야생생물 보존구역(Vieques National Wildlife Refuge)은 수영, 잠수, 하이킹, 바이킹, 새 감상 이상의 무언가를 제공한다. 가족과 친구들이 "아로스 콘 간듈레스(arroz con gandules)[46)]"를 먹을 수 있고, 푸에르토리코의 고유 오락놀이인 도미노를 즐기거나 아무도 보이지 않는 팜 나무 아래에서 빈둥거릴 수 있는 공간을 즐길 수 있다. 여름이 다가온다. 비에케스 국립 야생생물 보존구역(Vieques National Wildlife Refuge)으로 오라. 모든 일상생활로부터의 탈출: 당신의 영혼을 되살릴 수 있고 사랑하는 이와의 유대를 살려줄 장소![2]

그러나 이러한 열대 환타지 섬은 또한 새로이 공표된 슈퍼펀드 사이트(Superfund site)로 미국의 가장 위험한 폐기물 처분 장소이기도 하다. 산호초는 폭발에 의해 산산이 부서졌고 그 깨끗한 터키석 빛을 지닌 물은 폭탄에 의해 혼탁해졌다. 거친 물살에 백사장 해안 위의 탄알(bullets)이 씻겨져 갔다. 맹그로브는 석유, 배터리 산, 군수품에 의해 오염되었다. 미국 환경보호청(EPA)에 따르면 60년 동안 실전훈련장소(live fire exercises)로 이용되면서 그 토지와 주변의 물에 "수은, 납, 구리, 마그네슘, 리튬, 과염소산, TNT, 네이팜, 열화우라늄(deplete uranium), 폴리염화비페닐(PCBs), 솔벤트, 제초제" 등 독성을 가진 물질들을 남겼다.[3] 대부분의 보호지(refuge)는 폭발 가능성이 남아 있는 수천 개의 폭발성 물질 때문에 일반인 접근이 무기한으로 봉쇄되었다. 제거작업이 진행 중이라서 500파운드 폭탄의 개방식 폭발(open detonation)에 의해 조용한 자연 산책이 중단될 수도 있다.

46) Arroz con gandules는 쌀, 콩, 돼지고기를 한데 푸에르토리코 방식으로 기름에 살짝 튀겨 요리한 것임

비에케스(Vieques)는 51 평방 마일의 섬으로(대략 맨하탄의 2배) 미국 해군 군사 보급창과 미국 해군 기동연습지역사이에 낀 지역에 1만명의 인구가 50년 동안 살아오고 있다. 미국 해군은 이 섬의 3/4을 통제하고 있으며 비에케스를 실전사격훈련, 지대공폭격(air-to-ground bombing), 포격(shelling), 포병사격(artillery fire), 함안폭격(ship-to-shore bombing) 및 기동훈련지로 이용하였다. 수년 동안의 갈등 후에, 사회운동은 민간인 안보원이 우연히 폭격당한 이후에 분출되었다. 4년 여의 대규모 동원, 수천 명의 불복종 시민들 체포, 그리고 국제적인 미디어 관심을 받은 후에야 이 섬에서의 폭격훈련을 멈췄다.

그러나 진정한 승리였는가는 판단하기가 어렵다. 거주민들은 오랫동안 해군의 퇴거뿐만 아니라 일반인의 토지 이용을 위한 복원을 열망하였다. 그러나 해군이 떠났을 때 이전의 기지(base land)는 국립 야생생물 보존구역(National Wildlife Refuge)으로 운영 및 관리되고 그 토지의 관할권은 미국 내무부성으로 이전되었다. 이전 기지가 자연보존구역으로 변경된 것은 거주민의 꿈이 불완전하게 실현되었음을 의미하고 섬 토지로부터 거주민의 배제를 제도화하였다는 것을 의미한다. 그 결과 토지소유권, 토지이용, 그리고 환경오염은 논쟁의 여지가 많이 남아있다.

몇몇 논문에서는 폭격훈련을 중지한 비에케스에서의 투쟁을 해석하기 위한 틀로서(Berman Santana 2005;McCaffrey and Baver 2006), 그리고 섬의 거주민이 직면한 정화(cleanup) 과정을 이해하기 위해서(Baver 2006) 환경정의를 연구해왔다. 이 장에서는 환경위험요소에 대한 불공평한 노출로서 전통적인 환경정의 용어 내에서 비에케스의 투쟁을 검토한다. 여기서 위협은 실전사격훈련지, 군사훈련활동으로 인한 오염, 해군이 남긴 독성물질에의 노출 위험에 거주민들이 처해있다는 것을 의미한다. 이 장에서는 환경 위험요소의 노출에 대한 저항뿐만 아니라 환경정의의 중요 투쟁영역으로서 환경재에 대한 공평한 접근을 달성하기 위한 투쟁을 검토한다. 이 장에서는 비에케스에서 야생생물 보존구역의 시행과 이전 시민 구역의 젠트리피케이션(gentrification)[47]이라는 두 가지 상호연관된 과정을 검토함으로써 어떻게 환경정의가 환경위험요소의 불공평한 노출에 대항한 투쟁일 뿐만 아니라 배제와 주변화(marginalization)에 대항한 투쟁인지를 검토한다. 라틴아메리카 관점에서 환경정의는 외국 지배로 인한 경계문제와 경관에 대한 외부 통제와 분리할 수 없다. 비에케스를 검토함으로써, 환경정의는 그들 환경의 개발에 대해 통제력을 갖기 위한 사람들의 바램으로 광의적으로 해석된다(Collinson 1997).

환경정의

미국에서 환경정의는 계급과 인종 차원의 환경문제에 도전하는 강력한 운동으로서 시민권 운동에서 출현했다. 환경정의 옹호자들은 사회적으로 불공평한 환경위험요소에의 노출에 대해 염려한다. 그들은 빈곤한 사람들과 유색인종이 환경위험요소에 부당하게 노출되었으며 환경정책을 입안하는 곳에서 발언권을 갖지 못하고 있다고 주장한다(Gibbs 1982; Bullard 1990; Camcho 1998; Faber 1998;Harvey 1999; Cole and Foster 2000). 학계에서는 산업오염, 위해폐기물의 불공정한 입지와 상업발달에 따른 부정적인 결과가 소수민족과 저소득 지역공동체에 미치는 영향에 대해 대개는 중점을 두는 반면(Pellow 2004; Checker 2005), 군과 관련된 독극물의 불공평한 분포 및 군사 위험에의 노출, 특히 원주민보호구역(Native American land)에서의 노출에 대해 점차 많은 연구들이 진행되고 있다(Grinde and Johansen 1995; Kuletz 1998; LaDuke 1999, Hooks and Smith 2004)

미국의 주류 환경주의와 비교하면 라틴 아메리카 환경주의는 환경

47) 젠트리피케이션(gentrification)은 좀더 부유한 사람들(gentry)이 낮은 소득, 노동자 계급의 지역공동체에 있는 부동산을 사거나 빌릴 때 일어나는 변화를 말함

문제를 보다 광의적으로 사회적·정치적 불평등과 연관하여 분석한다. Lynch(1993, p.115)는 "라틴아메리카 환경주의의 가장 깊은 뿌리는 정복에 대한 저항으로부터 출발한다" 고 주장한다. 비에케스에서 해군과의 갈등은 미국 식민지화에 의한 국경문제와 푸에르토리코의 지배와 분리할 수 없다. 사람이 거주하는 폭격지, 전쟁의 무대 역할을 하면서 동시에 거주지이기도 한 섬인 비에케스는 푸에르토리코의 식민지 상태, 국가 경계의 찬탈, 국가 자원의 약탈과 파괴, 시민에 대한 불평등한 대우, 그리고 그들의 삶과 열망에 대한 국가차원의 무시를 근본적으로 표현한 것이다. 여기서 핵심은 비에케스의 갈등은 주권에 대한 것이라는 것이다. 누가 어떠한 목적으로 땅을 통제하는가? 그 경계 안에서 벌어질 것을 결정하기 위해 국가가 어떤 권력을 소유하는가? 시민들은 그들을 통치하는 국가 내에서 어떤 발언권을 갖는가? 푸에르토리코의 영역에서 미 해군의 통제, 환경 파괴, 폭탄과 잔여독극물에 대해 시민이 어쩔 수 없이 받아들여야 하는 상황과 대중의 의견이 군 정책에 개진되지 않는 현실은 푸에르토리코의 식민적인 상황과 분리할 수 없다.

비에케스 사례는 군사위험물과 독성물질의 불공평한 분포 패턴에 들어맞는다. 거주민들은 오랫동안 실전사격훈련과 독성물질의 노출로 인해 엄청난 위험에 직면해왔다. 그리고 지금은 아직 폭파되지 않은 화기와 오염의 잔재가 남아있다. 미 편입지지자인 푸에르토리코인 가버너(Governor) 페드로 로세요(Pedro Rosselló)는 만 명의 아메리카 시민이 거주하는 섬에서의 실전 폭격과 관련하여 다음을 언급하였다.: "만약 이러한 일이 맨하튼에서 일어났다면 또는 마사즈 바인야드(Martha's Vineyard)[48]에서 일어났다면 분명히 그 지역이 속한 주의 대표파견단이 그러한 일이 지속되어선 안된다는 것을 규명해 주었을 것이라고 나는 생각한다"[4] 미국 해군은 비에케스는 실전사격범위(live

48) 미국 매사츄세츠 주의 동부해안에 위치한 섬

fire ranges) 인근에 있는 다른 많은 지역공동체와 비슷하며, 그러한 위험을 겪고 있지 않다고 주장하였다.

불공평한 위험, 불공평한 노출

미국 해군은 1941년에서 2003년 사이에 비에케스에서 기동연습과 사격연습을 실시했다. 군은 섬 토지의 3/4 을 수용하였고, 기동연습장소와 보급창 사이에 약 1만 명의 시민들이 놓이게 되었다. 해군은 대포와 소형무기의 발사, 해군 함포지원, 그리고 미사일 발사 등을 연습했다. 해병대 합동의 상륙 연습, 낙하산 투하, 그리고 잠수함 기동연습 등이 반복되었다. 해군은 비에케스의 공중에서, 육지에서 그리고 바다에서 폭탄을 터트렸다. 1980 년대와 1990 년대에 해군은 이 섬에서 연평균 180일을 훈련했고 평균 1,464톤의 폭탄과 폭발성 물질을 터트렸다(Shanahan and Lindsay-Poland 2002, p.2). 기동연습이 시위로 인해 저지되기 바로 전 해인 1998년, 해군은 이 섬에 23,000개의 폭탄을 투하하였고, 이들 대부분은 아직도 섬 어딘가 폭발성 물질로 남아 있다(US Navy 1999).

해군은 비에케스가 미국 군대에 의해 운영되는 56개의 실전사격훈련지의 하나일 뿐이라고 주장한다. 해군에 의하면, 국가 방위에 있어서 이 섬의 분담은 이례적이지 않다는 것이다: 사실 미국 내에는 무기의 사정거리(weapon ranges)와 거주지가 가까운 지자체들이 많이 있다(US Navy 1999). 그러나 비에케스는 공대지 폭격과 함안 폭격이 행해졌던 미국의 해군 주둔지 2곳 중 하나에 해당된다. 그리고 "미국 국기 하에 유일하게 폭격장까지 있으며 주민이 거주하는 섬이다"(Giusti 2000). 대부분의 미국 폭격장 특히 공대지 폭격을 하는 미국 폭격장은 비에케스 면적의 5-10배의 광활한 군사 기지내 깊숙이 위치한다. 폭격장이 있는 대규모 군사기지는 대개는 방대한 국유림지대에 인접해 있거나 기지의 폭격장을 좀 더 격리시키는 역할을 하는 야생보호구역(wilderness reserves)에 접해있다.(Giusti 2000). 비에케스의 경우 민간인 구역은 "실영향지역(live impact area)"로부터 8.7 마일 떨어져 있다. Giusti(2000)에 의하면, "미국에서 폭격장이 있는 기지의 문 바로 바깥쪽에 있는 지자체들이 있긴 하지만 그러한 지자체는 실제의 사정거리로부터 상당히 떨어져 있으며, 기지의 내부 깊숙이 위치해 있다." 비에케스의 군사훈련 강도, 실사격 훈련지와 시민 생활공간과의 근접성, 해군에 의해 야기된 환경파괴는 전대미문의 사례이다(ibid.).

미군은 원래 카리브 해의 주요 작전기지의 일부로 비에케스를 이용하려고 계획했었고 푸에르토리코 동부에서 꿀레브라(Culebra)와 비에케스 섬까지 연결하려고 했었다. 그러나 결국은 비에케스(Vieques)가 훈련지가 되었고 수만명의 선원과 해병대의 합동 착륙 및 실포격 훈련지로 이용되었다. 거주민은 군대에 의해 억압된 섬에서 근근히 살아가기 위해 투쟁하고 있다. 해군은 토지, 물, 그리고 상공의 대부분을 통제하고 있다. 이러한 장악은 이 섬에서의 사탕수수 산업을 중지시키는 결과를 초래했고 지역경제 발전을 저해했다.

해군은 민간인 지역의 선박 항로, 항공로, 대수층, 지구제(zoning laws)를 통제했다. 해군은 개발사업자가 이 섬에 리조트를 설립하는 것을 막았다. 해군이 시민거주지역의 재정착 지역 등기(title)를 보유하고 있었기 때문에 이 섬의 주민 대다수는 끊임없는 축출의 위협 하에 살았다(McCaffrey 2002).

해군은 결국 섬 위의 거주민과 그들의 역사를 근절하려고 계획하였다. 사람들이 거주하는 섬 위에서의 군사훈련의 대립성을 인식하면서, 해군은 섬에서 전체 시민 8,000명을 제거하기 위해 1961년에 비밀 계획을 작성했다; 죽은 사람들마저 그들의 무덤에서 파헤쳐 제거하는 계획이었다(Fernández 1996). 이 계획은 해군이 여타 간섭없이 기지를 확장하도록 해주었을 것이다. 거버너였던 루이스 무뇨스 마린(Luis

Muñoz Marín)이 개입하였고, 존(John) F.케네디 대통령의 대통령령은 결국 해군이 이러한 계획을 시행하지 못하도록 막았으나 군대와 시민들 사이의 긴장은 계속되었다.

1970년대 후반, 비에케스에서 기동훈련과 사격훈련 강화에 반대하는 시위가 시작되었다. 1978년부터 1983년까지 어부들은 비에케스에서의 군대 주둔에 반대하는 풀뿌리 투쟁을 극적으로 이끌었다. 여러 차례의 중요한 양해를 해군으로부터 얻어냈고 전세계로 비에케스의 어려운 상황이 방송되었음에도 불구하고 이 투쟁은 해군 축출과 토지 복원이라는 목표를 달성하는 데에는 궁극적으로 실패했다(McCaffrey 2002).

군대 주둔에 대한 불만은 계속되었고 90년대 초 활동가들은 건강과 환경을 주제로 풀뿌리 조직을 만들기 시작했다. 무기 발포의 강도와 실전 폭격훈련은 시간이 흐르면서 점점 시민들을 위험한 상황으로 몰았다. 시간당 500마일에서 1,300마일로 비행하는 군사용 제트기는 이 섬의 최동쪽을 폭격했다. 따라서 단 몇 초의 잘못된 계산만으로도 1993년 10월 마을 중심 인근에서 폭탄이 터졌을 때와 같은 심각한 우발폭격의 위험에 주민들이 노출되었다.[5]

해군이 고위도에서의 폭탄 투하를 연습하는 장소로서 비에케스의 중요성을 강조하였지만, 이러한 고위도 비행은 실수 확률을 증가시켰고, 따라서 폭탄을 나르는 제트기 아래에 거주하는 시민들을 위험에 빠뜨렸다. "배에서 4초의 에러는 목표로부터 최대 14마일에서 20마일까지 벗어나 투하될 수 있는 반면에 항공기 조종사가 4초 실수를 하면 목표물로부터 50마일 떨어진 곳에 폭탄이 떨어질 수 있다."(Shanahan abd Lindsay-Poland 2002, p.3). 사고발생의 증가는 그 지역이 해군무기 중 강력한 장거리 미사일을 조절하기에는 너무 좁은 지역(비에케스 표적장 면적은 982에이커로 대략 뉴욕의 센트럴파크의 면적과 비슷하고 거주지구역으로부터 바람의 반대방향으로 8.7마일 떨어져 있

음)임을 시사했다(Shanahan and Lindsay-Poland 2002, p.3).[6]

주민들은 상공으로부터의 제트폭격기 폭탄투하에 의해 점점 빈번히 위험에 노출되었을 뿐만 아니라 폭탄의 독성 잔류물에 노출되어 있었다. 위험에 대한 경각심을 불러일으킨 최초 연구 중 하나는 1988년 푸에르토리코 공학 전문 저널에 실렸다(Cruz Pérez 1988). 이 논문은 그 지역 식수에서 검출된 고농도 폭약성분에 대한 것이었다. 이 연구에서는 대기오염물질이 폭격지역으로부터 시민들이 거주하는 구역으로 이동한다는 가설을 제기하였다.

거주자들은 암 발생률 증가와 군 폭약 관련 위험물질 사이의 있을 수 있는 관련성에 대해 점점 우려하고 있다. 푸에르토리코 보건부의 연구에서는 비에케스의 암 비율이 본토 섬의 암 비율보다 현저히 높다는 것을 입증했다. 1995-1999년 동안 비에케스의 암 발생률은 본토 섬의 암 발생률보다 31% 높았다.[7]

군사 활동의 비밀스러운 속성과 지역공동체의 정보 접근 미흡으로 인해 두려움과 의심은 더욱 커졌다. 해군은 1990년대 중반에 섬에 레이더를 설치했고 지역 활동가들은 해군에 대항하여 새로운 반대시위를 재결집했으며 군사 주둔으로 인한 건강과 안전위험에 대한 경각심을 고취하였다.

1999년 해군 훈련 임무 중, 해군 제트기가 의도했던 표적장에서 1마일 떨어진 군대 감시초소에 500파운드의 폭발물을 실수로 투하했을 때 갈등은 재점화되었다. 이 폭발로 인해 1명의 보초가 부상을 당했고 기지내 일반 고용자인 다빗 사네스 로드게스(David Sanes Rodríguez)가 사망하였다. 사네스의 죽음에 대한 격분은 수십년 동안의 갈등을 다시 수면에 떠오르게 하는 계기가 되었다.

사네스의 죽음은 위험한 군사활동에 대항한 조직적인 운동이 시민사회에 의미를 가진지 6년 후에 일어난 사건이었다. 그의 죽음 이후 시위자들은 실무장(live ordnance)으로 어지럽혀 있는 군 표적장을 점령하였고 1년 이상 동안 해군의 모든 군사훈련은 정지되었다. 수만명의 푸에르토리코인들은 비에케스에서의 군사훈련 정지를 요구하면서 산후안(San Juan) 거리를 행진하였다. 이후 4년 동안, 대중동원, 지속적인 피켓시위, 시민 불복종, 국제적인 연대와 미디어관심 등 다양한 운동을 통해 이 섬에서의 실폭탄 연습을 중지시키는데 성공하였다.

해군의 철수

기지 부지는 해체되었고 2001년 5월과 2003년 5월에 두 곳이 시민을 위한 이용으로 전환되었다. 대중 시위를 본 빌 클린턴 대통령은 2000년 1월 비에케스 서부의 해군 탄약 시설이 있던 8,000에이커 전부를 푸에르토리코 정부에 돌려주도록 해군에 지시하는 집행명령을 발표하였다. 비에케스 서부에는 해군의 소규모 작전기지와 탄약저장지인 수십개의 화약고가 있었다.

군사적 의미에서 서부의 땅은 기동훈련과 폭격훈련이 있었던 동부보다는 덜 중요했다. 그러나 주민의 입장에서 보면 이 섬의 서부 지역은 비에케스와 푸에르토리코 사이의 가장 가까운 교통의 요지이기 때문에 중요했다. 서부지역에서 토지 전환(turnover)은 전략적으로 더 중요한 동부지역을 현상태로 유지하면서 시위를 가라앉히기 위해 계획된 것으로 보였다.

그러나 이후의 정치적 전개는 섬 거주민의 명백한 승리를 퇴색시켰다. 의회는 클린턴의 명령을 규정(order)에서 법(law)으로 변경할 때 내용을 수정하였다. 즉 의회는 토지를 지자체에 되돌려 주기보다는 지자체에 4,000에이커, 연방 내무성에 3,100에이커, 푸에르토리코 자연자원 개발부(Puerto Rican Department of Natural Resources)에 700에이커를 귀속시키고, 남은 200에이커(군사 레이더 시설 부지)는 해군 통제 하에 남겨두었다. 의회에서 통과된 법 조항에 의하면, 해군은 그러한 미래의 토지이용계획에 따라 토지 오염 정화의 책임을 가졌다.

토지 전환은 시위의 종지부를 찍는데 실패했고, 이는 실제 폭격 훈련으로 인한 공공의 안전 및 건강과 환경 위험에 대한 대중의 우려를 더욱 불러 일으켰다. 의회는 궁극적으로 해군이 비에케스 동부로 이동하도록 명령했고, 그 훈련 활동을 이전했다. 그러나 Floyd D. Spence National Defense Authorization Act 조항에 따라 비에케스 동부 토지 14,573에이커(전체 섬 면적의 40%)는 푸에르토리코로 반환되지 않았다. 그 대신에 미국 내무성에 이전되어 국립야생보호구역(National Wildlife Refuge)으로 운영되고 관리되도록 하였다. 비에케스의 가장 동쪽의 끝에 있는 실전 영향 범위인 982에이커는 가장 보호된 상태인 일반인 접근이 차단된 야생보호구역(Wilderness Area)으로 지정되었다.

어류, 야생생물, 그리고 폭탄

폭격장이 갑자기 야생생물 보존구역으로 바뀌는 것은 흔한 일은 아니다. 역사상 보면 미국의 많은 국립야생보호구역과 그 일대는 한 때 군사작전장, 군사물품용 보관장소, 또는 기지였었다(Lindsay-Poland 2006). 비에케스에서 야생보호구역이 생긴 것은 미국 해군주둔에 대한 갈등의 역사와 분리할 수 없고, 해군을 물러나게 하고 섬의 토지를 복원하려던 거주민들의 열망이 불완전하게 실현되었다는 것을 의미한다. 야생보호구역 설정은 식민지 시대의 침해 및 경관에 대한 외부 통제와 연속적인 패턴을 보인다.

가장 기본적으로 비에케스 야생보호구역은 비에케스에 거주하는 주민들이 그 토지에 접근하는 것을 배제하는 불공평한 권력관계를 담고 있다. 섬 지역의 대부분은 외부 기관의 관할 하에 놓여 있고, 그 토지에 대한 거주민의 접근권은 빼앗겼다. 토지에 대한 접근 배제는 보존 요새모델(fortress model)에 의존하는데, 이 모델에서는 사람을 환경에 대한 위협으로 간주하고 있다. 이 모델에 따르면, 자연에 대한 접근은 가부장적 국가에 의해 제한되어야 하고, 환경은 부정적인 인간의 영향으로부터 보존되고 보호되어야 한다는 것이다(Adams and McShane 1997; Brockington 2002; Neumann 2004).

보존 요새모델은 환경을 정적인 것으로 가정하고 인간과 환경사이의 역사적 관계를 무시한다. 그러나 수 천 년 동안 사람들은 이미 비에케스 섬에서 살아왔으며, 생태계와 상호작용해왔다. 고고학적 증거는 상이한 문화를 가진 집단들이 스페인 정복 이전에 적어도 4,000년 동안 비에케스에 거주했음을 보여준다. 스페인과 영국의 개척자들은 열대 산림과 물 때문에 이 섬에 매료되었었다. 그 후 미국 연방기관 통제 하에 놓인 이 섬은 인간 문화에 의해 급격히 변화되어왔다. 카리브 공습으로 인한 위험 때문에 섬으로의 접근이 금지되기 전까지 스페인은 비에케스를 사냥보존구역으로 이용하였다(Rouse 1952, p.555). 사탕수수 단일경작을 위해 산림을 제거하였고 해군에 의해 시작된 가축 방목 프로그램은 토양 침식을 초래하였고 콩과 식물(mesquite)은 우후죽순으로 자라났다. 섬 내부와 해안을 따라 해군이 건설한 도로는 바다와 석호(lagoon)사이의 연결수로(channel)를 막았고, 이로 인해 염도가 달라지고, 석호는 서서히 붕괴되었다(García Martínez 1979). 실전폭격훈련으로 인해 표토는 유실되었으며 산호초는 퇴적되었다. 이러한 인간 활동은 콜럼버스의 미대륙 발견 이전의 경관을 근본적으로 변화시켜왔다.

야생보호구역은 환경을 정적인 것으로 간주할 뿐만 아니라 오염되지 않은 아주 깨끗한 것으로 그리고 있다. 사실, 1964년 야생보호법(Wilderness Act), 16 USC.§ 1131 에 의해, 비에케스 보호구역이 설정되었고, 야생생물 보호구역을 "인간에 의해 손상되지 않은", "태고의 특성과 영향을 간직한" 경관(자연, landscape)으로 명확히 정의하고 있다. 그래서 "야생보호구역"의 지정은 개선보다는 현상태로 유지하는 보존에 중점을 두는 토지이용 윤리(ethic)를 표명하는 것이다. 그러나 "해안지역에서부터 높은 고도의 지역까지 자연적인 식물군의 천이는 사라졌고 현재 섬에 있는 식물은 푸에르토리코 본토 건조해안지역의 식물 특성을 지닌다."고 군은 인정하고 있다(US Army Corps of Engineers 1998, Arbona 2004, p.74에서 인용함). 수세기동안 인간의 환경 착취로 인해 "태고적 식물 피복의 약 80%가 엄청나게 변화되었다"고 제시한 연구에서 볼 수 있듯이 자연의 다양성은 급격히 감소되어 왔다(Woodbury 1972, Arbona 2004, p.74에서 인용함). 어류 및 야생동물 보호부(Department of Fish and Wildlife)는 수 세기 동안 인간 활동에 의해 이미 근본적으로 변경된 경관을 자연그대로의 것처럼 포장하고 있는 것이다.

따라서 복원에 초점을 두기보다는 야생생물보호구역은 인간의 침입으로부터 보호되어야 할 필요가 있는 토지로 전제하고 있으며, 지역민의 토지이용은 생태계에 좋지 않은 결과를 초래한다고 보고 있다. 그러나 지역민보다는 오히려 국가가 엄청난 환경 파괴의 책임이 있다. "야생생물 보호구역"은 연중 180 일 동안 폭격이 이루어졌던 그 땅이며, 그 곳은 포탄 조각과 실폭탄 잔재로 어지럽혀져 있고, 우묵한 폭탄 분화구 자국들이 즐비하다. 가장 완전히 파괴된 지역인 980에이커 면적의 실영향지역은 "야생생물 보존구역"으로 공식 지정되었으며, 가장 보호받는 상태로 일반인 출입이 봉쇄되었다.

군은 폐기물을 정화해야하는 법적 윤리적 책임을 피할 수 있는 망토로 환경 지정(designation)을 이용하고 있다. 아직 폭발되지 않은 군수품과 기타 군사폐기물의 정화는 법적으로 예정된 토지이용계획에 의해 결정된다. "보존 이용"으로의 토지 지정은 어떠한 사람도 그곳에서 살지 않을 것이기 때문에 단지 피상적인 정화만을 필요로 한다. 60

년 동안 공중에서, 육지에서, 해양에서 폭격된 실제 영향지역을 야생보호구역으로 지정하는 것은 생태계의 질과 관련이 있기보다는 환경복원에 대한 책임 문제와 관련이 있다.

펠리칸과 바다 거북이가 서식하던 토지는 우선순위의 정화대상이 아니다. 전체 생태계를 전멸시켜온 군대가 환경 재앙에 대한 책임을 회피하는 한편 거주민들은 게 자루를 모으는 데 벌금을 물게 되었을 때 혼란에 빠지게 되었다.

어류 및 야생동물부 공무원들은 내무성(Department of Interior)은 결코 비에케스의 토지를 원한 적이 없으며, 일방적으로 의회가 내무성에 떠맡긴 것이라고 했다(Lindsay-Poland 2006, p.3). 야생동물법 조항에 의하면, 야생지역은 "인간 활동 흔적이 거의 눈에 띄지 않는, 주로 자연의 힘에 의해 주로 영향을 받아온" 곳이어야 하고, "특별한 고즈넉함을 느낄 수 있거나 원시적이고 제한되지 않은 레크레이션"을 제공하는 곳이어야 한다. 과거 폭격장이었던 비엔케스는 법에 명시된 이러한 기준에 전혀 부합되지 않는다.

거주민들은 그들이 수십 년 동안 투쟁해 온 토지에 대한 접근을 막는 어류 및 야생동물부를 해군의 시녀로 보았기 때문에 그 지역의 분노와 비판을 도맡아 받게 되었다. 어류 및 야생동물부(Department of Fish and Wildlife)는 오염과 폭발되지 않은 폭발성 물질의 위험으로 인해 어쩔 수 없이 그 토지로의 접근을 제한한다고 주장하지만 법에서 요구되는 것 이상으로 제한을 두고 있다. 엄밀히 말하면 이전의 폭격장 982에이커만이 가장 엄격한 야생동물지역으로 지정되었다. 그러나 토지 접근 기준은 전체 보존구역에 대규모로 적용되고 있다. 예를 들면, 동부해안은 이전 폭격장의 바깥쪽에 위치하는데 이 지역은 일반인 접근이 불가한 지역이다(Lindsay Poland 2006). 더욱이 어류 및 야생동물부는 토지가 정화되었다는 해군의 증명서에 따라 접근이 달라진다고 말하고 있다. 사실상 그러한 법적인 요건은 존재하지 않는다.

군사적 이용의 선례가 있고 아직 정화 문제가 남아 있는 미국의 수많은 야생동물 보존구역은 이미 일반인 접근을 허용하고 있다.

정화

군은 비에케스의 양 끝단을 매우 상이하게 이용하였고, 비에케스 서부와 동부의 오염과 정화문제는 상이한 군사적 이용 유형을 반영한다. 해군이 전수품창고와 소규모 작전기지로 이용하던 서부지역 정화는 군수품의 저장 및 폐기와 관련이 있다. 약 2백만 파운드의 군관련 및 산업 폐기물- 유류, 솔벤트, 윤활유, 납 페인트, 산 그리고 기타 폐기물 - 은 망그로브 습지 등 민감한 습지에 폐기되었다. 이러한 폐기물 중에는 아주 위험한 화학물질이 포함되어 있다. 개방 폭파 및 과도한 탄약 연소에 사용된 200에이커 면적의 부지도 있다(Márquez and Fernandez Porto 2000; UMET et al. 2000).

처음에 해군은 조사차 17곳을 확인하고, 탄약으로 오염된 지표면 제거(surface removal)하는데 참가했다. 그러나 2005년 3월까지 군은 자체적으로 연속 조사를 수행하였고 17곳 중 단지 3곳에서 폭발물로 오염된 지표면 제거를 실시하였다. 해군은 17곳 중 9곳은 "더 이상의 추가조치가 필요없다" 고 주장했다. 나머지 8곳 중에서 해군은 5곳은 단지 경미하게 오염되었을 뿐이며 현저한 위험은 없다고 주장했다(Bearden 2005, p.14). 사실상, 독극물 오염은 군사 활동에 기인한 것이 아니라 오히려 섬의 지질적 특성과 관련하여 자연적으로 일어나는 과정에 의한 것이라는 해군의 주장은 논쟁의 여지가 있다.[8]

비교적 "깨끗한" 비에케스 서부 지역에서 상대적으로 적은 오염물질을 정화하는 과정에서 군이 보여준 소극적인 태도는 동부에서의 정화과정이 얼마나 논란을 가져올지를 짐작할 수 있게 해주었다. 동부지역에서의 정화는 그 범위 면에서 훨씬 방대하였다. 동부의 14,573에

이커 면적은 1940년대 이후로 해군 폭격 훈련과 기동훈련지로 이용되었다. 군 기지 전환과정에서 사격훈련장의 정화는 가장 위험하고 비용이 많이 들고 어려운 일 중의 하나였다(Sorenson 1998). 가장 심하게 파괴된 지점은 실제 영향지역인 982에이커 면적이며 뉴욕시의 센트럴파크 공원 크기정도로 섬의 동쪽 끝에 위치해있다. 미국 환경청에 따르면 이 지역과 그 주변의 물에는 아직 폭발되지 않은 광범위한 포와 폭발된 포의 잔여물이 남아있다고 한다. "포 이용과 관련된 위험물질은 수은, 납, 구리, 마그네슘, 리튬, 과염소산염, TNT, 네이팜, 열화 우라늄 등을 포함하고 있다. 가르시아 캠프와 NASD에 남아있는 위험물질은 PCBs, 솔벤트, 제초제 등과 같은 화학물질도 포함할 것이다."[9] 군의 독성물질 프로젝트(Military Toxics Project)에 인용된 1998년 EPA 조사를 보면 과거 사격훈련지는 대부분 현저하게 오염되어 있다고 적혀 있다. 조사에서는 206개의 폐쇄사격장(CTT)과 비활성 군지역(Inactive military range)에서의 보건상 광범위한 위험에 대해 검토했다. 보고서는 "불발탄 포함, 사용되거나 발사된 탄약에 의한 오염이 거의 모든 대상지역내에서 발견되며.... 불발탄은 그 지역의 85%에서 발견되며 화학적 또는 생물학적 무기는 그 지역의 50% 이상에 존재했거나 그랬을 것으로 의심된다. 탄약사용에 의한 오염이 초래할 위험은 광범위하다. 이 보고서의 대상 지역은 그 주위의 인구증가로 인한 근접성 때문에 건강과 안전상 심각한 위험에 빠질 수 있다"고 결론내렸다.[10]

비에케스에 있는 대부분의 불발탄은 이전의 목표지점이었던 동부지역에 집중되어있으나 몇몇 탄약은 목표지역을 벗어나 인접한 토지나 해안 등으로 들어갔을 가능성이 있다. 그 외에도 육상에서의 실전사격훈련을 포함한 기동훈련이 동부 여러 지역에서 일어났다. 실제 영향지역(live impact area)을 벗어나 얼마나 광범위하게 탄약이 흩어졌는지는 불확실하다(Bearden 2005, p.15).

동부지역의 토지를 정화하는 데에는 많은 비용과 시간이 소요될 것이다. 시간이 지남에 따라 실무장(live ordnance)이 토지 표면 아래로 가라앉기 때문에 정화작업반은 토양의 표토층과 그 하부를 모두 제거하는 작업이 필요하다. 연방정부 법을 위반하여 발사된 열화우라늄은 정화에 있어 독특한 문제를 가지고 있다. 열화우라늄은 발사되는 포의 크기와 무게로 인해 지표면에서 수백 피트 깊이로 들어갈 수 있고 분실된 탄환을 빼내기 위해 어마어마한 양의 토양을 제거해야 할 수도 있다(Sorenson 1998, p.83, n.174).

이 밖에도 지하수가 질산염과 폭발물질에 의해 오염되었다(Márquez and Fernandez Porto 2000). 지하수를 정화하는 것 역시 어렵고 비용이 많이 든다. 지하수는 수천 에이커의 토지 아래에 흐르고 있고, 지상으로 이를 펌프해 올려서 세척기계로 정화한 후 다시 지하로 돌려보내는 작업은 힘든 과정이다(Sorenson 1998.p.81). 산호초와 잘피대[49](sea grass bed)는 폭격과 침전과 화학적 오염물질로 인해 엄청난 피해를 받았다(Márquez and Fernandez Porto 2000; Rogers, Cintrón, and Goenaga 1978). 비에케스 해안가에서 떨어진 곳에 수많은 폭탄이 떨어져 있었음에도 불구하고 물을 정화하는 것은 군 정화작업의 범위가 아니다. 푸에르토리코 거버너였던 실라 칼데론(Sila Calderón)은 비에케스를 "슈퍼펀드 사이트"로 지정해달라고 환경청에 요청했고 2005년 2월 11일 국가의 가장 위험한 폐기물 처리장소인 슈퍼펀드 사이트로 지정되었다. 그러나 위험지역의 우선순위 명단에 비에케스를 올린다고 해서 정화과정이 엄격해지는 것도 아니었으며, 재정지원을 보장해주는 것도 아니었다(Bearden 2005, p.2). 정화과정은 궁극적으로 의회에 의한 재정지원 지정에 달려있다. 우선순위는 인간의 건강과 환경에 대한 독극물 위협 정도에 따라 정해진다. 이러한 지정 신청은 그 토지로의 접근이 차단되는 정도에 따라 위험

49) 수생생물의 산란지와 서식지로 이용되는 곳으로 내만 간조선 부근에 잘피가 군집을 이뤄 번식하는 곳

과의 접근을 줄일 수 있고 군의 정화책임도 줄일 수 있기 때문에 중요한 것이다.

그러나 인간이 오염에 노출되는 것은 군으로 하여금 그 폐기물을 정화하도록 강요하는 또 하나의 방법이다. "만약 탄약에 의해 오염이 누출되었고, 이 노출의 통로를 볼 수 있을 정도로 확산되었다면, 인간의 건강을 보호하기 위해 더 많은 탄약을 제거해야 한다는 것을 느낄 것이다. 여기서 가능한 노출 통로로는 오염된 지하수와 오염된 어패류의 음용을 포함한다"(Beardon 2005, p.2). 두 개의 연구(Massol and Díaz 2000a,b)는 비에케스의 먹이사슬에 중금속이 유입되었음을 보이고 있다. 첫 번째 연구에서는 비에케스 영향지역 인근의 식물과 게(violin crab)에서 납, 코발트, 니켈, 망간 농도가 높게 나왔다고 기록돼있다. 두 번째 연구에서는 비에케스의 민간인 지역에서 자라는 식물과 채소가 납, 카드뮴, 구리, 기타 금속으로 심각하게 오염되어 있다는 것을 밝혔다.

그러나 독극물 노출과 관련한 환경보건 영향을 밝히는 업무를 맡고 있는 '독성물질 및 질병등록청'(Agency for Toxic Substances and Disease Registry: ATSDR)은 비에케스에서 어떠한 독성오염물질도 발견하지 못했다고 발표했다.[11] 지역민들은 60년 동안 폭격하고도 중대한 오염물질이 없다는 일반적인 상식과 완전히 동떨어진 이러한 정부 발표와 급격히 증가한 암발생률을 보고 격분했다.[12] 사실 연구 데이터는 1970년대 시작된 실제폭격훈련과 비에케스에서의 암발생 증가 사이의 상관관계를 제시했다(Nazario et al. 1998). 이러한 점에서, 아무런 중대한 오염이 없으며 비에케스 지역공동체의 보건상 위협은 없었다는 독성물질 및 질병등록청의 발표는 해군에게 엄청 유리한 발표였다.

매력적인 판타지와 배제의 정치학

비에케스 섬의 거의 절반을 야생동물 보존구역으로 지정한 미국 정부 결정에 의해 초래된 또 다른 문제는 이것이 기존의 민간인 영역에서의 토지수탈을 촉발시켰다는 것이다. 이러한 토지수탈은 전반적으로 주민들의 빈곤과 주변화와 관련되어 일어나고 있다.

2000 미국 센서스에 따르면, 비에케스 지자체는 푸에르토리코의 가장 가난한 지자체 중 하나였다. 인구의 65%가 빈곤층 이하로 살고 있다. 비에케스는 푸에르토리코에서 아동 빈곤률이 가장 높다. 아동 중 81%가 빈곤층 이하의 삶을 살아가고 있다(Mather 2003, p.7). 이 중에서 10대 고등학생이 20%이다(ibid.,p.7). 보건지표 상황은 열악했다. 푸에르토리코의 다른 지역과 비교할 때 암발생률과 유아사망률은 높다. 2001년 푸에르토리코의 보건부는 심장병, 당뇨병, HIV/AIDS, 뇌졸중, 고혈압, 간질환, 암으로 인한 사망률이 푸에르토리코 본토보다 실질적으로 높다고 발표하였다.[13] 섬 안에는 기반시설도 너무 부족하다. 푸에르토리코 본토로 가는 교통체계는 형편없고, 52평방 마일의 섬 위에서 대중교통체계는 전무하다. 열악한 세금기반으로 인해 쓰레기 집하와 처리는 어려움에 처해 있다. 1999년 푸에르토리코의 주지사 특별위원회(Special Commission to the Governor)는 이 섬의 토지, 물, 그리고 자원에 대한 해군의 통제로 인해 경제적 침체와 높은 실업율이 초래되었다고 결론지었다.

2003년 해군이 떠난 이후, 지자체의 물리적 상황 변화가 거의 없었음에도 불구하고, 군의 퇴각만으로도 개발의 주요 장애물은 제거된 것이었으며, 이는 무모한 투기를 촉발시켜왔다. 투자자들은 실질적인 이윤을 얻기 위해 되팔거나 개발하거나 개조할 수 있는 주택과 집을 얻고자 하였고 해안가에 있는 주택 가격과 판매수는 급증했다.

최근의 한 논문에서는 비에케스 에스페란사(Esperanza) 인근의 주택판매를 분석하였다. 논문은 2003년에서 2004년 상반기 6월까지 18개월 동안의 엄청난 부동산거래에 대해 상세히 열거하였다. 이 기간 동안 36개의 소유물이 팔렸다. 미국으로부터 온 구매자에게 22개, 푸에르토리코 본토로부터 온 구매자에게 8개, 단지 2개만이 비에케스의 구매자에게 팔렸다(그 밖의 구매자는 분류되지 않았음). 그 기간 동안 인근 주택 가격은 50% 까지 치솟았다.[14]

비에케스의 부동산 시장의 특이점은 부동산의 대다수가 등록되어 있지 않다는 것이다. 수십 년 동안 이어져온 이러한 불안정성은 군대 주둔으로 인한 것이다. 1940년대 해군은 주민들을 아냈고, 그들을 등록없이 재정착지에 이주시켰다. 이후, 거주민들은 좁고 불확실한 거주구역과 섬의 3/4를 장악하고 있는 해군에 대해 분노했고, 이러한 분노와 불만은 군 완충지역인 공한지(idle land)를 인수하도록 박차를 가했다. 오늘날 물, 도로 및 전력 서비스가 갖춰진 비에케스 일대에는 등록(title)없이 무단점유를 하는 수천만 가족으로 구성된 지역공동체들이 살고 있다. 더욱이 이 지역에서의 토지판매는 아찔했다. 해안지역이 아닌 토지가 에이커당 7만 달러에 팔렸고, 해안가에 위치한 경우에는 1백만 달러에 팔렸다.[15] 비에케스 시장였던 다마소 세라노(Damaso Serrano)는 이러한 사태에 대해 시장으로서 할 수 있는 일이 없음을 보여주었다: "토지 등록 없는 자산이 두 달 동안에 2-3배 오르고 매번 더 높은 가격으로 치솟고 있는데 이 사태에 대해 우리가 할 수 있는 일은 없다."[16]

비에케스는 '고급 주택화'(gentrification)의 전형적인 시나리오이다: "낮은 소득의 나이 많은 원주민은 자신의 지분을 끌어내는데 주저하거나, 자신 집의 가치 상승에 대해 충분한 정보를 가지지 못하고 있었으며, 빠르게 토지인수가 이루어 질 수 있는 급변하는 시장에서 주택 투기가 번지고 있다."(Kennedy and Leonard 2001, p.11)

비에케스에서의 급속한 고급 주택화 경향을 극단적으로 보여주는 자료는 아마도 2백5십만 달러에 판매하려고 내놓은 게스트하우스 달린 침실 3개짜리 집을 소개한 뉴욕타임즈의 여행 섹션란일 것이다. 주인의 말이 다음과 같이 인용되었다: "우리는 해안을 좋아한다. 우리는 카리브해안을 좋아한다. 비록 비에케스가 다른 섬들과 다르긴 하지만 좋아한다. 섬의 2/3는 야생의 상태로 보존되어 있다. 개발되지 않은 많은 아름다운 해안이 펼쳐져 있다. 이곳이야 말로 우리에게 특별한 곳이다."[17]

북미투자자들은 비에케스의 험난한 환경 역사를 기꺼이 모른 체하였고 개발자들에 의해 만들어진 미지의 열대 에덴에 대한 환상을 품는데 흡족해했다. 북미인들이 소유하고 운영하는 Connections Real Estate의 홍보물에는 비에케스에 대한 전원적인 묘사가 실려 있다. 영혼과 지갑에 호소하려 의도한 음조로 섬은 열대지방의 에덴이면서 너무도 매력적인 투자물이라고 광고하고 있다:

> 파라다이스의 한 부분을 소유하는 것은 많은 이들이 꿈꿔왔던 유혹적인 환타지이지만 우리들 일부는 이를 현실로 바꾸고 있다. 비에케스 부동산 시장은 그 꿈을 현실로 만드는 기회이다. "스페인의 처녀섬(virgin island) 중 하나로 알려져있는 푸에르토리코의 비에케스 섬으로 와서 보라. 그리고 당신의 꿈을 현실로 만들 수 있는 기회를 찾아라. 비에케스(Vieques)는 적어도 30년 전에 "발견된"섬을 연상시키는 아름다운 카리브 해 섬에서 매력적인 투자를 제안한다. 개발은 아직 시작되지 않았고, 엄청나게 다양한 전망을 가진 매물들이 있다.
>
> 자연형태로 보존된 해변에 와서 즐겨라. 거기서 백사장 해변과 미풍과 놀랍도록 아름다운 경치, 그리고 카리브 해안을 거닐며 고래와 터키석 빛의 바다, 수많은 종류의 새와 거북이, 돌고래, 바다소를 즐길 수 있다.

비에케스를 "스페인의 처녀섬"으로 묘사한 것은 매우 반론을 불러

일으킬 만한 것이다. 현지의 비에케스인들은 이를 푸에르토리코와의 연계로부터 비엔케스를 분리하려는 얄팍한 베일에 감춰진 인종적 색채를 띤 시도로 보았고 이러한 미국인들에 화가 났다. "스페인의 처녀섬"이란 광고 문구는 비에케스를 미국의 통제 하에 있는 영어를 통용하는 동쪽 섬을 연상케 했으며, 스페인어 사용과 연계된 "문제 있는", 문화적으로 동화되지 않는 푸에르토리코라는 진실과는 점점 멀어지게 하였다. "처녀섬"으로서 비에케스의 매매는 비에케스 인근의 미개발 섬인 세인트 존(St. John)과의 비유적 연계를 이끌어낸다. 1950년 로렌스 록펠러(Laurence Rockefeller)는 세인트 존의 절반을 사들였고 아프리카계 카리브 (Afro-Caribbean) 거주자들이 그들의 토지와 재산으로 접근하지 못하도록 하고 섬 위에 국립공원을 지정하였다(Olwig 1986). 비에케스의 부동산 광고는 미개발지의 아름다움과 평온에 감탄하는 세인트 존 여행 전단지(tourist literature)를 그대로 반영하고 있다. 그러나 폭탄으로 인해 땅이 움푹 패이고 유독성 물질이 남아 있는 비에케스는 카리브 인근 세인트 존 섬보다는 아마도 러브커낼(Love Canal)[50]에 더 가깝다고 할 수 있다.

현실은 부동산 마케팅 캠페인과는 전혀 다르다. 마케팅 캠페인은 환상에 뿌리를 두고 있다. 동성애자 소유의 동성애자 친화적인 사업체로 진보사회에 광고해왔던 Rainbow Realty는 비에케스를 빠르게 흘러가는 삶속에서의 대안으로 광고하고 있다.

> 푸에르토리코의 남동부 해안에서 떨어져있는 작은 열대 섬인 파라다이스 비에케스는 터키석 빛 카리브 해에 위치해 있다. 소박하고 편안하고 "평온한" 휴가지이다. 여기는 카지노도 없고 클럽도 없고 현란한 불빛도

50) 1892년 나이아가라 폭포 부근에서 시작된 러브운하건설은 1910년 재정문제 등의 이유로 1마일의 작업만이 진행된 채 중단되었다. 그 후 방치되었다가 1940년대부터 1952년까지 미국의 후커케미컬 회사가 그 중단된 러브 운하 웅덩이에 유독성 화학물질을 매립하였고, 시간이 지나면서 인근학교와 주민들에게 만성천식, 신장 및 간질환, 선천성 기형아를 유발하는 등 환경재앙을 초래하였다.

> 없다. 산 후안(San Juan)에서 밤을 보내라. 신호등도 없고 패스트푸드도 없다. 많은 야생 말과 닭이 있다. 코키(coqui frog)는 세레나데를 부를 것이고 반딧불 만(Bioluminescent Bay)은 당신을 황홀하게 해 줄 것이다. 읽고 싶은 책을 가지고 와서 해먹을 찾아라. 사람이 없는 해변에 앉아 눈부신 일몰, 스노클, 산호초 해안에서의 다이빙, 물고기 또는 부영(float), 완벽한 날씨에서 이 모든 것을 즐긴다. 이런 모든 것을.....그것도 적당한 가격에!

물론 "적당한 가격"이란 상대적이다. 수도로 접근할 수 있고, 비에케스에 있는 미등록 토지구입에 필요한 현금을 2차 주택융자금으로 빌릴 수 있는 북아메리카 사람들에게 그러한 부동산은 매력적이다. 그러나 Martineau Bay Resort에서 시간당 5.14달러를 받으면서 청소하는 비에케스 주민들에게는 부동산 가격이 너무 비싸게 치솟아 따라갈 수 없다.

또 다른 부동산 경쟁자인 Crow's Nest는 이러한 방식으로 그 비전을 판다.

> 비에케스는 기적이다. 푸에르토리코의 해안에서 떨어진 자연 그대로의 카리브해 섬, 쉽게 미국이나 캐나다에서 갈 수 있다. 거기에는 신호등도, 극장도 그리고 볼링장도 없다. 여기에는 많은 멋진 식당, 아름다운 백사장 해변 그리고 밤에는 수많은 별들이 있다. 미국 국기가 있는 한 비에케스는 자산소유자와 여행객들에게 안전하다.

다행스럽게도 미국령인 비에케스는 분명이 "아메리카"인에게는 이상적이지만, 푸에르토리코 미국인이 자신이 태어난 땅을 소유할 수 있을까? 이 섬에서 군 퇴각이 비엔케스 거주민에게 미친 즉각적인 영향은 주택 위기였다. 수년 동안, 섬의 토지에 대한 군의 통제와 재식민

지역에 재배치된 거주민의 미등록으로 인해 주택 부족현상이 초래됐다. 현재, 부동산 가치 상승으로 지역주민들은 주택을 구입하기 더욱 어려워졌다. 빈곤한 섬에서 기존의 주택프로그램으로 수요를 충족시키기는 부족한 상황이었다. 2004년 260개의 가구가 Section 8 주택보조금의 대기리스트에 있었다. 그러나 보조금을 받은 가구들마저 치솟는 주택 가격으로 인해 임대시장에서 거래를 할 수 없을 것이다.[18]

비에케스는 국립야생동물 보존구역(National Wildlife Refuge)으로 지정되면서 자산가치에 프리미엄이 붙었다. 가치란 기본적으로 배제에 토대를 두고 있다. 야생동물 보존구역으로 지정되면서 푸에르토리코 주민인 노동계급의 공원 출입이 통제되었고, 노동자 거주민들은 이주되었으며, 대신 역외자본을 끌어들였다. 따라서 거주민은 보존구역이 초래한 주택난(housing frezy)과 보존구역에 의해 이중으로 고통을 받았다.

지방자치정부와 연방정부는 조닝(지구제)과 법규시행을 통해 고급주택화를 제한할 수 있었음에도 불구하고 기존의 법을 강화하는데 소홀했다. 고급 주택화의 속도를 늦출 수 있을 토지신탁 개발 계획은 아직 구체화되지 않았다. 자치체가 등록(title)없이 자산을 사고파는 사람에 대해 1만 달러의 벌금과 징역형을 부과하는 규정을 승인하였지만 어떻게 효과적으로 이를 억제할 것인지는 명확하지 않다. 이외에도 푸에르토리코의 법에서는 해안과 해변으로의 평등한 접근을 보장하고 있음에도 불구하고, 푸에르토리코 정부로부터 재정지원을 받아 비에케스의 북쪽 해안에서 개장한 스타우드(Starwood)리조트는 법을 위반하면서까지 해안가로의 일반인 접근을 막고 있다. 섬 북부해안을 가로질러 나무오두막과 높은 하얀 벽 뒤에 있는 절벽에 자리한 무어인 양식의 건물이 들어선 사유지가 일반인의 해안 접근을 막고 있으며, 지구제 규정을 무시하고 3층 건물로 지어져있다. 섬 북쪽의 공공해변은 하수관을 통해 직접 바다로 하수를 방류하는 숙박임대 건물에 의해 완전히 점령되었다. 해군, 정부부처, 그리고 시장압력에 대항한 점증적이고 복잡한 갈등에 압도되어 이러한 개발에 대한 지역공동체의 대응은 느렸다.

포섭을 위한 투쟁

> 나는 항상 기동훈련 동안 두려웠다. 항상 나는 그들이 실수를 하여 우리에게 폭탄을 떨어뜨릴까봐 두려웠고 그것이 우리들의 끝이 될까봐 두려웠다. 나는 항상 그것을 걱정하였다....(지금), 더 이상의 폭탄은 없다! 폭탄을 떨어뜨리고 집의 주춧돌을 부수는 비행기는 더 이상 머리위로 날지 않는다. 놀라운 변화다. 대단한 것이다!
>
> - 축하해 솔리스 솔리스(Felicita Solis Solis), 비에케스 주민, 2004

섬의 사회경제적 개발과 대다수 노동계급인 주민과의 통합 및 지속가능한 개발에 전념하던 주민들은 군 퇴각이라는 승리에 도전하는 국가 강탈과 사유화라는 두 개의 압력을 우려하였다. 폭격의 끝을 알리는 승리에도 불구하고 실전사격훈련 중단 그 자체는 결코 운동(movement)의 목적이 아니었다. 활동가들은 오랫동안 토지 복원을 추구해왔다. 이러한 열망은 아직 실현되지 않았고, 이전의 군기지는 국립야생동물 보존구역으로 변경되었으며 토지사유화와 동시에 발생한 급속한 고급 주택화에 의해 도전을 맞고 있다.

나는 환경의 실제적 측면에 접근하기 위해서 광의적인 환경정의의 해석을 주장해왔다. 환경정의는 가장 크게 고통을 당해온 사람들이 적어도 토지와 그 자원으로 완전히 접근할 수 있도록 해주는 것이다.

감사의 글

이 논문의 초안에 대해 사려 깊은 의견을 준 Neeraj Vedwan와 편집 관련 충고 및 지원을 해준 Howard Fischer에게 진심으로 감사한다.

참고문헌

Adams, Jonathan, and Thomas McShane. 1997. *The Myth of Wild Africa: Conservation without Illusion*. University of California Press.

Arbona, Javier. 2004. Vieques, Puerto Rico: From Devastation to Conservation, and Back Again. Master's thesis, Massachusetts Institute of Technology.

Baver, Sherrie L. 2006. Environmental justice and the cleanup of Vieques. *CENTRO Journal* 18, no. 1: 3-19.

Bearden, David. 2005. Vieques and Culebra Islands: An analysis of cleanup status and costs. Report for Congress, Congressional Research Service Report, Library of Congress. http://www.fas.org.

Berman Santana, Déborah. 2005. Vieques: The land, the people, the struggle, the future. In *The Quest For Environmental Justice*, ed. R. Bullard. University of California Press.

Brockington, Dan. 2002. *Fortress Conservation: The Preservation of the Mkomazi Game Reserve*. Indiana University Press.

Bullard, Robert. 1990. *Dumping in Dixie: Race, Class, and Environmental Quality*. Westview.

Camacho, David. 1998. *Environmental Injustices, Political Struggles: Race, Class, and the Environment*. Duke University Press.

Checker, Melissa. 2005. *Polluted Promises: Environmental Racism and the Search for Justice in a Southern Town*. New York University Press.

Cole, Luke W., and Sheila R. Foster. 2000. *From the Ground Up: Environmental Racism and the Rise of the Environmental Justice Movement*. New York University Press.

Collinson, Helen, ed. 1997. *Green Guerrillas: Environmental Conflicts and Initiatives in Latin America and the Caribbean*. Black Rose Books.

Cruz Pérez, Rafael. 1988. Contaminación producida por explosivos y residuos de explosivos en Vieques, Puerto Rico. *Dimensión* 8, no.2: 37-42.

Faber, Daniel, ed. 1998. *The Struggle for Ecological Democracy: Environmental Justice Movements in the United States*. Guilford.

Fernández, Ronald. 1996. *The Disenchanted Island: Puerto Rico and the United States in the Twentieth Century*. Praeger.

García Martínez, Neftalí. 1979. Consecuencias Histórico-Naturales de la Presencia de la Marina en Vieques. Comité Nacional pro Defensa de Vieques.

Gibbs, Lois. 1982. *Love Canal: My Story*. SUNY Press.

Giusti Cordero, Juan. 2000. One-stop shopping for Navyfacts: A response to the Navy's Vieques website. Puerto Rico Update, Fellowship for Reconciliation Puerto Rico Campaign, www.forusa.org.

Grinde, Donald A., and Bruce E. Johansen. 1995. *Ecocide of Native America: Environmental Destruction of Indian Lands and Peoples*. Clear Light.

Harvey, David. 1999. The environment of justice. In Living with Nature, ed. F. Fischer and M. Hajer. Oxford University Press.

Hooks, Gregory, and Chad L. Smith. 2004. Treadmill of destruction: National sacrifice areas and Native Americans. *American Sociological Review* 69, no. 4: 558-575.

Kennedy, Maureen, and Paul Leonard 2001. Dealing with Neighborhood Change: A Primer on Gentrification and Policy Choices. Brookings Institution Center on Urban and Metropolitan Policy. http://www.brookings.edu.

Kuletz, Valerie. 1998. *The Tainted Desert: Environmental and Social Ruin of the American West*. Routedge.

LaDuke, Winona. 1999. *All Our Relations: Native Struggles for Land and Life*. South End.

Lindsay-Poland, John. 2006. Refuge for whom? Vieques and the uses of a bombing area. Paper presented at Latin American Studies Association Congress, San Juan, Puerto Rico.

Lynch, Barbara. 1993. The garden and the sea: US Latino environmental discourses and mainstream environmentalism. *Social Problems* 40, no.1: 108-124.

Márquez, Lirio, and Jorge Fernández Porto. 2000. Environmental and

Ecological Damage to the Island of Vieques due to the Presence and Activities of the United States Navy. Special International Tribunal on the Situation of Puerto Rico and the Island Municipality of Vieques.

Massol Deya, Arturo, and Elba Díaz. 2000a. Biomagnificación de Metales Carcinógenos en el Tejido de Cangrejos de Vieques, Puerto Rico. Casa Pueblo de Adjuntas y Departamento de Biología del Recinto de Mayagüez, Universidad de Puerto Rico.

Massol Deya, Arturo, and Elba Díaz. 2000b. Metales Pesados en la Vegetación Dominante del Area del Impacto de Vieques, Puerto Rico. Casa Pueblo de Adjuntas y Departamento de Biología del Recinto de Mayagüez, Universidad de Puerto Rico.

Mather, Mark. 2003. Children in Puerto Rico: Results from the 2000 Census. Annie E. Casey Foundation and Population Reference Bureau. http://www.aecf.org.

McCaffrey, Katherine. 2002. *Military Power and Popular Protest: The US Navy in Vieques, Puerto Rico.* Rutgers University Press.

McCaffrey, Katherine, and Sherrie Baver. 2006. Ni una bomba mas: Reframing the Vieques struggle. In *Beyond Sun and Sand*, ed. S. Baver and B. Lynch. Rutgers University Press.

Nazario, Cruz María, Erick L. Suárez, and Cynthia Pérez. 1998. Análisis Crítico dle Informe Incidencia de Cáncer en Vieques del Departamento de Salud de Puerto Rico. Recinto de Ciencias Médicas, Universidad de Puerto Rico.

Neumann, Roderick, 2002. *Imposing Wilderness: Struggles over Livelihood and Nature Preservation in Africa.* University of California Press.

Olwig, Karen Fog. 1986. *Cultural Adaptation and Resistance on St. John: Three Centuries of Afro-Caribbean Life.* University Press of Florida.

Pellow, David Naguib. 2004. *Garbage Wars: The Struggle for Environmental Justice in Chicago.* MIT Press.

Rogers, Caroline S., Gilberto Cintrón, and Carlos Goenaga. 1978. The Impact of Military Operations on the Coral Reefs of Vieques and Culebra. Report submitted to Department of Natural Resources, San Juan, Puerto

Rico.

Rouse, Irving. 1952. *Porto Rico Prehistory*. New York Academy of Sciences.

Shanahan, John, and John Lindsay-Poland. 2000. Vieques: Is It Needed by the Navy? Vieques Issue Brief. http://www.prorescatevieques.org.

Sorenson, David. 1998. *Shutting Down the Cold War: The Politics of Military Base Closure*. St. Martin's Press.

UMET (Universidad Metropolitana), New Jersey Institute of Technology y el Centro de Acción Ambiental. 2000. Resumen de Estudios y Datos Ambientales en Vieques.

US Navy. 1999. Commander, US Second Fleet, National Security Need for Vieques.

미주

1 미국 어류 및 야생생물 관리국(U.S. Fish and Wildlife Service), 남동지역 4, "Vieques National Wildlife Refuge Welcomes the Public to the Eastern End of the Island(국립야생동물 보존구역은 섬의 동부말단으로의 일반인 접근을 환영한다)" 2003년 4월 30일 http://www.fws.gov.

2 미국 어류 및 야생생물 관리국, 2006, "이 여름 비에케스 국립야생동물 보존구역(National Wildlife Refuge)에 와서 즐겨라" http://www.fws.gov.

3 미국환경보호청, 슈퍼펀드, "EPA Proposes the Atlantic Fleet weapons Training Area on Vieques and Culebra for Inclusion on the Superfund National Priorities List," 2004년 8월, http://www.epa.gov.

4 *CBS News*, "60 Minutes," 2000년 8월 15일.

5 *Vieques Times*, 1993년 11월.

6 푸에르토리코의 주지사에 의해 임명된 특별위원회(Special Commission)는 안전경비원 다비드 사네스(David Sanes)를 사망에 이르게 한 훈련사고는 "일반인 거주지역 및 그 인근에 발포되어 비에케스 시민의 생명과 안전을 위협하는 폭발성 위험 잔여물을 증명해 준 마지막 사고였다"고 결론을 내렸다. 푸에르토리코의 법무부장관은 "1998년 한 해 동안 해군은 훈련연습 동안에 5 회의 실전사격 사건을 일으켰다"고 증언했다. 그는 "이러한 실전사격 사건 유형은 매년 반복되었다"고 부언하면서 "이러한 사건들은 해군이 비에케스 주민의 안전을 보장할 수 없다는 것을 보여준다"고 결론을 내렸다. 출처: 비에케스에서 군사작전 특별위원회의 국방장관에 보고, 1999년 6월 http://www.defenselink.mil/news.

7 *Miami Herald*, 2004년 5월 7일.

8 출처: http://www.forusa.org.

9 출처: http://epa.gov.

10 출처:www.miltoxproj.org.

11 *Puerto Rican Herald*. 2001년 11월 6일.

12 "ATSDR은 환경보건활동가들 사이에서 거의 신뢰를 얻지 못했다"고 조정재단(Fellowship for Reconciliation)의 존 린드세이(John Lindsay-Poland)는

적고 있다. “왜냐하면 그 방법론으로는 오염과 질병사이의 인과성을 밝히는 것이 거의 불가능하기 때문이다. 10년 이상 동안 기관을 감독해온 Environmental Health Network의 린다 킹(Linda King)에 의하면 ATSDR 연구 수백 개 중 단지 하나만이 지자체의 오염과 건강 문제사이의 연계를 보여주고 있다”고 한다. (http://www.forusa.org).

13 Caribbean Business, April 15, 2004.

14 Claridad, July 8-14, 2004.

15 *Puerto Rican Herald*. 2004년 4월 15일.

16 ibid.

17 New York Times, 2005년 5월 20일.

18 Claridad, July 8-14, 2004.

제12장

문화정치와 삶의 본질: 누가 물을 통제하는가?

Stefanie Wickstrom

경관을 가로질러 흐르는 강은 그 내부의 상호 연관성을 지닌 생물 공동체와 초자연적인 공동체 사이의 안녕(安寧)을 유지하는 일부로서 하나의 영혼을 지닌 살아있는 존재일까? 아니면 적절한 방식의 세심한 관리라는 전제 하에 국가와 개인의 부를 창조하는 자원일까? 물은 시장에 의해 가장 효율적으로 관리될 수 있는 상품일까? 문화정치는 각기 다른 문화집단들의 의미와 실천 사이의 갈등으로 규정되어왔다 (Alvarez, Dagnino, and Escobar 1998). 인디오 공동체 및 정부, 초국가적 사업은 물과 관련된 의미를 둘러싼 "물 전쟁"(water wars) 논쟁을 벌이고 있는 상충되는 문화집단을 대표한다. 본 장에서는 이러한 경쟁 속에서 갈등을 빚고 있는 칠레, 볼리비아, 멕시코의 사례를 검토해봄으로써, 이들 3국 중 어떤 국가가 소유권을 선점하게 될 것인지와 종국에는 어떤 국가가 물 통제권을 행사하게 될 것인지를 살펴보고자 한다. 또한 그 역사적 배경을 통해 인디오 공동체에 기초한 각기 다른 정치 체제의 영향력과 그 사태의 귀추를 주목하고 있는 인디오 운동 단체의 유형 및 유효성에 대해서도 다루고자 한다.

누가 물을 통제하는가?

자원으로 인식되는 물은, 발전(發電) 분야부터 수출 특화 작물용 첨단 관개시설에 이르기까지 오늘날 라틴아메리카 경제활동의 확장된 영역에서 사용되고 있다. 하지만 물은 "자원"(resource)으로 인식되기 이전에, 오늘날 전문가들이 "자급자족 형태로 운영되는 자율 시스템"(self-managed, autonomous system)의 "싱글 공동체"(single- community) 혹은 "멀티 공동체"(multi-community)라 규정하는 인디오 공동체에 의해 수백 년 동안 "관리되어"(managed) 왔다는 사실을 상기할 필요가 있다. 가령, 관개를 위한 정교한 사회기반시설과 관리 체제는 잉카 문명이 전성기를 맞이하기 이전에 이미 안데스 지역에 거주하던 인디오 공동체들에 의해 발전된 형태를 갖추고 있었다(Gelles 2000; Mitchell and Guillet 1994). 멕시코의 일부 지역에서는 인디오 공동체들이 자율적으로 물을 공동 관리하기도 했다. 건조 지역의 물 관리는 "주로 골짜기에 위치한 배수 시설 내부의 단구(段丘), 보(洑)취수댐, 송수로, 수로망 등에 크게 의존하고 있으며 이러한 시설들은 제국주의 국가들의 힘의 팽창 과정과 깊이 결부되어 있다"(Scarborough 1993, p. 18). 에르난 코르테스(Hernán Cortés)와 그의 원정대가 아즈텍 제국을 정복하기 위해 멕시코시티에 도착했을 당시, 이곳의 '물 공학'(water engineering)은 경탄을 자아낼 만한 경지에 이르러 있었다.

이들 라틴아메리카 인디오 공동체들과 인디오 제국들은 다른 존재들의 내재적인 힘과 신성성을 비롯해, 그들이 생존을 위해 의지했던 상호 의존성을 지닌 생태계 및 초자연계를 경외했다. 인디오들은 개인 및 공동체의 생산 활동 및 그와 관련된 행동, 책임감, 권리 등을 형성시키는데 일조했던 물에 대해 정신적인 유대감을 지니고 있었다. 물의 사용에 대한 통제와 관리는 그들이 경외하는 봄이나 강의 정령을 위해 옳다고 판단되는 행동에 따라 이루어졌다. 강수량이 부족할 때면 제물을 바치거나 혹은 기우제를 통해 신을 달래거나 신에게 애원했다. 생태학의 대두로 고취된 작금의 생태적 가치관도 많은 이들이 인식하고 있었다.

오늘날 정치 · 경제 엘리트들은 실리적 수익창출을 위한 물 관리를 위해, 발전(發電) 및 대규모 영농, 응용 산업, 음료 산업, 위생 시설 부문에서 국가와 시장이라는 유동적인 권력의 조합을 행사하고 있다. 세계 시장에서 물은 가치 있는 상품이며, 신선한 청정수의 공급이 감소되어감에 따라 그 수요가 증가되어가고 있는 추세이다. 아메리카 대륙 전역에 걸쳐 각기 다른 정착민들에 의해 설립된 국가 체제들은 서로 다른 가치와 수리권에 대한 해석으로부터 영향을 받았는데,[1] 이는 결과적으로 수자원을 관리하는데 있어 다양한 경험들을 낳게 했다. 그러나 정착민들에 의해 설립된 모든 국가들은 인디오 주민들의 물 이용 방식이나 인디오 문화의 생태적으로 지속 가능한 생산 활동 시스템은 전혀 고려하지 않은 채, 제각기 자신들의 가치와 통치 체제를 아메리카 대륙의 인디오 공동체들에게 강요했다. 정착민들은 인디오들의 가치와 권리에 대한 일말의 고려도 없이, 봄이나 강의 정령의 노여움을 살 수 있다는 생각에 대해 터무니없이 비이성적인 행위로 간주하며 완전히 무시했다. 하지만 인디오 운동단체들은 이에 강하게 반발하고 있다.

라틴아메리카에서의 수자원 관리 동향

인디오들의 가치와 정치문화, 그리고 그들의 지위 보장과는 무관한 권리와 의무의 복합시스템은 정착민들이 설립한 국가에 의해 부과된 재산권 및 자원 관리 시스템으로 대체되면서 소위 사회학자들이 "관습법상의 규범 체계"(common-law normative frameworks)라고 칭하는 형태로 축소되어 왔다. 인디오들의 규범 체계에서는 정신적 신념에 입각하여 물의 사용 여부를 판단하고, 토지와 별개로 구분되는 수리권의 이전을 금하며, 물을 (개인의 소유와는 반대되는 개념의) 공동체의 소유물로 인식했다. 이러한 이유로, 일정 수준의 합의에 의존했을 뿐만 아니라 전통적 권위에 자율권을 부여하여 사회기반시설의 공동 경영이 필요할 경우, 다른 공동체와의 협력을 통해 사회기반시설 관리 체계를 세우도록 했다. 라틴아메리카 국가들이 독립을 쟁취하고 난 후, 국가는 인디오들의 생산 활동 시스템 대안 마련에 관심을 갖지 않았다. 국가와 수자원 관리 시장 시스템은 "지역 원주민 인디오들의 수리권과 이용방식, 수자원 관리와 관련된 관습법상의 규범 체계의 존재나 중요성을 무시하거나 부정했다"(Gentes 2002b, p. 36). 국가는 계속해서 인디오 공동체들을 말살하거나 값싼 노동력의 형태로 이들을 강제 통합시키고 있다. 이러한 현상은 특히 인디오들의 소중한 물에 대해 정착민들의 '용수지역권'(用水地役權)을 허용한 곳에서 주로 발생한다.

라틴아메리카 정착민들에 의해 설립된 국가들은 20세기에 들어서, 성숙된 행정과 정보통신기술이 뿌리를 내리고 인구를 비롯한 도시화 및 산업화의 급격한 증가로 인해 상수도 시설이 수십 년간의 지속 불가능한 발전에 의해 위협받는 상황에 직면하게 되자, 비로소 수자원 관리에 관심을 갖게 되었다. 1970년대 중반까지만 해도 수자원 관리는 정부에 의해 이루어졌다. 주로 경제 발전으로 증가된 수요를 충당하기 위해 사회기반시설 건설에 매진했다. 정부는 주요 상수도 프로젝트 건설의 재원 마련 방안을 모색하고 총괄 · 지원했다. 이와 더불어 국제금융개발기관의 원조로 국가 수자원의 혁신적 이용을 위한 연구(특히 수력발전 잠재력 관련 분야)와 장소에 따른 물 사용 관리 관습에 대한 연구에 재정 지원을 하기도 했다(Dourojeanni and Jouravlev 2002).

지속 가능한 발전은 1980년대 국제무대에서 유행어가 되었다. 물

제도가 발전해감에 따라, 라틴아메리카 관료들은 수자원 통합 관리에 몰두하기 시작했다. 수자원 관리 체계가 통합되면서 물은 상품으로 규정되었지만, 최대한의 효율성 보장과 사회정의 실현 모두를 가능하게 하기 위해 상품의 가치 평가와 권리의 할당은 여전히 권한 규제에 의한 다양한 의무의 행사를 전제로 했다(Bauer 2004). 하지만 라틴아메리카에서 그러한 규제가 가장 필요하고 가장 실행 가능성이 높았던 1980년대 말에 이르러서는, 수자원 활동에 있어 국가의 규제 권한이 세계 시장의 열기로 인해 약화되었다. 신자유주의 세계 경제 속에서 라틴아메리카 국가들은 '시장의 힘'(market forces)에 의해 기본 수요가 충족될 수 있도록, 민간 투자를 보호하고 국제 무역을 촉진하는 역할을 담당하게 되었다. 수자원을 감시하고 관리하는 공용 네트워크의 지배권은 낡고 부족한 사회기반시설을 변화시킬 다국적 기업에 매각되었다. 특히 수력발전과 식수 및 위생 시설 공급에 있어 수자원 관리의 수익 창출 형식은 민간 부문의 노력을 통해 이루어지게 되었다. 수자원 통합과 유역 관리 연구를 위한 재정 지원은 이제 과거의 것이 되었다. 세계은행(World Bank) 및 미주개발은행(Inter-American Development Bank: IDB)과 같은 국제금융개발기관들은 수자원 관리를 더욱 "효율적으로"(efficient) 만들고, 장기계약을 통해 정부 부처를 대신하여 상수도와 위생 시설을 공급해 줄 다국적 기업들의 투자를 끌어들여 사회기반시설을 개선시키고자 하는 목적에서 여러 프로그램들을 시행했다.

일부 행정 시스템들의 경우에는 다른 부문보다 상황이 더욱 나쁘긴 하지만, 전반적으로 라틴아메리카에서는 지속 가능한 수자원 관리를 위한 효율적인 통치 제도가 거의 전무한 실정이다(Dourojeanni and Jouravlev 2002). 수자원 관리와 관련한 부정적인 외부 효과들은 공공행정 시스템 안에서 "중간 영역"(gray areas)이 되었고, 다양한 행정 부문들은 사례별로 이 외부 효과들을 다루어야만 했다. 사회적 형평성과 분쟁 해결은 늘 그렇듯이, 수자원 관리 시스템에서는 고려되지 않았다(Bauer 2004). 가난한 국가에서 민간 기업이 상수도 공급과 위생 설비 서비스에 투자하는 경우에, 사회기반시설과 상수도 및 위생 설비 서비스 공급에 대한 투자의 "전체회수가능원가"(full cost recovery)는 보통 일괄 거래 품목에 포함되어 있다. 그에 수반되는 수수료 증가액은 소비자들에게 좀처럼 감당하기 어려운 비용이다. 오늘날 라틴아메리카에서는 "자유"(free) 무역과 다국적 기업들의 이해관계가 정부에 의해 보호받고 있다. 이에 따라 다국적 기업과 정부, 그리고 수리권을 박탈당해 자신들의 권리 수호를 위해 투쟁하고 있는 공동체들 간의 갈등이 심화되어 가고 있다.

칠레: 국가의 지원을 받은 초국가적 지배

군사독재정권(1973-1990)에 의해 시행된 칠레의 1981년 '수법'(Water Code)[2]은 수리권을 민영화하고 정부의 규제 권한을 축소시켰다. 이는 또한 토지 소유권과 수자원을 분리시켰다. 이 수법(水法)의 목적은 시장을 창출하여 수리권의 이전을 자유롭고 평등하게 적용함으로써 용수 사용에 대한 권리가 보다 미래지향적인 경제 발전에 사용될 수 있도록 소유권으로서 보장하고 수자원 관리에 있어 정부의 역할을 축소하기 위한 것이었다.

현재 법적 · 제도적 수자원 관리 체계는 중앙 정부의[3] 수리부(水利部: General Water Directorate)[4]가 총괄하고 있다. 민간 경제의 권리 강화와 정부의 규제 권한 축소라는 측면에서는 [새로운 시스템의 도입이] 성공적이었다고 할 수 있다. 이 시스템은 상대적으로 부족한 수자원 할당의 효율성 측면에서 높이 평가되었으며, 칠레는 성공적인 수리권 할당 및 물 부족 극복 사례로 신자유주의 경제학자들에 의해 극찬을 받았다. 지지자들은 칠레의 수자원 관리 체계와 개발 정책이 균형적이고 현실적인 거시경제 정책에 기반을 두고 있다고 주장했다 (Solanes 2006).

이러한 혁신 전략은 부의 대대적인 이전과 소유권 개념의 재정의라는 의미심장한 변화를 초래했다. 민영화의 결과로, 물과 사회기반시설은 수익을 창출하는 수단 및 장소로 사용되고 있지만 일반 대중을 위해 쓰이고 있는 것은 아니다. 이를테면, 수법(水法)은 수력 개발 촉진을 위해 "자원을 파괴하지 않는"(nonconsumptive) 수리권이라는 새로운 법규를 제정했지만,[5] 유역 관리 촉진을 위한 규범 제정이나 기관 설립에는 실패했다. 이는 환경의 질 저하 및 "관개시설 관리자들에게서 발전회사로의 대대적인 부의 이전, 불확실한 법률적 논증에 근거한 소유권의 근본적인 재정립"(Bauer 2004, p. 111)이라는 결과를 낳았다.

시장 장려책은 용수 사용의 효율성 증대와 관개시설에 대한 정부 보조금 지급의 필요성 제거 및 수리권을 보다 안전하고 시장성 높은 (실질적인) 상품으로 만들거나 소규모 영농인들에게 혜택을 제공하는 데에는 실패했다(Bauer 2004). 현재 칠레 수리권의 대부분은 발전(發電) 및 채굴, 과일 수출 기업들이 보유하고 있다(Bauer 2004; Boelens 2003). 정부의 역할이 민간 소유권 보호에 국한되면서, 초국가적 기업 엘리트들은 칠레 농촌 지역에서 수익창출 추구 권한을 부여받게 된 데 반해, 자신의 안녕이 물에 의해 좌지우지되는 압도적인 대다수 사람들의 근심사는 무시당하고 있다(Boelens 2003). "개인 소유주가 자신의 소유물을 오염시키는 행위는 제재를 받지 않는"(ibid.) 탓에 국가의 수자원은 질적으로 저하되어 가고 있다. 칠레 전역의 '캄페시노'(campesino)[51] 공동체들과 인디오 공동체들이 피해를 입고 있으며, 인디오들의 전통 문화 보호에 앞장서고 있는 분석가들은 칠레의 신자유주의 수법(水法)을 인디오들의 관습적인 물 이용 체계에 위협

---

51) 농민

적인 존재로 지적하고 있다(Boelens 2003).

칠레 경제 및 사회 전반에 걸쳐 이와 같은 영향을 끼치게 되면서, 저명한 분석가들[6]과 일부 정부 부처들은 보다 효율적인 국정 운영과 지속 가능한 용수 사용 그리고 수리권 할당을 위해 칠레 수법(水法)의 개정을 권고하기에 이르렀다(Natural Resources and Infrastructure Division 2003). 재민주화 이후, 환경 및 인디오 권리와 결부된 사안들에 대해서는 공공 부문에 보다 우선권을 부여하기 시작했다. 1992년 '국제연합환경개발회의'(United Nations Conference on Environment and Development)의 후속조치로, 칠레 입법부는 대수층(帶水層) 보호 및 산악 지대의 취약한 생태계를 위한 지속적인 환경유지용수 보장과 전통적으로 일부 인디오 공동체들이 이용해 온 수자원의 보호를 명시한 수법(水法)[7] 개정안을 승인했다(Gentes 2002a; Yañez and Gentes 2005). 그럼에도 불구하고, 수법(水法)의 경제적 관심사는 1994년 통과된 '칠레 신환경법'(Chile's new Environmental Law)[8]의 사회 · 환경적 관심사와 실질적인 균형을 이룰 수 없었다. 개정된 수법(水法)의 시행은 물의 보호와는 무관하게 이루어졌다.

2005년 5월, 리카르도 라고스(Ricardo Lagos) 대통령은 수법(水法)의 일부를 개정하는 법안을 승인했다. 이 개정안은 2006년 초 칠레 대부분의 지역에서 시행되었다. 개정안의 주요 목표는 공공의 이익과 소유권 간의 보다 나은 균형을 이루기 위한 것이었다. 개정된 수법(水法)은 수리부(水利部)로 하여금 보다 지속 가능한 유량 및 대수층 관리 증진을 위해, 향후 수리권 확립 시 환경문제에 대해 고려하도록 했다. 또한 이러한 새로운 법규의 도입과 더불어, 칠레 대통령은 "물을 확보할 다른 수단이 부재하여 급수를 위해 수자원을 비축할 필요가 있거나, 국가적 이익이 우선시 되는 '자원을 파괴하지 않는 권리'(non-consumptive rights)와 관련된 이례적인 상황의 경우, 수자원을 경제적 경쟁에서 제외시킴으로써 공공의 이익을 보호"할 수 있게 했다

(Natural Resources and Infrastructure Division 2005). 수법(水法)의 개정은 국가로의 통제권 회귀와 정책 결정 과정에 있어 사용자 단체들이 보다 강력한 역할을 수행할 수 있게 하고자 하는 목적에서 이루어졌다(Natural Resources and Infrastructure Division 2005).

그러나 초기부터 정책 입안자들은 시장장려책이 계속 수자원 관리의 근간이 되어야 한다는 점에 동의했었다. "여러 차례 기회가 있을 때마다, 정부는 물 사용에 관한 권리의 자유로운 상업화가 효율적인 용수의 이용 및 할당을 보다 경제적으로 확보할 수 있는 적절한 방법이 될 수 있다고 공표하곤 했다"(Natural Resources and Infrastructure Division 2005). 수리권 할당의 기준은, 1입방미터 당 가장 높은 생산성을 보장하는 사업 추진을 목적으로 물을 이용하는 행위자들에게 수리권을 [우선적으로] 부여하기 위해 여전히 카르텔화되어 있다. 개정안은 기본적으로 물의 비축과 투기에 종지부를 찍기 위해 고안되었다. 이를 위한 척도로 이용되고 있는 것이 사용하지 않은 수리권에 부여하는 특허권사용료 설정이다. 할당 기준이 여전히 "엄격하게 경제적인"(strictly economic) 특성을 지니고 있긴 하지만, 이제 수리권 할당을 위한 새로운 요구 시, 물을 어떻게 이용할 것인지를 비롯해 수리부(水利部)가 물 이용자들이 통제하는 양을 제한할 수 있는 권한을 가지게 되는 지에 대한 설명이 수반되어야만 한다(Natural Resources and Infrastructure Division 2005).

칠레에서 엘리트 계층의 이익을 대변해 왔던 정부가 이제 수자원에 대한 실질적인 권한을 발휘하는 데 있어 대변자 역할을 수행하게 되었다. 1951년 최초의 수법(水法)이 시행된 후부터 1973년 쿠데타가 발발할 때까지, 다양한 이익단체들과 행위자들은 정부를 통제하기 위해 투쟁했고, 이로 인해 개발 및 사회정의 모색을 위한 정책들이 시행되었다. 1973년 이후, 사회정의 실현에 대한 염원이 커다란 좌절을 겪게 되면서, 국가의 통제권을 장악한 군사독재정권은 신자유주의 개발 조성을 위한 공공 행정 분야의 개혁을 급진적으로 추진했다. 재민주화 이후, '중도좌파연립'(Concertación)정부는 국정운영을 통해 지속 가능한 발전 모색에 관심을 표명해왔지만, 물은 갈수록 더 영향력이 커져가고 있는 초국가적 엘리트의 통제 하에 여전히 놓여 있다. 이들 역시 환경 보호의 중요성을 인식하고는 있지만, 대개 자연자본의 실질적인 보호 방법을 강구하는 데조차 경제적 이익을 양보하길 꺼리고 있는 실정이다.

물론 인디오들의 권리를 보호하는 것은 경제적 혹은 정치적으로는 하찮은 이익에 그칠 수 있는 반면, 인디오 주민들과 유럽인들의 신대륙 정복 이전부터 이들이 관리해온 생태계에 개발 부담을 지우는 것은, '빅비즈니스'(big business)를 위한 수익 창출 및 국가의 경제적 "성장"(growth)을 촉진시킬 수 있을 것이다. 민주화 이후 칠레 중상류층의 경제적 · 정치적 이익과 결부된 비용을 떠맡아 온 인디오 공동체들은 물의 통제권을 두고 논쟁을 벌이고 있다. 하지만 그 성공 가능성은 희박하다. 현재 칠레에서는 인디오들의 권리와 환경 보호, 지속 가능한 발전 간의 관계를 명확히 하고자 하는 의도에서 적극적이고 체계적으로 옹호 활동을 펼치고 있는 지지 단체들이 많은 인디오 공동체들을 후원하고 있다.

볼리비아: 인디오 다수당이 국정을 장악하다

볼리비아공화국은 1995년 '행정분권'(Administrative Decentralization) 법이 통과된 이래, 중앙정부가 정책 결정 권한의 일부를 행정부서로 위임할 수 있는 단일국가의 형태를 취하고 있다. 현재 볼리비아에는 국가 차원의 수법(水法)이나 정책이 존재하지 않는다(Natural Resources and Infrastructure Division 2003). 수자원은 지방의 관리 · 감독을 맡고 있는 부서들(관개 및 급수, 위생 설비 서비스 공급 등)에 의해 관리

된다. 1997년, 세계은행은 볼리비아 정부에 차관 제공 형태로 민영화를 추진하게 하여(Bloom 2005) 급수 및 위생 설비 서비스 공급 부문의 민영화 관련 새로운 법규를 탄생시켰다[9](물 전쟁의 원인에 대한 보다 자세한 내용은 Perreault의 글 참조).

민영화에 대항하는 가장 격렬했던 반응은 2000년 2월부터 3월까지 볼리비아에서 세 번째로 큰 도시 코차밤바(Cochabamba)에서 일어난 민중봉기였다. 공동으로 설립하여 공동으로 관리해 온 가정용 급수시스템 및 조상 대대로 사용해 온 우물들을 비롯해, 그들 지역사회의 물을 민영화시키는 것에 항의하기 위해 수천 명의 사람들이 도시의 거리를 점령했다. 정부의 폭력진압으로 100명 이상의 사람들이 다쳤고 5명이 사망했다. 그러나 체류탄 가스가 가시자, 우고 반세르(Hugo Banzer) 대통령은 4월 11일 민영화법이 개정되었다고 발표했다.[10] 단시간에 행동주의가 결실을 맺은 것이다. 이들의 물에 대한 코차밤바의 통제권은 지역사회로 환원되었다. 활동가들은 물을 '공적 신탁 자원'(public trust resource)으로 재정립하는데 성공했다. 구(舊)'지방자치 식수 및 하수도 서비스'(Municipal Autonomous Drinking Water and Sewer Service: SEMAPA)[11]는 급수 및 위생 설비 서비스 공급을 재개했고, 벡텔(Bechtel) 자(子)회사와의 계약은 취소되었다.[12] 2006년 초 벡텔의 공동 투자자 스페인의 아벤고아(Abengoa)는 세계은행의 '국제 투자분쟁 해결센터'(International Centre for Settlement of Investment Disputes: ICSID)에 볼리비아 정부를 대상으로 5천만 달러를 요구하는 소송을 제기했지만, 2006년 1월 사건이 해결되었을 때 볼리비아는 기업이 받은 피해에 대해 단지 30달러만 지급했다. 또 다른 승리였다.[13]

코차밤바에서의 민중봉기가 성공하게 된 요인 중 일정 부분은 이들의 물을 민영화시켜 농촌지역에서의 전통적인 상수처리 방식을 사용하지 못하게 했던 1999년 법규에 대항하여 캄페시노들과 인디오 농민들이 사전에 조직적으로 반대활동을 펼친 덕분이었다. 이들이 조직한 '물과 생명 방어 연합'(Coalition in Defense of Water and Life)[14]은 코차밤바 자치 상수도 시설 민영화에 반대하는 조직적인 움직임 속에서 선두적인 역할을 담당했다(Oliveira and Lewis 2004).

민중봉기 이후, 볼리비아 정부는 다양한 분야의 민간 기업 및 공공단체의 공동 참여를 통해, 보다 민주적이고 통합적인 관리를 가능케 하기 위해 수법(水法)을 개정하기 시작했다. '볼리비아 수자원 통합 관리 위원회'(Bolivian Commission for Integrated Water Resource Management)[15]는 현재 진행 중인 수자원 관리 체제의 구조조정을 주관하는 기관이다.

인디오들의 권리는 현재 명백하게 기술되어 있다. 볼리비아 법은 식수 및 위생 시설을 위한 수자원 이용과 개발에 관한 인디오 주민들의 관습적 권리를 인정해왔다. 인디오들의 권리와 전통적 권한 및 관습은 이제 수자원 관리에 있어 법적 지위를 보장 받고 있다. 뿐만 아니라, 사실상 해당 법규의 이행을 보장한다고 할 수 있는 실질적으로 인정되는 권리 및 실행과 관련하여 모호한 점이 있을 시에는, 전통적으로 인정되어 온 영토 내부에 토착 천연자원을 보유한 인디오 공동체들의 이익을 보호하려는 경향이 강하다(Yañez and Gentes 2005).

보다 공정하고 지속 가능한 수자원 관리를 위해 힘쓰고 있는 볼리비아의 단체와 공동체들은 전 세계 초국가적 NGO 단체들 및 전문가들과 연계하여 그 방안을 모색해왔다. 2000년 "물 전쟁" 이후, 초국가적 NGO 단체들은 세계은행과 초국가적 기업들을 대신하여 볼리비아 정부기관의 수자원 관리 체제 구조조정 방안 마련을 위해 고문 역할을 수행하기 시작했다. 가령, '국제개발연구센터'(International Development Research Centre: IDRC)는 수자원 통합 관리 위원회가 구상한 연구 프로젝트를 지원했다. 이 프로젝트를 통해 기존의 수리권에 관한 데이터베이스가 구축되었고, 물을 할당하는 데 있어서도 다양한 접근방식을 시뮬레이션을 통해 보여주는 전산화된 급수시설 모형을 사용하게 되었다. 수자원 관리를 위한 가장 효율적인 방식을 선택하도록 도움을 제공하기 위해, 입력될 자료들은 관개 자문위원회와 농민들로부터 수집되었다. 결국, 프로젝트의 성과물들은 볼리비아 정부에 의해 새로운 관개법 입안에 쓰이게 되었다.[16] 일반 시민들로부터 얻은 입력 자료를 이용할 수 있도록 고안되었기 때문에 널리 수용될 수 있었던 것이다 - 오늘날 볼리비아에서 자원 관리와 관련하여 펼쳐지고 있는 행동주의의 수준을 고려해 볼 때 이는 간과되어서는 안 될 중요한 의미를 지니고 있다.[17] 볼리비아에서 수자원 관리에 대한 연구 조성에 힘쓰고 있는 또 다른 초국가적 NGO 단체는 '민주주의센터'(Democracy Center)인데, 이 단체는 엘알토(El Alto)와 라파스(La Paz) 지역 민간 기업의 수자원 관리 방식과 현재 코차밤바의 수자원 관리를 담당하고 있는 공공기관과의 비교연구를 포함해 주요 연구들을 계획 중에 있다 (Shultz 2005).

2005년 초, 라파스와 코차밤바에서 시민 주도의 파업과 새로운 저항시위가 일어났다. 프랑스 기업 수에즈-온데오/유나이티드워터 (Suez-Ondeo/United Water)의 자회사, 아구아스델일리마니 주식회사 (Aguas del Illimani, S.A.)가 소유한 시설들이 압수되었다. 시위대는 라파스와 엘알토에서 '지방자치 식수 및 하수도 서비스'(SEMAPA)의 상수도 공급 및 하수처리 서비스 시설을 일시적으로 장악함으로써, 기업 거래에 있어 시민 참여 확대를 용인하는 제도 개편을 이끌어내기도 했다(Bloom 2005).

자신들의 물을 지켜냄으로써, 인디오 다수당은 에보 모랄레스(Evo Morales)를 볼리비아의 첫 인디오 국가원수로 선출하게 되었다. 선거공약을 이행하기 위해, 모랄레스는 신자유주의에 대항하는 라틴아메리카 혁명에 앞장서고 있다. 그 대표적인 예로, 2006년 5월 1일, 그는 볼리비아 석유자원의 국유화를 선언했다(Perreault의 글 참조). 하지만 모랄레스 정부가 공정하고 지속 가능한 물 이용을 장려하는 정책을 이행할 수 있을 지는 여전히 지켜봐야 할 문제이다. 계속되는 물 부족 현상 및 농가와 도시 거주민 양측 모두에서 증가되어가고 있는 물 수요는 갈등을 부추기는 잠재적인 요소를 지니고 있으며, 물에 대한 일관된 정책의 입안 및 시행은 아직 요원한 상황이기 때문이다. 다양한 분야에 종사하는 시민과 인디오 공동체, 정부기관, 국제 금융 및 개발 기관, 초국가적 기업들을 대표하는 기구들은 여전히 볼리비아의 물 통제권을 두고 경쟁을 벌이고 있다. 이러한 갈등은 인디오 가치에 입각한 지속 가능한 물 이용이 재정비된 국가에 의해 이행되기 전에 반드시 해결되어야 한다.

멕시코: 통제 위기에 봉착한 조합국가(Corporate State)

멕시코에서는 국가정부를 비롯해 주와 시 모두 수자원 관리에 관여한다. 일찍이 멕시코는 '조합주의'(corporatism)의 교과서적인 사례로 인식되어 왔다.[18] 멕시코에서는 1902년 처음으로 수자원 국유화에 대한 주장이 제기됐다.[19] 1915년 초 '멕시코 혁명'(Mexican Revolution)이 막바지에 이르게 되면서 농지 개혁은 역사에 걸쳐 권리를 박탈당해온 인디오 공동체들이 협상 테이블에 제기한 사안들을 포함하여 사회정의 문제가 반영된 수자원 관리 체제의 구조조정을 가져왔다. 1917년 멕시코 헌법은 지표수를 연방정부의 소유로 규정했고 국가정부가 그 관리 감독에 있어 신탁 관리자 역할을 수행하도록 지시했다.[20] 지표수 자원에 대한 권리는 원래 토지소유주와 관련된 것이었지만, 헌법은 다른 사용자들에게 악영향을 끼치지 않는 방식에 한해 토지소유자가 지표수를 사용할 수 있음을 명시했다. 이리하여 연방정부의 지표수 관리 개입을 허락하는 내용을 골자로 하는 헌법이 1946년 개정되었고, 1983년 대법원(Supreme Court)의 결정으로 지표수는 국유화되었다(Wester, Merrey, and De Lange 2003).

1971년 '연방 수법'(Federal Water Law)[21]은 수자원 관리를 위해 연방정부 차원에서 추진된 최초의 종합적인 시도에 해당된다. 이를 통해 수자원사무국(Hydrological Resources Secretariat)[22]은 국가 수자원에 대한 권리 발행의 독점 권한을 부여받게 되었으며, 특히 관개 부문의 물 부족 현상을 반영하여 고안된 최초의 감시규제절차를 확립하게 되었다(Aguilar n.d.). 이와 동시에, 멕시코 수자원 관리자들은 하천 유역 관리를 고려하기 시작했다(Wester, Merrey, and De Lange 2003). 수자원은 물 이용의 세부 유형별로 기득권을 지닌 실무 부처들에 의해 부문별로 관리되었다(Natural Resources and Infrastructure Division 2003). 멕시코 연방정부 산하 수자원 관리청인 국가 물 위원회(National Water Commision: CONAGUA)[23]는 신자유주의적 수자원 관리 통합 체제의 구축 및 이행을 통해, 정책 결정 과정에 있어 보다 다양한 분야의 사회적 행위자들을 포함시켜 물 부족 현상의 심화로 가중된 갈등을 억제하고자 1989년 설립되었다.[24] 이후 수자원 정책은 점점 심화된 과잉 개발을 비롯해, 멕시코 엘리트 계층의 이익 및 초국가적 자본에 의해 좌우되는 경향을 보여 왔다(Wester, Merrey, and De Lange 2003).

1980년대 말까지 멕시코의 정책 입안자들은 북미자유무역협정(North American Free Trade Agreement: NAFTA)의 승인과 함께 이루어질 무역 자유화의 실현을 고대하고 있었다. 새로운 연방 수법은 1992년 통과되었다(Aguilar n.d.; Wester, Merrey, and De Lange 2003). 연방 수법 도입의 목적은 급수 및 위생 설비 서비스 개선이 필요한 해당 지역 사회기반시설 개발과 그 확대를 비롯해, 오염된 유역과 대수층의 수질 복원 및 개선, 깨끗하고 신선한 물의 확보를 지속적으로 보장받기 위함에 있긴 했지만, 그 기본적인 의도는 "개선된 관리 체제를 위한 경제적 유인책 도입"(Natural Resources and Infrastructure

Division 2003)에 있었다. 이 법규는 물의 보다 "효율적인"(efficient) 사용을 장려하기 위해, 수자원 개발 부문의 민간 투자를 통해 수리권을 상품화시키고자 하는 초국가적 기업의 이익에만 기여했다(Aguilar n.d.).

연방 수법은 또한 수자원 관리의 분권화와 주주참여를 권장했다. 주정부 물 위원회는 1991년부터 존재해왔으며, 대수층 관리 심의회는 1995년에 설립되었다. 그러나 이러한 지역 당국의 주된 책무는 국가 물 위원회(CONAGUA)가 그들의 의무를 수행하고 주주들의 관심사를 협상 테이블로 가져가는 데 도움을 제공하는 것이었다. 국가 물 위원회는 물 판매 허용과 과세, 수자원 투자 프로그램에 대한 통제권을 보유하고 있었으며 추가적인 분권화에 반대해왔다. 2003년 12월에 있었던 연방 수법의 개정안은 수자원 관리에 있어 유역 단위 관리를 포함할 것을 명시함과 동시에 대수층 관리 심의회[25]의 보다 적극적인 참여를 장려하고 있으며(Wester, Merrey, and De Lange 2003), 이러한 양상은 별다른 변화 없이 최근까지 지속되어 온 것으로 보인다. '제도혁명당'(Institutional Revolutionary Party: PRI)이 더 이상 집권하고 있진 않지만, 근본적으로 조합주의는 여전히 멕시코 사회에 만연해 있다.

'국민행동당'(National Action Party: PAN)의 비센테 폭스(Vicente Fox)가 2000년 대선에서 승리하게 되면서, 수백만 멕시코 시민들의 일상에 영향을 미쳐왔던 물 부족 문제 해소를 위해 신자유주의적 해결 방안이 채택되었다. 민영화는 폭스 정부의 2001-2006년 국가개발계획을 구성하는 핵심 요소였다. 폭스의 재임 기간 동안, 국가 물 위원회는 "정부-민간 합작"(public private partnerships) 및 민간 투자자들을 위한 원가회수 추진을 위해 두 차례에 걸쳐 세계은행의 차관을 도입했다. 이 차관 도입으로, 국가 물 위원회는 투자자들과의 협업을 통해 지방자치단체와 주정부에게 그들의 급수시설 개선을 위한 차관을 제공할 수 있게 되었다.[26] 평론가들은 초국가적 기업인 수에즈

(Suez), 비방디(Vivendi), 벡텔(Bechtel, United Utilities)이 멕시코의 수자원 통제권을 장악하기 위해 이 '차관 이행 프로그램'(PROMAGUA)를 이용하고 있다고 주장한다(Public Citizen n.d.; Grusky 2003).

멕시코에서 인디오 공동체들은 멕시코 혁명 이후 '에히도'(ejido)[52]로 제도화된 캄페시노 공동체의 형태로 국가에 의해 조직되어왔다. 농촌지역의 토지는 대다수가 인디오로 구성된 수천 명의 농민 공동체들에게 분배되었으며 공동으로 소유되고 경작되었다. 1917년 헌법 제27조는 에히도 공유지의 판매나 임대를 금지했다. 연방정부는 토지를 소유하고 공유농장은 사용권을 보유했다. 달리 말해, 에히도는 토지 및 자원을 공동으로 관리할 권리를 지니고 있지만, 그 소유권과 통제권은 국가가 보유하고 있는 것이다. 혁명 전에 "자유주의자들과 실증주의자들이 파괴시키려했던 인디오들의 토지 체제를 정부가 사실상 제도화시킨 것이다"(Camp 2003, p. 45).

라사로 카르데나스(Lázaro Cárdenas) 정권(1934-1940)은 전국에 걸쳐 수천 개의 공동체들에게 공동 토지 소유권을 발부했다. 카르데나스는 에히도 시스템을 자원 이용의 효율성을 극대화하고 무엇보다도 기존의 소외된 농촌 공동체들을 조합주의 정치 구조에 편입시킬 수 있는 행위자이자, 자본주의 경제 내부에 참여시키기 위한 공동 체제의 준비 방안으로 인식했다.

수리권은 주로 산림과 농지로 이루어진 에히도 토지의 "생산적인"(productive) 이용과 결부되어 있다. 토지에 대한 이용권이 인정된 에히도에게는 수자원 관련 개발이나 그 사용이 허락되었지만(Yañez and Gentes 2005), 개발 계획과 에히도 수자원이 얽혀 있을 때는 개발 계획에 동의하도록 에히도 지도자들을 매수하는 것이 일상화된 관례였다(Rodríguez Santos 2006). 1992년의 농지 개혁법은 에히도의 민영화를 위해 헌법 제27조를 개정했다. 에히도의 매각과 민간 개발

52) 멕시코에서 부락민이 공유(共有)하고 단독 또는 공동으로 경작하는 공유 농장

을 "합법화시켜"(regularize) 그 토지와 자원을 민영화시키기 위해, 심지어 외국인들에게도 제정된 형식적인 절차만 거치면 에히도 공동체 운영에 관한 전문 지식을 보유한 멕시코 변호사들을 고용할 수 있게 했다.[27]

국가는 수자원이 지속불가능한 방식으로 사용되고 있다는 사실을 인지하고 있었지만, 환경 혹은 사회문제의 해결책 모색을 위한 효율적인 자원 관리 정책을 수립하는 데는 별다른 조치를 취하지 않았다. 한편, 신자유주의적 개발로 자신들의 안녕이 위협받고 있다는 사실을 인식하게 되면서 멕시코 전역의 공동체들이 수리권을 더 많이 요구하게 되었다.

수자원 관리가 인디오 주민에게 미치는 영향

칠레: 승산 없는 싸움

반(半)자치적인 개발을 추구하는 칠레 인디오 농민 공동체들의 생산 활동은 토지소유권과 수리권을 분리시킨 1981년 수법(水法)으로부터 부정적인 영향을 받았다. 이제 국가는 인디오 주민과 공동체 소유의 토지와 연관된 "등록되지 않은"(unregistered) 수리권을 몰수할 수 있다. 산발적으로 흩어져 고립되어 있는 인디오 공동체들은 소규모 영농이나 축산업, 어업 등에 계속해서 종사하기 위해 수법(水法)의 지원으로 용수집약적인 지역 개발 계획을 추진하는 유력한 엘리트 계층이나 협동조합에게 종종 자신들의 수리권을 매각할 수밖에 없는 상황에 처하게 된다. 1981년 이후 수세기에 걸쳐 지역 주민들과 그들의 가축을 먹이기 위해 키워 온 작물의 생육에 필요한 수리권을 힘있는 경제 행위자들이 얻게 되면서 물 분쟁은 심화되어 왔다(Boelens 2003). 마푸체(Mapuche) 지역의 유효 수리권(available water rights)의 75% 이상이 국가에 의해 전용되어 왔으며, 수리권을 보유한 마푸체인은 단지 2% 정도에 불과하다(Toledo in Aylwin 1998).

재민주화 이후 인디오 단체와 인디오 인권옹호자들은 스스로의 이익을 보호하기 위해 법과 정책을 이용하려고 노력해왔다. 많은 이들이 1993년 '인디오법'(Indian Law)[28]의 제20조와 제21조가 북부 건조 지역의 아이마라(Aymara) 부족과 아타카메냐(Atacameña) 부족과 같은 인디오 공동체들의 수리권을 보호해주기를 바랐지만(Gentes 2002a), 법적인 수단을 통해 수리권을 보다 많이 확보하고자 했던 이 투쟁의 승리는 대체로 상징적인 의미를 지니는데 그쳤다. 이를테면, 2003년 남중부 칠레에 소재한 코이코이밸리(Coi Coi Valley)의 마푸체-라푸켄체(Mapuche-Lafkenche) 공동체는 43년 동안 12헥타르(약 29 에이커)에 달하는 자신들의 농지를 물에 잠기게 한 옹벽을 제거하게 되었다. 이는 한 부유한 토지주가 1960년 쓰나미로 자신의 토지 일부가 침수 피해를 겪게 되자, 또 다시 올지 모를 쓰나미를 대비한 보호책의 일환으로 불법적으로 건설한 것이었다. 이 옹벽은 마푸체-라푸켄체 공동체가 보유한 토지의 배수 시설을 차단시켰다. 공동체는 수년 동안 옹벽의 불법성을 인정해줄 것을 지역당국에 호소해왔다. 2003년 3월에 이르러서야 '뉴웬 푸 라푸켄체 조합'(Newen pu Lafkenche Association)은 1981년 수법(水法) 및 초기 법규에 따라, 토지주가 인접지역의 소유지를 침수시킬 수 있는 사회기반시설을 갖출 아무런 권리도 지니고 있지 않다는 사실을 수리부에게 납득시킬 수 있었다. 조합은 운이 조금만 따라준다면 자신들의 권리를 옹호할 수 있는 전략을 마침내 채택할 수 있게 된 것이다(Boccara 2004). 하지만, 이와 더불어 새로운 토지주가 이 판결을 이행하는 데 있어 잃을 것이 거의 없었다는 점도 주지할 필요가 있다.

힘 있는 정치적·경제적 행위자들의 실질적인 이익이 위태로워질 때마다 수법(水法)은 이들을 지지했고 1993년 인디오법을 트집 잡았다. 인디오법은 인디오 공동체의 소유지와 이들의 전통 거주 지역 내부의 용수 사용에 대한 모든 권리를 보장하고 있긴 하지만, 비(非)인디오계 주민들과 기업들 역시 수법(水法)에 의해 동일한 권리를 부여받고 있는 것이다. 칠레 정부는 국가의 개발 의제와 관련하여 강력한 권한을 지닌 기업과 비인디오계 토지주들의 요구에 여전히 가장 민감하게 반응하고 있다. 이러한 맥락에서, 칠레 정부는 칠레 남중부에 위치한 마푸체 지역의 수력 개발을 지원하고 채굴 및 수산양식, 산림 사업권을 분할해왔다. 산림 회사들은 칠레 중부 대부분의 지역을 수 마일에 걸쳐 주변 대수층을 고갈시키는 라디아타 소나무와 유칼립투스 플랜테이션 경작지로 변화시켰다. 이와 같은 개발은 마푸체 지역 토지의 급수량이 사실상 감소될 것이라는 것을 거의 법적으로 용인한 것이나 다름없었다. 우물은 말라갔고 관개 시스템은 악화되어갔다.

1981년 수법[29]을 이용한 ENDESA 컨소시엄은 2020년까지 수력개발과 관련한 칠레 유효 수리권의 80%를 매입하여 장악하기에 이르렀다(Jouravlev 2003). 1990년대 안데스 산맥 기슭의 비오비오 강(Bío Bío River)가에 거주하던 마푸체-페우엔체(Mapuche-Pehuenche) 주민들은 자신들의 권리를 인정해달라고 요구하는 운동을 펼쳤다. 이들은 민주화된 칠레 정부에게 군사독재정권 시기에 착수한 수력개발사업을 더 이상 추진하지 말 것을 요구했다. 비오비오 강에서의 ENDESA 컨소시엄의 '판게 이 랄코'(Pangue y Ralco) 수력 사업은 사실상 환경이나 인권에 미칠 영향을 고려하지 않은 채 추진되었다. 이 사업은 심지어 지진 및 화산활동이 빈번하게 발생하는 지역에서의 비상대응계획조차 갖추지 않은 상태에서 시행허가를 받았다(Office of the Compliance Advisor/Ombudsman 2003). 마푸체-페우엔체 주민들의 이권 보호를 위해 인디오법이 쓰이게 되면서, 인디오법은 1982년 '전력법'(Electrical Law)[30]으로 대체되었다. 조직적인 저항운동과 치열한 법정공방, 국제적인 지원에도 불구하고 마푸체-페우엔체 주민들은 칠레 정부에 의해 2004년 이주 조치되었고 ENDESA는 댐 건설을 완공

했다.

생사의 기로에서 마푸체 활동가들은 폭력에 호소하기에 이르렀다. 수세기 동안 이들이 산림 회사에 대항하기 위해 써 왔던 전술들은 도로 파손 및 벌목 장비 파괴, 토지 점거 등이었다. 이러한 전술들을 채택한 이들은 잉카와 스페인 제국을 궁지에 몰아넣었던 호전적인 그들의 조상들과의 연고를 부각시키며, 마푸체 공동체를 파괴하는 개발업자들의 행위를 막고 자신들의 자원을 훔쳐가지 못하게 할 권리를 지니고 있다고 믿었다. 칠레 정부는 마푸체 지도자들과 단체들에게 철퇴를 가함으로써, 경제 엘리트들이 보유한 소유권을 보호했다. 칠레 정부는 심지어 정책 입안자들 및 칠레 대중의 관심을 불러일으키고자 분투하는 평화시위자들과 공동체 지도자들까지 기소하기 위해, 군사독재정권 시절 시행되었던 반테러리즘 법을 이용했다.[31] 마푸체 활동가들은 프레이(Frei) 정부와 라고스(Lagos) 정부의 마지막 8년 동안 500명의 마푸체인들이 이 법에 저촉되어 정치범으로 수용되었다고 주장한다(UPI 2006).

비인디오계 주민의 정착 확대에 따른 환경적 영향이 그리 심각하지 않았던 지역에서는, 인디오 공동체들이 경제 · 정치 중심의 변화에 외면적으로나마 적응하게 되면서 좀 더 수월하게 전통적 정치문화와 생산 활동 시스템을 유지해 왔다(Castro-Lucie 2002). 오늘날 칠레 북부에 해당하는 안데스 산악 지대의 공동체들은 자신들의 전통 거주지 내부 혹은 주변에서 갈수록 심화되어 가는 비인디오계 주민들의 개발사업에 어느 정도 적응이 된 상태다. 2004년 5월, 토콘세(Toconce) 지역의 아타카메냐 공동체는 (이윤창출을 목적으로) 지역 해안 도시로의 식수 공급을 위해 공동체 소유의 강의 용수를 전용해 온 ESSAN/아구아스데안토파가스타(Aguas de Antofagasta) 기업으로부터 조상 대대로 이어져 내려 온 용수를 되돌려 받기도 했다. 이 지역의 다른 이들과 마찬가지로, 토콘세 주민들은 계단식 농업 및 라마와 양떼 가

축으로 생계를 이어가고 있다. 그들에게 있어 용수를 잃는다는 것은 곧 전통 생산 활동에 더 이상 종사할 수 없으며, 다른 지역으로 이주해야만 한다는 사실을 의미했다. 칠레 대법원은 1993년 인디오법에 따라 공동체에게 초당 100 *l* 의 유량을 공급하라는 우호적인 판결을 내렸다.[32]

전통 생산 활동의 지속성을 경제적으로 보장하는 것은 인디오 공동체들이 변화에 적응해야 하는 압박을 느낄 때에도 실질적인 자기 관리를 계속해서 할 수 있도록 도와줄 수 있다. 그러나 칠레 북부 건조 지역에서 물 부족에 시달리는 비인디오계 주민들의 수가 확대되고 이들의 수리권 및 용수 사용권을 담보하는 정책들이 제도화되거나 혹은 널리 수용되면서 투자자들의 권한이 강화되기에 이르자[33] 안데스 산맥에 거주하는 공동체들과 이들이 수천 년 동안 살아온 산악 지대의 취약한 생태계가 위험에 처하게 되었다.

칠레 인디오 공동체들과 단체들은 사법기관 및 정책 입안자들, 정부기관에 지속적으로 호소하며 자신들의 고투를 알리고 있다. 이를 통해, 전통 생산 활동 시스템을 보존하고 물에 대한 공동체의 권한을 강화하며 칠레 엘리트 및 초국가적 자본에게 인디오 소유의 지표수나 지하수에 대한 수리권 찬탈을 용인하는 국가의 행동에 반발하고 있다. 칠레의 1993년 인디오법의 시행 이후, 1981년 수법(水法)과 칠레 인디오법이 다른 법규들과 상충될 때마다 잘못된 해석이 내려지거나 칠레 당국이 공동체와 환경을 보호할 수 있는 법의 집행을 거부하는 사태가 벌어지기도 했지만 이따금 승소하게 되거나 정부 프로그램의 인디오 공동체 개발사업에 대한 지원이 이루어지기도 하면서 일부 인디오 단체들과 활동가들이 자신들의 수리권을 되찾아 국가 시스템 안에서 활동을 이어가게 하는 자극제가 되었다.

이와 더불어 인디오 단체와 활동가들은 인디오 주민들에 관한 변화하는 국제 규범들에 대해 더 많은 정보를 얻게 되었고 국제 인디오 운동단체들과 더욱 긴밀한 관계를 맺게 되었다. 일부 단체들은 ('국가연합'(United Nations) 및 '인권에 관한 범아메리카국가 회의' (Inter-American Commission on Human Rights)와 같은) 주요 정부간 조직에 호소하여 칠레와 초국가적 NGO 단체가 함께 인권과 환경보호 증진을 위해 공조할 수 있는 동반자협정관계를 구축하기도 했다. 1990년 민주화 이후, 칠레 인디오 인권 운동단체는 '독립 국가에서의 인디오 부족민들에 관한 국제 노동 기구 조약 169호'(International Labour Organization's Convention No. 169 concerning Indigenous and Tribal Peoples in Independent Countries)를 비준하도록 칠레 정부에 압력을 가해 왔다. 인디오 단체들과 활동가들은 조약 169호를 인디오 부족의 토지와 자원에 대한 국가의 통제권을 완화하는 수단으로 봤다.[34] 하지만 바로 이러한 이유 때문에 칠레 정부는 조약의 비준을 거부해왔을 가능성이 있다. 2005년 11월 16일 자신의 대선 캠페인 기간 동안 있었던 TV 토론 프로그램에서 칠레의 새 대통령 미첼 바첼렛(Michelle Bachelet)은 칠레 정부의 조약 비준을 약속했다. 인디오들의 권익 옹호 단체들은 바첼렛 대통령의 공약 이행 여부를 지켜보고 있다.

볼리비아: 과반수의 힘

볼리비아에는 인디오 인구의 비중이 높기 때문에, 많은 공동체들이 여전히 전통 생산 활동에 종사하며 생계를 이어가고 있다. 비록 인구의 과반수를 차지하고 있긴 하지만, 이 지역의 인디오 주민들은 무자비하게 착취당해왔으며, 1952년 '볼리비아 국가 혁명'(Bolivian National Revolution) 발발 이후에도 시민권과 의사 결정 과정에서 거의 완벽하게 배제되어 왔다. 혁명은 선거권을 박탈당했던 인디오 공동체들을 국민국가의 일원으로서 통합시키고자 했다. 하지만 그것은 인디오 정체성이 배제된 캄페시노로서의 통합을 의미했다(Yashar

2005). 이 같은 통합 시도에도 불구하고, 인디오 '아일루스'(ayllus, 공동거주를 통해 자신들의 전통 토지를 공동으로 운영하는 공동체)는 1953년 '농지개혁'(Agrarian Reform) 프로그램 하에서 조직된 '캄페시노 코무니다데스'(campesino comunidades)와 함께 안데스 산악지대에 계속해서 남아있었다(Claure, Gutiérrez, and Hoogendam 2002).

인디오 정체성의 보존, 토지의 공동 관리, 용수, 생산 활동 등 공동체 상호 간 협력을 지원하는 정치문화의 전통적 형태들은 볼리비아 인디오 운동단체들의 토대를 형성해왔다. 이들은 전 세계 인디오 운동 단체들의 영향으로 변화하게 된 국제 규범들로부터 보호를 받고 있다. 1990년대 중반에 있었던 헌법 개정을 통해, 볼리비아 국민의 다민족 · 다문화적 특성이 인정된 것을 비롯해, 볼리비아 인디오의 민족적 · 사회적 · 문화적 권리 보호 항목이 포함되었다. 헌법 개정 과정은 제헌 의회의 소집 및 그 협상 과정에 있어 인디오 지도자들의 직접적인 참여 없이 이루어졌지만, 민족문제에 관한 사안은 인디오 지도자들과 정부의 협의를 거쳐 결정되었다(Van Cott 2001). 1994년 '공공참여법'(Public Participation Law) 역시 농업공동체 및 근린집단과 더불어, 인디오 공동체들에게 토지 기반 공동체 조직을 통한 '로컬 거버넌스'(local governance)에 참여할 수 있는 명백한 권리를 부여했다.[35] 수자원 관리 분야에 종사하는 옵저버들은 이 법규를 통해 인디오 단체들의 권한이 강화되었고, 용수 및 위생 설비 서비스 보급률이 확대되었다고 주장한다(Alberto Crespo of Water Portal of the Americas, in International Institute for Sustainable Development 2006).

그러나 수자원 관리 정책은 여전히 인디오 공동체의 용수에 관한 의사 결정 과정 참여를 힘들게 하고 있으며, 볼리비아의 인디오 공동체들과 캄페시노 활동가들은 지역, 주, 국가 단위의 동원 및 합동 작전을 통해 광대한 네트워크를 구축함으로써 지속적인 배제에 맞서 싸우고 있다(Olivera and Lewis 2004). 세계는 코차밤바의 "물 전쟁"을 둘러싸고 펼쳐지는 민중봉기의 양상을 지켜봤다. 초국가적 세력과 연합한 도시 엘리트 계층 및 기업 집단과 갈수록 세력이 커져가는 인디오 운동단체가 갈등으로 양분되었고, 인디오 단체들은 "극단주의자(extremist) 혹은 의사진행방해자(obstructionist)"로 규정되었다(Ballvé 2005). 이러한 상황은 각기 분리되어있던 볼리비아 인디오 공동체를 하나로 연결하는 가교 역할을 했다(Oliveira and Lewis 2004).

인디오 운동단체들은 2003년 ("물 전쟁"을 계기로) 곤살로 산체스 데 로사다(Gonzalo Sánchez de Lozada) 대통령을 하야시켰고, 2005년에는 (천연가스 문제로) 엘알토(El Alto)에서 '근린위원회연맹'(Federation of Neighborhood Boards: FEJUVE) 등의 시민 단체의 압력으로 카를로스 메사(Carlos Mesa)가 사퇴했으며, 지방 노동 연맹들은 계속해서 파업과 항의 시위를 벌였다. 물과 석유 자원에 대한 권한을 둘러싸고 갈등이 지속되자, 도시 및 노동, 인디오 단체들은 개발문제를 재구상하고자 협력체계 구축을 시도했다. 하지만 그중 대다수가 제대로 이루어지지 않았다. 펠리페 키스페(Felipe Quispe) 및 에보 모랄레스(Evo Morales)와 같은 캄페시노와 인디오 지도자들은 인디오들의 이의 제기 경로를 통해 보다 효과적으로 신자유주의에 저항하고 의사결정에 참여할 수 있도록 단체를 설립했다. 그러나 농촌 및 도시 주민들과 볼리비아 아마존 우림 지역의 주민들, 서쪽 안데스 지역의 주민들은 여전히 갈등을 겪고 있다.

국가에 대한 보다 더 많은 통제권을 확보하기 위해, 인디오 과반수 정당으로의 통합을 목적으로 설립된 인디오 정치 정당들은 에보 모랄레스가 볼리비아 대선에서 승리할 수 있도록 도왔다. 모랄레스는 수자원 관리부를 창설하여 전(前)근린위원회연맹(FEJUVE) 회장 아벨 마마니(Abel Mamani)를 장관으로 임명했다. 이 신설 부서는 멕시코시티에서 2006년 3월 개최된 제4회 '세계 물 포럼'(World Water Forum)에서 "물은 인권이며 공공기관에 의해 관리되어야만 한다"고 강력히 주장하는 등, 물과 민영화에 대한 국제적인 논의에서 선구적인 역할을 담당하고 있다(Buxton 2006). 다소 “급진적”(radical)이고 “좌파적”(leftist)인 인디오 대통령이 탄생하게 되면서 볼리비아는 초국가적 자본과 국제 금융 및 개발 기관들에게 무시할 수 없는 반대세력이 될 공산이 크다. “피크 오일”(peak oil) 시대에 자원(특히 석유)에 대한 규제는 종종 침범과 점유를 정당화시키기도 한다. 이는 과반수의 볼리비아 인디오들이 국가의 권력을 유지하고 이용할 수 있을지 혹은 보다 공정하고 지속 가능한 물 사용을 가능하게 할 다른 방법을 발견할 수 있을지의 여부에 따라 판가름될 것이다.

멕시코: 멕시코 혁명(Mexican Revolution)의 신자유주의화(Neoliberalization)에 대한 대응

멕시코 인구가 늘어나고 초국가적 기업형 농업, 채굴, 관광 및 기타 환경적으로 파괴적인 개발 형태들이 심화되어가면서 수자원은 점점 더 부족해지고 오염되어가고 있다. 멕시코가 통상 정책을 자유화하고 NAFTA와 함께 자유 시장 개혁을 시행한 이래로 자원에 대한 규제가 혁명 이전과 같이 다시 극도로 집중화되어 가고 있다. 날로 증대되는 통상 자유화와 경제 세계화의 상황 속에서 은행이 에히도 소유권에 대한 담보권을 실행하고 엘리트들이 토지를 모두 사들이게 되면 농업 생산 효율성은 더 높아질 수 있지만(Levy and Bruhn 2001) 많은 인디오 공동체들은 자신들의 에히도에 대한 권한을 박탈당함으로써 조상 대대로 전해 내려오는 공동체 토지 내부의 수리권을 잃어버릴 수 있다. 이렇게 되면, 인디오들의 생활방식이 약화되고 착취적인 개발에 대항할 힘이 더욱 취약해져 공동체적 기반이 불안정해질 수 있다. 하지만 이 같은 추세가 오히려 인디오 공동체들로 하여금 지속 가능한 개발을 위해 불평등에 맞서 공동으로 조직적인 운동을 펼칠 수 있게 하는 자극제가 되기도 한다.

멕시코에 거주하는 마사우아(Mazahua), 푸레페차(Purépecha), 마야(Maya) 및 기타 인디오 부족들은 국가의 수자원 관리 개편 과정에 내재된 부당함과 불평등을 인식하고 있다. 이들은 또한 모든 생명체의 근원으로서 존재해 온 자신들의 살아 숨 쉬는 샘과 물에 관련된 전통적 가치 및 이야기들에 대해 여전히 기억하고 있다. 국가 수자원의 지속 가능한 관리의 실패와 1990년대 중반 이후 유독 불거져 온 국가 자원에 대한 권한을 초국가적 자본에게 양여하려는 시도는 인디오들의 저항을 불러일으켰을 뿐만 아니라, 동시에 인디오적 가치 및 생산 활동 시스템에 근간을 둔 개발사업의 미래에 새로운 가능성을 제시하기도 했다.

1994년 사파티스타(Zapatista) 봉기는 멕시코 인디오와 캄페시노 공동체들의 영향력을 잃게 만든 신자유주의적 움직임에 대한 명확한 대응이었다. 과거 12년에 걸쳐, 사파티스타들은 치아파스(Chiapas) 및 기타 다른 지역의 인디오 공동체들의 자원에 대한 자치권을 지키기 위해 조직적인 투쟁을 계속해왔다. '자치권 획득을 위한 다민족 인디오 의회'(Asociación Nacional Indígena Plural por la Autonomía: ANIPA) 및 '치아파스주 인디오 농민 기구 협의회'(Consejo Estatal de Organizaciones Indígenas y Campesinas: CEOIC)를 비롯해 인디오 자치 운동을 펼치고 있는 다른 단체들과 함께, '사파티스타 민족 해방군'(Ejército Zapatista de Liberación Nacional: EZLN)과 그 정치 기구인 '사파티스타 민족 해방 전선'(Frente Zapatista de Liberación Nacional, FZLN)은 전국에 걸친 인디오 공동체의 자원에 대한 자치 권한 보호 운동을 장려하고 지원해왔다.

마사우아 인디오 활동가들은 멕시코시티 시민들에게 식수를 제공하는 쿠차말라(Cutzamala) 수리(水利) 체계의 심각한 환경문제를 논의하기 위해, 사파티스타의 전술을 이용하여 멕시코 정부를 협상 테이블에 앉히기도 했다. 이들은 국가 물 위원회에 의해 관리되는 쿠차말라 수리 체계가 지역 급수 시설을 오염시켜 왔으며, 작물을 파괴하고 멕시코 서부 지대에 거주하는 주민들에게 늘 물 부족에 시달리는 멕시코시티로 공급되는 용수의 비용을 지불하게끔 책임을 전가시켰다고 주장한다. '사파티스타 여성 물 방어 전선'(Zapatista Women in Defense of Water, 혹은 '마사우아 여성 전선'(Mazahua Women's Front)이라고도 불리는)의 조직원들은 자신들의 활동을 세상에 알리고 정책 입안자들의 관심을 끌기 위해 전통 복장을 입고 가짜 소총을 든 채 행진했다. 국가 물 위원회 기관장 및 환경부 장관과의 만남 후, 2004년 10월 활동가들은 토지소유자들에게 손해 배상을 요구하며 공동체에게 식수를 공급할 기반 시설 투자 촉진 및 해당 토지의 재조림 사업 시행을 약속하는 협정을 체결했다(Bensinger 2004; Dellios 2005). 공동체 용수 공급 및 지속 가능한 개발 계획 시행에 관한 추가 협정은 2005년 6월 조인되었다. 하지만 옵저버들과 활동가들은 여전히 멕시코 정부가 약속을 이행하기만을 기다리고 있다. 일부 옵저버들은 행동주의가 이 지역 비인디오계 주민들에게 마사우아 공동체가 쿠차말라 수리 체계로 입은 손해를 복구하는 데 제공했던 도움보다 더 유익한 혜택을 제공하게 될 것이라고 주장하지만(Bensinger 2004), 공동체의 수리권 확대를 위한 운동이 인디오 공동체에만 국한된다면 성공할 수 없을 것이라고 지적하는 이들도 있다(Ferrier 2006). 한편, '마사우아 여성 전선'을 조직한 활동가들은 2006년 3월 멕시코시티에서 개최된 제4회 '세계 물 포럼'에 맞춰 기획한 '물 방어를 위한 행진'(March in Denfense of Water) 및 그 밖의 집회 등에서 두각을 나타내며 여전히 활발한 활동을 펼치고 있다.

미초아칸(Michoacán)주 지라우엔(Zirahuén) 호숫가에 거주하는 푸레페차 인디오들 역시 사파티스타 운동가들이 명안과 원조를 제공해 주리라 기대하고 있다. 지라우엔 호수는 채굴을 비롯해 기업농, 벌목,

관광개발 등에 의해 갈수록 심각한 위협을 받고 있다(Davies et al. 2005). 푸레페차 인디오들은 호수의 보호 및 이 지역의 공정하고 지속 가능한 개발을 증진하는데 실패한 멕시코 정부에게 불만을 품고, 2003년 10월 '카라콜'(caracol: 지방자치제)을 본 딴 사파티스타를 조직했다(Bellinghausen 2006). 이 조직의 주된 목표는 자신들의 전통 거주지 내부에서의 지속 가능한 물 사용 방안을 모색하는 것이었다. 이들은 호수의 휴양지 개발 계획을 저지하고 국가 물 위원회가 부여해 온 호수의 용수 사용에 대한 인허가권이 이해관계에 따라 이용되는 것을 막고자 했다(Tilly and Kennedy 2004). 사파티스타 지도자 부사령관 마르코스(Subcomandante Marcos, 2006년 총선 기간 동안 "델레가도 제로"(Delegado Zero, 스페인어)로 불리기도 했다)는 공동체에 대한 지원을 약속하며, 자주적이고 지속 가능한 지역 개발을 위해 푸레페차 인디오 운동을 이 지역의 비인디오계 주민들에게 개방하도록 권유했다(Bellinghausen 2006).

물에 대한 자율적 권한 확보를 주창하는 인디오 공동체들의 요구는 멕시코에서 갈수록 거세져가고 있다. 멕시코시티에서 개최된 제4회 '세계 물 포럼' 회의는 인디오 주민들을 지속 불가능한 개발과 민영화, 수리권 침해에 맞서 항거하게 만든 기폭제가 되었다. 이와 동시에 '세계 물 포럼'이라는 명칭으로 개최된 시민 단체들의 이 다국적 집회는 멕시코 인디오 공동체와 단체들에게 비슷한 관심사를 지닌 전 세계 사람들과 만날 수 있는 기회를 제공했다. 용수에 대한 자율적 권한은 사파티스타의 다른 캠페인(Zapatistas' Other Campaign)의 중심 테마가 되어 왔고, 멕시코 전역의 인디오 단체와 공동체들은 "물 관리 방식의 또 다른 가능성을 보여주기 위해" 전통 관습을 채택할 권리를 요구하고 있다(Coalición de Organizaciones Mexicanas por el Derecho al Agua 2006). 그러나 대다수의 멕시코 인디오 공동체들에게 그보다 앞서 선결되어야 할 과제는 민영화 입찰을 통해 제일 비싼 값을 부르는 이에게 수자원을 매각하려고 하는 국가에게서 부족한 수자원에 대한 보다 많은 권한을 확보하는 것일 것이다.

멕시코의 정치 체제는 제도혁명당(PRI)이 1997년 하원(Chamber of Deputies)에 대한 통제력을 잃고 2000년 국민행동당(PAN)에게 대권을 내준 이후부터 과도기에 처해 있다. 조합주의 시스템은 붕괴되고 있으며, 국가는 인디오 공동체의 토지 및 자원에 대한 실체적 권리를 요구하는 단체의 지도자들을 끌어들이거나 제거하려는 세력에 의해 계속해서 체제 위협을 받아 왔다. 사파티스타 지역 '훈타스 데 부엔 고비에르노'(Juntas de Buen Gobierno: '좋은 정부 의회')와 자치 단체들인 '카라콜'들은 지역 개발 자주권의 모범 사례이다. 이들은 서로 협력하여 교육 및 보건, 농업 증진을 위한 관리 프로그램을 고안하여 지역별로 시행에 나섰다. 하지만 여전히 자금 부족과 전통적으로 이들의 고향땅을 지배해 온 엘리트 계층의 이해관계와 맞물리게 되면서 국가의 탄압에 시달리고 있다. 그러나 이들의 효과적인 단체는 멕시코에서 가장 소외된 일부 지역공동체의 인디오와 비인디오계 주민들 양측 모두가 공동체의 자원에 대한 권한을 요구할 정치적 안정성 및 정당성을 제고하는데 기여해 왔다. 이들은 또한 10%의 개발지원세 시행을 통해, 지역 개발에 관여하는 초국가적 NGO 단체들을 위한 표준 마련에 있어 진일보한 발전을 이룩했다. 이는 사파티스타 공동체들에게 모두 공평한 혜택을 보장하기 위한 수단으로 고안된 것이었다(Earle and Simonelli 2004). 심지어 폭스(Fox) 집권기 동안에는 의회와 자치 단체 '카라콜'의 설립이 멕시코 헌법에 위배되지 않는다고 통상적으로 인정되기도 했다(Stahler-Sholk 2005). 당분간 멕시코 인디오 활동가들은 자원 관리에 대한 공동체의 권한을 확고히 함과 동시에, 물이 곧 인권이며 개발에는 반드시 민주적이고, 정당하며, 공평하고, 지속 가능한 자원 관리가 수반되어야 한다는 전통 문화적 관점을 함께 고수할 수 있을 것이다.

결론

오늘날 우리는 자본주의 세계 체제의 지속적인 확장을 두고 "세계화"(globalization)라고 지칭한다. 아메리카 대륙의 세계화는 유럽인들이 15세기 말 이 땅에 도착하여 자신들의 문화와 관습을 바탕으로 "신세계"(New World)를 건설하기 시작했을 때부터 시작되었다. 신대륙 정복 이래, 가치 및 권리의 정의와 분배 그리고 시행은 세계화의 원인이자 결과라 할 수 있는 지배 문화에 의해 이루어져왔다. 인디오 주민들은 정복자들의 이익 도모를 위해 매번 자신들의 전통 거주지에서 강제로 이주되었던 것처럼, 점차 토지와 자원에 대한 권한을 박탈당해왔다. 심지어 인디오 운동단체들이 정치 무대에서 자신들의 전통 거주지와 자원에 대한 권리를 주장하기 위해 정의에 대한 변화하는 가치와 개발 그 자체를 기회로 활용하는 경우에도, 개발에 따른 보상은 여전히 계속해서 지배 문화에 속한 일원들의 재산만 불리고 있다.

21세기 초 칠레, 볼리비아, 멕시코 3국은 물 부족과 동시에 나날이 증가되어 가는 물 수요의 문제에 직면해 있다. 역설적이게도 거의 같은 시기에 개발정책을 담당하는 라틴아메리카 국가 기관들은 지속 가능한 개발의 중요성을 인식하기 시작했다. 하지만 개발주도형 국가가 성공적으로 지속 가능한 혹은 올바른 수자원 관리 방안을 모색하기도 전에, 힘 있는 외부인들이 공공의 이익과 환경에는 별다른 관심이 없는 신자유주의 개발 모델을 부과하기 위해 이들의 부채액을 이용하기 시작했다. 1960년대 칠레 자유 정부는 신기술과 계획 기준의 통합 및 혁신적인 사회정의 목표 설정을 위해 수리권의 재분배를 시도했다. 하지만 그 정도가 지나쳤다. 1970년대부터 1980년대까지 칠레는 미국의 지지를 받는 군사독재정권에 의해 강제로 신자유주의화되었다. 멕시코의 신자유주의화는 10년 후에 이루어졌고 북반구를 아우르는 "자유"(free) 무역 프로그램 촉진을 위해 초국가적 자본 및 미국, 캐나다와 협력 관계를 맺고 있던 멕시코 엘리트들에 의해 주도되었다. 멕시코 엘리트들은 멕시코 혁명에서 비롯된 조합주의 정치문화를 타파하고자 했지만, 이를 새로운 정치문화로 대체시키진 못했다. 볼리비아의 신자유주의화는 실패했다. 볼리비아의 수자원을 민영화하려는 국가의 통제 안에서 엘리트들의 시도는 1980년대 중반 본격적으로 시작되었으나 2000년 '끼익'하고 멈춰 서기에 이르렀다.

이 세 국가가 가장 가난하고 정치적으로도 가장 많은 권리를 박탈당해온 탓에 전통 생산 활동에 계속해서 종사하기 위해 투쟁을 벌이고 있는 인디오 공동체들은 불균형적으로 신자유주의의 영향을 받아왔다. 이들은 또한 전형적으로 지속 불가능한 수자원 관리와 관련된 가장 즉각적인 위협에 직면하게 된다. 수력개발로 인해 강제 이주 조치된 이들과 갈수록 극심해지는 산업개발로 인해 자신들의 물이 고갈되고 오염된 이들 그리고 농업에 의존하여 생계를 이어가는 인디오 공동체들은 위험에 처해 있다. "물 전쟁"을 치르고 있는 코차밤바의 볼리비아인들의 경우처럼 사파티스타와 그 밖의 권리를 박탈당해온 멕시코인들을 비롯해, 마푸체인들과 그 외 칠레 인디오 주민들은 물의 보다 공정하고 지속 가능한 사용 방안을 모색하기 위해 유럽인들의 국가 정치 구조 내외부에서 동시에 활동하고 있다. 국가 시스템 내부에서 활동하기 위해서는, 이들은 개인 이해당사자들처럼 지배 문화적 가치에 입각해 설득력 있는 권리 주장을 펼쳐나가야만 한다. 이러한 전략은 공동체의 권리보다 개인의 권리가 우선시되는 경우처럼, 엘리트들이 그들 고유의 가치를 부과하여 정치를 통제하기 때문에 제한적인 성공만을 거두어 왔다. 멕시코의 에히도와 칠레의 마푸체 및 안데스 산악지대 공동체들은 수리권을 박탈당해 왔으며 국가가 권리를 인정해 지원하고 있는 개인과 기업마저도 이 지역에서 추방당하기에 이르렀다. 엘리트와 다국적 기업들은 이들의 수리권을 매수할 수 있지만, 인디오 공동체의 구성원 개인은 자신의 권리를 행사하거나 권리를 박탈당했을 때 이를 방어할 자격이 없는 경우가 태반이다 - 이는 인지도가 높은 '정부간 조직'(intergovernmental organization)이나 초국가적 NGO 단체들의 지원을 받고 있는 경우에도 마찬가지이다. 자연이 상품화되고 민영화되면 엘리트들은 부를 축적하게 되고 수세기동안 자연에 의존하여 생계를 이어 온 타자에게는 빈곤만 남게 된다.

지배 문화적 가치와 권리의 개념은 공동체와 인디오 주민들이 생태적으로 지속 가능한 개발에 전념할 수 있도록 역량 개발을 지원하는 의의 및 실천과 상충된다. 멕시코에서 사파티스타 운동은 개인의 권리보다 공동체의 물 관리를 우선시하며 물에 대한 인디오적 가치로부터 최소한의 상징적인 영향력이나마 이끌어낸 자주적인 지역 자원관리 체제를 확립함으로써, 국가의 권한이 영향을 미치는 범위를 피해 활동해왔다. 볼리비아의 인디오 운동과 관련 단체들은 국가에 대한 통제력을 발휘하고 있으며, 이들은 - 새로운 인디오 국가원수와 함께 - 새로운 정책 및 자원관리 방안 구상 및 공동체를 비롯해 국가적인 맥락에서 인디오적 가치와 관습에 바탕을 둔 의사결정 추진을 위해 구조조정에 여념이 없다. 이러한 시도가 성공을 거두기 위해서는 모든 이해당사자들의 동의를 얻을 수 있는 실행 가능한 정책의 시행 여부가 관건이라 할 수 있다. 칠레의 인디오 공동체 및 단체들은 국가가 지원하는 착취적 개발에 계속해서 저항하고 있으며, 대내외적으로 환경정의의 시정 방안을 찾고 있다. 국가의 수자원 관리 체제가 사실상 초국가적 기업들에게 모두 점유당한 볼리비아에게 있어, 자주적이며 지속 가능한 용수 사용의 실현은 특히 힘든 과제가 될 것이다.

이 글을 통해 살펴본 사례들은 국가와 엘리트 계층이 인디오 운동을 짓밟기 위한 수단으로 쉽게 폭력을 행사하는 한, 보다 공정하고 지속 가능한 자원 관리의 창출 및 실천, 의미의 보존을 위한 새로운 가능성이 열릴 수 있기 위해서는 공동체의 수리권을 강탈하고 인디오 문화의 가치를 약화시키는 착취적인 개발 계획을 인디오 공동체와 단체들이 효과적으로 저지할 수 있는 방안이 마련되어야만 한다는 사실을 시사하고 있다. 인디오 주민과 국제사회, 신자유주의에 따른 국가의 권한 약화로 인해 변화하는 주류 문화의 가치가 최근 라틴아메리카 인디오 운동이 지속 가능한 개발을 추진하는 데 있어 기회를 제공하고 있다. 국제 인디오 운동단체와 환경 및 인권 단체, 인디오들의 권리를 보호하고 지속 가능한 개발 및 환경정의를 실현하고자 국경을 넘나들며 활동하고 있는 초국가적 NGO 단체들로부터, 세 국가의 인디오 공동체들은 보다 많은 수리권을 획득하고 자주적이면서 지속 가능한 개발 실현을 위해 많은 수혜를 받았다. 어떤 이들은 이러한 지원활동이 환경운동가들의 관심을 사로잡은 인디오적 가치 제고를 위한 활동을 주도해 온 인디오 운동단체들의 성공적인 "틀"(framing)로 작용했다고 여기고 있다. 실제로 일부 연구를 통해 유사한 문제에 직면해 있는 비인디오계 집단이 초국가적 행위자들로부터 동일한 수준의 지원을 받지 못했다는 사실이 밝혀지기도 했다(Transnational Communities Programme n.d.). 특히 사파티스타 공동체와 정부자치기관들은 '글로벌시빌소사이어티'(global civil society)로부터 지원을 확보함과 동시에, 이러한 수혜를 통해 운동단체의 연대 기반이 약화되는 것을 방지하는 데 능숙하게 대처해왔다.

"물 전쟁"을 일으킨 볼리비아인들을 비롯해 사파티스타 공동체 및 그에 견줄 만한 그 밖의 다른 멕시코 공동체들과 착취당하고 있는 칠레의 인디오 공동체들에게 있어 환경정의란, 국가에 의해 허술하게 관리되고 있는 자원관리체제의 이해당사자로 참여할 수 있다고 해서 해결될 수 있는 문제가 아니었다. 라틴아메리카인들에게 있어 환경정의는 권리를 박탈당한 주민들이 더 많은 환경보호의 수혜를 입기 위해 추진하는 운동, 그 이상의 의미를 지니고 있다. 현재까지 아메리카 대륙에 생존해 있는 인디오 공동체들은 스스로를 정치적 · 경제적 · 사회적으로 조직화시키는 것뿐만 아니라, 조상 대대로 이어져온 자신들의 영토 내부의 풍경과 어우러진 삶 속에서 생존과 안녕을 동시에 보장하며 생태적으로 지속 가능한 생산 활동을 영위할 수 있도록 해주는 자연과의 소통에 오랜 경험을 지니고 있다. 이들에게 환경정의는 주류 문화가 "자원"이라고 부르는 것에 대한 권리를 의미한다. 이를 실현하기 위해서는, (자유의지에 의해 선택된 비인디오적 가치와 실천을 비롯해) 인디오적 가치와 실천에 기반을 둔 개발 관리 권한과 더불어 자원의 보존과 개발이 그 열쇠가 된다. 자원 관리 체제가 변화하는 정치적 · 경제적 · 환경적 현실에 부합되어 감에 따라, 현대 사회에서의 공정하고 지속 가능한 물 사용의 실현은 인디오 문화의 가치 및 실천의 성공적인 통합 여부에 달려 있다고 할 수 있다. 환경정의는 모든 사회 구성원들에 의해 함께 조성된 자연을 우리가 어떻게 이해하고 그와 소통해 갈지에 대한 근본적인 물음에 해답을 제시할 수 있을 때만이 성취될 것이다.

감사의 글

교정을 위해 이 글을 세심히 검토해 준 렉스 워드(Rex Wirth)에게 특별한 감사의 인사를 전한다.

참고문헌

Aguilar, Enrique. n.d. Water Resources Management Legal and Institutional Tool-kit for Latin America and the Caribbean. World Bank Group.

Alvarez, Sonia, Evelina Dagnino, and Arturo Escobar, eds. 1998. *Cultures of Politics, Politics of Cultures: Re-Visioning Latin American Social Movements*. Westview.

Assies, Willem. 2003. David versus Goliath in Cochabamba: Water rights, neoliberalism, and the revival of social protest in Bolivia. *Latin American Perspectives* 30, no. 130: 14-36.

Aylwin, José. 1998. Indigenous people rights in Chile.: Progresses and contradictions in a context of economic globalization. Paper read at Canadian Association for Latin American and Caribbean Studies (CALACS) XXVIII Congress, Simon Fraser University, Vancouver.

Aylwin, José. 2002. The Ralco dam and the Pehuenche in Chile: Lessons from an ethno-environmental conflict. Paper read at Toward Adaptive Conflict Resolution: Lessons from Canada and Chile, Centre for the Study of Global Issues, University of British Columbia, Vancouver.

Aylwin, José. 2003. Interview in offices of Instituto de Estudios Indígenas, Universidad de la Frontera, Temuco, Chile, August 6.

Ballvé, Teo. 2005. Bolivia's separatist movement. *NACLA Report on the Americas* 38, no. 5: 16-17.

Bauer, Carl J. 2004. Siren Song: Chilean Water Law as a Model for International Reform. Resources for the Future.

Bellinghausen, Hermann. 2006. Defienden purépechas pertenencia del lago y las tierras de Zirahuén. *La Jornada* (Mexico City), April 5.

Bensinger, Ken. 2004. Want a successful protest in Mexico? Arm your women. Christian Science Monitor, November 18.

Bloom, David. 2005. Al Alto: Protests oust water company. Weekly News Update on the Americas, January 18.

Boccara, Guillaume. 2004. The struggle of the Mapuche peoples: Deepening democracy in Chile. *ReVista: Harvard Review of Latin America* 3, no. 3: 31-33.

Boelens, Rutgerd. 2003. Local rights and legal recongnition: The struggle for indigenous water rights and the cultural politics of participation. Paper read at Third World Water Forum, Kyoto.

Boelens, Rutgerd, and Paul Hoogendam, eds. 2002. *Water Rights and Empowerment.* Koninklijke Van Gorcum.

Buxton, Nick. 2006. Interview with Abel Mamani, Upside Down World (http://upsidedownworld.org), April 3.

Camp, Roderic Ai. 2003. *Politics in Mexico: The Democratic Transformation.* Oxford University Press.

Castro-Lucic, Milka. 2002. Local norms and competition for water in Aymara and Atacama communities (Northern Chile). In *Water Rights and Empowerment,* ed. R. Boelens and P. Hoogendam. Koninklijke Van Gorcum.

Claure, Washington, Zulema Gutiérrez, and Paul Hoogendam. 2002. Design and water rights: Small scale irrigation experiences in Oruro, Bolivia. *In Water Rights and Empowerment*, ed. R. Boelens and P. Hoogendam. Koninklijke Van Gorcum.

Coalición de Organizaciones Mexicanas por el Derecho al Agua. 2006. Joint declaration of the movements in defense of water. Paper read at International Forum in Defense of Water, Mexico City.

Comisión Nacional del Agua. 2002. Programa para la Modernización de Organismos Operadores de Agua. Comisión Nacional del Agua, http://www.cna.gob.mx.

Davies, Sarah J., Sarah E. Metcalf, Fernando Bernal-Brooks, Arturo Chacón-Torres, Torres, John G. Farmer, A. B. MacKenzie, and Anthony J. Newton. 2005. Lake sediments record sensitivity of two hydrologically closed upland lakes in Mexico to human impact. *Ambio* 34, no. 6: 470-475.

Dellios, Hugh. 2005. Villagers fight for access to water. http://www.americas.org.

Dourojeanni, Axel, and Andrei Jouravlev. 2002. Evolución de políticas hídricas en América Latina y el Caribe. Economic Council on Latin America and the Caribbean, Divisiôn de Recursos Naturales e Infraestructura.

Earle, Duncan, and Jeanne Simonelli. 2004. The Zapatistas and global civil society: Renegotiating the relationship. *Revista Europea de Estudios Latino-americanos y del Caribe,* April: 119-125.

ENDESA España, n.d. Company homepage (http://www.endesa.es).

Ferrier, Van. 2006. Potable politics. The Dominion: News from the Grassroots (http://dominionpaper.ca).

Gelles, Paul H. 2000. *Water and Power in Highland Peru: The Cultural Politics of Irrigation and Development.* Rutgers University Press.

Gentes, Ingo. 2002a. Estudio de la legislaciôn oficial Chilena y del derecho indígena a los recursos hídericos. United Nations Commission for Latin America and the Caribbean.

Gentes, Ingo. 2002b. Water law and indigenous rights in the Andean coutries: Conceptual elements. Paper read at International Water Law and Indigenous Rights Seminar-Towards Recognition of Indigenous Water Rights and Management Rules in National Legislation, Wageningen, Netherlands.

Groenfeldt, David. n.d. Water development and spiritual values in Western and indigenous societies. http://www.indigenouswater.org.

Grusky, Sara. 2003. Pushing water privatization in Mexico. Public Citizen's International Water Working Group Water for All Campain (http://www.organicconsumers.org).

International Institute for Sustainable Development. 2006. Implementation of IWRM in National Plans 2005. http://www.iisd.ca.

International Labour Organization. 1989. C169 Indigenous and Tribal Peoples Convention: Convention concerining Indigenous and Tribal Peoples in Independent Coutries. http://www.ilo.org.

Jouravlev, Andrei. 2003. Interview in offices of the Division of Natural Resources of the United Nations Economic Commission for Latin America and the Caribbean, Santiago, July 15.

Levy, Daniel C., and Kathleen Bruhn. 2001. *Mexico: The Struggle for Democratic Development.* University of California Press.

Mitchell, William P., and David guillet, eds. 1994. *Irrigation at High Altitudes: The Social Organization of Water Control Systems in the Andes.* American Anthropological Association.

Natural Resources and Infrastructure Division. 2003. Latin American and the Caribbean preparatory process for the twelfth session of the commission on sustainable development-effective water governance in the Americas: A key issue. Economic Commission for Latin America and The Caribbean.

Office of the Compliance Advisor/Ombudsman. 2003. Assessment by the Office of the Compliance Advisor/Ombudsman in relation to a complaint filed against IFC's investment in ENDESA Pangue S.A.: International Finance Corporation.

Olivera, Oscar, and Tom Lewis. 2004. *¡Cochabamba! Water War in Bolivia.* South End.

Public Citizen. n.d. French multinational wants Mexico's water. http://www.citizen.org.

Rodríguez Santos, Bertha. 2006. The Zapatistas join Querétaro's struggle to defend its water. Narco News Bulletin (http://www.narconews.com).

Scarborough, Vernon L. 1993. Water management in the southern Maya lowlands: An accretive model for the engineered ladscape. In *Research in Economic Anthropology,* ed. V. Scarborough and B. Isac. JAI.

Shultz, Jim. 2005. E-mail correspondence from Executive Director Jim Shultz to Stefanie Wickstrom.

Solanes, Miguel. 2006. Editorial Comments. *Network for Cooperation in Integrated Water Resource Management for Sustainable Development in Latin America and the Caribbean Newsletter,* April: 1-2.

Stahler-Sholk, Richard. 2005. Time of the snails: Autonomy and resistance in Chiapas. *NACLA Report on the Americas* 38, no. 5: 34-38.

Tilly, Chris, and Marie Kennedy. 2004. Indigenous land struggles in Michoacán, Mexico: "We've fought for the land since time immemorial".

www.peaceworkmagazine.org.
Transnational Communities Programme. n.d. Research Briefing No. 6: Transnational Communities. Economic Social and Research Council.
United Nations Economic Commission for Latin America and the Caribbean, Natural Resources and Infrastructure Division. 2005. Meaning and Scope of Water Code Reform in Chile. Santiago de Chile.
UPI. 2006. Mapuches marchan por la capital para exigir libertad de "presos políticos" de su pueblo. http://www.latercera.cl.
Vallenas Rojas, Kantuta. 2004. Derechos Humanos: El Derecho al Agua y los Pueblos Indígenas: A Propósito de una Sentencia de la Corte Suprema de Justicia de Chile Comisión Andina de Juristas. http://www.cajpe.org.
Van Cott, Donna Lee. 2001. Explaining ethnic autonomy regimes in Latin America. *Studies in Comparative International Development* 35, no. 4: 30-58.
Wester, Philippus, Douglas J. Merrey, and Marna De Lange. 2003. Boundaries of consent: Stakeholder representation in river basin management in Mexico and South Africa. *World Development* 31, no. 5: 797-812.
Yañez, Nancy, and Ingo Gentes. 2005. Derechos locales sobre las aguas en Chile: Análisis jurídico y político para una estrategia de gestión pertinente en territorios indígenas. Water Law and Indigenous Rights Initiative, Wageningen University, and Economic Coucil for Latin America and the Caribbean.
Yashar, Deborah J. 2005. *Contesting Citizenship in Latin America: The Rise of Indigenous Movements and the Postliberal Challenge*. Cambrigde Universiy Press.

미주

1 이 차이점들에 대한 더 구체적인 시각에 대해서는 Boelens and Hoogendam (2002)과 Groenfeldt(n.d.) 참조.

2 수법(水法), D.F.L. No. 1,222.

3 칠레는 민주 단일 정부로, 정부의 업무는 중앙 정부에 의해 시행되며 지방 자치단체 및 기타 정부기관은 자주적인 의사결정권을 선별적으로 지닐 수 있는 중앙 정부의 산하 기관들이다.

4 Dirección General de Aguas.

5 ENDESA, 현재는 민영화된 발전 회사이지만 이전에는 칠레 정부의 수력개발공사로, 국가의 자원을 파괴하지 않는 수리권의 약 80퍼센트를 보유해 왔다(Aylwin 2003).

6 Carl J. Bauer는 '칠레 수법'(Chilean water law, 영문명) 분야에서 가장 저명한 전문가이다. Bauer(2004) 참조. Ingo Gentes와 Nancy Yañez는 칠레 수법(水法)과 인디오 주민에 끼친 영향 연구 분야에서 유명한 또 다른 전문가들이다.

7 수법(水法) 제58조와 제63조를 개정한 법 19,145호.

8 법 19,300호.

9 법 2,029호, "Ley de Servicios de Agua Potable y Alcantarillado Sanitario."

10 민영화법은, "Ley de Servicios de Agua Potable y Alcantarillado Sanitario" 라고도 지칭되는 법 2,066호로 대체되었다.

11 Servicio Municipal de Agua Potable y Alcantarillado. http://www.semapa.com.bo 참조.

12 이 사건에 대한 보다 자세한 내용은 Assies(2003)와 Oliveira and Lewis (2004) 참조.

13 분쟁해결에 대한 보다 자세한 내용은 http://democracyctr.org의 "Bechtel vs. Bolivia" 참조.

14 Coordinadora de Defensa del Agua y dela Vida.

15 Comisión para la Gestión Integral del Agua en Bolivia (CGIAB). http://www.aguabolivia.org 참조.

16 법 2,878호, "Ley de Promoción y Apoyo al Sector Riego."

17 International Development Research Centre 2005.

18 조합주의(corporatism)는 국가가 사회 전 분야에 관여하여 분야 간 소통과 요구의 수용, 보상 등을 조정하는 공식적인 협의체를 형성하는 정치 체제를 말한다.

19 Ley sobre Régimen y Clasificación de Bienes Federales, antecedente de la Ley General de Bienes Nacionales (Aguilar n.d.).

20 헌법 제27조는 수자원 관리에 관한 법적·행정적 기본원칙을 제시하고 있다. 제28조, 제73조, 제115조, 제116조 및 제133조 역시 수자원 관리에 영향을 미치는 조항들을 포함하고 있다.

21 Ley Federal de Aguas de 1971476.

22 Secretaría de Recursos Hidráulicos

23 Comisión Nacional del Agua. http://www.cna.gob.mx 참조.

24 http://www.cna.bo.mx/eCNA/Espaniol/Directorio/Default.aspx 참조.

25 Consejos de Cuenca.

26 PROMAGUA(Programa para la Modernización de los Prestadores del Servicio de Agua y Saneamiento)는 차관 이행 프로그램이다. 서브론(subloan)은 멕시코개발은행 BANOBRAS에 의해 제공된다(Comisión Nacional del Agua 2002). PROMAGUA(Programa para la Modernización de los Prestadores del Servicio de Agua y Saneamiento)에 대한 보다 자세한 내용은 http://www.cna.gob.mx 참조.

27 PROCEDE(Programa de Certificación de Derechos Ejidales y Titulación de Solares)는 공동소유의 에히도(ejido) 토지를 공동체 구성원의 단순한 개인 소유지로 전환시키는데 대한 수수료를 청구하는 연방정부 프로그램이다. http://www.pa.gob.mx 참조.

28 법 19,253호.

29 ENDESA S.A.는 칠레에너지공사의 전신(前身)으로 피노체트(Pinochet) 독재정권 시기에 민영화되었다. 현재는 스페인 및 칠레 투자자들이 소유하고 있다. 12개국에 걸쳐 2천50만 명 이상의 고객을 보유하고 있으며, 전 세계 최대 규모의 민간전력그룹 중 하나인 스페인 ENDESA는(ENDESA España n.d.) 1998년 칠레 ENDESA의 경영권을 인수했다(Aylwin 2002).

30 1982년 전력법(Electrical Law)의 시행 기간 동안, ENDESA는 마푸체 토지

의 공정한 보상 절차를 결정하는 위원회를 임명제로 변경하도록 칠레 경제·개발·재건부(Ministry of Economics, Development and Reconstruction)를 설득했다. 이후 ENDESA는 은행계좌에 지정 금액을 입금한 뒤, 마푸체(Mapuche) 토지의 부적격 판정을 내리는데 필요한 요건을 갖추도록 - 성공적으로 - 위원회를 매수했다. 인디오법에 따르면, 공동으로 소유한 토지의 거래나 보상은 거래가 이루어지기 이전에 모든 공동체 일원에 의해 만장일치로 승인을 받아야 한다. 하지만 이러한 승인 절차는 단 한 번도 이루어진 적이 없었다.

31 법 18,314호.

32 분석가들은 '경제적 · 사회적 및 문화적 권리에 관한 국제규약'(International Covenant on Economic, Social and Cultural Rights)의 비준을 통해 칠레가 기본 인권으로 용수를 정식 인정했다는 사실이 판결의 영향을 준 한 요인이 되었을 것이라고 밝혔다(Vallenas Rojas 2004). 수자원 개발이 안데스 산악 지대 문화에 끼친 영향 연구 분야의 저명한 학자들의 관심이 여론을 움직이는 역할을 했을 수도 있다. 동 지역의 채굴활동으로 인해 인근의 인칼리리(Incaliri) 습지도 말라붙었다. 인칼리리 습지는 동 지역에서 전통적으로 목축업에 종사해 온 아이마라(Aymara) 부족과 아타카메냐(Atacameña) 부족이 가축들에게 먹이는 목초의 주된 자생지였다. 이들 중 많은 수가 이와 같은 이유로 삶의 터전을 등지기도 했다(Castro-Lucie 2002).

33 최근 안데스 지역에서 환경적으로 가장 큰 문제를 야기하는 수탈적 개발은 아마도 초국가적 기업 배릭 골드(Barrick Gold)의 파스쿠아-라마(Pascua-Lama) 사업일 것이다. 배릭 골드사는 전 세계에서 가장 큰 규모의 미개발 금광 중 하나를 개발할 계획을 가지고 있다. 환경운동가, NGO 단체, 칠레 제3지역(산티아고(Santiago) 북부와 안토파가스타(Antofagasta) 남부)에 소재한 우아스코 밸리(Huasco valley) 상부 지역의 칠레와 아르헨티나의 국경 지방에 거주하는 인디오 및 캄페시노 공동체들은 칠레 정부가 이 계획을 거부하도록 종합적인 운동을 펼쳐왔다. 인디오 디아기타(Diaguita) 공동체를 비롯하여, 이 사업에 반대하는 이들은 캐나다 정부와 캐나다 국민에게 호소하여, 캐나다에 본부를 두고 있는 배릭 골드사에게 압력을 가하여 사업 실행을 포기하도록 했다. 금 채굴 사업은 20헥타르의 빙하(3개의 빙하) 제거 작업을 포함하고 있었다. 2006년 2월, '국가환경위원회'(Comisión

Nacional del Medio Ambiente: CONAMA)의 부속 기관인, 칠레 정부의 '지역환경위원회'(Comisión Regional Metropolitana del Medio Ambiente: COREMA)는 회사가 빙하를 제거하지 않고 모든 폐기물을 처리하는 조건에서 배릭 골드 사업을 시행하도록 결정했다. 이 사업은 비소와 기타 다른 종류의 오염물질을 발생시키며 강 하류에 서식하는 야생동물과 지역사회를 위협하고 있다.

34 조약 169호는 "인디오들의 토지에 딸린 천연자원"(1989년 국제노동기구조약 제15조)의 이용 및 관리, 보존에 관여하는 국가의 인디오 주민 권익 보호의 비준을 요구하고 있다. 국가가 특정 자원이나 그 권리의 소유권을 보유하고 있는 경우에도 국가는 사업 시행 이전에 이익 침해의 정도를 결정하기 위해 자원 개발로 인해 영향을 받을 수 있는 인디오 주민들에게 자문을 구해야만 한다. 인디오 주민들은 그들의 손실에 대한 보상을 받아야만 하고, "그 어떤 지역에서든" 국가 소유의 자원 개발과 관련된 이익은 분배를 통해 보상받아야만 한다.

35 Organizaciones Territoriales de Base.

찾아보기

【ㅁ】

【ㅂ】

【ㅅ】

【 ㅇ 】

【ㅈ】

【ㅊ】

【ㅋ】

【ㅌ】

【ㅍ】

【ㅎ】

저 자

- **Henri Acselrad**
  리우데자네이루연방대학(Federal University of Rio de Janeiro) 도시 지역 연구 및 계획 연구소(Institute of Urban and Regional Research and Planning) 교수
- **David V. Carruthers**
  샌디에이고주립대학(San Diego State University) 정치학과 부교수
- **Jordi Díez**
  겔프대학(University of Guelph) 정치학과 조교수
- **Katherine T. McCaffrey**
  몬트클레어주립대학(Montclair State University) 인류학과 조교수
- **Sarah A. Moore**
  애리조나대학(University of Arizona) 지리학과 및 라틴아메리카 연구 프로그램(Latin American Studies Program) 조교수
- **Peter Newell**
  이스트앵글리아대학(University of East Anglia) 개발학부 교수 및 옥스퍼드대학 환경 센터(University of Oxford Centre for the Environment) 제임스 마틴 객원 교수(James Martin Fellow)
- **Tom Perreault**
  시러큐스대학 시민권과 사회문제 맥스웰 학교(Syracuse University's Maxwell School of Citizenship and Public Affairs) 지리학과 부교수
- **Carlos Reboratti**
  부에노스아이레스대학(University of Buenos Aires) 농업 학교(School of Agronomy) 연구교수
- **Reyes Rodríguez**
  멕시코시티(Mexico City) 에스피노사 이글레시아스 연구 센터(Centro de Estudios Espinosa Yglesias) 연구원
- **Juanita Sundberg**
  브리티시컬럼비아대학(University of British Columbia) 지리학과 조교수
- **Stefanie Wichstrom**
  센트럴워싱턴대학(Central Washington University) 독립연구원 및 다학문 강사
- **Wendy Wolford**
  노스캐롤라이나대학(University of North Carolina) 지리학과 조교수
- **Michele Zebich-Knos**
  케네소주립대학(Kennesaw State University) 정치 · 국제관계학과 교수

역 자

• 정경원(Chung, Kyung-Won, 鄭京源)
멕시코 Universidad Nacional Autónoma de México 문학박사
現 한국외국어대학교 국제지역연구센터장
現 한국외국어대학교 중남미연구소장
(E-mail: kwcat@hufs.ac.kr)

• 하상섭(Ha, Sang-Sub, 河相燮)
영국 University of Liverpool 중남미지역학박사
국제개발협력학회이사
現 한국외국어대학교 한·중남미녹색융합센터 연구교수
(E-mail: sanchito@hanmail.net)

• 장수환(Jang, Su-Hwan, 張秀煥)
서울대학교 환경대학원 도시계획학박사
한국환경정책평가연구원 초빙연구원
現 한국외국어대학교 한·중남미녹색융합센터 연구교수
(E-mail: suhwanjang@hufs.ac.kr)

• 임소라(Lim, So-Ra, 林소라)
브라질 Universidade Federal do Rio Grande do Sul 문학박사
現 한국외국어대학교 중남미연구소 책임연구원
現 서울대학교 라틴아메리카연구소 브라질연구센터 초빙연구원
(E-mail: angelalim@hufs.ac.kr)

라틴아메리카에서의 환경정의:
쟁점, 약속, 실행

초판 인쇄 2012년 11월 1일
초판 발행 2012년 11월 9일

지은이 • David V. Carruthers 편저
옮긴이 • 정경원, 하상섭, 장수환, 임소라
발행인 • 박 철
발행처 • 한국외국어대학교 출판부
130-791 서울시 동대문구 이문로 107
전화 (02)2173-2495~7
팩스 (02)2173-3363
홈페이지 http://press.hufs.ac.kr
전자우편 press@hufs.ac.kr
출판등록 • 제6-6호(1969. 4. 30)
디자인 · 편집 • (주)이환디앤비 (02)2254-4301
인쇄 · 제본 • SM C&P (02)468-6100

ISBN 978-89-7464-746-9 94080 정가 20,000원
ISBN 978-89-7464-619-6 (세트)

* 잘못된 책은 교환하여 드립니다.

HU:iNE은 한국외국어대학교출판부의 어학도서, 사회과학도서, 지역학 도서 Sub Brand이다. 한국외대의 영문명인 HUFS, 현명한 국제전문가 양성(International+Intelligent)의 의미를 담고 있으며, 휴인(携引)의 뜻인 '이끌다, 끌고 나가다'라는 의미처럼 출판계를 이끄는 리더로서, 혁신의 이미지를 담고 있다.